普通高等教育 电气工程/自动化 系列教材

电 机 与 拖 动

第 4 版

主编　孙建忠　刘凤春

参编　曲兵妮　牟宪民　秦昌明

　　　陈　燕　许春雨

主审　陈希有

U0257919

机 械 工 业 出 版 社

本书为普通高等教育电气工程与自动化系列教材，适合总教学时数为60~72学时的课程教学选用，章节前标有"＊"号的为选学内容，可根据实际教学情况取舍。

本书主要阐述电机的基本理论、基本分析方法以及电力拖动的原理和方法，内容包括电机学基础知识，直流电机、变压器、异步电机和同步电机的基本理论，控制电机的原理与应用，电力拖动的基本原理和方法，他励直流电动机、异步电动机和同步电动机的电力拖动，以及电力拖动系统中电动机的选择。

本书秉承"夯实基础、拓宽视野"的宗旨，既强调基础知识和基本理论，又体现电机领域的前沿技术和发展趋势，例如补充了新型电机和矢量控制原理等新技术，激发学生的学习兴趣，培养学生的学习能力和创新思维能力。精选例题与习题，剖析并巩固每章的知识点。重点章增加自测题，帮助学生捋清思路，抓住重点。同时，为了落实立德树人的根本任务，本书挖掘了电机与拖动教学内容中蕴含的思政元素，建设了课程思政资源。

本书可作为高等学校电气工程及其自动化和自动化等专业的教材，也可作为有关工程技术人员的参考用书。为方便教师教学，本书提供免费的多媒体教学课件，欢迎选用本书作为教材的教师登录 www.cmpedu.com 下载。

图书在版编目（CIP）数据

电机与拖动/孙建忠，刘凤春主编. —4 版. —北京：机械工业出版社，2022. 11（2025. 2 重印）

普通高等教育电气工程自动化系列教材

ISBN 978-7-111-71591-7

Ⅰ.①电… Ⅱ.①孙… ②刘… Ⅲ.①电机-高等学校-教材②电力传动-高等学校-教材 Ⅳ.①TM3②TM921

中国版本图书馆 CIP 数据核字（2022）第 168907 号

机械工业出版社（北京市百万庄大街 22 号 邮政编码 100037）
策划编辑：路乙达 责任编辑：路乙达 聂文君
责任校对：李 杉 王明欣 封面设计：张 静
责任印制：单爱军
保定市中画美凯印刷有限公司印刷
2025 年 2 月第 4 版第 6 次印刷
184mm×260mm · 21.25 印张 · 523 千字
标准书号：ISBN 978-7-111-71591-7
定价：65.00 元

电话服务 网络服务
客服电话：010-88361066 机 工 官 网：www.cmpbook.com
010-88379833 机 工 官 博：weibo.com/cmp1952
010-68326294 金 书 网：www.golden-book.com
封底无防伪标均为盗版 机工教育服务网：www.cmpedu.com

前　　言

高性能电机及其控制技术是高档数控机床和机器人、航空航天装备、军事武器装备、海洋工程装备及高技术船舶、先进轨道交通装备等领域的关键核心技术之一，对电机的要求不是简单地提供动力，而是要实现精密控制和智能控制。传统的电机技术与电力电子技术、控制理论、计算机技术和材料科学等现代科学技术紧密结合，呈现出结构多样化、高性能化、机电一体化、智能化等发展趋势。

加快一流大学和一流学科建设，实现高等教育内涵式发展，是新时代高等教育最紧迫的任务之一。而建设一流大学和一流学科，创新是根本。树立创新意识、增强创新能力，是培养创新型人才的关键。"电机与拖动"作为电气工程及其自动化学科的一门主干课程，不仅要向大学生传授专业知识，更为重要的是培养大学生的工程能力和创新能力。因此，课程教材必须体现电机领域的前沿技术和发展趋势。本书秉承了前3版"夯实基础、拓宽视野"的宗旨，在对基本概念和基本理论的阐述上不吝篇幅，将重点内容讲清、讲透。在深入剖析电机与拖动基础理论的同时，介绍了开关磁阻电机及其控制、永磁同步电机系统、矢量控制变频调速技术、双馈发电机变速恒频风力发电等新技术，体现电机领域的最新进展与发展趋势，既为后续课程的学习打好基础，又激发学生的学习兴趣，培养学生的学习能力和创新思维能力。

在教材内容的取舍上，删去了直流电动机和异步电动机串电阻起动等已不常用的内容；精简直流电机的内容，充实了同步电机的内容；精简了电机设计的相关内容，充实系统的内容；将矢量控制原理与变频调速结合起来，将电机与系统结合起来，力求使教材内容与电气工程学科的发展相适应。

本书吸收了作者30多年从事电机及其控制的教学与科研经验，以及主持并参与电气工程专业教学改革的成果，将启发式教学和探究型教学等先进的教学思想融入教材中，教材体系符合学生的认知规律，富有启发性。突出重点，分解难点，将难以理解的知识点采用学生易于接受的方式表述，如将异步电机在不同运行情况下的参数变化问题通过算例进行讲解；把交流电机的绕组、磁动势和电动势等内容进行分解，结合三相异步电机和单相异步电动机的理论进行讲解。精选例题与习题，剖析并巩固每章的知识点。重点章增加自测题，帮助学生捋清思路，抓住重点。例题和习题大多来源于工程实例，理论联系实际，培养学生的工程意识。同时，将电机相关领域内的新技术设计成例题和习题，促使学生用所学知识分析问题和解决问题，培养学生解决工程问题的能力和创新思维的能力。

为了落实立德树人的根本任务，本书挖掘了电机与拖动教学内容中蕴含的思政元素，建设了课程思政资源。

本书由大连理工大学孙建忠和刘凤春主编，大连理工大学陈希有主审。具体编写分工为：第1章、第4章、第7章和第9章由孙建忠编写，第3章、第5章和第10章由刘凤春编写，第 2 章、第 6 章、第 8 章由曲兵妮、陈燕、秦昌明、许春雨共同编写，第 11 章由牟宪民编写。

　　本书自第 1 版出版以来，被国内多所高校采用，不少师生通过邮件和电话与作者进行讨论，并对教材内容提出了许多建设性的建议和意见，在此深表谢意。本书承蒙陈希有教授主审，对陈教授的贡献表示衷心感谢。研究生王斌、王冬、王思浩、钟启濛、王晨等同学参加了部分资料的整理工作，在此表示感谢。本书在编写过程中参考了国内外有关文献，在此对这些文献的作者一并表示感谢。

　　由于编者学识有限，难免存在失误或不当之处，希望广大读者不吝批评指教。

编　者

课程思政微视频

常用符号表

A	面积；线负荷；散热系数	f_1	异步电动机定子电流频率
a	直流电枢绕组的并联支路对数	f_2	异步电动机转子电流频率
	交流绕组的并联支路数	f_v	三相绕组合成磁动势的 v 次谐波的频率
B	磁感应强度（磁通密度）	G	发电机的文字符号
B_a	电枢磁场磁通密度	G	系统转动部分的质量
B_{ad}	直轴电枢磁场磁通密度	H	磁场强度
B_{aq}	交轴电枢磁场磁通密度	H_δ	气隙磁场强度
B_{av}	气隙中磁通密度的平均值	h	高度
B_x	气隙中任意点处的磁通密度	I	直流电流，交流电流有效值
C	电容，热容量	i	电流的瞬时值
C_E	电动势常数	I_0	空载电流
C_T	电磁转矩常数	I_N	额定电流
D	转动部分的回转直径，调速范围	I_1	变压器一次电流；交流电机定子电流
D_a	电枢直径	I_{1N}	变压器一次侧的额定电流（线值）
E	直流电动势或交流电动势的有效值	I_2	变压器二次电流；异步电机转子电流
e	电动势的瞬时值	I_{2N}	变压器二次侧的额定电流（线值）
E_0	空载电动势，励磁电动势	I_2'	I_2 的折算值
E_1	变压器一次绕组和电机定子绕组由主磁通	I_a	直流电机的电枢电流
	感应的电动势有效值（相值）	I_f	直流励磁电流
E_2	变压器二次绕组和电机转子绕组由	I_m	交流励磁电流
	主磁通感应的电动势有效值（相值）	I_μ	磁化电流
E_2'	E_2 折算到一次侧或定子侧的折算值	I_S	短路电流
E_{y1}	一个线圈的感应电动势	I_{st}	起动电流
E_{q1}	q 个线圈的合成电动势	J	拖动系统的转动惯量
E_Φ	相电动势	j	转动机构的转速比
E_{ad}	直轴电枢反应电动势	k	变压器的电压比，比例系数
E_{aq}	交轴电枢反应电动势	k_i	异步电动机定子、转子的电流比
e_r	换向时的电抗电动势	k_e	异步电动机定子、转子的电动势比
e_a	换向时的电枢反应电动势	k_{d1}	基波分布因数
F	磁动势，电磁力	k_{dv}	v 次谐波的分布因数
F_0	励磁磁动势	k_{q1}	基波节距因数
F_a	电枢磁动势	k_{qv}	v 次谐波的节距因数
F_{ad}	直轴电枢磁动势	k_{w1}	基波绕组因数
F_{aq}	交轴电枢磁动势	k_{wv}	v 次谐波绕组因数
F_1	三相绕组基波合成磁动势的幅值	k_m	过载倍数（过载能力）
F_{y1}	一个整距线圈的基波磁动势幅值	L	自感
F_{q1}	q 个分布整距线圈的基波合成磁动势幅值	$L_{1\sigma}$	变压器一次绕组的漏磁电感，异步电机定子一
F_{qv}	q 个线圈的 v 次谐波磁动势幅值		相绕组的漏磁电感
$F_{\Phi 1}$	单相绕组的基波磁动势幅值	$L_{2\sigma}$	变压器二次绕组的漏磁电感，异步电机转子一
$F_{\Phi v}$	单相绕组 v 次谐波磁动势幅值		相绕组的漏磁电感
f	频率	l	长度
f_N	额定频率	M	电动机的文字符号

M	互感	S	视在功率
m_1	交流电机定子相数	S_N	额定视在功率
m_2	异步电机转子相数	s	转差率
N	磁极	s_N	额定转差率
N	每相绕组的串联匝数，电枢导体数	s_m	临界转差率（最大转矩时的转差率）
N_1	变压器一次绕组匝数	t	时间
N_2	变压器二次绕组匝数	T_0	空载转矩
N_y	每个线圈的匝数	T_1	输入转矩
n	转子转速	T_2	输出转矩
n_N	额定转速	T_e	电磁转矩
n_0	空载转速	T_{em}	最大（临界）电磁转矩
n_1	同步转速	T_N	额定转矩，额定输出转矩
n_v	v 次谐波旋转磁场转速	T_{eN}	额定电磁转矩
Δn	转速差	T_{st}	起动转矩，堵转转矩
P	有功功率	U	U 相、U 相绕组
P_N	额定功率，额定输出功率	U	直流电压，交流电压有效值
P_{1N}	额定输入功率	U_N	额定电压
P_1	输入功率	U_1	变压器一次侧相电压，定子相电压
P_2	输出功率	U_{1N}	变压器一次侧额定电压（线值）
P_e	电磁功率	U_2	变压器二次侧电压（相值）
P_{em}	最大电磁功率	U_{2N}	变压器二次侧额定电压（线值）
P_m	机械功率，最大功率	U_0	空载电压；零序电压
P_{Cu}	铜损耗	U_S	短路电压；异步电机堵转电压
P_{Fe}	铁损耗	u	电压的瞬时值
P_{ad}	附加（杂散）损耗	V	V 相、V 相绕组，电压的单位
P_{fw}	机械损耗	v	线速度
P_0	空载损耗，空载功率	V_R	电压调整率
P_S	短路功率，堵转功率	W	W 相、W 相绕组
p	磁极对数	W	功；能
Q	无功功率，槽数，热量	W_m	磁场能量
Q_1	异步电机定子槽数	W_e	电能，电场能量
Q_2	异步电机转子槽数（或导条数）	X	电抗
q	每极每相槽数	X_a	电枢反应电抗
R	电阻	X_{ad}	直轴电枢反应电抗
R_1	变压器一次侧一相绕组的电阻，交流电机定子一相绕组的电阻	X_{aq}	交轴电枢反应电抗
		X_s	同步电抗
R_2	变压器二次侧一相绕组的电阻，异步电机转子一相绕组的电阻	X_d	直轴同步电抗
		X_d'	直轴瞬态电抗
R_a	电枢电阻	X_q	交轴同步电抗
R_f	励磁绕组电阻	X_d''	直轴超瞬态电抗
R_m	励磁电阻，磁阻	X_m	励磁电抗
R_2'	R_2 的折算值	X_S	短路电抗
R_S	变压器或异步电机的短路电阻	X_σ	漏电抗
S	磁极	$X_{1\sigma}$	变压器一次侧一相绕组的漏电抗

	异步电机定子一相绕组的漏电抗	λ	单位面积的磁导
$X_{2\sigma}$	变压器二次侧一相绕组的漏电抗	μ	磁导率
	异步电机转子一相绕组的漏电抗	μ_0	空气磁导率
$X'_{2\sigma}$	$X_{2\sigma}$ 的折算值	μ_{Fe}	铁心磁导率
y	电枢绕组的合成节距	η	效率
y_1	电枢绕组的第一节距	η_N	额定效率
y_2	电枢绕组的第二节距	η_m	最大效率
Z	阻抗	θ	角度，功率角，温升
Z_m	励磁阻抗	θ_N	额定功率角，额定温升
Z_S	短路阻抗	α	角度，相邻两槽间的电角度
Z_1	变压器一次绕组的漏阻抗，	β	负载系数，线圈节距的短距角
	交流电机定子一相绕组的漏阻抗	δ	气隙长度，静差率
Z_2	变压器二次绕组的漏阻抗	v	谐波次数
	异步电机转子一相绕组的漏阻抗	τ	极距，时间常数
$Z'_{2\sigma}$	$Z_{2\sigma}$ 的折算值	φ	相角；功率因数角
Φ	磁通量	φ_1	变压器一次侧功率因数角
Φ_0	空载磁通；同步电机每极的主磁通		交流电机定子一相电路的功率因数角
Φ_m	变压器或异步电机的主磁通幅值	φ_2	变压器二次侧功率因数角
Φ_σ	漏磁通		交流电机转子一相电路的功率因数角
Φ_{ad}	直轴电枢反应磁通	Ω	转子的机械角速度
Φ_{aq}	交轴电枢反应磁通	Ω_1	同步机械角速度
Φ_v	v 次谐波磁通	ω	角频率，电角速度
Λ	主磁路磁导	ψ	磁链，内功率因数角
Λ_σ	漏磁路磁导	ρ	转动部分的回转半径

目　　录

第1章 电机学基础知识

电机（包括变压器和旋转电机）是实现能量转换和信号传递的电磁装置，在现代社会中起着极其重要的作用。

电机是电能生产、传输和分配的主要设备。在发电厂，发电机由汽轮机、水轮机、柴油机或其他动力机械带动，这些原动机将燃料燃烧的热能、水的位能、原子核裂变的原子能等转化为机械能输入到发电机，由发电机将机械能转换为电能；发电机发出的电压再通过升压变压器升压后向远距离输送；在各用电区域，又通过不同电压等级的降压变压器将电压降低，供给用户。

在工农业生产和国民经济的各个领域，广泛应用电动机驱动各种生产机械和设备，一个现代化企业需要几百台以至几万台各种不同的电动机；在高级汽车中，为了控制燃料和改善乘车感觉以及显示有关装置状态的需要，要使用 40~50 台电动机，而未来豪华轿车上的电机可多达 80 台；家用电器和一些高档消费品，如电唱机、摄录相机、VCD 视盘和 DVD 视盘等都需要配套电动机，工业化国家一般家庭中会用到 35 台以上电机。

各种控制电机还被用作控制系统中的执行、检测、放大和解算元件，如火炮和雷达的自动定位，人造卫星发射和飞行的控制，舰船方向舵的自动操纵，以及机床加工的自动控制和显示等。

随着社会的发展和科学技术的进步，特别是近年来超导技术、磁流体发电技术、压电技术、电力电子技术和电子与计算机技术的迅猛发展，使电机技术的发展拥有了更加广阔的前景。

1.1 电机的基本功能与主要类型

按照电机在能量转换和信号传递中所起的作用不同，电机可以分为下列几类：

1) 发电机——将机械功率转换为电功率。

2) 电动机——将电功率转换为机械功率。

3) 变压器、变流器、变频机、移相器——将一种形式的电能转换为另一种形式的电能。其中，变压器用于改变交流电的电压；变流器用于改变电流的形式，如将交流变为直流；变频机用于改变交流电的频率；移相器用于改变交流电的相位。

4) 控制电机——在自动控制系统中起检测、放大、执行和校正作用，作为控制系统的控制元件。

按照电机的结构特点及电源性质分类，电机主要有下列几类：

1) 静止电机——变压器。

2) 旋转电机——包括直流电机和交流电机，根据电机转速与同步转速的关系，交流电机又分为同步电机和异步电机。同步转速的概念将在下文详细介绍。

直流电机——电源为直流电的电机。

同步电机——交流电机的一种，运行中转速恒为同步转速，电力系统中的发电机主要是同步电机。

异步电机——也是交流电机的一种，运行中电机转速不为同步转速，异步电机主要用作电动机。

电机的分类方法还有很多，由于电机的种类繁多，性能各异，各种分类方法未必能够涵盖所有的电机。本书采用前述第二种分类体系介绍电机的基本理论和应用。

1.2 电机的基本原理

电机是通过电磁感应原理来实现能量变换的机械，电和磁是构成电机的两大要素，缺一不可。电在电机中主要是以"路"的形式出现，即由电机内的线圈、绕组构成电机的电路。磁在电机中是以"场"的形式存在的。在工程分析计算中，常将磁场简化为磁路来处理。下面简要介绍电机中的一些重要概念。

1.2.1 磁场的基本概念

1. 磁感应强度与磁力线

磁场是由电流产生的。表征磁场强弱的物理量是磁感应强度（Magnetic Flux Density），又称磁通密度，它是一个矢量，用 B 表示，在国际单位制中其单位名称为特斯拉，简写为特（T）。磁场中各点的磁感应强度可以用磁力线的疏密程度来表示。应注意磁力线是人为地设想出来、画出来的，并非磁场中真的存在。

图 1-1 为长直导线和螺线管载流时的磁力线分布图。

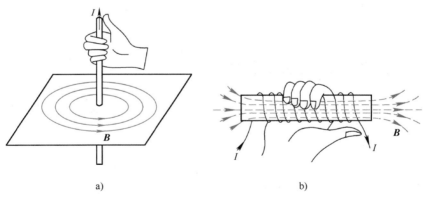

a)   b)

图 1-1 载流长直导线和螺线管的磁力线

由图可知，磁力线具有以下特性：

1）磁力线的回转方向和电流方向之间的关系遵守右手螺旋定则。

2）磁力线总是闭合的，既无起点，也无终点。

3）磁场中的磁力线不会相交，因为磁场中每一点的磁感应强度的方向都是确定的、唯一的。

2. 磁通量与磁通连续性定理

穿过某一截面 A 的磁感应强度 B 的通量称为磁通量（Magnetic Flux），简称磁通，用 Φ

表示，定义为

$$\Phi = \int_A \boldsymbol{B} \cdot \mathrm{d}\boldsymbol{A} \tag{1-1}$$

也就是说，磁感应强度 $\boldsymbol{B}$ 在某截面 A 上的面积分，就是通过该截面的磁通。在均匀磁场中，如果 $\boldsymbol{B}$ 线与截面 A 的法线重合，如图 1-2 所示，则

$$\Phi = BA \tag{1-2}$$

在国际单位制中，磁通的单位名称为韦伯（Wb）。

由于磁力线是闭合的，因此对任意封闭曲面来说，进入该闭合曲面的磁力线一定等于穿出该闭合曲面的磁力线。如规定磁力线从曲面穿出为正，穿入为负，则通过任意封闭曲面的磁通量总和必等于零，即

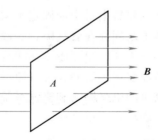

图 1-2　磁感应强度与磁通的关系

$$\Phi = \oint_A \boldsymbol{B} \cdot \mathrm{d}\boldsymbol{A} = 0 \tag{1-3}$$

这就是磁通的连续性原理。磁通的连续性是一个重要的概念。

3. 磁场强度与磁导率

在磁场计算中，还有一个重要的物理量叫磁场强度（Magnetic Intensity），它也是一个矢量，用符号 $\boldsymbol{H}$ 表示，在国际单位制中，磁场强度的单位名称为安/米（A/m）。在各向同性介质中，它与磁感应强度 $\boldsymbol{B}$ 之间有下列关系

$$\boldsymbol{B} = \mu \boldsymbol{H} \tag{1-4}$$

式中　μ——磁导率，表征磁场中介质的导磁能力，单位是亨/米（H/m）。

磁导率的大小随介质的性质而异。我们熟知的真空磁导率为 $\mu_0 = 4\pi \times 10^{-7} \mathrm{H/m}$。在电机中应用的介质，一般按其磁性能分为铁磁物质和非铁磁物质。前者如铁、钢、钴、镍等，它们的磁导率是真空磁导率的几百倍甚至上万倍，并且与磁场强弱有关，不是一个常数。后者如空气、铜、铝和绝缘材料等，它们的磁导率与真空磁导率相差无几，一律当作 μ_0 处理。

众所周知，导电体和非导电体的电导率之比，其数量级高达 10^{16}。所以一般电流是沿着导电体流通的，而称非导电体为电绝缘体，电主要以电路的形式出现。铁磁材料与非铁磁材料的磁导率之比，其数量级仅为 $10^3 \sim 10^4$。所以磁力线不是仅集中在铁磁材料中，而是在各个方向分布的，有相当一部分磁力线经非铁磁材料闭合。因此，磁是以场的形态存在的。

4. 磁场储能

磁场能够储存能量，这些能量是在磁场建立过程中由其他能源的能量转换而来的。电机就是借助磁场储能来实现机电能量转换的。

磁场中的体能量密度 w_{m} 为

$$w_{\mathrm{m}} = \frac{1}{2} BH \tag{1-5}$$

式中　B——磁场中某处的磁感应强度；

$\quad\quad H$——磁场中某处的磁场强度。

磁场的总储能 W_{m} 是磁能密度的体积分，即

$$W_{\mathrm{m}} = \int_V w_{\mathrm{m}} \mathrm{d}V \tag{1-6}$$

对于磁导率为常数的线性介质，式（1-5）可写成

$$w_\mathrm{m} = \frac{1}{2}BH = \frac{B^2}{2\mu} \tag{1-7}$$

旋转电机中的固定不动部分（定子）和旋转部分（转子）均系铁磁材料构成，在定、转子之间存在着气隙，一般气隙中的磁感应强度约为 0.4~0.8T，铁心中的磁感应强度约为 1.0~1.8T。因为铁磁材料的磁导率是空气磁导率的数千倍，由式（1-7）可知，旋转电机的磁场能量主要储存在气隙中，虽然气隙的体积远小于定子、转子磁性材料的体积。实际上，电机的电气系统和机械系统是通过气隙磁场联系起来，从而实现机电能量转换的，所以把气隙磁场称为耦合磁场。

1.2.2 磁路及其基本定律

一般说来，磁场在空间的分布是很复杂的，不过，由于铁磁材料的磁导率很大，能使电机中绝大部分磁通集中在一定的路径中，因此，可以将"场"问题化简为"集中参数"的问题，即采用所谓磁路的方法来分析。

图 1-3 为两种电机中常见的磁路。由于铁磁材料的导磁性比空气好得多，所以大部分磁通经铁心闭合，这部分磁通称为主磁通，用 Φ 表示。小部分磁通经由空气等非铁磁材料闭合，这部分磁通称为漏磁通，用 Φ_σ 表示。如同把电流流过的路径称为电路一样，也可以把磁通通过的路径称为磁路。

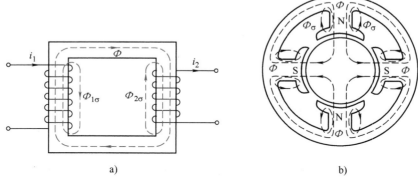

图 1-3 典型磁路

a）变压器磁路 b）直流电机磁路

下面介绍磁路中有关的基本定律和基本概念。

1. 安培环路定律（全电流定律）

在磁场中，磁场强度矢量沿任一闭合路径的线积分，等于该闭合路径所包围的电流的代数和，即

$$\oint_l \boldsymbol{H} \cdot \mathrm{d}\boldsymbol{l} = \sum i \tag{1-8}$$

这就是安培环路定律，它是电机和变压器磁路计算的基础。$\sum i$ 是磁路所包围的全电流，当电流的方向与闭合线上磁场强度的方向满足右手螺旋定则时，电流取正值，否则取负值。例如在

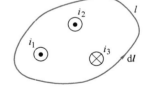

图 1-4 安培环路定律

图 1-4 中，i_1、i_2 取正值；i_3 取负值。

2. 磁路的欧姆定律

如图 1-5 所示的无分支磁路，铁心的截面积为 A，磁路的平均长度为 l，材料的磁导率为 μ。铁心上绕有 N 匝线圈，通以电流 i。如果忽略漏磁通，沿整个磁路的磁通量是相等的，于是根据安培环路定律有

$$\oint_l \boldsymbol{H} \cdot \mathrm{d}\boldsymbol{l} = Hl = Ni$$

由于 $H = \dfrac{B}{\mu}$、$B = \dfrac{\Phi}{A}$，故 $\dfrac{\Phi l}{\mu A} = Ni$，所以

$$\Phi = Ni\frac{\mu A}{l} = \frac{F_{\mathrm{m}}}{R_{\mathrm{m}}} \tag{1-9}$$

式中　F_{m}——作用在铁心磁路上的安匝数，$F_{\mathrm{m}} = Ni$，称为磁路的磁动势，单位为 A；

　　　R_{m}——磁路的磁阻，$R_{\mathrm{m}} = \dfrac{l}{\mu A}$，单位为 A/Wb。

式（1-9）表明，磁路中通过的磁通量等于作用在磁路上磁动势除以磁路的磁阻。此关系与电路中的欧姆定律在形式上十分相似，因此式（1-9）也称为磁路的欧姆定律。

必须指出，虽然磁阻和电阻的计算公式相似，但磁阻的计算比电阻困难得多。一般导电材料的电导率是一个已知常数，知道导体的长度和截面积就可以求出电阻。但是铁磁材料的磁导率却是随磁感应强度 $\boldsymbol{B}$ 的变化而变化的，仅知道几何尺寸和材料的品种是算不出磁阻的。

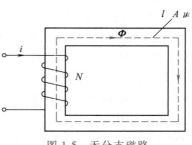

图 1-5　无分支磁路

3. 磁路的基尔霍夫第一定律

磁通的连续性定律告诉我们，穿出（或进入）任意闭合面的总磁通量恒等于零，即 $\sum \Phi = 0$，与电路中的基尔霍夫第一定律 $\sum i = 0$ 相似，该定律亦称为磁路的基尔霍夫第一定律。

以图 1-6 所示的有分支磁路为例，在 Φ_1、Φ_2 和 Φ_3 的汇合处做一个封闭面，有

$$\sum \Phi = \Phi_2 - \Phi_1 - \Phi_3 = 0$$

4. 磁路的基尔霍夫第二定律

在电机和变压器的磁路中，磁路通常不是同一种材料构成的，可以将磁路按材料及截面不同分成若干个磁路段，每一段为同一材料、相同截面积，且磁路内磁通密度处处相等。仍以图 1-6 所示的有分支磁路为例，磁路分为三段，各段的磁动势、磁通、磁导率、截面积和平均长度分别为

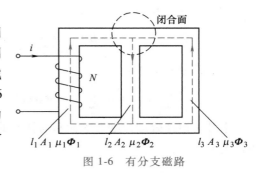

图 1-6　有分支磁路

第一段：$F_{\mathrm{m1}} = Ni$，Φ_1，μ_1，A_1，l_1

第二段：$F_{\mathrm{m2}} = 0$，Φ_2，μ_2，A_2，l_2

第三段：$F_{m3} = 0$，Φ_3，μ_3，A_3，l_3

沿 l_1 和 l_2 组成的闭合磁路，根据安培环路定律有

$$\sum_{k=1}^{n} H_k l_k = H_1 l_1 + H_2 l_2 = \sum i = F_1 = Ni$$

由于 $H_k = \dfrac{B_k}{\mu_k}$、$B_k = \dfrac{\Phi_k}{A_k}$，$R_{mk} = \dfrac{l_k}{\mu_k A_k}$，所以

$$F_{12} = Ni = H_1 l_1 + H_2 l_2 = R_{m1} \Phi_1 + R_{m2} \Phi_2 \qquad (1\text{-}10)$$

同理，对于沿 l_1 和 l_3 组成的闭合磁路，有

$$F_{13} = Ni = H_1 l_1 - H_3 l_3 = R_{m1} \Phi_1 - R_{m3} \Phi_3 \qquad (1\text{-}11)$$

在磁路计算中，常把 $H_k l_k$ 称为某段磁路的磁压降，$\sum H_k l_k$ 称为闭合磁路的总磁压降。根据式（1-10）和式（1-11）可得出：在磁路中，沿任何闭合磁路的磁动势的代数和等于磁压降的代数和，即

$$\sum F_{mk} = \sum H_k l_k = \sum R_{mk} \Phi_k \qquad (1\text{-}12)$$

这就是磁路的基尔霍夫第二定律，是安培环路定律在磁路中的体现，与电路的基尔霍夫第二定律在形式上相同。

【例 1-1】　图 1-7 所示的磁路由电工钢片叠压而成，铁心的叠压系数（叠片的净厚度与包含绝缘的总厚度之比）为 $k_{Fe} = 0.94$，各段铁心的截面积相同，均为 $A = 0.8 \times 10^{-3} \text{m}^2$，各段铁心的长度分别为 $l_1 = 0.08\text{m}$，$l_2 = 0.1\text{m}$，$l_3 = 0.037\text{m}$，$l_4 = 0.037\text{m}$，$l_5 = 0.1\text{m}$，气隙长度 $\delta = 0.006\text{m}$，已知铁心的磁导率为空气磁导率的 1900 倍，励磁绕组的匝数 $N = 2000$，如要在铁心中产生 $1 \times 10^{-3} \text{Wb}$ 的磁通，求需要多大的励磁电流。

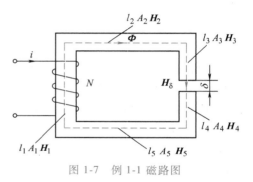

图 1-7　例 1-1 磁路图

解：铁心的净面积为

$$A_{Fe} = k_{Fe} A = 0.94 \times 0.8 \times 10^{-3} \text{m}^2 = 0.752 \times 10^{-3} \text{m}^2$$

铁心中的平均磁通密度为

$$B = \frac{\Phi}{A_{Fe}} = \frac{1 \times 10^{-3}}{0.752 \times 10^{-3}} \text{T} = 1.33 \text{T}$$

铁心部分的磁场强度为

$$H = \frac{B}{\mu_{Fe}} = \frac{1.33}{1900 \times 4 \times \pi \times 10^{-7}} \text{A/m} = 560 \text{A/m}$$

铁心部分的磁压降为

$$\sum_{k=1}^{5} H_k l_k = H \sum_{k=1}^{5} l_k = 560 \times (0.08 + 0.1 + 0.037 + 0.037 + 0.1) \text{A} = 198 \text{A}$$

不考虑边缘效应，则气隙面积与铁心的截面积相等，由于磁通具有连续性，故气隙中磁场强度为

$$H_\delta = \frac{B_\delta}{\mu_0} = \frac{\Phi}{\mu_0 A} = \frac{1 \times 10^{-3}}{4 \times \pi \times 10^{-7} \times 0.8 \times 10^{-3}} \text{A/m} = 9.947 \times 10^5 \text{A/m}$$

气隙磁压降为

$$H_\delta\delta = 9.947\times10^5\times0.006\,\mathrm{A} = 5968.2\,\mathrm{A}$$

该磁路所需的总磁动势为

$$F_\mathrm{m} = \sum_{k=1}^{5} H_k l_k + H_\delta\delta = (198+5968.2)\,\mathrm{A} = 6166.2\,\mathrm{A}$$

励磁电流为

$$i = \frac{F_\mathrm{m}}{N} = \frac{6166.2}{2000}\,\mathrm{A} = 3.083\,\mathrm{A}$$

可见，虽然气隙长度很小，但气隙磁压降在总磁压降中所占比例很大。在本例中，气隙长度不到磁路总长度的 1.5%，但气隙磁压降占总磁压降的 96.8%。

1.2.3　电磁感应定律

设有一匝数为 N 的线圈位于磁路中，当与线圈交链的磁链 $\psi = N\Phi$ 发生变化时，线圈中将有感应电动势产生。感应电动势的数值与线圈所交链的磁链的变化率成正比，如果感应电动势的正方向与磁通的正方向符合右手螺旋定则的关系，如图 1-8 所示，则感应电动势为

$$e = -\frac{\mathrm{d}\psi}{\mathrm{d}t} = -N\frac{\mathrm{d}\Phi}{\mathrm{d}t} \tag{1-13}$$

式中负号含义是：线圈中的感应电动势倾向于阻止线圈内磁链的变化。

必须指出，在使用式（1-13）时，各电磁量的正方向概念十分重要。如果磁通和电动势不仅大小变化，而且方向也在变化时，就需要选定一个方向作为参考方向（正方向）。

线圈中磁链的变化有以下两种不同的方式：一是线圈与磁场相对静止，磁通由交流电流产生，因此磁通本身是随时间变化的，这样产生的电动势称为变压器电动势；二是磁场本身不随时间变化，但线圈和磁场有相对运动，由于线圈与磁场间的相对运动而引起与线圈交链的磁链变化，这样产生的电动势称为运动电动势。

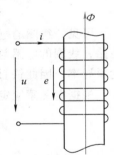

（1）变压器电动势　设磁通 Φ 随时间呈正弦规律变化，即

$$\Phi = \Phi_\mathrm{m}\sin\omega t \tag{1-14}$$

式中　Φ_m——交变磁通的幅值。

图 1-8　感应电动势与磁通的正方向

感应电动势为

$$e = -N\frac{\mathrm{d}\Phi}{\mathrm{d}t} = -N\omega\Phi_\mathrm{m}\cos\omega t = E_\mathrm{m}\sin(\omega t - 90°) \tag{1-15}$$

式中　E_m——感应电动势的幅值，$E_\mathrm{m} = N\omega\Phi_\mathrm{m}$。

上式表明，当磁通呈正弦规律变化时，线圈的感应电动势也呈正弦变化，但在相位上滞后磁通 90°。感应电动势的有效值为

$$E = \frac{E_\mathrm{m}}{\sqrt{2}} = \frac{2\pi f N\Phi_\mathrm{m}}{\sqrt{2}} = 4.44 f N\Phi_\mathrm{m} \tag{1-16}$$

式中　f——交变频率，单位为 Hz。

写成相量形式为

$$\dot{E} = -\mathrm{j}4.44 f N\dot{\Phi}_\mathrm{m} \tag{1-17}$$

（2）运动电动势 运动电动势是由导体切割磁力线所产生的，当导体在磁场中运动而切割磁力线时，如导体在磁场中的部分、导体的运动方向和磁力线三者互相垂直，该导体中产生的感应电动势为

$$e = Blv \qquad (1\text{-}18)$$

式中　l——导体在磁场中的长度；

　　　B——导体所在处的磁感应强度；

　　　v——导体切割磁场的速度。

运动电动势的方向可用图1-9所示的右手定则确定：伸开右手，拇指与其余四指垂直，掌心迎着磁力线，拇指指向导体运动方向，则其余四指所指方向就是运动电动势的方向。

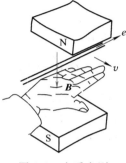

图1-9　右手定则

1.2.4　线圈的电路方程

如图1-5所示，当线圈中流过电流 i 时，将产生与线圈交链的磁链 ψ，定义线圈的电感为

$$L = \frac{\psi}{i} \qquad (1\text{-}19)$$

或

$$\psi = Li \qquad (1\text{-}20)$$

式中　L——线圈的电感（Inductance），单位为亨（H）。

根据磁链与磁通的关系以及磁路的欧姆定律，可得

$$L = \frac{\psi}{i} = \frac{N\Phi}{i} = \frac{NF}{iR_{\mathrm{m}}} = \frac{N^2}{R_{\mathrm{m}}} \qquad (1\text{-}21)$$

可见，线圈的电感与线圈匝数的二次方成正比，与磁路的磁阻成反比。对于线性介质的磁路，线圈的电感与线圈所加的电压、电流或频率无关。由于铁磁材料的磁导率远大于空气的磁导率，因此铁心线圈的电感比空心线圈的电感大得多。

根据电磁感应定律，线圈磁链变化时在线圈中感应的电动势为

$$e = -\frac{\mathrm{d}\psi}{\mathrm{d}t} = -L\frac{\mathrm{d}i}{\mathrm{d}t} \qquad (1\text{-}22)$$

式中，电流的正方向与电动势的正方向相同，它们与磁通的正方向符合右手螺旋定则关系。

由此可见，图1-5所示的线圈也可以用电路来描述，如线圈的电阻为 R，根据电路的基尔霍夫第二定律，该电路的电压方程为

$$u = Ri - e = Ri + L\frac{\mathrm{d}i}{\mathrm{d}t} \qquad (1\text{-}23)$$

相量形式为

$$\dot{U} = (R + \mathrm{j}X)\dot{I} \qquad (1\text{-}24)$$

式中　X——线圈的电抗，$X = 2\pi fL$。

1.2.5　电磁力定律与电磁转矩

位于磁场中的载流导体受到磁场对它的作用力称为电磁力，如果磁场与载流导体相互垂直，则作用在导体上的电磁力为

$$F = Bli \tag{1-25}$$

式中　B——磁场的磁感应强度；

$\quad\quad i$——导体中的电流；

$\quad\quad l$——导体在磁场中的长度；

$\quad\quad F$——作用在导体上的电磁力，单位名称为牛顿，简写为牛（N）。

电磁力的方向可由左手定则判定，如图 1-10 所示。伸开左手，拇指与其余四指垂直，掌心迎着磁力线，四指指向电流方向，则大拇指所指方向就是电磁力的方向。

旋转电机的线圈都处于磁场中，设所研究的线圈位于电机的转子上，绕旋转轴 OO' 旋转，如图 1-11 所示，把导体受到的电磁力乘以导体的转动半径 r，便得到线圈的电磁转矩，即

$$T_e = 2Blir \tag{1-26}$$

式中　T_e——电磁转矩，单位为 N·m。

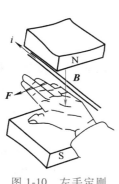

图 1-10　左手定则

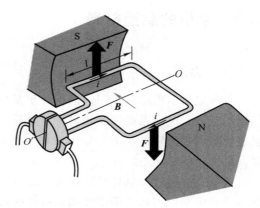

图 1-11　电机模型

1.2.6　电机的可逆性原理

如图 1-11 所示，若对处于磁场中的线圈通以图示方向的电流，线圈将受到电磁力作用，从而产生顺时针方向的电磁转矩，使线圈沿顺时针方向旋转。如果电机的轴上带有机械负载，电机可以带动机械负载旋转。这说明电机把电能转化成了机械能，这就是电动机的基本工作原理。

对图 1-11 所示的模型，若通过外力使线圈沿逆时针方向转动，根据电磁感应定律，线圈中将产生感应电动势。如果线圈端部接适当的负载电阻构成闭合回路，则将有一个电流 i 顺着感应电动势方向流向负载，即电机向负载输出了电功率。这就是发电机的基本工作原理。

可见，如在电机轴上外施机械功率，电机线圈在磁场作用下产生感应电动势，电机可输出电功率；如从电源向电机电路输入电功率，则线圈在磁场作用下使电机旋转而输出机械功率。也就是说，任何电机既可以作为发电机运行，又可以作为电动机运行，这一性质称为电机的可逆性原理。

必须指出，虽然功率转换的可逆性是一切电机的普遍原理，但在实用上是有所偏重的。例如，实用的交流发电机大多是同步发电机，实用的交流电动机以异步电机居多。同一品种

的电机，也将根据它在正常情况下用作发电机或者电动机，而在设计和制造上有不同的要求。

众所周知，只要导体切割磁力线，便会在导体中产生感应电动势；只要位于磁场中的导体中有电流流过，且导体与磁力线方向不平行，在导体上便会有电磁力作用。因此，不应忘记在发电机中也有电磁力，在电动机中也有感应电动势。两种运行方式下电磁力和电动势性质的比较见表1-1。

表 1-1 电动机与发电机运行方式的比较

运行方式	电磁力/电磁转矩	电动势
电动机	驱动性质，驱动外部机械负载	反电动势，由外施电源所克服
发电机	阻力性质，由外施机械力所克服	电源性质，为外接负载供电

1.3 电机的制造材料

1.3.1 概述

各种电机虽然结构不同，但不外乎是由导电回路（包括定子回路和转子回路）和导磁回路组成的，电磁系统用绝缘材料分隔开，并利用各种结构零件组合在一起。因此，电机的制造材料主要为导磁材料、导电材料、绝缘材料以及结构材料四大类。此外还有散热、冷却、润滑等材料。

铜是最常用的导电材料，电机中的绕组一般都用铜线绕制而成。铝的重要性仅次于铜，笼型异步电动机的转子绕组常用铝浇铸而成。电刷也是应用于电机的一种导电材料，当有电流从旋转部件导出或导入时，需要有电刷和旋转部分接触，如直流电机的换向器接触电刷，以及同步电机、绕线转子异步电机的集电环接触电刷等。

钢铁是良好的导磁材料。铸铁因导磁性能较差，应用较少，仅用于截面积较大，形状较复杂的结构部件。各种成分的铸钢的导磁性能较好，应用也较广。整块的钢材仅能用以传导不随时间变化的磁通。若所导磁通是交变的，为了减小铁心中的涡流损耗，导磁材料应当用薄片钢，称为电工钢片。电工钢片的成分中含有少量的硅，使它有较高的电阻，同时又有良好的磁性能。因此，电工钢片又称为硅钢片。

电工钢片的标准厚度为 0.2mm、0.35mm、0.5mm、1mm 等，钢片与钢片之间常涂有一层很薄的绝缘漆。一叠钢片中铁的净长和包含有片间绝缘的叠片总长之比称为叠压系数，对于表面涂有绝缘漆，厚度为 0.5mm 的硅钢片来说，叠片系数的数值约为 0.93~0.97。

电机内赖以进行机电能量转换的气隙磁场，可以由励磁电流产生，也可以由永磁体产生。随着稀土永磁材料的发展，近年来一些电机采用永磁体产生气隙磁场，实现电励磁电机难以实现的高性能。

绝缘材料在电机中的主要作用就是把导电部分（如铜线）与不导电部分（如铁心）隔开，或把不同电位的导体隔开（如相间绝缘、匝间绝缘）。在热的作用下，绝缘材料会逐渐老化，即逐渐丧失其机械强度和绝缘性能。为了保证电机能在一定的年限内可靠运行，对绝缘材料都规定了允许工作温度。过去将绝缘材料分为 Y、A、E、B、F、H、C 七个等级，根据 2006 年颁布的标准 GB/T 20113—2006《电气绝缘结构（EIS）热分级》的规定，原用于温度在 180℃ 以上所有等级的 C 级，已被新的耐热等级代替并不再有效。**各级绝缘的允许工作温度和主要材料见表 1-2。**

表 1-2　绝缘材料的耐热等级

耐热等级	原标志	绝缘材料
90	Y	棉纱丝绸、天然丝、纸及其制品、木材、再生纤维素纤维等
105	A	浸渍过的 Y 级绝缘材料、Q 型包漆线绝缘、黄漆绸、丁腈橡胶、有机玻璃、油性沥青漆等
120	E	QQ、QA、QAN 型漆包线绝缘，聚酯薄膜，聚酯薄绝缘纸复合箔，热固性聚酯树脂、三聚氰胺甲醛树脂，热固性合成树脂胶，纸层压制品，棉纤维层压制品等
130	B	QZ、QZN 型漆包线绝缘，玻璃纤维，石棉层压制品，聚酯薄膜玻璃漆布复合箔，聚酯无纺布-聚酯薄膜-聚酯无纺布复合箔(DMD)，环氧酚醛层压玻璃布板，热固性合成树脂胶，氨基醇酸绝缘漆，环氧树脂绝缘漆及油改性合成树脂漆等
155	F	QZY 型漆包线绝缘，聚芳纤维薄膜复合箔，绝缘漆处理的玻璃纤维和石棉制品，云母制品和硅有机制品，耐热优良的醇酸、环氧、热固性聚酯树脂，有机硅绝缘胶，环氧树脂无溶剂漆等
180	H	无机物填料塑料、硅有机橡胶、聚芳纤维纸薄膜复合箔、有机硅环氧层压玻璃布板等
200	C	QY 型漆包线绝缘、聚酰亚胺薄膜、聚四氟乙烯薄膜、聚酰亚胺层压玻璃布板、石英、陶瓷、玻璃等
220		NHM 绝缘纸
250		玻璃丝带

电机绝缘按电机的部位和用途不同分为：导线绝缘、槽绝缘、层间绝缘、相间绝缘、端板绝缘、包扎绝缘、引线绝缘、绕组绝缘漆及绕组浇注绝缘等。在这些绝缘中，导线绝缘、槽绝缘、绕组绝缘漆（或绕组浇注绝缘）在电机绝缘中占有最重要的位置，常称为电机中的主绝缘。

一般电机多用 E 级或 B 级绝缘，如国产 Y 系列异步电机为 B 级绝缘。一些有特殊耐热要求的电机，如起重及冶金用电动机，常采用 F 级或 H 级绝缘。

电机上有些结构部件是专为散热而设计的。旋转电机的机轴上常装有风扇，借以增加空气的流通。较大的电机有时需用附加冷却设备，如鼓风机、循环水系统等。

1.3.2　铁磁材料的重要特性

1. 高导磁性

铁磁材料包括铁或铁与钴、镍、钨、铝等金属构成的合金。高导磁性是铁磁材料的重要特性之一，如电机中使用的各种硅钢片的磁导率 μ 约为 μ_0 的 6000～7000 倍。工程上用铁磁材料来构成电机和变压器的主磁路，由于铁磁材料具有高导磁性，使磁路的磁阻大大减小，一方面将磁通约束在所期望的范围内，另一方面可以通过较小的励磁电流产生较强的磁场，从而提高了电磁装置的利用率和运行效率。

铁磁材料之所以具有优良的导磁性能，是由于其内部存在许多很小的被称为磁畴的磁化区。在没有外磁场的作用下，磁畴的排列杂乱无章，其磁效应相互抵消，铁磁材料对外不显磁性。在外磁场的作用下，磁畴将沿外磁场方向排列，形成一个比原磁场大许多倍的附加磁场，叠加在外磁场上，使合成磁场大为增强，这个过程称为磁化。

2. 磁饱和特性

将未被磁化的铁磁材料放在磁场中，当磁场强度 H 增大时，材料中的磁感应强度 B 会发生相应的变化，典型的磁化曲线（也叫 $B\text{-}H$ 曲线）如图 1-12 所示。在 $B\text{-}H$ 曲线的 Oa 段，外磁场强度较弱，B 随着磁场强度 H 的增加而缓慢增加；随着外磁场增强，材料内部大量磁畴开始转向，越来越多地趋向于外磁场方向，因此在 ab 段，随着 H 的增加，B 迅速增加；在 bc 段，大部分磁畴已趋向外磁场方向，可转向的磁畴越来越少，B 的增加越来越缓慢，这种现象称为磁饱和；经过 c 点之后，磁化曲线基本成为与非铁磁材料 $B=\mu_0 H$ 特性相平行的直线。

发生饱和时，铁磁材料的磁导率变小，磁阻增大，导磁性能变差。饱和程度越高，磁导率越小，磁阻越大。可见，不但不同的铁磁材料有不同的磁导率，同一材料当其磁感应强度不同时，其磁导率也不同。磁饱和造成了磁路的非线性，使磁路计算的难度增加。

3. 磁滞特性

将铁磁材料放在交变磁场中，铁心中的磁畴将不断地翻转，以改变方向。由于磁畴之间的相互摩擦，使得它们取向排列的步调跟不上外磁场的变化步调，因此 B 的变化滞后于 H 的变化，这种现象称为磁滞。

如果使外磁场的磁场强度 H 在 H_m 和 $-H_m$ 之间反复变化，$B\text{-}H$ 曲线就是图 1-13 所示的闭合曲线，称为磁滞回线。当 $H=0$ 时，B 并不为 0 而是等于 B_r，B_r 称为剩余磁通密度，简称剩磁。要使 B 从 B_r 降为 0，必须施加相应的反向外磁场，此反向磁场强度称为矫顽力，用 H_c 表示。B_r 和 H_c 是铁磁材料的重要参数。

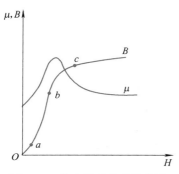

图 1-12 铁磁材料的磁化曲线

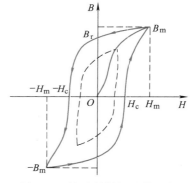

图 1-13 铁磁材料的磁滞回线

在不同的 H_m 下，同一铁磁材料的磁滞回线不同，把所有磁滞回线的正顶点连接起来得到曲线称为铁磁材料的基本磁化曲线，这就是工程上常用的磁化曲线。一些电机中常用材料的磁化曲线如图 1-14 所示。

根据磁滞回线的形状可以将铁磁材料分为软磁材料与硬磁材料两类。

软磁材料的 B_r 和 H_c 很小，容易被磁化，在较低的外磁场作用下就能产生较高的磁通密度，一旦外磁场消失，其磁性亦基本上消失。电机中应用的导磁体，如铸钢、铸铁、电工钢片等均为软磁材料。

硬磁材料又称为永磁材料，其 B_r 和 H_c 很大，不容易磁化，也不容易去磁，当外磁场消失后，它们能保持相当强且稳定的磁性，可代替励磁线圈为电机提供一个恒定磁场。永磁材

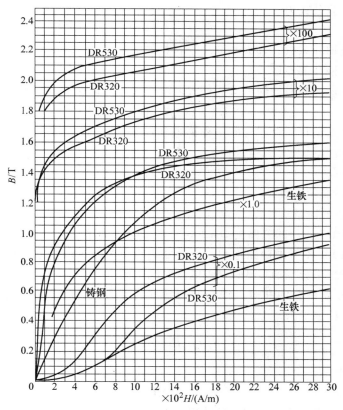

图 1-14 常用材料的磁化曲线

料的特性将在下一节详细介绍。

4. 铁心损耗

铁磁材料在交变磁场作用下反复磁化时，由于内部磁畴不停地翻转、摩擦引起能量损耗，造成铁心发热。这种能量损耗称为磁滞损耗，用 P_h 表示。实验表明，磁滞损耗与磁滞回线的面积成正比，与磁通的交变频率 f 成正比。由于磁滞回线的面积与磁通密度的幅值 B_m 的 n 次方成正比，因此，磁滞损耗可用以下经验公式计算

$$P_h = C_h f B_m^n V \tag{1-27}$$

式中　C_h——磁滞损耗系数，其大小取决于材料的性质；

　　　V——铁心的体积。

对一般的电工钢片，$n = 1.6 \sim 2.3$。由于电工钢片的磁滞回线面积较小，故电机和变压器的铁心常用电工钢片叠成。

因为铁心既是导磁体又是导电体，交变磁场在铁心中感应的电动势将在铁心中引起涡流，如图 1-15 所示，涡流在铁心中产生的损耗称为涡流损耗，用 P_e 表示。显然，频率越高、磁通密度越大，感应电动势就越大，涡流损耗也越大；铁心的电阻率越大、涡流所流过的路径越长，涡流损耗就越小。导磁体采用电工钢片叠成铁心，就是为了增大涡流回路的电阻以减小涡流损耗。

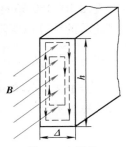

图 1-15 涡流

涡流损耗的经验公式为

$$P_e = C_e \Delta^2 f^2 B_m^2 V \tag{1-28}$$

式中　C_e——涡流损耗系数，其大小取决于材料的电阻率；

　　　Δ——电工钢片的厚度。

铁心中的磁滞损耗和涡流损耗之和称为铁心损耗，简称铁耗，用 P_{Fe} 表示。

$$P_{Fe} = P_h + P_e = (C_h f B_m^n + C_e \Delta^2 f^2 B_m^2) V \tag{1-29}$$

对于一般的电工钢片，在正常的工作磁通密度范围内（$1T < B_m < 1.8T$），铁心损耗可由下式计算：

$$P_{Fe} = C_{Fe} f^{1.3} B_m^2 m \tag{1-30}$$

式中　C_{Fe}——铁心损耗系数；

　　　m——铁心的质量。

【例 1-2】　图 1-7 所示的磁路由 DW360-50 硅钢片叠压而成，磁路的尺寸和励磁绕组匝数同例 1-1。求：（1）不考虑磁路饱和，在励磁绕组中通以 3A 电流时绕组的电感；（2）考虑磁路饱和，在绕组中分别通以 3A、6A 电流时绕组的电感。

解：（1）不考虑磁路饱和时，铁心的磁导率为无穷大，励磁磁动势全部降落在气隙，因此气隙中的磁感应强度为

$$B_\delta = \mu_0 H_\delta = \mu_0 \frac{NI}{\delta}$$

气隙磁通为

$$\Phi_\delta = A B_\delta$$

第一段磁路的磁通就是穿过绕组的磁通。在不考虑边缘效应和漏磁的条件下，由于磁通的连续性，第一段磁路的磁通与气隙磁通相等，因此，绕组的电感为

$$L = \frac{N\Phi_1}{I} = \frac{NAB_\delta}{I} = N^2 \mu_0 \frac{A}{\delta} = 2000^2 \times 4 \times \pi \times 10^{-7} \times \frac{0.8 \times 10^{-3}}{0.006} H = 0.6702 H$$

（2）当线圈通以 3A 电流时，假定气隙磁压降占总磁压降的 81.7%，则气隙磁感应强度为

$$B_\delta = \mu_0 H_\delta = \mu_0 \frac{0.817 NI}{\delta} = 4 \times \pi \times 10^{-7} \times \frac{0.817 \times 2000 \times 3}{0.006} T = 1.015 T$$

铁心中的磁感应强度为

$$B = \frac{\Phi}{A_{Fe}} = \frac{B_\delta A}{k_{Fe} A} = \frac{1.005}{0.94} T = 1.080 T$$

查阅 DW360-50 硅钢片的磁化曲线，得到铁心部分的磁场强度为 $H = 152.66 A/m$。

此时的计算磁压降为

$$F_m' = \sum_{k=1}^{5} H_k l_k + H_\delta \delta$$

$$= 152.66 \times (0.08 + 0.1 + 0.037 + 0.037 + 0.1) A + 0.817 \times 2000 \times 3 A = 4956.04 A$$

计算误差为

$$\frac{F_m - F_m'}{F_m} = \frac{6000 - 4956.04}{6000} \times 100\% = 17.40\%$$

可见，假设的气隙磁压降较小，导致计算误差较大，因此需要重新假设气隙磁压降的比例，再进行计算。

重新假设气隙磁压降占总磁压降的 97.6%，则气隙磁感应强度为

$$B_\delta = \mu_0 H_\delta = \mu_0 \frac{0.976NI}{\delta} = 4 \times \pi \times 10^{-7} \times \frac{0.976 \times 2000 \times 3}{0.006} \mathrm{T} = 1.2265\mathrm{T}$$

铁心中的磁感应强度为

$$B = \frac{\Phi}{A_{\mathrm{Fe}}} = \frac{B_\delta A}{k_{\mathrm{Fe}} A} = \frac{1.2265}{0.94} \mathrm{T} = 1.3048\mathrm{T}$$

查阅 DW360-50 硅钢片的磁化曲线，得到铁心部分的磁场强度为 $H = 323.14\mathrm{A/m}$。

此时的计算磁压降为

$$F'_{\mathrm{m}} = \sum_{k=1}^{5} H_k l_k + H_\delta \delta$$

$$= 323.14 \times (0.08 + 0.1 + 0.037 + 0.037 + 0.1)\mathrm{A} + 0.976 \times 2000 \times 3\mathrm{A} = 5970.39\mathrm{A}$$

计算误差为

$$\frac{F_{\mathrm{m}} - F'_{\mathrm{m}}}{F_{\mathrm{m}}} = \frac{6000 - 5970.39}{6000} \times 100\% = 0.494\%$$

计算误差<1%，满足工程要求。绕组的电感为

$$L = \frac{N\Phi_1}{I} = 2000 \times \frac{0.94 \times 8 \times 10^{-4} \times 1.3048}{3} \mathrm{H} = 0.6541\mathrm{H}$$

当绕组中通以 6A 电流时，假设气隙磁压降占总磁压降的 66.76%，则气隙磁感应强度为

$$B_\delta = \mu_0 H_\delta = \mu_0 \frac{0.6676NI}{\delta} = 4 \times \pi \times 10^{-7} \times \frac{0.6676 \times 2000 \times 6}{0.006} \mathrm{T} = 1.6779\mathrm{T}$$

铁心中的磁感应强度为

$$B = \frac{\Phi}{A_{\mathrm{Fe}}} = \frac{B_\delta A}{k_{\mathrm{Fe}} A} = \frac{1.6779}{0.94} \mathrm{T} = 1.7850\mathrm{T}$$

查阅 DW360-50 硅钢片的磁化曲线，得到铁心部分的磁场强度为 $H = 10997.3\mathrm{A/m}$。

此时的计算磁压降为

$$F'_{\mathrm{m}} = \sum_{k=1}^{5} H_k l_k + H_\delta \delta$$

$$= 10997.3 \times (0.08 + 0.1 + 0.037 + 0.037 + 0.1)\mathrm{A} + 0.6676 \times 2000 \times 6\mathrm{A} = 11904.2\mathrm{A}$$

计算误差为

$$\frac{F_m - F'_m}{F_m} = \frac{12000 - 11904.2}{12000} \times 100\% = 0.7968\%$$

计算误差<1%，满足工程要求。绕组的电感为

$$L = \frac{N\Phi_1}{I} = 2000 \times \frac{0.94 \times 8 \times 10^{-4} \times 1.7850}{6} \mathrm{H} = 0.4474\mathrm{H}$$

可见，随着励磁电流增加，铁心的磁感应强度增大，磁路的饱和程度增加，气隙磁压降占总磁压降的比例减小，绕组的电感随着磁路饱和程度的增加而减小。

1.3.3 永磁材料的特性

永磁材料的磁性能比较复杂，需要用多项参数来描述，主要有退磁曲线、回复线、内禀退磁曲线和稳定性等。

1. 退磁曲线

永磁材料的磁滞回线在第二象限的部分称为退磁曲线，它是永磁材料的基本特性曲线。退磁曲线上磁场强度 H 为零时相应的磁感应强度值称为剩余磁感应强度，又称剩余磁通密度，简称剩磁密度，符号为 B_r，单位为 T；退磁曲线上磁感应强度 B 为零时相应的磁场强度值称为磁感应强度矫顽力，简称矫顽力，符号为 H_{cB}，简写为 H_c，单位为 A/m。

磁场能量密度 $w_m = BH/2$，因此，退磁曲线上任一点的磁通密度与磁场强度的乘积可反映磁场的能量密度，被称为磁能积。图 1-16 所示为一种材料的退磁曲线 1 和磁能积曲线 2。在退磁曲线中间的某个位置上磁能积为最大值，称为最大磁能积，符号为 $(BH)_{max}$，单位为 $\mathrm{J/m^3}$，它也是表征永磁材料磁性能的重要参数。对于退磁曲线为直线的永磁材料，显然在 $(B_r/2, H_c/2)$ 处磁能积最大，为 $B_r H_c/4$。

2. 回复线

退磁曲线所表示的磁通密度与磁场强度间的关系，只有在磁场强度单方向变化时才存在。

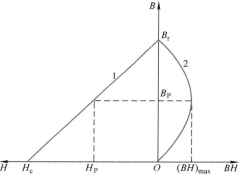

图 1-16 退磁曲线和磁能积曲线
1—退磁曲线 2—磁能积曲线

实际上，在电机运行时，永磁材料受到的退磁磁场强度是反复变化的。当对已充磁的永磁体施加退磁磁场强度时，磁通密度沿图 1-17a 中的退磁曲线 $B_r P$ 下降。如果在下降到 P 点时消去外加退磁磁场强度 H_P，则磁通密度并不沿退磁曲线回复，而是沿另一曲线 PBR 上升。若再施加退磁磁场强度，则磁通密度沿新的曲线 $RB'P$ 下降。如此多次反复后形成一个局部的小回线，称为局部磁滞回线。由于该回线的上升曲线与下降曲线很接近，可以近似地用一条直线 $\overline{PR}$ 来代替，称为回复线，P 点为回复线的起始点。如果以后施加的退磁磁场强度 H_Q 不超过第一次的值 H_P，则磁通密度沿回复线 $\overline{PR}$ 做可逆变化。如果 $H_Q > H_P$，则磁通密度下降到新的起始点 Q，沿新的回复线 $\overline{QS}$ 变化，不能再沿原来的回复线 $\overline{PR}$ 变化。

回复线的平均斜率 $|\Delta B/\Delta H|$ 与真空磁导率 μ_0 的比值称为相对回复磁导率，简称回复磁

导率,符号为 μ_r,即

$$\mu_r = \frac{1}{\mu_0}\left|\frac{\Delta B}{\Delta H}\right| \tag{1-31}$$

有的永磁材料,如部分铁氧体永磁,其退磁曲线的上半部分为直线,当退磁场强度超过一定值后,退磁曲线就急剧下降,开始拐弯的点称为拐点。当退磁磁场强度不超过拐点 k 时,回复线与退磁曲线的直线段相重合。当退磁磁场强度超过拐点后,新的回复线 $\overline{PR}$ 就不再与退磁曲线重合了(见图 1-17 b)。大部分稀土永磁材料的退磁曲线全部为直线,回复线与退磁曲线相重合,可以使电机的磁性能在运行过程中保持稳定,这是在电机中使用时最理想的退磁曲线。

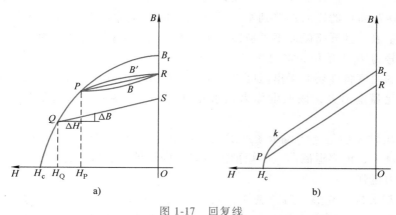

图 1-17　回复线

3. 内禀退磁曲线

退磁曲线和回复线表征的是永磁材料对外呈现的磁感应强度 B 与磁场强度 H 之间的关系。永磁材料的内在磁性能需要另一种曲线——内禀退磁曲线来表征。内禀磁感应强度 B_i 与磁场强度 H 的关系为

$$B_i = B + \mu_0 H \tag{1-32}$$

式(1-32)表明了内禀退磁曲线与退磁曲线之间的关系,如图 1-18 所示。内禀退磁曲线上内禀磁感应强度 B_i 为零时,相应的磁场强度值称为内禀矫顽力,符号为 H_{cJ},单位为 A/m,H_{cJ} 的值反映了永磁材料抗去磁能力的大小。

除 H_{cJ} 值外,内禀退磁曲线的形状也影响永磁材料的磁稳定性。曲线的矩形度越好,磁性能越稳定。曲线的矩形度用 H_K/H_{cJ} 来表征,其中 H_K 为内禀退磁曲线上当 $B_i = 0.9B_r$ 时所对应的退磁磁场强度值(见图 1-18)。

4. 稳定性

为了保证电机的电气性能不发生变化,能长期可靠地运行,要求永磁材料的

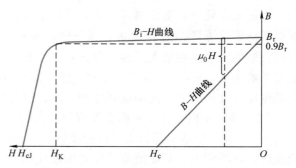

图 1-18　内禀退磁曲线与退磁曲线的关系

磁性能保持稳定不变。通常用永磁材料的磁性能随环境、温度和时间的变化率来表示其稳定性，主要包括热稳定性、磁稳定性、化学稳定性和时间稳定性。

（1）热稳定性 热稳定性是指永磁体由所处环境温度的改变而引起磁性能变化的程度。环境温度的升高会引起永磁体的磁性能损失，磁性能损失可以分为可逆损失和不可逆损失两部分。

可逆损失是不可避免的，永磁材料的剩余磁感应强度、矫顽力和内禀矫顽力随温度可逆变化的程度通常用温度系数来表示，温度系数定义为永磁体在常温以上温度每升高 1℃，上述磁性能参数下降的百分比。

为了防止不可逆损失导致永磁电机的电气性能变化，使用永磁材料时，不应超过其最高工作温度；同时，还要对永磁材料进行高温稳磁处理（永磁材料经过高温稳磁处理会损失一部分磁性能，但此后磁性能基本不再损失）。最高工作温度的定义是：将规定尺寸（稀土永磁为 $\phi10mm \times 7mm$）的样品加热到某一恒定的温度，长时间放置（一般取 1000h），然后将样品冷却到室温，其开路磁通不可逆损失小于 5% 的最高保温温度即为该永磁材料的最高工作温度，符号为 T_w，单位为 K 或℃。

永磁材料的温度特性还用居里温度来表示。随着温度的升高，磁性能逐步降低，升至某一温度时，磁化强度消失，该温度称为该永磁材料的居里温度，又称居里点，符号为 T_c，单位为 K 或℃。

（2）磁稳定性 磁稳定性表示在外磁场干扰下永磁材料磁性能变化的大小。永磁材料的内禀矫顽力越大，内禀退磁曲线的矩形度越好，则这种永磁材料的磁稳定性就越高，即抗外磁场干扰能力越强。

（3）化学稳定性 受酸、碱、氧气和氢气等化学因素的作用，永磁材料内部或表面化学结构会发生变化，将严重影响材料的磁性能。如钕铁硼永磁的成分中大部分是铁和钕，需在成品表面涂敷保护层防止氧化。

（4）时间稳定性 永磁材料内部磁畴的排列状态随时受到内部和外部的扰动而重新排列达到低能状态，因此，永磁材料的剩磁随时间变化而降低。在风力发电机、混合动力汽车等应用中，对永磁材料要求是高可靠性、长寿命，在 20 年内，其剩磁损失应在 0~10%。

5. 电机中常用的永磁材料

电机中使用的永磁材料主要有铁氧体和稀土永磁两大类，下面分别介绍其基本性能。

（1）铁氧体 铁氧体是 20 世纪 50 年代研制成功的，属于非金属永磁材料，其主要优点是价格低廉，不含稀土元素和钴、镍等贵金属；矫顽力较大，抗去磁能力较强；无腐蚀问题，不需表面处理；退磁曲线很大一部分接近直线，回复线基本与退磁曲线重合。其主要缺点是剩磁密度不高，B_r 仅为 0.2~0.44T，最大磁能积低，产生一定的磁通需要较多的永磁材料，使电机的体积增大。温度变化对磁性能影响大，剩磁温度系数达 $-0.2\%K^{-1}$，矫顽力温度系数为 $0.4\% \sim 0.6\%K^{-1}$。必须注意，铁氧体永磁的内禀矫顽力温度系数为正，其矫顽力随温度升高而增大，随温度降低而减小，这与其他常用永磁材料不同。

（2）稀土永磁 稀土永磁主要有第一代的 1:5 型（$SmCo_5$）钐钴永磁、第二代的 2:17 型（Sm_2Co_{17}）钐钴永磁和第三代的钕铁硼（NdFeB）永磁材料。稀土永磁除具有高剩磁感应强度、高矫顽力、高磁能积等优异的磁性能外，更为重要的是其退磁曲线为直线，回复线与退磁曲线基本重合，永磁体的工作点范围很宽，不易去磁。良好的设计可充分利用永磁材料，减小电机的体积，提高电机的性能。

稀土钴永磁材料的剩磁温度系数较低，通常为 $-0.03\% K^{-1}$ 左右；且居里温度较高，一般为 $710 \sim 880℃$。因此，这种永磁材料的磁稳定性最好。其缺点是价格比较昂贵，材料硬而脆，抗拉强度和抗弯强度均较低，仅能进行少量的电火花或线切割加工，目前仅限于某些温度稳定性要求高、体积与重量有苛求的特殊用途电机中。

钕铁硼永磁材料是 1983 年问世的，其磁性能高于稀土钴永磁，钕在稀土中的含量是钐的十几倍，资源丰富，铁、硼的价格低廉，又不含战略物资钴，因此钕铁硼永磁的价格比稀土钴永磁便宜得多，问世以来便在工业和民用电机中迅速得到推广应用。钕铁硼永磁材料的不足之处是居里温度较低，一般在 $310 \sim 410℃$；温度系数较高，剩磁温度系数可达 $-0.13\% K^{-1}$，内禀矫顽力的温度系数高达 $-(0.4\% \sim 0.67\%)\ K^{-1}$，因而在高温下使用时磁损失较大。由于其中含有大量的铁和钕，容易锈蚀，需要对其表面进行涂层处理。

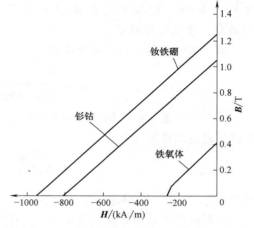

图 1-19　常用永磁材料的退磁曲线对比

为了便于对比，图 1-19 画出了常用永磁材料的退磁曲线对比，表 1-3 列出了常用永磁材料的主要性能对比。

表 1-3　常用永磁材料的典型性能对比

项目	铁氧体		钐钴	钕铁硼	
	粘结	烧结		粘结	烧结
剩余磁感应强度/T	0.27	$0.31 \sim 0.41$	$0.85 \sim 1.15$	0.75	$1.02 \sim 1.47$
矫顽力/kA·m^{-1}	200	$176 \sim 264$	$480 \sim 800$	460	$773 \sim 1056$
最大磁能积/kJ·m^{-3}	14	32	258.6	80	390
回复磁导率	1.2	1.2	$1.03 \sim 1.1$	1.1	$1.05 \sim 1.1$
退磁曲线形状	上部直线，下部弯曲		直线	直线，高温时下部弯曲	
剩磁温度系数/%K^{-1}	-0.18	-0.18	-0.04	-0.12	-0.12
矫顽力温度系数/%K^{-1}	0.5	0.5	-0.2	-0.5	-0.5
最高工作温度/℃	120	200	300	120	150
居里温度/℃	450	450	800	300	320
密度/g·cm^{-3}	3.7	4.8	8.2	6.0	7.4
抗腐蚀性能	强	强	强	好	易氧化
相对价格	低	低	很高	中	高
应用	电动玩具	民用电机	军事、航空航天用电机	民用电机	民用、工业用电机

【例 1-3】　图 1-20 所示的磁路由铁心、NdFeB 永磁和气隙三段构成，铁心部分由电工钢片叠压而成，铁心的叠压系数 $k_{Fe} = 0.94$，永磁体和铁心的截面积相同，均为 $A = 0.8 \times 10^{-3} \text{m}^2$，铁心的总长度 $l_{Fe} = 0.5\text{m}$，永磁体的退磁曲线为直线，剩磁密度 $B_r = 1.2\text{T}$，矫顽力 $H_c = 850\text{kA/m}$，磁化方向长度 $l_m = 0.01\text{m}$，气隙长度 $\delta = 0.001\text{m}$，已知铁心的磁导率为空气磁导率的 1900 倍，求气隙磁通密度。

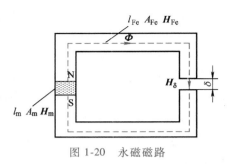

图 1-20　永磁磁路

解：永磁材料的相对磁导率为

$$\mu_r = \frac{B_r}{H_c \mu_0} = \frac{1.2}{850 \times 10^3 \times 4\pi \times 10^{-7}} = 1.123$$

不考虑边缘效应，则气隙面积与铁心的截面积相等，而永磁体截面积等于铁心截面积，根据磁通连续性原理有

$$B_\delta = \frac{\Phi}{A}, B_m = \frac{\Phi}{A}, B_{Fe} = \frac{\Phi}{A k_{Fe}}$$

故 $B_\delta = B_m$，$B_{Fe} = B_m / k_{Fe}$。

根据磁路的基尔霍夫第二定律，该磁路所需的磁动势为

$$F_m = H_{Fe} l_{Fe} + H_\delta \delta = \frac{B_{Fe} l_{Fe}}{\mu_{Fe}} + \frac{B_\delta \delta}{\mu_0} = \left(\frac{l_{Fe}}{k_{Fe} \mu_{Fe}} + \frac{\delta}{\mu_0} \right) B_m$$

该磁路的磁动势由永磁体提供，故

$$F_m = H_m l_m$$

所以有

$$\left(\frac{l_{Fe}}{k_{Fe} \mu_{Fe}} + \frac{\delta}{\mu_0} \right) B_m = H_m l_m \tag{1}$$

由于退磁曲线为直线，永磁材料的回复线与退磁曲线重合，故有

$$B_m = B_r - \mu_0 \mu_r H_m \tag{2}$$

将式（1）、式（2）两式联立求解，得

$$B_m = \frac{B_r}{1 + \dfrac{\mu_0 \mu_r l_{Fe}}{\mu_{Fe} k_{Fe} l_m} + \dfrac{\mu_r \delta}{l_m}} = \frac{1.2}{1 + \dfrac{\mu_0 \times 1.123 \times 0.5}{1900 \mu_0 \times 0.94 \times 0.01} + \dfrac{1.123 \times 0.001}{0.01}} \text{T} = 1.02\text{T}$$

气隙磁通密度为

$$B_\delta = B_m = 1.02\text{T}$$

思考题与习题

1-1　磁路的结构和尺寸一定，磁路的磁阻是否一定？

1-2　试说明由直流电流励磁的直流磁路和由交流电流励磁的交流磁路的不同点。

1-3　试比较磁路与电路的不同点。

1-4　磁滞损耗和涡流损耗分别是由什么原因引起的，其大小与哪些因素有关？

1-5　公式 $e=L\dfrac{\mathrm{d}i}{\mathrm{d}t}$、$e=-\dfrac{\mathrm{d}\Psi}{\mathrm{d}t}$、$e=-N\dfrac{\mathrm{d}\Phi}{\mathrm{d}t}$ 及 $e=\boldsymbol{B}lv$ 都是电磁感应定律的不同写法，哪一个具有普遍意义？

1-6　既然电机都是可逆的，为什么工程实际中还会有发电机和电动机之分？

1-7　将一个铁心线圈分别接到频率为 50Hz 和 60Hz 的交流电源上，如果电源电压相等，不考虑线圈的漏磁和电阻，问哪种情况下铁心中的磁通较大？哪种情况下线圈的感应电动势较大？

1-8　图 1-21 所示的磁路由 DW360-50 型电工钢片叠压而成，其磁化曲线见表 1-4，图中尺寸单位为 mm，电工钢片的叠压厚度为 40mm，铁心的叠压系数为 $k_{\mathrm{Fe}}=0.95$，励磁线圈匝数为 1000。当铁心中磁通为 $1.2\times10^{-3}\mathrm{Wb}$ 时，励磁电流为多少？励磁线圈的电感为多少？

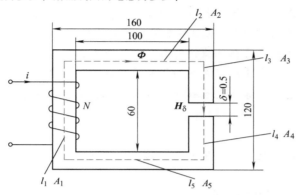

图 1-21　题 1-8 图

表 1-4　DW360-50 型电工钢片的直流磁化曲线数据

B/T	0	0.20	0.25	0.30	0.35	0.40	0.45	0.50	0.55	0.60	0.65
$H/(\mathrm{A/m})$	0	44.59	48.57	54.94	58.92	63.49	66.48	69.27	71.66	74.04	78.03
B/T	0.70	0.75	0.80	0.85	0.90	0.95	1.0	1.05	1.10	1.15	1.20
$H/(\mathrm{A/m})$	82.01	85.99	95.54	103.50	111.46	119.43	127.39	143.31	159.25	191.08	218.95
B/T	1.25	1.30	1.35	1.40	1.45	1.50	1.55	1.60	1.65	1.70	
$H/(\mathrm{A/m})$	254.78	314.49	406.05	557.32	835.99	1353.50	2308.92	3642.42	5254.78	7165.61	

1-9　磁路尺寸同题 1-8，试求当励磁电流为 0.6A 时，铁心中的磁通为多少？励磁线圈的电感为多少？

自　测　题

1. 两个完全相同的交流铁心线圈电路，分别与电压相等（$U_1=U_2$）而频率不同（$f_1>f_2$）的交流电源接通时，其铁心中的主磁通 Φ_{m1} 和 Φ_{m2} 的关系为（　　）。

A. $\Phi_{\mathrm{m1}}>\Phi_{\mathrm{m2}}$　　　　　　　B. $\Phi_{\mathrm{m1}}\geqslant\Phi_{\mathrm{m2}}$

C. $\Phi_{\mathrm{m1}}<\Phi_{\mathrm{m2}}$　　　　　　　D. $\Phi_{\mathrm{m1}}\leqslant\Phi_{\mathrm{m2}}$

2. 交流电磁铁的衔铁吸合后与吸合前比较，磁通 Φ_{m} 和磁阻 R_{m} 的变化情况是（　　）。

A. Φ_{m} 增大，R_{m} 不变　　　　　B. Φ_{m} 不变，R_{m} 增大

C. Φ_{m} 减小，R_{m} 不变　　　　　D. Φ_{m} 不变，R_{m} 减小

3. 直流电磁铁的衔铁吸合后与吸合前比较，磁通 Φ_{m} 和磁阻 R_{m} 的变化情况是（　　）。

A. Φ_{m} 增大，R_{m} 不变　　　　　B. Φ_{m} 不变，R_{m} 增大

C. Φ_{m} 减小，R_{m} 不变　　　　　D. Φ_{m} 增大，R_{m} 减小

4. 有些铁心电抗器的铁心有气隙，是为了（　　）。

A. 增大电感　　　　　　　　　　B. 减小电感

C. 减小磁饱和的影响，使电感稳定　　D. 利用磁饱和的影响，使电感稳定

第2章　直流电机

　　直流电机包括直流发电机和直流电动机。直流电动机具有调速性能好、起动转矩大等一系列优点，在近代工业领域中发挥了巨大作用，被广泛应用于地铁列车、电气牵引机车、轧钢机及起重设备等装置中。直流发电机则作为各种直流电源，如直流电动机的电源、同步发电机的励磁电源（称为励磁机），电镀和电解用的低压电源等。

　　直流电机的主要缺点是存在机械换向器，与交流电机相比，其结构复杂、维护困难、价格较高、制作容量较小，使其应用受到了极大的限制。随着电力电子技术的发展，由晶闸管整流元件组成的直流电源设备已大量取代直流发电机，交流传动系统也正逐步取代直流电动机传动系统。不过，在今后一个相当长的时期内，直流电机仍将在一些场合发挥一定的作用。

　　本章主要介绍直流电机的工作原理、结构、运行及换向等问题。

2.1　直流电机的工作原理

2.1.1　直流电动机的工作原理

　　图 2-1 为一台两极直流电动机（Direct Current Motor）的结构原理图，图中 N 和 S 为一对固定的磁极，在两磁极之间安放着一个可以绕轴转动的铁质圆柱体，称为铁心；铁心上固定着的线圈 abcd 称为绕组；通常把这个绕有线圈的圆柱体称为电枢。电枢绕组两端分别与两个互相绝缘的弧形铜片相连，弧形铜片称为换向片，它们的组合体称为换向器。换向器上压有一对固定不动的弹性电刷 A 和 B。电动机工作时，电枢和换向器绕轴转动，电刷则固定不动。

　　将直流电源加在电刷 A、B 之间，线圈 abcd 中就会有电流流过，如图 2-1a 所示，导体

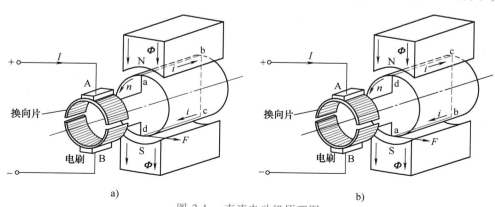

图 2-1　直流电动机原理图
a）ab 边正对 N 极　b）ab 边正对 S 极

ab 正对 N 极，其电流方向为由 a 流向 b；导体 cd 正对 S 极，其电流方向为由 c 流向 d。由于载流导体 ab、cd 均处于 N、S 极之间的磁场中，它们会受到电磁力的作用，根据左手定则可知，这一对电磁力形成使电枢逆时针转动的电磁转矩。

当电枢逆时针转过 180°到图 2-1b 所示的位置时，导体 ab 正对 S 极，cd 正对 N 极，由于电刷与换向器滑动接触，导体 ab 中的电流方向变为由 b 流向 a，导体 cd 中的电流方向变为由 d 流向 c，电磁转矩仍为逆时针方向，使电枢沿逆时针方向继续转动。

可见，电刷和换向器不仅把转动的电枢与外部固定的电源连接在一起，而且实现了电枢绕组电流的换向，从而产生方向不变的电磁转矩，使电动机连续转动，将输入的直流电能转换为机械能输出。

2.1.2　直流发电机的工作原理

直流发电机（Direct Current Generator）是将机械能转换成直流电能的装置。直流发电机的结构与直流电动机结构基本相同，如图 2-2 所示，不同的是电刷上不加直流电源，而是接负载。

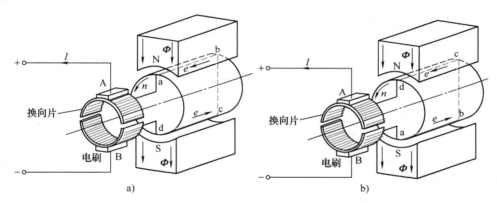

图 2-2　直流发电机原理图

a）ab 边正对 N 极　　b）ab 边正对 S 极

在原动机拖动下，电枢沿逆时针方向旋转，由于电枢绕组的导体切割磁场，将会在绕组中产生感应电动势。在图 2-2a 所示位置，导体 ab、cd 分别正对 N、S 磁极，根据右手定则可知，导体 ab 中的感应电动势的方向为由 b 指向 a，导体 cd 中的感应电动势的方向为由 d 指向 c，因此负载电流方向为由电刷 A 流出，经负载流向电刷 B。

当电枢转过 180°到图 2-2b 所示的位置时，导体 ab、cd 分别正对 S、N 磁极，根据右手定则可知，导体 ab 中的感应电动势的方向变为由 a 指向 b，导体 cd 中的感应电动势的方向变为由 c 指向 d。由于换向器与电刷滑动接触，此时电枢导体 a 端与电刷 B 连接，d 端与电刷 A 连接，流过负载的电流方向不变。

可见，直流发电机工作时，电枢绕组内部产生的电动势是交变的，但输出到负载上的电流方向是固定的。电刷和换向器不仅把转动的电枢与外部固定的负载电路连接一起，而且把电枢绕组内部的大小和方向均变化的交流电转换成了外部方向不变的直流电。

单个线圈产生的电动势大小是脉动的，如图 2-3 所示；实际的直流电机，电枢圆周上均匀地嵌放许多线圈，相应地换向器也由许多换向片组成，使电枢绕组产生的电动势足够大并且波形无脉动。

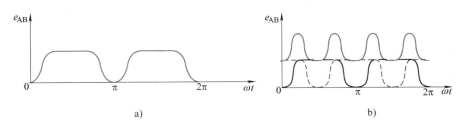

图 2-3 直流电机的电动势波形

a）单个线圈的电动势 b）两个线圈串联的电动势

2.2 直流电机的基本结构和额定值

2.2.1 直流电机的基本结构

直流电机的结构如图 2-4 所示，它主要由定子和转子两大部分组成，定子、转子之间留有气隙。分述如下：

1. 定子

定子是电机中固定不动的部件。直流电机的定子由主磁极、换向极、机座、端盖、轴承和电刷等部件组成，其作用是产生磁场和做机械支撑。

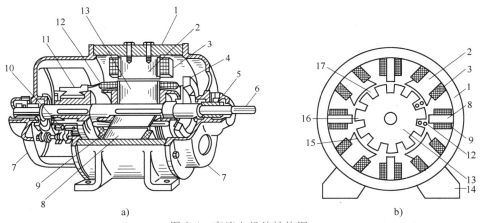

图 2-4 直流电机的结构图

a）立体剖视图 b）横向剖视图

1—机座 2—主磁极 3—励磁绕组 4—风扇 5—轴承 6—轴 7—端盖 8—换向极 9—换向极绕组
10—电刷 11—换向器 12—电枢绕组 13—电枢铁心 14—底脚 15—极靴 16—电枢齿 17—电枢槽

（1）主磁极 主磁极也叫主极，其作用是产生气隙磁场，它由主极铁心和套在铁心上的励磁绕组两部分组成，如图 2-4 所示。主极铁心靠近气隙端的扩大部分叫作极靴。为了降低涡流损耗，主极铁心一般由 1～1.5mm 厚的低碳钢板冲片叠压而成。主磁极也可以使用永久磁铁制成。主磁极总是成对出现，在机座内圆周以 N、S、N、S……异极性交替排列。

（2）换向极 换向极与主极的结构类似，安装在相邻两主极之间，如图 2-4 所示。换向极的作用是改善换向，以消除或减少换向火花。换向极的数目一般与主极的极数相等。在功率很小的直流电机中，换向极的数目也可以小于主极数，或不装换向极。

（3）机座　机座由铸铁或铸钢等材料制成，一方面起导磁作用，为主磁极磁场提供磁路；另一方面起机械支撑和保护作用。

（4）端盖　端盖固定在机座的两端，端盖上有轴承以支撑电机的转子旋转。

（5）电刷　电刷的作用一是把转动的电枢与外电路相连，二是与换向器配合作用获得直流电压。电刷通过刷架固定在端盖上，电刷一般由导电性良好的弹性铜片或石墨电极加压紧弹簧组成，其结构如图 2-5 所示。

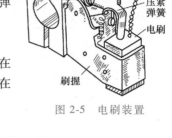

图 2-5　电刷装置

2. 转子

电机的转动部件叫转子，直流电机的转子又称为电枢。在电动机中，电枢绕组通电后受电磁力作用，形成输出转矩；在发电机中，电枢绕组切割磁力线，产生感应电动势。

转子主要由以下几部分组成。

（1）电枢铁心　电枢铁心的作用是作为磁的通路和嵌放绕组。如图 2-6 所示，电枢铁心通常是由 0.5mm 厚的涂有绝缘漆的硅钢片叠压而成，铁心表面冲有槽，槽内可以嵌放电枢绕组。

（2）电枢绕组　电枢绕组用来产生感应电动势和通过电流，是直流电机实现机电能量转换的关键部件。电枢绕组是由若干绝缘导线构成的线圈组

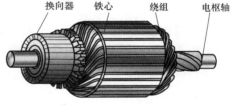

图 2-6　直流电机的转子结构

成的，每个线圈按一定的规律焊接到换向器上而相连成一个整体。

（3）换向器　换向器的作用是把电枢内部的交流电用机械换接的方法转换成直流电，如图 2-6 所示，它是由多个互相绝缘的换向片组成的。

2.2.2　直流电机的电枢绕组

1. 绕组的基本概念

电枢绕组是电机的重要部件。按照绕组的连接方式，直流电机的绕组有五种形式：单叠绕组、单波绕组、复叠绕组、复波绕组和蛙绕组（叠绕和波绕混合绕组）。其中，单叠绕组和单波绕组是最基本的，其他则是由这两种绕组演化来的。

下面介绍电枢绕组的一些基本概念。

（1）元件　元件是构成电枢绕组的基本部件，所谓元件是指两端分别与两片换向片相连的单匝或多匝线圈，如图 2-7a 所示。

每个元件有两个放在槽中能切割磁通、感应电动势的有效边，称为元件边。元件在槽外的部分仅作为连接引线，称为端接。为了便于嵌线，每个元件的一个元件边放在某一槽的上层（称为上层边），另一个元件边

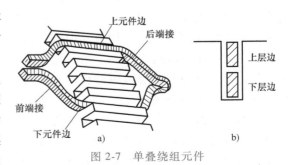

图 2-7　单叠绕组元件

则放在另一个槽的下层（称为下层边），如图 2-7b 所示。

（2）叠绕组和波绕组 元件之间有两种不同的连接方法，在图 2-8a 中，相邻连接的元件互相重叠，这种绕组称为叠绕组；在图 2-8b 中，相邻连接的两元件成波浪形，这种绕组称为波绕组。

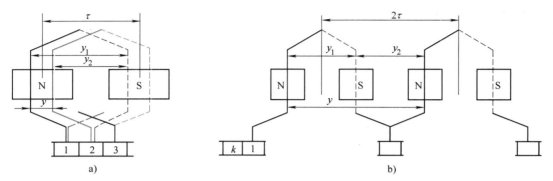

图 2-8 电枢绕组的节距

a）单叠绕组元件 b）单波绕组元件

（3）极距 在电枢表面，一个磁极所跨过的距离称为极距，它也就是两个磁极中心线之间的距离。一般用符号 τ 来表示极距。如果电枢总槽数为 Q，电机的极数为 $2p$（p 为极对数），则极距 τ 为

$$\tau = \frac{Q}{2p} \tag{2-1}$$

（4）绕组的节距 绕组的特点通常用节距来描述，如图 2-8 所示。

每个元件的两个有效边在电枢表面所跨过的距离称为绕组的第一节距 y_1，用所跨过的槽数来表示。y_1 所跨的距离应接近一个极距 τ。当 $y_1 = \tau$ 时，元件为整距；当 $y_1 < \tau$ 时，元件为短距；当 $y_1 > \tau$ 时，元件为长距。由于短距绕组的端接较短，故使用较广。

同一换向片所串联的两个元件中，前一元件的下元件边与后一元件的上元件边之间的距离，称为绕组的第二节距 y_2，也可以用电枢表面所跨的槽数来表示。

相邻两串联元件的对应边之间的距离，称为合成节距 y，也以在电枢表面上所跨的槽数来表示。合成节距 y 总是等于 y_1 与 y_2 的代数和，即

$$y = y_1 + y_2 \tag{2-2}$$

2. 单叠绕组

下面以一个主磁极数 $2p = 2$、槽数为 8 的电机说明单叠绕组的特点。图 2-9 所示为该单叠绕组展开图，图中实线表示上层元件边，虚线表示下层元件边，一实一虚两根线表示一个槽。元件按照上层边编号，槽与其中的上层边编号相同，换向片与其相连的上层边取同一编号。

电机运行时，主磁极 N、S 和电刷 A、B 固定不动，如令电枢绕组和换向片以转速 n 向左转动，N 表示磁力线穿入纸面，S 表示磁力线穿出纸面。

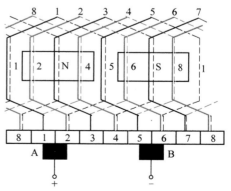

图 2-9 单叠绕组展开图

（$2p = 2$，$Q = 8$，$y_1 = \tau = 4$，$y = 1$）

则当转子转到图 2-9 所示位置时，电机电路有如下特点：

1）1、5 号元件所处的位置磁通密度为零，元件中没有感应电动势。电刷 A、B 分别将元件 1、5 短路。

2）2、3、4 号元件首尾串联，每个元件的上元件边均在 N 极下，下元件边在 S 极下，它们产生的电动势同方向串联，2 号元件首端接电刷 A，4 号元件尾接电刷 B，构成如图 2-10 所示的并联上支路。

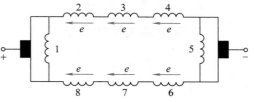

图 2-10　电枢绕组的并联支路

3）6、7、8 号元件首尾串联，但是每个元件的上元件边均在 S 极下，下元件边在 N 极下，它们产生电动势方向与元件 2、3、4 正好相反，构成如图 2-10 所示的并联下支路。

可见，上述绕组任何两个相邻的串联元件总是后一元件紧叠在前一元件之上，每嵌完一个元件便在电枢表面上移过一个槽，即 $y=1$，故称单叠绕组。

单叠绕组把每个主磁极下的元件串联成一条支路，因此其主要特点是绕组的并联支路对数 a 等于磁极对数 p。

顺便指出，并联支路对数 a 是区分不同绕组的重要特征，可以把不同型式的绕组看作具有不同并联支路对数的绕组。

2.2.3　直流电机的额定值

额定值是电机制造厂按国家标准对产品在指定工作条件下（称为额定工作条件）所规定的一些量值。额定值通常标注在电机的铭牌上。直流电机的额定值主要有：

（1）额定电压 U_N　对于直流电动机，U_N 是输入电压的额定值；对于直流发电机，U_N 是输出电压的额定值。

（2）额定电流 I_N　对于直流电动机，I_N 是输入电流的额定值；对于直流发电机，I_N 是输出电流的额定值。

（3）额定功率 P_N　对于直流电动机，P_N 是指电动机轴上输出的机械功率的额定值，即

$$P_N = T_N \Omega_N = \frac{2\pi}{60} T_N n_N \tag{2-3}$$

式中　T_N——直流电动机的额定输出转矩；

　　　Ω_N——直流电动机的额定角速度；

　　　n_N——直流电动机的额定转速。

对于直流发电机，P_N 是指输出电功率的额定值，即

$$P_N = U_N I_N \tag{2-4}$$

额定功率的单位为 W 或 kW。

（4）额定转速 n_N　电机在额定运行时转子转速称为额定转速，单位为转/分钟，记作 r/min。

还有一些额定值，如额定效率 η_N、额定转矩 T_N、额定温升 θ_N 和励磁方式等，不一定都标在铭牌上。

直流电机运行时，若各个物理量都与它的额定值一样，称为额定状态。在额定运行状态下，电机能长期可靠运行，并具有良好的性能。实际运行中，电机不一定总是运行在额定状

态。若流过电机的电流小于额定电流，称为轻载。长期轻载运行，电机没有得到充分利用，效率降低，不经济。流过电机的电流超过额定值，称为过载运行。长期过载运行会导致电机过热，缩短电机的使用寿命，严重时甚至会损坏电机。因此，应根据负载的要求选择电机，使电机尽量工作在额定状态附近。

2.2.4 直流电机按励磁方式分类

直流发电机按励磁方式可分为自励和他励两大类。他励直流发电机的励磁绕组由其他电源供电，而与电枢电路没有电的联系，如图 2-11a 所示。图中 G 表示发电机；若为电动机，则用 M 表示。

自励直流发电机的励磁绕组由该电机本身的电枢绕组供电，按励磁绕组与电枢绕组的连接方式，自励又可分为并励、串励和复励三种。并励直流发电机的电枢绕组和励磁绕组并联，如图 2-11b 所示；串励直流发电机的电枢和励磁绕组相串联，如图 2-11c 所示；复励直流发电机既有并励绕组又有串励绕组，如图 2-11d 所示。

直流电动机基本上也可仿照上述方法按励磁方式分为他励、并励、串励和复励四种。他励直流电动机的电枢绕组和励磁绕组分别由不同的电源供电。电动机不称自励。

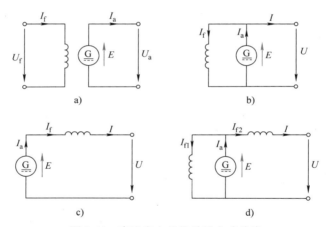

图 2-11 直流发电机按励磁方式分类

a）他励直流发电机 b）并励直流发电机 c）串励直流发电机 d）复励直流发电机

【例 2-1】 一台他励直流电动机，额定功率 $P_N = 17kW$，额定电压 $U_N = 220V$，额定转速 $n_N = 1500 r/min$，额定效率 $\eta_N = 83\%$。求电动机的输入功率 P_1、额定电流 I_N 和额定输出转矩 T_N 各是多少？

解：输入功率为

$$P_1 = \frac{P_N}{\eta_N} = \frac{17 \times 10^3}{0.83} W = 20.5 kW$$

额定电流为

$$I_N = \frac{P_1}{U_N} = \frac{20.5 \times 10^3}{220} A = 93.1 A$$

或

$$I_N = \frac{P_N}{U_N \eta_N} = \frac{17 \times 10^3}{220 \times 0.83} A = 93.1A$$

额定输出转矩为

$$T_N = 9.55 \frac{P_N}{n_N} = 9.55 \times \frac{17 \times 10^3}{1500} N \cdot m = 108.2N \cdot m$$

【例 2-2】　一台他励直流发电机，额定功率 $P_N = 180kW$，额定电压 $U_N = 230V$，额定转速 $n_N = 1450r/min$，额定效率 $\eta_N = 89.5\%$。求电机的输入功率 P_1 和额定电流 I_N 各是多少？

解：输入功率为

$$P_1 = \frac{P_N}{\eta_N} = \frac{180 \times 10^3}{0.895} W = 201.1kW$$

额定电流为

$$I_N = \frac{P_N}{U_N} = \frac{180 \times 10^3}{230} A = 782.6A$$

2.3　直流电机的磁场和电枢反应

2.3.1　直流电机的空载磁场

当直流电机空载时，电枢电流可忽略不计，所以空载时的磁场由主磁极的励磁磁动势单独作用产生，其分布如图 2-12a 所示。空载时磁场轴线与磁极轴线相重合，相邻两主极之间的中心线处径向磁通密度为零，称此中心线为几何中性线。

空载时，气隙磁通密度的分布如图 2-12b 所示，气隙的长度虽短，但由于它的磁阻比铁磁材料的磁阻大许多倍，故励磁磁动势中的大部分降落于气隙中。在极靴下气隙较小，磁通

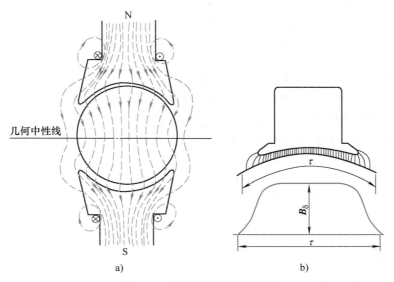

a)　　　　　　　　　　　　　　b)

图 2-12　直流电机的空载磁场

a）空载磁场分布图　b）气隙磁通密度分布

密度较大；极尖处气隙较大，磁通密度较小；在极靴范围以外，气隙磁通密度减小得很快，在两极之间的几何中性线处磁通密度为零。

2.3.2 电枢磁动势

当电机负载运行时，电枢绕组中就会有电流流过，与励磁电流产生励磁磁动势一样，电枢电流也会产生磁动势，称为电枢磁动势或电枢反应磁动势。

有载时，电枢绕组的电流分布如图 2-13a 所示。为简明起见，图中未画出换向器。由于电枢绕组各支路中的电流是由电刷引入或引出的，故电刷是电枢表面电流分布的分界线。因此，从原理上看，与有换向器时是一样的。根据右手螺旋定则，电枢磁动势所建立的磁场分布如图中虚线所示（为了单独考虑电枢磁场，图中没有画出主极磁场）。

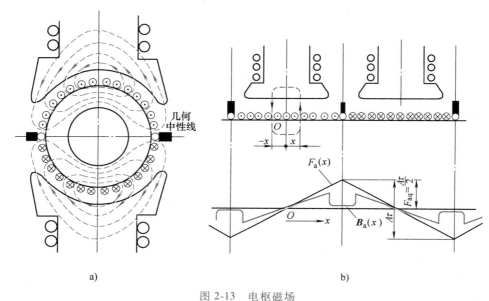

a)　　　　　　　　　　　　　　　　b)

图 2-13　电枢磁场

a）电枢磁场分布图　b）电枢磁动势和磁密分布

现在把电枢外圆展开成直线，画出电枢和主极，如图 2-13b 所示。以主极轴线与电枢表面的交点 O 为原点，在一个极距范围内，经过距原点为 $+x$ 和 $-x$ 的两点作一个闭合回路，如图 2-13b 所示，则此回路所包围的电枢导体总电流数就是消耗在该回路上的总磁压降。假设铁心磁路不饱和，即忽略铁心部分所需的磁压降，则消耗在 x 点处每个气隙上的电枢磁动势为

$$F_a(x) = \frac{1}{2}\left(\frac{2x}{\pi D_a}Ni_a\right) = \frac{Ni_a}{\pi D_a}x = Ax \tag{2-5}$$

式中　A——电枢表面单位长度上的安培导体数，称为电枢的线负荷，$A = \dfrac{Ni_a}{\pi D_a}$；

　　　　i_a——导体的电流；

　　　　N——电枢总导体数；

　　　　D_a——电枢的直径。

在 $-\dfrac{\tau}{2} \leqslant x \leqslant \dfrac{\tau}{2}$ 范围内，可画出电枢磁动势沿电枢表面的分布，如图 2-13b 中的粗线所示。图中纵坐标为磁动势，正磁动势的方向为从电枢到主极，负磁动势的方向为由主极到电枢。由图可见，电枢磁动势在空间呈三角形分布，在正负电刷之间的中心点处为零，而在两电刷处达最大值，其最大值为

$$F_{aq} = \frac{1}{2} A\tau \tag{2-6}$$

根据电枢磁动势沿气隙的分布，可求得电枢磁场沿气隙的磁通密度分布为

$$B_a(x) = \mu_0 \frac{F_a}{\delta'} = \mu_0 \frac{Ax}{\delta'} \tag{2-7}$$

式中　δ'——等效气隙长度。

在主磁极极靴下，如气隙长度均匀，则磁通密度 $B_a(x)$ 是经过原点 O 的直线；在极靴以外，气隙迅速增加，因此 $B_a(x)$ 急剧减少，磁通密度曲线呈马鞍形。

2.3.3　电枢反应

直流电机电枢磁动势的出现必然改变电机内的磁场分布，电枢磁动势对励磁磁场的影响称为电枢反应。电枢反应对气隙磁通的大小和分布、电机的运行性能、换向的好坏都有影响。

当电机带负载时，电机中磁场是由电枢磁动势和励磁磁动势共同作用产生的，其分布如图 2-14a 所示。

由图可见，磁场发生了畸变，电枢圆周上几何中性线处径向磁通密度不再为零，而实际径向磁通密度为零的点偏移了一个角度。将通过圆心和电枢圆周上径向磁通密度为零的点连接成的直线称为物理中性线。

若不计磁饱和的影响，把励磁磁动势建立的磁场与电枢磁动势建立的磁场叠加，就得到

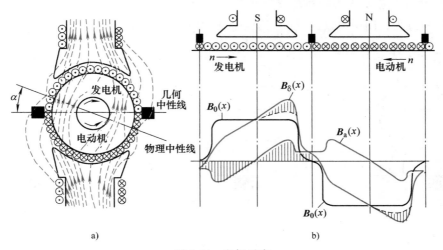

图 2-14　电枢反应

a）负载时磁场分布　b）负载时气隙磁场

合成磁场，如图 2-14b 所示。这时每个主极下的磁场一半被削弱，另一半被加强，总的磁通不变。实际上，电机的磁路总存在一定程度的饱和，被加强部分的磁通增加量小于被削弱部分的磁通减少量，实际的磁通密度曲线如图中虚线所示，因此，每极磁通减少了。

总之，电枢反应对气隙磁场的影响如下：

1）使物理中性线偏离几何中性线。对发电机来说，是顺着电枢旋转方向偏移；对电动机则是逆着电枢转向偏移。

2）电枢反应不但使气隙磁场发生畸变，而且还有一定的去磁作用。

*2.3.4 电枢反应对换向的影响及改善换向的措施

1. 电枢反应对换向的影响

电枢反应使气隙磁场发生畸变，会对电机的换向带来不利影响：

1）由于几何中性线处的气隙磁密不再为零，于是，处在几何中性线处的换向元件（电刷是与处在几何中性线处的元件所连接的换向片接触的）中必然会产生感应电动势，使换向发生困难。

2）气隙磁场畸变使换向器上的片间电压不均匀，尤其当电机负载突变时，形成强烈的电枢反应，气隙磁场严重畸变，有可能使相邻两换向片之间的电位差超过一定的限度，从而产生电位差火花，而且随着电弧的拉长可能出现环火。

换向是直流电机的一个专门问题，换向不良就会在换向器和电刷间产生火花，火花超过一定程度，就会烧坏电刷和换向器，严重影响电机运行。此外，火花会产生电磁波，对无线通信造成干扰。

产生火花的原因有很多，除电磁原因外，还有机械的原因，换向过程中还伴随着电化学、电热等因素，它们相互交织在一起，过程相当复杂。

下面主要从电磁理论的角度简要介绍直流电机的换向及其改善换向的方法。

2. 换向的基本概念

直流电机工作时，电枢绕组各元件不断地从一个支路，换入另一个支路，元件中的电流也不断改变方向，图 2-15 表示单叠绕组的一个元件在电刷不动、电枢绕组以线速度 v_k 向左移动时的换向过程，图中电刷的宽度等于换向片的宽度，片间绝缘厚度忽略不计。元件 1 在

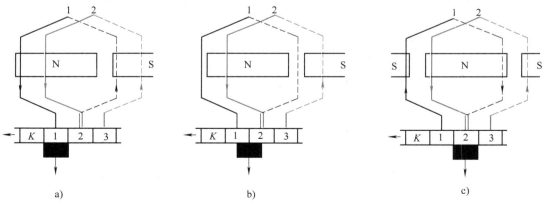

a）   b）   c）

图 2-15 元件的换向过程

a）换向前 b）换向中 c）换向后

图 2-15a 所示位置时，属于电刷右边的支路，支路电流为 i_a；在图 2-15b 所示的位置，元件 1 被电刷短路，流过的电流 i 发生变化；到图 2-15c 所示的位置时，元件 1 已换到电刷左边的支路，流过的电流变为 $-i_a$。元件电流方向的这种变化过程叫作换向。

换向过程是在极短的时间内完成的，通常只有千分之几秒。但是，电机在运行中，任何时刻都有元件在换向。换向过程虽短，但对电机的影响却很重要。

在换向过程中，如果换向元件中的电动势 $\sum e = 0$，换向元件中电流随时间均匀变化，如图 2-16 中曲线 1 所示，这种换向称为直线换向。直线换向时，电刷和换向器不会产生火花，换向状况良好。

然而，电机正常运行时换向元件中会感应几种电动势，即 $\sum e \neq 0$。首先，由于电枢反应使气隙磁场发生畸变，导致换向元件中产生感应电动势，我们把这种感应电动势称为电枢反应电动势 e_a，其方向总是企图保持元件原来的电流方向不变。同时，由于换向元件存在电感 L_e，当元件电流 i 变化时，将产生电抗电动势 $e_r = -L_e \dfrac{\mathrm{d}i}{\mathrm{d}t}$，其方向也是阻碍电流变化

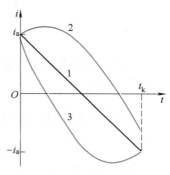

图 2-16　换向电流变化

的。因此，换向过程被延迟，这种换向称为延迟换向，其换向电流变化如图 2-16 中曲线 2 所示。如果换向被严重延迟，则电刷离开换向片 1 时（图中 $t = t_k$ 时刻），换向元件 1 中的电流 i 还大大偏离 $-i_a$，但此时元件已移入另一支路，换向被强制结束，因此电流突变为 $-i_a$，巨大的 $\dfrac{\mathrm{d}i}{\mathrm{d}t}$ 将导致严重的火花，即换向回路中储存的电磁能量瞬间通过空气释放引起火花。

为了改善严重延迟换向引起的火花，可采取措施使换向元件中产生一个附加电动势 e_k，以抵消 e_a 和 e_r，如 $e_k > e_a + e_r$，则换向电流变化如图 2-16 中曲线 3 所示，这种换向称为超越换向。

3. 改善换向的方法

常用的改善换向方法有两种：加装换向磁极和移动电刷。

安装换向极是改善换向最有效的方法，大型直流电机几乎都要装换向极。换向极是装在两个主极之间的小磁极，换向极绕组与电枢绕组串联，如图 2-17 所示。换向极绕组产生的磁动势必须与电枢反应磁动势方向相反，并且在数值大于 F_{aq}。这样，换向极产生一个换向磁场，在换向元件中可产生一个附加电动势 e_k，抵消电抗电动势 e_r，达到改善换向的目的。

在无换向极的电机中，把电刷从几何中性线移开一个适当的角度，使换向区域从几何中性线进入主极之下，利用主磁场来代替换向极产生的磁场，也可达到改善换向的

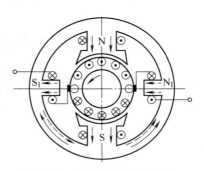

图 2-17　装置换向极改善换向

目的，如图 2-18 所示。在发电机中，电刷应自几何中性线顺着电枢旋转方向移过一个适当的角度；而在电动机中，则应逆着电枢旋转方向移过一个适当的角度。

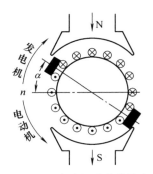

图 2-18 移动电刷改善换向

2.4 直流电机的感应电动势和电磁转矩

2.4.1 直流电机的感应电动势

直流电机旋转时，电枢导体切割气隙磁场，在电枢绕组中产生感应电动势。电机运行时气隙磁通密度分布如图 2-19 所示，设电枢导体的有效长度为 l，电枢导体的线速度为 v，则在某个位置 x 处单根导体的感应电动势为

$$e_x = B_x l v$$

设电枢总导体数为 N，则每条支路的导体数为 $\dfrac{N}{2a}$，于是电枢电动势为

$$E = \sum_{x=1}^{N/2a} e_x = l v \sum_{x=1}^{N/2a} B_x \tag{2-8}$$

为简单起见，引入平均气隙磁通密度 B_{av}，它等于电枢表面上一个极距内各点气隙磁通密度的平均值，即 $B_{av} = \dfrac{1}{\tau} \displaystyle\int_0^\tau B_x \mathrm{d}x$，则 $\displaystyle\sum_{x=1}^{N/2a} B_x \approx \dfrac{N}{2a} B_{av}$。如果每极磁通 Φ 已知，则可求得 $B_{av} = \dfrac{\Phi}{l\tau}$；而线速度 $v = \dfrac{2p\tau}{60} n$，将以上关系代入式（2-8），得

$$E = l v \frac{N}{2a} B_{av} = l \frac{2p\tau}{60} n \frac{N}{2a} \frac{\Phi}{\tau l} = \frac{Np}{60a} \Phi n = C_E \Phi n \tag{2-9}$$

式中 C_E——电动势常数，$C_E = \dfrac{Np}{60a}$。

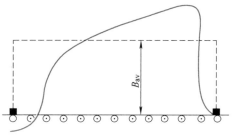

图 2-19 气隙磁通密度分布

式（2-9）表明，直流电机的感应电动势与每极磁通及转速的乘积成正比。

2.4.2　直流电机的电磁转矩

当电枢绕组通过电流时，载流导体与气隙磁场相互作用，就会产生电磁转矩。如导体电流为 i_a，则一根导体在气隙磁场中受到的平均电磁力为

$$f_{av} = B_{av} l i_a \tag{2-10}$$

如电枢直径为 D_a，则单根导体的平均电磁转矩为

$$T_{av} = \frac{D_a}{2} F_{av} = \frac{D_a}{2} B_{av} l i_a \tag{2-11}$$

电机的总电磁转矩为所有导体电磁转矩之和，考虑到电枢直径 $D_a = \dfrac{2p\tau}{\pi}$，支路电流 i_a 与电枢电流 I_a 之间的关系为 $i_a = \dfrac{I_a}{2a}$，则电机的电磁转矩为

$$T_e = N T_{av} = N \frac{2p\tau}{2\pi} \frac{\Phi}{\tau l} l \frac{I_a}{2a} = C_T \Phi I_a \tag{2-12}$$

式中　　C_T——电机的电磁转矩常数，$C_T = \dfrac{Np}{2\pi a}$。

式（2-12）表明，直流电机的电磁转矩与每极磁通和电枢电流的乘积成正比。

比较式（2-9）和式（2-12），可得

$$C_T = \frac{60}{2\pi} C_E = 9.55 C_E \tag{2-13}$$

2.5　直流电动机的运行分析

2.5.1　直流电动机的基本方程

下面以他励直流电动机为例，分析直流电动机的基本方程。规定直流电机中各物理量的正方向如图 2-20 所示。根据图中规定的正方向，如果端电压 U、电枢电流 I_a 和电枢电动势 E 都为正，表示电动机从电源吸收电功率 UI_a，而电枢吸收了电磁功率 EI_a，这就是所谓的电动机惯例。图中还画出了电动机转速 n、电磁转矩 T_e 和负载转矩 T_L 的正方向，规定 T_e 与 n 同向为正，T_L 与 n 反向为正。

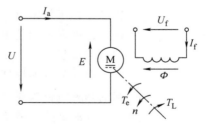

图 2-20　直流电动机的正方向规定

按已规定好的正方向，写出电动机的基本方程式，为

$$U = E + R_a I_a \tag{2-14}$$

$$E = C_E \Phi n \tag{2-15}$$

$$T_e = T_L = T_2 + T_0 \tag{2-16}$$

$$T_e = C_T \Phi I_a \tag{2-17}$$

式中 R_a——电枢绕组总电阻，包括电刷的接触电阻；

T_0——空载转矩，是由电动机的机械摩擦损耗及铁损引起的阻转矩；

T_2——生产机械的制动转矩；

T_L——负载转矩，它是电动机的空载转矩 T_0 与生产机械的制动转矩 T_2 的总称。

将式（2-14）两端同乘以 I_a，得

$$UI_a = EI_a + R_a I_a^2$$

即

$$P_1 = P_e + P_{Cua} \tag{2-18}$$

式中 P_1——电动机的输入功率，$P_1 = UI_a$；

P_e——电枢吸收的电功率，$P_e = EI_a$；

P_{Cua}——电枢总铜损耗，$P_{Cua} = I_a^2 R_a$。

因为

$$EI_a = C_E \Phi n I_a = \frac{Np}{60a} \Phi \frac{60\Omega}{2\pi} I_a = \frac{Np}{2\pi a} \Phi I_a \Omega = C_T \Phi I_a \Omega = T_e \Omega \tag{2-19}$$

所以，电动机将电枢吸收的电功率 EI_a 转换成了机械功率 $T_e\Omega$，把 $P_e = EI_a = T_e\Omega$ 称为电磁功率。

式（2-18）是电动机电枢回路的功率平衡方程，它表示电动机吸收的电功率 P_1 在平衡电枢回路的铜损耗后，变为传递到转子的机械功率 P_e。

将式（2-16）两端同乘以机械角速度 Ω，得

$$T_e \Omega = T_2 \Omega + T_0 \Omega$$

即

$$P_e = P_2 + P_0 \tag{2-20}$$

式中 P_e——电磁功率，$P_e = T_e\Omega$；

P_2——电动机输出的机械功率，$P_2 = T_2\Omega$；

P_0——空载损耗功率，包括机械摩擦损耗 P_{fw}、铁损耗 P_{Fe} 和附加损耗 P_{ad}。其中，机械损耗包括轴承、电刷的摩擦损耗，定、转子的空气摩擦损耗以及通风损耗等；铁损耗则是由主磁通在转动的电枢铁心中交变引起的；附加损耗产生的原因很复杂，主要包括：电枢开槽引起主磁场脉动，而在主极铁心和电枢铁心引起的脉振损耗，在极靴表面引起的表面损耗，电枢反应使磁场畸变引起的额外电枢铁耗，金属紧固件中的铁耗和换向引起附加铜耗等。$P_0 = T_0\Omega$。

式（2-20）是电动机的机械功率平衡方程，它表示由电功率转化的机械功率 P_e 需要平衡机械损耗、铁损耗和附加损耗之后，才变为轴上输出的机械功率 P_2。

综合式（2-18）和式（2-20），得直流电动机的功率关系为

$$P_1 = P_e + P_{Cua} = P_2 + P_{Cua} + P_{fw} + P_{Fe} + P_{ad} = P_2 + \sum P \tag{2-21}$$

式中 $\sum P$——电动机的总损耗，$\sum P = P_{Cua} + P_{fw} + P_{Fe} + P_{ad}$。

他励直流电动机稳态运行时的功率流程如图 2-21 所示。

电动机的效率为

$$\eta = \frac{P_2}{P_1} \times 100\% = \frac{P_1 - \sum P}{P_1} \times 100\% \tag{2-22}$$

2.5.2 他励/并励直流电动机的工作特性

直流电动机运行中的转速特性 $n = f(I_a)$、转矩特性 $T_e = f(I_a)$ 和效率特性 $\eta = f(I_a)$ 统称为工作特性。电动机的工作特性因励磁方式不同有很大的差异，下面分别对他励（并励）、串励和复励直流电动机进行讨论。

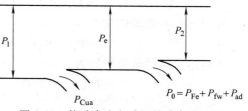

图 2-21　他励直流电动机的功率流程图

1. 他励/并励直流电动机

对于他励和并励直流电动机，工作特性是指当 $U = U_N$、$I_f = I_{fN}$ 时，n、T_e 和 η 与 I_a 的关系曲线，如图 2-22 所示。

（1）转速特性　如图 2-22 所示，转速特性是一条略微下倾的曲线。把公式 $E = C_E \Phi n$ 代入 $U = E + I_a R_a$，可得转速公式

$$n = \frac{U}{C_E \Phi} - \frac{R_a}{C_E \Phi} I_a \tag{2-23}$$

式（2-23）对各种励磁方式的电动机都适用。在 $U = U_N$、$I_f = I_{fN}$ 的条件下，影响转速的因素有两个：电枢回路的电阻压降 $R_a I_a$ 和电枢反应。当负载增加使电流 I_a 增加时，电阻压降 $R_a I_a$ 使转速趋于下降，但电枢反应起去磁作用，它使转速趋于上升，因此它们对转速的影响部分抵消，转速变化很小。为了保证电动机能够稳定运行，电动机的转速特性应是略向下倾斜的（详见 7.4 节的叙述）。

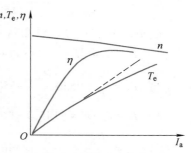

图 2-22　他励直流电动机的工作特性

（2）转矩特性　如图 2-22 所示，当磁通不变时，电磁转矩 T_e 与电枢电流 I_a 成正比变化，考虑到电枢反应的去磁作用，电磁转矩 T_e 略有减小。

（3）效率特性　如图 2-22 所示，电枢电流从零开始增大时，效率逐渐增大，当电枢电流大到一定程度时，效率又逐渐减小了。

在电动机的总损耗中，空载损耗 P_0 不随电枢电流 I_a 的变化而变化，为不变损耗；铜损耗 P_{Cu} 随 I_a^2 成正比变化，为可变损耗。可以证明，当可变损耗等于不变损耗时，电动机的效率最高。

【例 2-3】　一台并励直流电动机，$P_N = 96kW$，$U_N = 440V$，$I_N = 255A$，$I_{fN} = 5A$，$n_N = 500r/min$，电枢回路总电阻 $R_a = 0.078\Omega$。忽略电枢反应的影响，求额定输出转矩和额定电流时的电磁转矩各是多少？

解：额定输出转矩为

$$T_N = 9.55 \frac{P_N}{n_N} = 9.55 \times \frac{96 \times 10^3}{500} N \cdot m = 1833.5 N \cdot m$$

额定运行时的电枢电流为

$$I_{aN} = I_N - I_{fN} = (255-5)\,A = 250A$$

额定运行时的电动势为

$$E_N = U_N - R_a I_{aN} = (440-0.078\times250)\,V = 420.5V$$

额定运行时的电磁功率为

$$P_{eN} = E_N I_{aN} = 420.5\times250W = 105125W$$

额定运行时的电磁转矩为

$$T_{eN} = \frac{P_{eN}}{\dfrac{2\pi n_N}{60}} = 9.55\frac{P_{eN}}{n_N} = 9.55\times\frac{105125}{500}N\cdot m = 2008N\cdot m$$

【例 2-4】 已知某并励直流电动机，$P_N = 22kW$，$U_N = 220V$，$I_N = 115A$，$n_N = 1500r/min$，电枢电阻 $R_a = 0.18\Omega$，励磁电阻 $R_f = 628\Omega$。试求：（1）$C_E\Phi_N$、$C_T\Phi_N$；（2）电磁转矩 T_e；（3）额定输出转矩 T_N；（4）空载转矩 T_0；（5）理想空载转速 n_0 与实际空载转速 n_0'。

解：

（1）$I_a = I_N - \dfrac{U_N}{R_f} = \left(115-\dfrac{220}{628}\right)A = 114.7A$

$$C_E\Phi_N = \frac{U_N - R_a I_a}{n_N} = \frac{220-0.18\times114.7}{1500}V\cdot(min/r)^{-1} = 0.133V\cdot(min/r)^{-1}$$

$$C_T\Phi_N = 9.55 C_E\Phi_N = 1.27V\cdot(min/r)^{-1}$$

（2）$T_e = C_T\Phi_N I_a = 1.27\times114.7N\cdot m = 145.7N\cdot m$

（3）$T_N = \dfrac{P_N}{\Omega_N} = 9550\dfrac{P_N}{n_N} = 9550\times\dfrac{22}{1500}N\cdot m = 140N\cdot m$

（4）$T_0 = T_e - T_2 = (145.7-140)N\cdot m = 5.7N\cdot m$

（5）$n_0 = \dfrac{U_N}{C_E\Phi_N} = \dfrac{220}{0.133}r/min = 1654r/min$

$$n_0' = \frac{U_N}{C_E\Phi_N} - \frac{R_a}{C_E\Phi_N C_T\Phi_N}T_0 = \left(1654-\frac{0.18}{0.133\times1.27}\times5.7\right)r/min = 1648r/min$$

2. 串励直流电动机的工作特性

串励直流电动机的工作特性是指当 $U = U_N$ 时，n、T_e 和 η 与 I_a 的关系曲线。

串励直流电动机的特点是励磁电流等于电枢电流，即 $I_f = I_a$，气隙磁通 Φ 随电枢电流 I_a 的变化而变化。

当电动机的磁路不饱和时，$\Phi = kI_a$，其中 k 是比例常数。注意到此时电路电阻是电枢电阻 R_a 和励磁绕组电阻 R_f 之和，其转速公式和转矩公式分别变为

$$n = \frac{U}{C_E\Phi} - \frac{R_a+R_f}{C_E\Phi}I_a = \frac{U}{C_E k I_a} - \frac{R_a+R_f}{C_E k} \tag{2-24}$$

$$T_e = k C_T I_a^2 \tag{2-25}$$

串励直流电动机的工作特性如图 2-23 所示。当电枢电流增加时，转速下降得很快，这是串励直流电动机的一个特点。因为电枢电流增加时，一方面电枢回路总电阻压降变大，另

一方面磁通增加，由式（2-24）可见，这两种作用都使转速降低。

串励直流电动机的转矩随大于电流一次方的比例增加，其优点是起动转矩大，过载能力强，这是串励直流电动机的又一个特点。

在空载时，转矩很小，因此电枢电流及主磁通也很小。由式（2-24）和式（2-25）可见，此时串励直流电动机的转速会上升到危险的高速，俗称"飞速"，电动机的机械强度往往不能承受这样大的离心力而受到损坏。所以串励直流电动机绝对不允许空载起动及空载运行。为安全起见，串励直流电动机不能采用皮带传动，而必须与生产机械直接耦合，以免皮带折断或打滑，造成电动机空载而产生危险的高速。

3. 复励直流电动机的转速特性

复励直流电动机的转速特性如图 2-24 所示，由于既有并励绕组，又有串励绕组，因此它的工作特性介于并励和串励电动机两者之间。

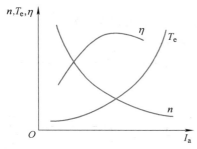

图 2-23 串励直流电动机的工作特性

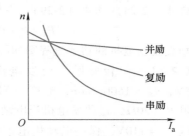

图 2-24 复励直流电动机的转速特性

2.6 直流发电机的运行分析

2.6.1 直流发电机的基本方程

直流发电机由原动机拖动电枢旋转，电枢绕组切割气隙磁场，产生感应电动势 E，接上负载（如电阻）以后，将在电枢绕组和负载所构成的回路中产生电流 I_a，I_a 与 E 的方向相同。I_a 与气隙磁场相互作用产生制动性质的电磁转矩 T_e，即电磁转矩 T_e 与轴上输入的机械转矩 T_1 方向相反。他励直流发电机的正方向规定如图 2-25 所示。

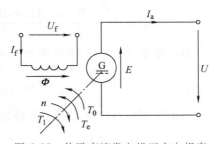

图 2-25 他励直流发电机正方向规定

根据上述正方向规定，可以列出他励直流发电机的基本方程为

$$E = U + R_a I_a \tag{2-26}$$
$$T_1 = T_e + T_0 \tag{2-27}$$

由式（2-26）可知，发电机的电动势 E 总是大于其端电压 U。顺便指出，E 与 U 的关系可以作为判定直流电机处于电动机状态还是发电机状态的判据。当 $E > U$ 时为发电机状态，当 $E < U$ 时为电动机状态。

将式（2-26）两端同乘以 I_a，得发电机电枢回路的功率平衡方程，为

$$EI_a = UI_a + R_a I_a^2$$

即

$$P_e = P_2 + P_{Cua} \tag{2-28}$$

式中 P_2——发电机输出的电功率，$P_2 = UI_a$。

将式（2-27）两端同乘以电机的机械角速度 Ω，得发电机的机械功率平衡方程，为

$$T_1\Omega = T_e\Omega + T_0\Omega$$

即

$$P_1 = P_e + P_0 \tag{2-29}$$

可见，原动机输入到发电机轴上的机械功率 P_1 需要机械损耗、铁损耗和附加损耗之后，才能转换成电功率 P_e。

综合式（2-28）和式（2-29），得他励直流发电机的功率平衡方程式为

$$P_1 = P_e + P_0 = P_2 + P_{Cua} + P_0 = P_2 + \sum P \tag{2-30}$$

他励直流发电机的功率流程图如图 2-26 所示。

【例 2-5】 一台并励直流发电机 $P_N = 46\text{kW}$，$U_N = 115\text{V}$，$n_N = 1500\text{r/min}$，电枢电阻 $R_a = 0.01\Omega$，励磁电阻 $R_f = 20\Omega$，把此发电机当电动机运行，所加电源电压 $U_N = 110\text{V}$，保持电动机电枢电流和发电机时一样，不考虑磁路的饱和影响，求电动机的转速和电磁转矩。

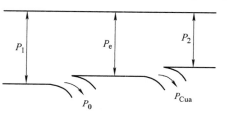

图 2-26 他励直流发电机的功率流程图

解：发电机的电枢电流为

$$I_{aN} = I_N + I_{fN} = \frac{P_N}{U_N} + \frac{U_N}{R_f} = \left(\frac{46000}{115} + \frac{115}{20}\right)\text{A} = 405.8\text{A}$$

发电机的常数为

$$C_E\Phi_N = \frac{U_N + R_a I_{aN}}{n_N} = \frac{115 + 405.8 \times 0.01}{1500}\text{V} \cdot (\text{min/r})^{-1} = 0.079\text{V} \cdot (\text{min/r})^{-1}$$

为清楚起见，用下标 M 表示电动机。电动机励磁电流为

$$I_{fM} = \frac{U_N}{R_f} = \frac{110}{20}\text{A} = 5.5\text{A}$$

当不考虑磁路的饱和时，主磁通与励磁电流成正比。因此，电动机的常数为

$$C_E\Phi_M = \frac{I_{fM}}{I_{fN}}C_E\Phi_N = \frac{5.5}{5.75} \times 0.079\text{V} \cdot (\text{min/r})^{-1} = 0.076\text{V} \cdot (\text{min/r})^{-1}$$

电动机的转速为

$$n = \frac{U_N - R_a I_{aN}}{C_E\Phi_M} = \frac{110 - 405.8 \times 0.01}{0.076}\text{r/min} = 1394\text{r/min}$$

电动机的电磁转矩为

$$T_{eM} = C_T\Phi_M I_{aN} = 9.55C_E\Phi_M I_{aN} = 9.55 \times 0.076 \times 405.8\text{N} \cdot \text{m} = 294.5\text{N} \cdot \text{m}$$

2.6.2　他励直流发电机的工作特性

直流发电机的工作特性主要有空载特性、外特性和调整特性等。

1. 空载特性

他励直流发电机的空载特性是指在转速不变的情况下，发电机空载输出电压 U_0 与励磁电流 I_f 的关系，即 $U_0 = f(I_f)$。

空载特性可以通过实验测得，实验时，保持转速为额定转速，调节励磁电流 I_f，使空载电压逐步上升到 $U_0 = (1.1 \sim 1.3)U_N$，然后使励磁电流 I_f 逐步降回到零，每次记录相应的 I_f 和 U_0，可作出曲线 $U_0 = f(I_f)$，如图 2-27 所示。由于铁心的磁滞现象，该曲线分上下两支，取其平均值为空载特性曲线，如图中虚线所示。

当 $I_a = 0$ 时，$U_0 = E = C_E \Phi n$，在转速 n 保持一定的情况下，空载电压 U_0 正比于磁通 Φ，因此空载特性实际上就是发电机的磁化特性曲线。

由于发电机有剩磁，在励磁电流 $I_f = 0$ 时，发电机还有一个不大电压，称为剩磁电压。在直流发电机中，剩磁电压约为额定电压的 $2\% \sim 4\%$。

2. 外特性

他励直流发电机的外特性是指发电机在保持转速和励磁电流为额定值时（$n = n_N$，$I_f = I_{fN}$），端电压 U 与负载电流 I（$I = I_a$）之间的关系，即 $U = f(I_a)$。

如图 2-28 所示，他励直流发电机的外特性曲线是一条随负载电流增大而略微下降的曲线。从电压方程 $U = E - R_a I_a$ 可见，随着负载电流的增大，电枢回路的电阻压降加大，同时由于电枢反应的去磁效应，使感应电动势 E 减小，故端电压 U 将逐步下降。

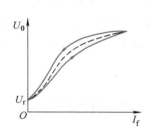

图 2-27　他励直流发电机的空载特性

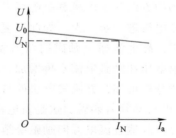

图 2-28　他励直流发电机的外特性

端电压随负载电流变化程度通常用电压调整率 V_R 表示，按国家标准规定，直流发电机的电压变化率，是指发电机由额定负载（$U = U_N$，$I = I_N$）过渡到空载（$I = 0$）时，端电压升高的数值与额定电压的比值，即

$$V_R = \frac{U_0 - U_N}{U_N} \times 100\% \tag{2-31}$$

一般他励直流发电机的电压变化率约为 $5\% \sim 10\%$。

由于在额定电流时，通常电枢反应的去磁作用和电枢回路的总电阻压降仅占额定电压的百分之几，从式（2-26）可知，发电机短路时，$E = R_a I_a$，感应电动势全部降落在电枢回路总电阻压降上，短路电流可达额定电流值的十几到几十倍。这样大电流会使发电机遭受到严重的破坏，所以发电机必须装设过电流保护装置。

2.6.3　并励直流发电机的自励过程与外特性

如图 2-29 所示，并励直流发电机是一种自励发电机，其电枢电流 I_a 等于负载电流 I 和励磁电流 I_f 之和。当这种发电机空载时，负载电流 $I=0$，但电枢电流 $I_a=I_f$。

1. 并励直流发电机的自励

并励直流发电机励磁回路的励磁电压 U_f 也就是电枢的端电压 U。由于这种关系，当发电机旋转起来以后，要求能自己建立起励磁电压，称为自励。

一般并励发电机励磁电流仅为额定电流的 1%~5%，因此并励发电机在自励过程中端电压 U 与励磁电流 I_f 的关系，可以认为就是发电机的空载特性曲线，即

$$U_0 = U = f(I_f) \tag{2-32}$$

当励磁回路的电阻 R_f（包括并励绕组的电阻和励磁调节电阻）一定时，励磁端电压 U_0 与励磁电流 I_f 成正比，即

$$U_0 = R_f I_f \tag{2-33}$$

式（2-33）表示一条通过原点的直线，如图 2-30 中的直线 OA，其斜率 $\tan\alpha$ 等于励磁回路的总电阻 R_f，故称为场阻线。

发电机自励时的稳定运行点 A 为场阻线与空载特性的交点。

并励发电机的自励过程如下：

设发电机由原动机拖动至额定转速。由于发电机磁路有一定的剩磁，发电机端将产生一个不大的剩磁电压，在励磁绕组中产生一个不大的励磁电流，如果励磁绕组接法适当，则可使励磁磁场的方向和发电机剩磁磁场方向相同，从而使发电机主极磁通和由它产生的端电压增加，励磁电流进一步加大。如此反复作用，直至励磁电流 I_f 建立的磁场产生的电枢端电压恰好等于励磁电流通过励磁回路所需的电阻压降 $R_f I_f$，即相应于图 2-30 中的 A 点为止。此时，电枢电压和励磁电流不再增加，自励过程达到稳定状态。

从上述分析可知，并励发电机的自励条件为：

1）发电机必须有剩磁，这是发电机自励的首要条件。如果发现发电机失去剩磁或者剩磁太弱，可由其他直流电源向励磁绕组充磁以获得剩磁。

2）励磁绕组接到电枢的连接方法应与电枢的旋转方向正确配合，保证励磁电流所产生的磁场方向与剩磁磁场方向相同。当电枢以某一方向旋转时，若发现电枢电压不但不升高反而降低，表示接法不正确，此时，只要把励磁绕组接到电枢的两出线端对调一下即可。

3）励磁回路的电阻应小于与发电机运行转速相对应的临界电阻。如图 2-30 所示，发电机自励的稳定运行点 A 为场阻线与空载特性的交点，若增大励磁回路电阻，则场阻线的倾角 α 增大，当从场阻线 1 增大至场阻线 2 时，场阻线与空载特性相切而没有固定交点。此时励磁回路的电阻 R_{fcr} 为发电机自励时的励磁临界电阻，如励磁回路电阻高于临界电阻 R_{fcr}，交点与剩磁电压相差无几，发电机不能自励。

2. 并励直流发电机的外特性

并励直流发电机的外特性是指发电机在保持转速为额定值（$n=n_N$）、励磁回路电阻 R_f 为常值时，端电压 U 与和负载电流 I 之间的关系，即 $U=f(I)$，如图 2-31 所示。为便于比

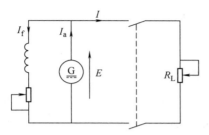

图 2-29　并励直流发电机的接线图

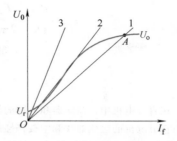

图 2-30　并励直流发电机的自励

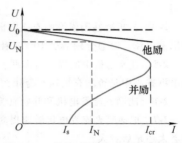

图 2-31　并励直流发电机的外特性

较，在图中还画出了该电机接成他励，并保持同一空载电压 U_0 时的外特性曲线。与他励直流发电机相比，并励直流发电机的外特性有下列特点：

1）并励直流发电机的电压调整率比他励的要大，其数值一般在 20% 左右。这是因为在并励发电机中，当负载增大时，除了电枢回路总电阻压降和电枢反应去磁作用的增强所引起的端电压下降外，还有因励磁电流减小，使电枢电动势减小而引起的端电压下降。

2）负载电流有"拐弯"现象。由于 $I = U/R_L$，当电压较大时，发电机磁路比较饱和，I_f 的减小使 U 减小不大，于是负载电阻 R_L 减小，I 增大；当 I 增大到 I_{cr}（称为临界电流）之后，U 的大小和 I_f 的大小已使发电机进入不饱和区，I_f 的减小使 U 降低很快，从而导致 I 反而减小。

3）并励发电机的稳定短路电流很小。当负载短路时，$R_L = 0$，$U = 0$，励磁电流 $I_f = 0$，电枢只有剩磁电动势 E_r，短路电流 $I_s = E_r/R_a$。

【例 2-6】　一台并励直流发电机 $U_N = 220\mathrm{V}$，$I_N = 76\mathrm{A}$，$n_N = 1500\mathrm{r/min}$，电枢电阻 $R_a = 0.1\Omega$，励磁电阻 $R_f = 100\Omega$，效率 $\eta_N = 86\%$。试求额定状态下的输入功率、电磁功率和电磁转矩。

解：额定励磁电流为

$$I_{fN} = \frac{U_N}{R_f} = \frac{220}{100}\mathrm{A} = 2.2\mathrm{A}$$

额定电枢电流为

$$I_{aN} = I_N + I_{fN} = (76 + 2.2)\mathrm{A} = 78.2\mathrm{A}$$

额定电枢电动势为

$$E = U_N + R_a I_a = (220 + 78.2 \times 0.1)\mathrm{V} = 227.8\mathrm{V}$$

额定输入功率为

$$P_{1N} = \frac{P_{2N}}{\eta_N} = \frac{U_N I_N}{\eta_N} = \frac{220 \times 76}{0.86}\mathrm{W} = 19442\mathrm{W}$$

额定电磁功率为

$$P_{eN} = E_N I_{aN} = 227.8 \times 78.2\mathrm{W} = 17814\mathrm{W}$$

额定电磁转矩为

$$T_{eN} = \frac{P_{eN}}{\Omega_N} = \frac{P_{eN}}{\dfrac{2\pi n_N}{60}} = \frac{17814}{\dfrac{2\pi \times 1500}{60}} \text{N} \cdot \text{m} = 113.5 \text{N} \cdot \text{m}$$

思考题与习题

2-1 在直流电机中，换向器和电刷的作用是什么？

2-2 直流电机的磁化曲线和空载特性曲线有什么区别和联系？

2-3 直流电机空载和负载运行时，气隙磁场各由什么磁动势建立？两种情况时的气隙磁场有什么不同？

2-4 分析哪些因素影响直流电机的感应电动势；若一台直流发电机额定运行时的电动势为 E_N，那么当励磁电流、磁通分别减少10%或者转速提高10%时的电动势为多少？

2-5 直流电机中的损耗有哪些？产生这些损耗的原因是什么？哪些损耗与负载的大小有关？定子铁心和电枢铁心中是否均有损耗？为什么？

2-6 他励直流发电机和并励直流发电机相比较，短路电流谁大？电压调整率谁大？

2-7 把他励直流发电机转速提高20%，此时空载端电压升高多少？如果是并励直流发电机，电压变化前者大还是后者大？

2-8 简述并励直流发电机自励的条件；若正转时能自励，试问反转能否自励？若在额定转速时能自励，试问降低转速后能否自励？

2-9 怎样改变并励、串励和复励直流电动机的旋转方向？

2-10 电动机的电磁转矩是驱动性质的转矩，那为什么电磁转矩增加时，转速反而下降呢？

2-11 试比较串励直流电动机的机械特性与并励直流电动机有何不同？为什么电力机车均采用串励直流电动机？

2-12 试分析在下列情况下，直流电动机的电枢电流和转速与额定值比较如何变化（不计磁路饱和的影响）：（1）$U_a = 0.5U_{aN}$，$I_f = I_{fN}$，$T_L = T_N$；（2）$U_a = 0.5U_{aN}$，$I_f = I_{fN}$，$P_2 = P_N$；（3）$U_a = U_{aN}$，$I_f = 0.5I_{fN}$，$T_L = T_N$；（4）$U_a = U_{aN}$，$I_f = I_{fN}$，$T_L = 0.5T_N$。

2-13 将一台额定功率为 P_N 的直流发电机改为电动机运行，其额定功率怎样变化？如果是将额定功率为 P_N 的电动机改为发电机运行，其额定功率又将怎样变化？

2-14 一台并联在电网上的直流发电机，怎样使其转变为电动机状态运行？

2-15 用一对完全相同的他励直流电机组成电动机-发电机机组，当其他条件不变时，只减小发电机的负载电阻，电动机的电枢电流和转速如何变化，为什么？

2-16 某他励直流发电机，额定功率 $P_N = 30\text{kW}$，额定电压 $U_N = 230\text{V}$，额定转速 $n_N = 1500\text{r/min}$，磁极数 $2p = 4$，单叠绕组，电枢总导体数 $N = 572$，气隙每极磁通 $\Phi = 0.015\text{Wb}$。求：（1）额定运行时的电枢电动势 E 和电磁转矩 T_e；（2）当转速为 1200r/min 时的电枢电动势。

2-17 一台并励直流发电机，已知其额定值为 $P_N = 100\text{kW}$，$U_N = 250\text{V}$，并励的励磁绕组匝数为1000匝。在额定转速下，空载时产生额定电压所需的励磁电流为7A，额定负载时需要8.6A励磁电流方能得到同样的端电压。如将该发电机改为复励，使其额定负载电压等于空载电压，且并联励磁电流仍为7A，求每极应增加多少匝串励绕组？

2-18 一台他励直流发电机，已知其额定值为 $P_N = 6\text{kW}$，$U_N = 230\text{V}$，$n_N = 1450\text{r/min}$，$R_a = 0.61\Omega$。忽略电枢反应的影响。问：（1）当该发电机工作在额定转速时，试求空载电压和额定电压调整率；（2）若发电机的转速提高为额定转速的1.1倍，在负载为 11.5Ω 时，要保证230V的输出电压，励磁电流应该怎样调节？

2-19 一台并励直流发电机，已知其额定值为 $P_N = 82\text{kW}$，$U_N = 230\text{V}$，$n_N = 970\text{r/min}$，电枢回路电阻

$R_a = 0.0314\Omega$，励磁回路电阻 $R_f = 26.5\Omega$。铁耗和机械损耗为 4.3kW，附加损耗按额定功率的 0.5% 计。试求该发电机额定运行时的电磁功率、电磁转矩、输入功率和效率。

2-20　一台并励直流发电机，已知其额定值为 $U_N = 230V$，$I_N = 200A$，$n_N = 1000r/min$，电枢回路电阻 $R_a = 0.0685\Omega$，励磁回路电阻 $R_f = 30\Omega$，不计磁路饱和的影响，现将其改为并励电动机运行，并联于 220V 电网上。若保持电枢电流为发电机额定运行时的电枢电流，试求：（1）电动机的转速；（2）发电机额定运行时的电磁转矩；（3）电动机的电磁转矩。

2-21　一台并励直流电动机，已知其额定值为 $P_N = 15kW$，$U_N = 400V$，$n_N = 1360r/min$，$\eta_N = 81.2\%$，电枢回路电阻 $R_a = 0.811\Omega$，励磁回路电阻 $R_f = 219.2\Omega$。试求额定运行时：（1）输入电流、励磁电流和电枢电流；（2）电动势和电磁转矩。

2-22　一台并励直流电动机，已知其额定值为 $P_N = 18.5kW$，$U_N = 400V$，$n_N = 2610r/min$，$R_a = 0.368\Omega$，励磁功率 $P_f = 650W$，铁耗 $P_{Fe} = 1140W$，机械损耗 $P_{fw} = 350W$，附加损耗 $P_{ad} = 93W$，$\eta_N = 85\%$。试求：（1）电动机额定运行时的电磁功率、输出转矩和电枢电流；（2）当电枢电流为额定值的 50% 时的电磁转矩、转速和效率。

2-23　一台他励直流电动机，已知其额定值为 $P_N = 1.75kW$，$U_N = 110V$，$n_N = 1450r/min$，$\eta_N = 89.5\%$，$R_a = 0.4\Omega$。忽略电枢反应，试求电机的空载转矩和空载转速。

2-24　一台串励直流电动机，$U_N = 220V$，$I_N = 78.5A$，电枢和励磁绕组的总电阻 $R_a + R_f = 0.26\Omega$，不计磁路饱和的影响和空载转矩。当驱动某负载运行时，电枢电流 $I_a = 31.4A$，转速 $n = 1552r/min$。现使负载转矩增加为原负载转矩的 4 倍，求此负载时电动机的电枢电流和转速，并分析该电动机是否过载？

2-25　一台并励直流电动机，已知额定数据为 $U_N = 400V$，$n_N = 1330r/min$，$I_N = 31.7A$，电枢回路总电阻 $R_a = 1.309\Omega$，励磁回路总电阻 $R_f = 246.15\Omega$。若将该电机用原动机拖动作为发电机运行，当输出电压为 400V 时，试分析：（1）若保持额定电枢电流不变，则发电机的转速为多少？输出功率为多少？（2）若使发电机的输出功率为零，其转速为多少？

2-26　一台并励直流电动机，已知额定值为 $P_N = 15kW$，$U_N = 440V$，$n_N = 1510r/min$，$\eta_N = 83.4\%$，电枢回路总电阻 $R_a = 0.811\Omega$，励磁功率 $P_{fN} = 730W$，驱动额定转矩的负载运行。当在电枢回路突然串入 2.2Ω 的电阻时，试问：（1）串入电阻瞬间的电动势和电磁转矩是多少？稳定运行后的电枢电流和转速又是多少？（2）稳定运行后的电磁功率为多少？占输入功率的百分之几？

2-27　两台完全相同的并励直流电机 A 和 B 同轴连接，轴上不带其他负载，已知额定电压 $U_N = 230V$，额定转速 $n_N = 1200r/min$，电枢电阻 $R_a = 0.1\Omega$。当它们并联接于 230V 电网上、转速为 1000r/min 时，空载特性数据为：$I_f = 1.3A$，$E_0 = 186.7V$；$I_f = 1.4A$，$E_0 = 195.8V$。若在额定转速时测得电机 $I_{fA} = 1.4A$，$I_{fB} = 1.3A$，不计磁路饱和的影响，试分析：（1）哪一台是发电机？哪一台是电动机？（2）两台电机的总铁耗和机械损耗为多少？（3）若保持转速不变，能否改变两台电机的运行状态？（4）两台电机能否同时为发电机或电动机状态？

2-28　用一对完全相同的他励直流电机组成电动机-发电机机组，已知电枢电阻 $R_a = 75\Omega$。当发电机空载时，电动机的电枢电压为 110V，电枢电流为 0.12A，机组转速为 4500r/min。试求：（1）发电机空载时的电枢电压；（2）发电机接 500Ω 负载时机组的转速。

2-29　用一台他励发电机向一台他励电动机供电，它们的电枢电阻均为 0.2Ω，当发电机额定运行时，输出电压为 $U_N = 220V$，输出电流为 $I_N = 91A$，电动机的转速为 1500r/min。（1）求此时发电机和电动机的电动势各为多少？（2）若发电机和电动机的效率均为 82%，试求两台电机的输入、输出功率各为多少？（3）当保持发电机的转速以及电动机的励磁电流不变，而将发电机的励磁电流调节到额定励磁电流的 80%，电动机的负载转矩变为原值的 70% 时，试问发电机的输出电压与电流、电动机的转速是如何变化的（不计磁路饱和的影响并忽略电动机的空载转矩）？

自 测 题

1. 一台并励直流电动机，电枢电压 U_a 和励磁电流 I_f 保持不变，在驱动恒转矩负载时，如果将电枢电路中串联的调速电阻 R_c 短接，稳定运行后，则（　　　）。

    A. n 提高，I_a 不变   B. n 降低，I_a 减小

    C. n 提高，I_a 增大   D. n 降低，I_a 不变

2. 下列条件中是并励直流发电机自励建压的条件之一者为（　　　）。

    A. $R_f > R_{fcr}$ B. 转子铁心有剩磁

    C. 定子铁心有剩磁   D. 电枢绕组接法准确

3. 并励直流发电机若正转能励磁，则反转时（　　　）。

    A. 不能自励   B. 也能自励，但需减小励磁回路的电阻

    C. 也能自励   D. 也能自励，但需调换励磁绕组（或电枢绕组）的两个端

4. 一台他励直流发电机，额定功率 80kW，额定电压 230V，额定转速 970r/min，电枢绕组电阻为 0.02Ω。额定电压调整率为 5%，则额定负载时电枢反应的去磁作用导致电枢电压下降（　　　）。

    A. 4.54V   B. 5.15V

    C. 11.5V   D. 6.96V

5. 直流电机电刷处在几何中性线上，当磁路不饱和时的电枢反应是（　　　）。

    A. 交轴电枢反应   B. 直轴去磁

    C. 交轴和直轴去磁   D. 直轴增磁

6. 若他励直流发电机额定点时转速升高 20%，则空载时发电机的端电压将升高（　　　）。

    A. 小于 20%   B. 20%

    C. 大于 20%   D. 40%

7. 一台直流发电机，其电枢绕组内的电流为（　　　）。

    A. 直流电流   B. 交流电流

    C. 正弦电流   D. 方波电流

8. 一台直流电动机，轻载时会发生飞车，其励磁方式是（　　　）。

    A. 并励   B. 串励

    C. 他励   D. 复励

第3章 变 压 器

变压器（Transformer）是一种静止电机，它利用电磁感应原理将一种等级的交流电压和电流转换成同频率的另一种等级的交流电压和电流。

在电能的生产、输送、分配和使用过程中，变压器起着十分重要的作用。在输电方面，为了减小输电线路的功率损耗、维持供电电压的稳定，采用升压变压器把交流发电机发出的电压升高到几百千伏的输电电压后，通过高压输电线路将电能经济地输送到用电地区。在用电方面，为了保证用电的安全性，同时满足用电设备的电压要求，需再用降压变压器逐步将输电电压降到配电电压供用户使用。图 3-1 是输电线路的一个实例。由于在输配电过程中，升压和降压多次进行，使得变压器的安装容量达到发电机容量的 7 倍左右。因此，变压器是否高效率运行直接关系到电力系统的能量损耗和经济运行问题。

在电子线路中，除电源变压器外，变压器还起着耦合电路、传递信号以及阻抗匹配等作用。

经济发展的需要促进了电力工业和变压器行业的高速发展。目前，我国变压器的年产量已超过世界年总产量的 20% 以上，制造水平已接近或达到国际先进水平，是名副其实的电力变压器的生产大国和应用大国。

变压器的种类繁多，但是它们的基本结构和工作原理是相同的。本章主要讨论双绕组变压器的工作原理、分析方法和运行性能；其次简要介绍几种特殊用途变压器的工作原理及特点；最后介绍现代节能变压器的基本问题。

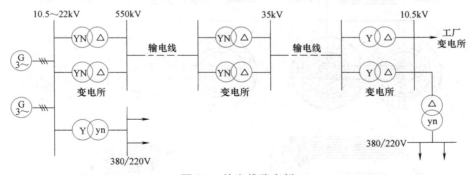

图 3-1　输电线路实例

3.1　变压器的基本结构、分类与额定值

3.1.1　变压器的基本结构

变压器是由铁心、绕组、油箱、储油柜、散热器、绝缘套管以及继电保护装置等组成的，如图 3-2 所示。其中，铁心和绕组构成了变压器的器身，是变压器中最主要的部件。干

式变压器采用特殊的制造工艺，不需要变压器油来散热，故没有油箱、储油柜等装置。

1. 铁心

铁心（Core）既是变压器的磁路，又是套装绕组的骨架。铁心由铁心柱（Core Column）和铁轭（Iron Yoke）两部分组成。铁心柱用来套装绕组，铁轭则将铁心柱连接起来，起闭合磁路的作用。为减少铁心内的磁滞损耗和涡流损耗，铁心通常用 0.22~0.35mm 厚的晶粒取向冷轧硅钢片叠压而成，片上涂以绝缘漆，以避免片间短路。叠装的铁心如图 3-3 和图 3-4 所示。目前，为了降低铁心损耗，趋势是使用更薄的硅钢片。如 0.05~0.18mm 厚的硅钢片现已经开始被采用。而使用优质铁心材料也是降低变压器空载损耗的主要措施之一。非晶合金材料就是一种新型的优质软磁材料，它具有较大的磁导率，更容

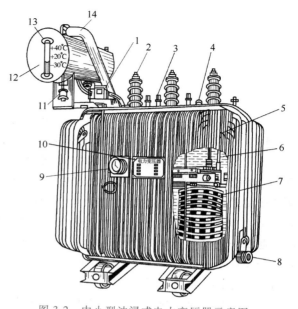

图 3-2　中小型油浸式电力变压器示意图

1—气体继电器　2—高压套管　3—低压套管　4—分接开关
5—油箱　6—铁心　7—线圈　8—放油阀门　9—信号式温度计
10—铭牌　11—吸湿器　12—储油柜　13—油表　14—安全气道

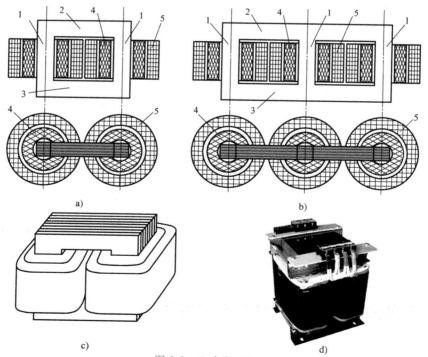

图 3-3　心式变压器

a）单相心式变压器的铁心与绕组　b）三相心式变压器的铁心与绕组　c）单相心式变压器结构示意图
d）单相心式变压器实物图

1—铁心柱　2—上铁轭　3—下铁轭　4—低压绕组　5—高压绕组

易被磁化；其较小的矫顽磁力使其易于退磁、磁滞损耗更小；其较高的电阻率使涡流损耗更小。用其代替硅钢片作变压器的铁心可降低 60%~70% 的铁耗。因此，使用非晶合金制造变压器的铁心，是变压器铁心材料的又一次重大变革。

　　铁心结构的基本型式有心式（Core Type）和壳式（Shell Type）两种，它们的主要区别在于磁路，即铁心与绕组的相对位置不同。铁心被绕组包围的结构称为心式，如图 3-3 所示。心式变压器的铁心柱截面为圆形、直立放置，其铁轭靠着绕组的顶面和底面，结构比较简单，装配和绝缘比较容易，我国大多数变压器采用心式结构。壳式结构则是铁心包围着绕组，如图 3-4 所示。壳式变压器的铁心柱截面为矩形，三相壳式变压器铁心为卧式放置，其制造工艺相对复杂，检修维护也较困难，传统上用于小容量电源变压器或低压大电流的特殊变压器中。如收音机与电视中的电源变压器、电炉变压器和电焊变压器等。事实上，由于壳式变压器漏磁小、阻抗低、结构较紧凑、体积较小、质量较轻以及机械强度较好，不仅节省材料，对大型变压器来说，总损耗明显降低。对于大容量变压器采用壳式结构更便于运输。

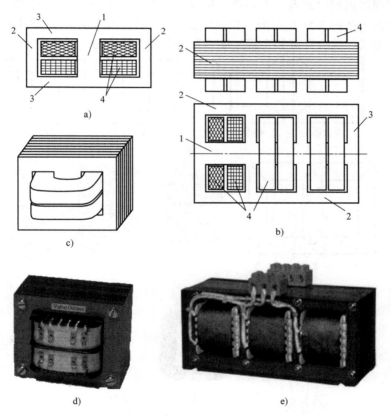

图 3-4　壳式变压器
a) 单相壳式变压器的铁心与绕组　b) 三相壳式变压器的铁心与绕组
c) 单相壳式变压器结构示意图　d) 单相壳式变压器实物图　e) 三相壳式变压器实物图
1—铁心柱　2—分支铁心　3—铁轭　4—绕组

　　铁心的叠装形式既要考虑保证电工钢片的磁性能，减少磁路中不必要的气隙，又要保证整体铁心的机械强度。因此，变压器的铁心在叠装时，相邻两层硅钢片的接缝要相互错开，如图 3-5 所示。图 3-5a 示出了直接缝和斜接缝两种叠装方式。当磁通的方向顺着硅钢片碾压的方向，即与晶粒取向一致时，磁性能最好；而磁通的方向与硅钢片的碾压方向垂直时，磁性能最差。因此，斜接缝叠装的铁心性能远优于直接缝叠装的铁心。在图 3-5b 中，斜接缝处均要交错搭接（图中未画出），且上下层接缝需错位，需用 3~5 种片形的硅钢片，其截面一般呈多级圆形阶梯形状。

21 世纪初研制的 S11 型和 S13 型节能变压器采用了由晶粒取向冷轧硅钢片卷成的卷片式铁心（简称卷铁心），铁心中完全消除了接缝间隙，使硅钢片的磁性能得以充分发挥，从而励磁电流和空载损耗大为减小。如图 3-5c 所示，是单相变压器的卷铁心，它是采用厚度为 0.3mm 或更薄一些的晶粒取向冷轧硅钢带一次性卷绕制成的。这种硅钢带是用成卷的硅钢片在一台由计算机控制的曲线形硅钢带开料机上加工开料的，形成两头窄中间宽（渐宽渐窄）的特殊曲线型长带。卷铁心是一个封闭的整体，无接缝，自然紧固，外观光滑，铁心柱的横截面为圆形，其填充系数可达 98%。如图 3-5d 所示，是三相变压器的平面卷铁心，它是由两个相同的内框（小卷）和一个外框（大卷）组成的两框三柱结构。为了使三相磁路对称，研制出了如图 3-5e 所示的三相立体卷铁心。该结构是公认的理想变压器铁心结构。这一铁心结构型式的重大突破和飞跃，被誉为"变压器铁心的一次革命"。

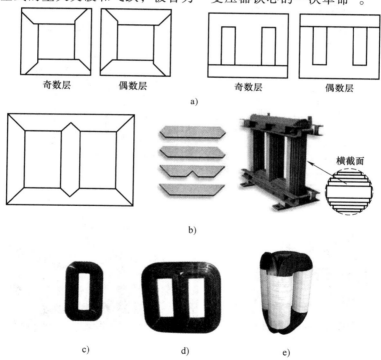

图 3-5 变压器铁心的常见型式

a）单相变压器铁心及相邻两层硅钢片的叠装方法 b）三相变压器铁心及硅钢片片形
c）单相卷铁心 d）三相平面卷铁心 e）三相立体卷铁心

2. 绕组

变压器的绕组（Winding）是用纸包或纱包的绝缘扁线或圆线绕成的。绕组是变压器的电路部分。其中，输入电能的绕组称为一次绕组，输出电能的绕组称为二次绕组。一、二次绕组的电压等级不同，其中接于高压电网的绕组称为高压绕组，接于低压电网的绕组称为低压绕组。若一次绕组为低压绕组，二次绕组为高压绕组，则该变压器为升压变压器；反之，则为降压变压器。高压绕组的匝数多、导线细；低压绕组的匝数少、导线粗。各绕组一般是由多个线圈串联组成的。

从高、低压绕组的相对位置来分，变压器的绕组有同心式绕组和交叠式绕组两种。

同心式绕组的高、低压绕组同心地套装在同一心柱上，如图 3-3 所示。为了与铁心绝缘方便，通常低压绕组套装在里面，紧靠铁心柱，高压绕组套装在低压绕组的外面（也有反过来套装的特例）。高、低压绕组之间留有油道，用于变压器油的对流散热，同时在绕组之间起到了绝缘的作用。同心式绕组结构简单、制造方便，绝大多数变压器均采用这种结构。

交叠式绕组又称饼式绕组，其高、低压绕组分别制成若干线饼，沿铁心柱高度方向互相交替地放置，如图 3-6 所示。为了与铁心绝缘方便，一般靠近铁轭的最上层和最下层线饼安放低压绕组的线饼（图中标注为 1）。交叠式绕组具有漏抗小、机械强度高、引线方便等优点，主要用于特种变压器中。

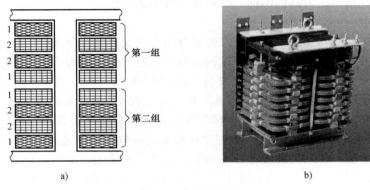

图 3-6　交叠式绕组
a）交叠式绕组排列示意图　　b）交叠式绕组

3. 其他部件

变压器除了铁心和绕组外，典型的油浸式电力变压器中还有油箱（外壳）、变压器油、储油柜、散热器、绝缘套管、分接开关、气体继电器、安全气道（防爆管）及测温装置等部件，如图 3-2 所示。

变压器油是从石油中分馏出来的一种绝缘矿物油，起加强绝缘和冷却作用。变压器的内部损耗使局部油温升高，油通过散热器循环，将热量迅速散发掉。由于变压器油热胀冷缩，需要设置储油柜。为了保证变压器油的绝缘性能，还专门设置了吸湿器。

绝缘套管装在变压器的油箱盖上，其作用是把线圈引线端头从油箱中引出，并使引线与油箱绝缘。电压低于 1kV 时，采用瓷质绝缘套管，电压在 10~35 kV 时，可采用充气或充油套管，电压高于 110kV 时，采用电容式套管。

分接开关是调节电压用的。在电力系统中，为了使变压器的输出电压控制在允许变化的范围内，要求变压器一次绕组的匝数能在一定范围内调节，因而一次绕组一般备有抽头，称为分接头。利用开关与不同接头连接，可改变一次绕组的匝数，达到调节电压的目的。分接开关分为有载调压分接开关和无载调压分接开关。

气体继电器和安全气道属于保护设备。气体继电器装在变压器的油箱和储油柜间的管道中，安全气道装在油箱顶盖上。变压器发生故障时会产生大量气体，使油箱内的压强增大。当该压强达到一定值时，气体继电器将发出信号并跳闸。严重时，气体和油将冲破安全气道的防爆膜向外喷出，避免油箱爆裂。

3.1.2 变压器的分类

按用途不同，变压器可分为电力变压器、配电变压器（10kV 及 10kV 以下电压等级的变压器）、联络变压器、整流变压器、电焊变压器、电炉变压器、船用变压器、防雷变压器、试验变压器、电源变压器以及仪用变压器等。

按相数分类，变压器可分为单相变压器、三相变压器以及多相变压器。

按每相绕组的个数不同，变压器可分为双绕组变压器、三绕组变压器、单绕组变压器（即自耦变压器）。

按调压方式的不同，变压器可分为无调压变压器、无励磁调压变压器和有载调压变压器三类。

按结构型式不同，变压器可分为心式变压器和壳式变压器，如图 3-3 和图 3-4 所示。

按冷却方式不同，变压器可分为油浸式变压器和干式变压器。

油浸式变压器分为油浸自冷式（ONAN）、油浸风冷式（ONAF）和强迫油循环式（如强迫油循环水冷式 OFWF）。一般，容量在 6300kV·A 以下的小容量变压器采用油浸自冷式；电压等级在 110kV、8000~63000kV·A 的中型变压器采用油浸风冷式；电压等级达到 220kV、容量超过 63000kV·A 的大型变压器采用强迫油循环式。近年来，油浸式变压器采用了一种密封结构，该结构使变压器油和周围空气完全隔绝，从而提高了变压器的可靠性。对于全充油密封型变压器，在绝缘油体积发生变化时，由波纹油箱壁或膨胀式散热器的弹性变形进行调节。

干式变压器定义为"铁心和线圈不浸在绝缘液体中的变压器"，铁心和绕组一般为外露结构，结构简单、体积小；因为不使用液体绝缘，也杜绝了液体泄漏和污染环境的问题，安装、维护和检修比油浸式变压器要方便许多；由于采用了性能优良的阻燃性绝缘材料，具有阻燃、隔潮和防爆的优良品质，可分散安装在负荷中心（例如，机场、地铁、核电、核潜艇、高层建筑、商业中心、剧院、医院和实验室等重要场合），从而降低线路造价、节省低压设施费用。近年来，在我国经济发达地区，干式变压器使用量约占全部配电变压器的一半，近年新建变电站一般也采用了干式变压器。

目前，干式变压器按绝缘材料的不同，分为非包封 H 级绝缘干式变压器和环氧树脂浇注干式变压器两种。干式变压器的冷却方式分为干式自冷式（AN）和干式风冷式（AF）。

图 3-7~图 3-9 是一组变压器的实物图片。其中，图 3-7 是一台 220kV 三相油浸式电力变

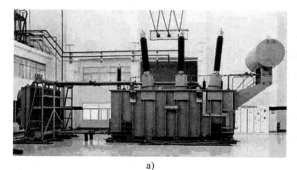

a)   b)

图 3-7 220 kV 三相油浸式电力变压器

a）外形图 b）器身装配图

压器的外形图和器身装配图,图 3-8 是两种不同铁心结构的三相全密封变压器,图 3-9 是两种不同铁心结构的干式变压器。

a)   b)

图 3-8   三相全密封变压器

a)S11-M 型三相全密封配电变压器   b)S13-M.RL 系列立体卷铁心全密封变压器

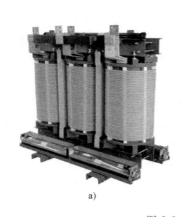

a)   b)

图 3-9   三相干式变压器

a)SGB10 型 35kV 干式变压器   b)SCB11-RL 树脂浇注立体卷铁心干式变压器

3.1.3 变压器的额定值

额定值(Ratings)是制造厂对变压器在指定工作条件下运行时所规定的一些量值,亦是厂家进行产品设计和试验的依据。每一台变压器都有一个铭牌,主要额定值都标注在变压器的铭牌上,因此,额定值也称为铭牌数据。

变压器铭牌上的第一个数据是变压器的型号。变压器型号由三部分组成。第一部分由字母和数字组成,字母分别表示:绕组耦合方式、相数、冷却方式(油浸自冷不标)、循环方式(自然循环不标)、绕组数(双绕组不标)、导线材料(铜线不标)、调压方式(无励磁调压不标),数字表示性能水平代号或设计序号。该部分的字母和数字的意义:O 代表自耦式(否则不标注);S 代表三相,D 代表单相;F 代表油浸风冷,FP 代表强迫油循环风冷,

G 代表干式空气自冷，C 代表干式成型浇注式，Z 代表有载调压等；数字是性能水平代号，数字越大，表明其性能水平越高。目前 15 是最大数字。变压器型号的第二部分（可以省略）表示特殊用途或特殊结构，其代号及意义为：M 代表密封式，R 代表卷铁心，RL 代表立体卷铁心，Z 代表低噪声，F 代表散热器分离式，L 代表电缆引出等。变压器型号的第三部分为额定容量和额定电压，单位分别为 kV·A 和 kV。变压器的型号构成复杂，使用时可参阅变压器手册。

在变压器的型号中，至少要反映出相数、性能水平代号、额定容量和额定电压。例如，某变压器的型号为 SFZ9-ZF-10000/66，其中，各个字母和数字的含义如下：

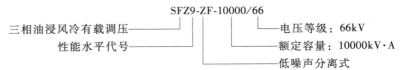

变压器的额定值主要有以下几种。

1. 额定容量 S_N

额定容量（Nominal Capacity）是指变压器的额定视在功率，单位为 V·A 或 kV·A。对于双绕组变压器，变压器的额定容量即为绕组的容量（两个绕组的容量相等），对于多绕组变压器，变压器的额定容量规定为最大的绕组的额定容量。变压器的容量等级是由国家标准统一规定的，如低压侧为 400V 的配电变压器有（30、50、63、80、100、125、160、200、250、…、630、800、…、1600）kV·A 等 17 种规格[⊖]。

2. 额定电压 U_{1N}/U_{2N}

额定电压（Rated Voltage）是指各个绕组在空载、指定分接开关位置下的端电压，对三相变压器，额定电压指线电压。其中，U_{1N} 是一次绕组的额定电压，U_{2N} 是一次绕组施加额定电压时二次绕组的空载电压。

我国变压器产品系列是以电压等级来划分的，一般分为 6kV、10kV 系列、20kV 系列、35kV 系列、66kV 系列、110kV 系列、220kV 系列、330kV 系列和 500kV 系列等。

3. 额定电流 I_{1N}/I_{2N}

额定电流（Rated Current）是指变压器在满载运行时一、二次绕组的电流值。对三相变压器，额定电流指线电流。变压器正常运行时，不允许电流超过额定值；否则，长时间的过载，将使变压器的温升超过额定值，降低绝缘材料的使用寿命。

额定容量与额定电压、额定电流之间的关系为

对于单相双绕组变压器

$$S_N = U_{1N}I_{1N} = U_{2N}I_{2N} \tag{3-1}$$

对于三相双绕组变压器

$$S_N = \sqrt{3}\,U_{1N}I_{1N} = \sqrt{3}\,U_{2N}I_{2N} \tag{3-2}$$

根据以上关系，若已知变压器的额定容量和额定电压，就可以计算出额定电流。例如，已知一台三相双绕组变压器的额定容量为 40000kV·A，额定电压为 66/10.5kV，则其额定电流为

⊖ 本小节的技术数据是根据《GB/T 6451—2015 油浸式电力变压器技术参数和要求》给出的。

$$I_{1N} = \frac{S_N}{\sqrt{3}\,U_{1N}} = \frac{40000 \times 10^3}{\sqrt{3} \times 66 \times 10^3}A = 350A$$

$$I_{2N} = \frac{S_N}{\sqrt{3}\,U_{2N}} = \frac{40000 \times 10^3}{\sqrt{3} \times 10.5 \times 10^3}A = 2199.4A$$

4. 额定频率 f_N

变压器的额定频率（Rated Frequency）就是一个国家规定的工业用电频率（简称工频）。我国的标准工频规定为 50Hz。

此外，变压器还有额定效率、额定温升等额定值。

在变压器的铭牌上除了标注上述额定值以外，还标注有相数、短路电压标幺值、联结组别、冷却方式、绝缘等级、质量和使用条件等。

3.2 变压器的工作原理

本节以单相双绕组变压器为例，分析变压器的电磁关系，这些关系适用于对称运行的三相变压器。变压器的一次绕组外施交流电压 u_1 时，二次绕组既可以开路，也可以接通负载，这两种情况分别称为变压器的空载运行状态和负载运行状态。变压器空载运行时的电磁关系比较简单，因此，本节首先对变压器的空载运行情况进行分析，然后进一步分析变压器的负载运行情况。

值得注意的是，变压器的分析方法以及结论可以推广应用于分析旋转交流电机。

3.2.1 变压器各电磁量的参考方向

图 3-10 是单相双绕组变压器的原理图，它实际上是一个具有铁心的互感电路，为分析方便，把紧密安放在一起的两个绕组分别画在左右两个铁心柱上（参照图 3-3a）。工作时，一次绕组与交流电源相连，习惯画在左侧；二次绕组与负载相连，习惯画在右侧。图 3-10 中，u_1、i_1、e_1 和 u_2、i_2、e_2 分别是一、二次绕组的电压、电流、电动势；Φ 是与一、二次绕组同时交链的主磁通；$\Phi_{1\sigma}$、$\Phi_{2\sigma}$ 是分别仅与一次或二次绕组交链的漏磁通（图 3-10a 中没有画出）。

变压器运行时，电路与磁路中的各个物理量都是交流量，为了讨论这些物理量之间的关系，必须首先规定各量的参考方向。虽然参考方向的选择可以是任意的，不同的参考方向只影响方程中相应物理量的正负号，而不会影响各个物理量之间的物理关系。但在电机理论中，参考方向将选择得尽量与实际工作状态相吻合。对于一次绕组，是接收交流电能的，其上电压与电流的参考方向按照负载的惯例选定，即选 u_1 与 i_1 的方向一致。这种关联参考方向也称为电动机惯例。对于二次绕组，是向负载输出交流电能的，其上电压与电流的参考方向按照电源的惯例选定，即选 u_2 与 i_2 的方向相反。这种关联参考方向也称为发电机惯例。一、二次绕组上感应电动势的参考方向与电流的参考方向一致，工作磁通和漏磁通的参考方向与电流的参考方向之间符合右手螺旋定则关系。

值得注意的是，二次绕组电流 i_2 的方向是按照与一次绕组电流 i_1 产生相同方向的磁通的原则进行选择的。显然，二次绕组电流 i_2 的方向还必须与其绕向相互配合，当绕组的绕向改变时，电流的方向也要相应改变，才不会破坏上述原则。

需要强调的是，以下各节所给出的方程，均是建立在图 3-10 中所选定参考方向的前提下的。而且，后续各章所讨论的各类交流电机中电磁量的参考方向，也都是按照本节的惯例选择的。

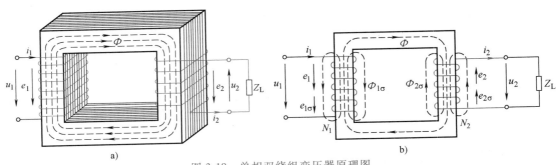

图 3-10　单相双绕组变压器原理图

3.2.2　变压器的空载运行

1. 空载运行的电磁关系

图 3-11 是变压器空载运行时的原理图。当二次绕组开路（$i_2 = 0$），一次绕组外施正弦交流电压 u_1 时，一次绕组内就会产生一个很小的电流 i_0（$i_1 = i_0$），称此电流为变压器的空载电流。设一、二次绕组的匝数分别为 N_1 和 N_2。于是，空载电流 i_0 便产生了交变磁动势 $N_1 i_0$，由此建立交变磁场。由于铁心的磁导率远远大于铁心周围物质（空气或变压器油）的磁导率，因此，绝大部分磁通经铁心闭合，这部分磁通同时与一、二次绕组相交链，称此为变压器的主磁通 Φ，亦称为工作磁通或互磁通，同时会有极少量的磁通经铁心周围的物质闭合，这部分磁通仅与一次绕组相交链，称此为一次绕组的漏磁通 $\Phi_{1\sigma}$。

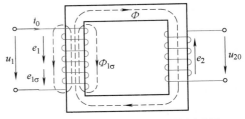

主磁通 Φ 将在一、二次绕组中分别产生感应电动势 e_1 和 e_2，漏磁通 $\Phi_{1\sigma}$ 只在一次绕组中产生感应电动势 $e_{1\sigma}$。由于二次绕组中有了感应电动势 e_2，因此，二次绕组就产生了输出电压 u_{20}。

图 3-11　变压器空载运行时的原理图

上述电磁感应的关系可简单表述如下（图中箭头的指向代表了因果关系）：

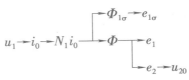

2. 主磁通、漏磁通与感应电动势

主磁通与漏磁通不仅在数量上相差悬殊，而且其磁路的性质以及所起的作用均完全不同。主磁通 Φ 的磁路是由铁心构成的非线性磁路，与主磁通对应的电感是非线性电感 L。主

磁通交链着一、二次绕组，是实现能量传递的桥梁。漏磁通的磁路主要是由非铁磁材料（空气和变压器的油路）构成，可近似为线性磁路，与漏磁通 $\Phi_{1\sigma}$ 对应的电感是线性电感 $L_{1\sigma}$。漏磁通不仅不能传递电能，还会增加变压器的损耗。

如果不计主磁通磁路饱和的影响，在正弦电源电压 u_1 的作用下，主磁通 Φ 是与 u_1 同频率的正弦量，即

$$\Phi = \Phi_m \sin \omega t$$

根据第 1 章式（1-15）~式（1-17），可以直接得到一、二次绕组感应电动势与产生它们的磁通之间的关系为

$$e_1 = E_{1m} \sin(\omega t - 90°) \tag{3-3}$$

或

$$\dot{E}_1 = -j4.44 f N_1 \dot{\Phi}_m \tag{3-4}$$

$$e_2 = E_{2m} \sin(\omega t - 90°) \tag{3-5}$$

或

$$\dot{E}_2 = -j4.44 f N_2 \dot{\Phi}_m \tag{3-6}$$

式中　E_{1m} 和 $\dot{E}_1$——一次绕组感应电动势的幅值和有效量，$E_{1m} = \omega N_1 \Phi_m$；

　　　E_{2m} 和 $\dot{E}_2$——二次绕组感应电动势的幅值和有效量，$E_{2m} = \omega N_2 \Phi_m$。

由此可见，感应电动势在相位上滞后于产生它的磁通 90°。而感应电动势的有效值与磁通幅值之间的关系为

$$E_1 = 4.44 f N_1 \Phi_m \tag{3-7}$$

$$E_2 = 4.44 f N_2 \Phi_m \tag{3-8}$$

一次绕组的漏磁通与主磁通同相位，即 $\Phi_{1\sigma} = \Phi_{1\sigma m} \sin \omega t$。按上述推导方法，可以得到与上述完全类似的漏磁感应电动势 $E_{1\sigma}$ 和漏磁通 $\Phi_{1\sigma}$ 的关系式。虽然漏磁通的分布很复杂，但漏磁通磁路可以看成是近似线性的，因此，漏磁通 $\Phi_{1\sigma}$ 正比于产生它的电流 i_0，即漏磁通磁路对应的电感为一常数，其值为

$$L_{1\sigma} = \frac{N \Phi_{1\sigma}}{i_0} \tag{3-9}$$

$L_{1\sigma}$ 称为一次绕组的漏电感。该漏电感在交流电路中的电抗称为一次绕组的漏电抗，其值为

$$X_{1\sigma} = 2\pi f L_{1\sigma} \tag{3-10}$$

由此便可得到漏磁通在一次绕组中产生的漏磁感应电动势，即

$$\dot{E}_{1\sigma} = -j X_{1\sigma} \dot{I}_0 \tag{3-11}$$

为了提高变压器的运行性能，在设计时都是本着尽量减小漏磁通的原则进行的，一般来说，漏磁通的数量只占总磁通量的 0.1% ~ 0.2%。因此，与漏磁通对应的漏电感和漏电抗的数值都很小。

3. 空载运行时的电压方程

对于通以交流电的绕组，除了各种磁通要在绕组中产生感应电动势以外，绕组本身的电阻还要在绕组中产生电压降。设一、二次绕组的电阻分别为 R_1 和 R_2，根据基尔霍夫电压定律，可列写出变压器空载运行时一、二次绕组的电压方程。

一次绕组的电压平衡方程为

$$\dot{U}_1 = -\dot{E}_1 - \dot{E}_{1\sigma} + R_1 \dot{I}_0 = -\dot{E}_1 + (R_1 + j X_{1\sigma}) \dot{I}_0$$

即
$$\dot{U}_1 = -\dot{E}_1 + Z_1 \dot{I}_0 \tag{3-12}$$

式中 Z_1——一次绕组的漏阻抗，$Z_1 = R_1 + jX_{1\sigma}$。

由于 R_1 和 $X_{1\sigma}$ 的数值都很小，漏阻抗电压 $|Z_1|I_0$ 在总电压中所占份额很小，在工程分析中可以忽略，于是有下面的关系成立：

$$\dot{U}_1 \approx -\dot{E}_1 \tag{3-13}$$

根据式（3-7）可得

$$U_1 \approx E_1 = 4.44 f N_1 \Phi_m \tag{3-14}$$

由此可见，如果变压器的频率 f 和匝数 N_1 一定，铁心中主磁通的幅值 Φ_m 基本由一次侧电源电压 U_1 的高低决定。

二次绕组的电压平衡方程为

$$\dot{U}_{20} = \dot{E}_2 \tag{3-15}$$

即
$$U_{20} = E_2 = 4.44 f N_2 \Phi_m \tag{3-16}$$

式中 U_{20}——二次绕组的开路电压有效值。

一、二次绕组的感应电动势之比，称为变压器的电压比，用 k 表示，即

$$k = \frac{E_1}{E_2} = \frac{4.44 f N_1 \Phi_m}{4.44 f N_2 \Phi_m} = \frac{N_1}{N_2} \tag{3-17}$$

可见，变压器的电压比 k 等于一、二次绕组的匝数之比。

变压器空载运行时，$U_1 \approx E_1$，$U_{20} = E_2$，因此，一、二次绕组的感应电动势之比近似等于一、二次绕组的电压之比，即

$$k = \frac{E_1}{E_2} = \frac{N_1}{N_2} \approx \frac{U_1}{U_{20}} \tag{3-18}$$

由此可知，只要一、二次绕组具有不同的匝数，变压器的一、二次绕组就具有不同的电压，这就是变压器能够变换电压的原理。当 $N_1 > N_2$，即 $k > 1$ 时，变压器为降压变压器；当 $N_1 < N_2$，即 $k < 1$ 时，变压器为升压变压器。在工程上，电压比取高压绕组的额定电压与低压绕组的额定电压之比，即变压器的电压比 k 始终大于 1。

对于三相变压器，电压比定义为一、二次绕组的相电动势之比。

4. 主磁通与励磁电流

变压器空载运行时，二次绕组电流 $i_2 = 0$，即变压器没有功率输出，根据能量守恒关系，此时一次绕组也就没有对应的功率输入。因此，空载电流 i_0 就是建立空载磁场、产生主磁通的励磁电流 i_m，即 $i_0 = i_m$。

对于交流电源来说，一次绕组相当于大电感电路，励磁电流（空载电流）会严重滞后于端电压。现将励磁电流分解为与感应电动势 $(-e_1)$ 同相位和正交两个分量。其中，与 $(-e_1)$ 正交的分量称为磁化电流，用 i_μ 表示，与 $(-e_1)$ 同相位的分量称为铁耗电流，用 i_{Fe} 表示。

磁化电流 i_μ 是励磁电流的无功分量，用于激励铁心中的主磁通 Φ。对已制成的变压器，i_μ 与 Φ 的关系就是铁心材料的磁化曲线，如图 3-12a 所示。当磁路不饱和时，i_μ 与 Φ 成正比关系，如果 Φ 按正弦规律变化，则 i_μ 也按正弦规律变化，并与 Φ 同相位。因此，i_μ 的相位超前于感应电动势 e_1 90°，故磁化电流 i_μ 为纯无功电流。当磁路饱和时，i_μ 与 Φ 之间的关系就是非线性关系，如果 Φ 按正弦规律变化，则 i_μ 不再按正弦规律变化；反之，如果 i_μ

按正弦规律变化，则 Φ 就不再按正弦规律变化。

变压器在设计时，为了提高铁心的利用率，其磁路的工作点都设置在磁化曲线的膝点之上，处于微饱和状态。假设主磁通 Φ 按正弦规律变化，根据磁化曲线，采用图解方法，可逐点描绘出磁化电流 i_μ 的变化规律，如图 3-12b 所示；若假设磁化电流 i_μ 按正弦规律变化，再根据磁化曲线，可逐点描绘出主磁通 Φ 的变化规律，如图 3-12c 所示。

从图 3-12b 可以看出，当主磁通 Φ 为正弦波时，由磁路饱和而引起的非线性将导致磁化电流 i_μ 成为与主磁通同相位的尖顶波。磁路的饱和程度越深，磁化电流的波形就越尖，即畸变越严重。但是，无论磁化电流怎样畸变，用傅里叶级数将其分解，其基波分量始终与主磁通波形同相位，也就是说，磁化电流始终是无功电流。对于非正弦的磁化电流，不能用相量表示。为了计算方便，工程上用一个有效值与之相等的等效正弦波电流来代替非正弦的磁化电流。

从图 3-12c 可以看出，如果磁化电流 i_μ 为正弦波形，则主磁通 Φ 将是平顶波。非正弦的主磁通将感应出非正弦的感应电动势，使变压器的输出电压波形畸变。因此，变压器设计时，一般要保证主磁通为正弦波，以避免感应电动势的波形畸变。

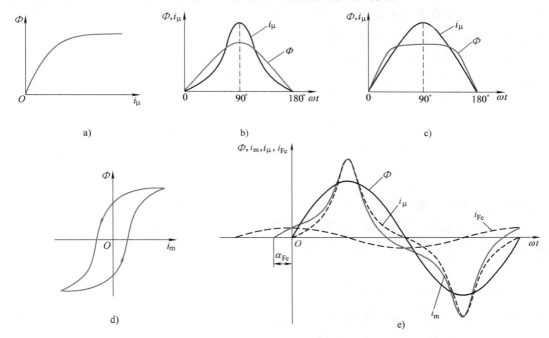

图 3-12　变压器的励磁电流

a）磁化曲线　b）产生正弦磁通的磁化电流　c）产生平顶波磁通的磁化电流
d）磁滞回线　e）考虑磁滞损耗时的励磁电流

铁耗电流 i_{Fe} 是励磁电流 i_m 的有功分量，它是表征铁心损耗大小的物理量。变压器工作时，铁心是被交变磁化的，要产生磁滞损耗，磁通与励磁电流遵从磁滞回线的关系，如图 3-12d 所示。因此，当磁通按照正弦规律变化时，励磁电流的变化规律如图 3-12e 所示。由图可见，考虑磁滞损耗时，励磁电流是不对称的尖形波，与主磁通不再同步变化，而是超前主磁通一个相位角 α_{Fe}，称此电角度为**铁耗角**。此时，励磁电流可分解为两个分量，一个分量是如图 3-12b 所示的与主磁通同步变化的磁化电流 i_μ，另一个分量是超前主磁通 90°、且与主磁通同频率的近似正弦波，该分量与 $(-e_1)$ 同相位，是与磁滞损耗对应的有功分量 i_{Fe}。

如果再考虑铁心中的涡流损耗，励磁电流中必定还存在一个与涡流损耗相对应的有功分量，该分量与上述磁滞损耗对应的有功分量同相位，它们共同构成了励磁电流的有功分量，合称为铁耗电流 i_{Fe}。铁耗越大，励磁电流的有功分量就越大，铁耗角也将越大。

综合以上分析，空载电流（即励磁电流）可表示为

$$\dot{I}_0 = \dot{I}_m = \dot{I}_\mu + \dot{I}_{Fe} \tag{3-19}$$

换一个角度分析，变压器空载时，建立磁场所需的无功功率和铁心损耗消耗的有功功率均由一次侧交流电源提供。因此，空载电流（励磁电流）中必定包含一个无功分量的磁化电流 i_μ 和一个有功分量的铁耗电流 i_{Fe}。

变压器的铁心都是选用铁耗较小的软磁材料制成的，故励磁电流 $\dot{I}_m$ 的有功分量 $\dot{I}_{Fe}$ 很小，即 $I_{Fe} \ll I_\mu$。根据上述分析，以及式（3-4）、式（3-13）和式（3-19），可得到空载电流（励磁电流）、主磁通和感应电动势三者的关系如图 3-13a 所示。画相量图时，一般选择主磁通相量为参考相量，即取 $\dot{\Phi}_m = \Phi_m \angle 0°$。然后根据各个相量之间的相位关系逐一画出。

在图 3-13a 的基础上，考虑到式（3-12）和式（3-15）可以画出变压器空载运行时的相量图，如图 3-13b 所示。上述两个相量图的具体画图顺序如下：

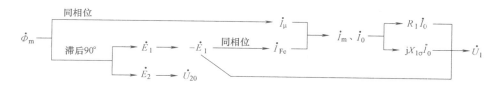

需要说明的是，变压器的空载电流一般很小，S9 型以上变压器的空载电流一般小于 $3\% I_{1N}$，容量越大，其空载电流所占的比例越小；电阻电压 $R_1 I_0$ 与漏电抗电压 $X_{1\sigma} I_0$ 的数值远远小于 E_1，即 $U_1 \approx E_1$，为了作图清楚，图 3-13b 中，$R_1 I_0$ 与 $X_{1\sigma} I_0$ 的边长是放大了的。

图 3-13 中，$\dot{I}_0$ 与 $\dot{\Phi}_m$ 的相位差角即为铁耗角 α_{Fe}；$\dot{U}_1$ 与 $\dot{I}_0$ 的相位差角记为 φ_0，这是变压器空载运行时的功率因数角。从图中可以看出，φ_0 很大（接近90°），即变压器的空载功率因数 $\cos\varphi_0$ 很低，意味着从电源吸收的视在功率中主要是无功功率，有功功率 P_0 较小。P_0 也称为空载损耗。变压器的空载损耗由铜耗和铁耗两部分组成，即 $P_0 = P_{Cu} + P_{Fe}$，其中，空载铜耗为一次绕组的电阻损耗，即 $P_{Cu} = R_1 I_0^2$。由于 R_1 和 I_0 均很小，故

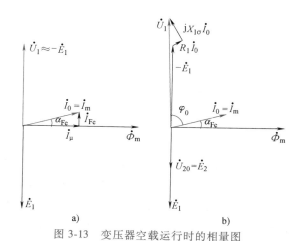

图 3-13　变压器空载运行时的相量图

空载铜耗很小，一般可忽略不计。因此，空载损耗主要就是铁耗，即 $P_0 \approx P_{Fe}$。

5. 空载运行的等效电路

根据式（3-12）和式（3-19），可画出变压器空载运行时的并联等效电路，如图 3-14a 所示。图中，R_{Fe} 称为变压器的铁耗电阻，它是表征铁耗 P_{Fe} 的一个等效参数；X_μ 称为变压器的磁化电抗，它是表征铁心磁化性能的一个等效参数。感应电动势、励磁电流和铁耗之间有如下的关系：

$$\dot{I}_0 = \dot{I}_m = -\frac{\dot{E}_1}{jX_\mu} - \frac{\dot{E}_1}{R_{Fe}} = -\dot{E}_1\left(\frac{1}{jX_\mu} + \frac{1}{R_{Fe}}\right) \tag{3-20}$$

$$P_{Fe} = R_{Fe}I_{Fe}^2 \tag{3-21}$$

为了计算方便，下面把并联等效电路化为串联等效电路。由式（3-20）可得到

$$-\dot{E}_1 = \left(\frac{R_{Fe}X_\mu^2}{R_{Fe}^2 + X_\mu^2} + j\frac{R_{Fe}^2 X_\mu}{R_{Fe}^2 + X_\mu^2}\right)\dot{I}_m$$

即　　　　　　　　$$-\dot{E}_1 = (R_m + jX_m)\dot{I}_m \quad \text{或} -\dot{E}_1 = Z_m\dot{I}_m \tag{3-22}$$

式（3-22）中，R_m 称为变压器的励磁电阻，它是表征铁耗的一个等效参数，即 $P_{Fe} = R_m I_m^2$；X_m 称为变压器的励磁电抗，它是表征铁心磁化性能的一个等效参数；$Z_m = R_m + jX_m$ 称为变压器的励磁阻抗，它是表征铁心磁化性能和铁耗的一个综合等效参数。

引进励磁参数后，式（3-12）可变换成如下形式：

$$\dot{U}_1 = Z_m\dot{I}_m + Z_1\dot{I}_m = (Z_m + Z_1)\dot{I}_m \tag{3-23}$$

由式（3-23），便可画出变压器空载运行时的串联等效电路，如图 3-14b 所示。

变压器运行时，如果主磁通 Φ_m 能基本保持不变，则 R_m、X_m 和 Z_m 可以认为是常数，否则，这三个参数将随着 Φ_m 的变化而变化。例如，当铁心的饱和程度增加时，磁路的磁导将减小，励磁电抗 X_m 也就随之减小。

由于变压器主磁路的磁导远远大于漏磁路的磁导，使得励磁电抗 X_m 远远大于一次绕组的漏电抗 $X_{1\sigma}$，即励磁阻抗 $|Z_m|$ 远远大于一次绕组的漏阻抗 $|Z_1|$。因此，变压器空载电流 I_0 的大小主要取决于励磁阻抗 $|Z_m|$ 的大小。一般希望 I_0 的数值越小越好，这样，一方面可以减小变压器的空载损耗，另一方面也减小了电网提供的无功功率。

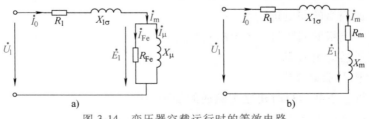

图 3-14　变压器空载运行时的等效电路

a）并联等效电路　b）串联等效电路

3.2.3　变压器的负载运行

变压器的一次绕组接到交流电源上，二次绕组接上负载阻抗 Z_L 时，二次绕组便有电流和功率输出，这种情况称为变压器的负载运行。变压器负载运行时的原理图如图 3-10b

所示。

1. 负载运行时的电磁关系及电压平衡方程

变压器负载运行时，在感应电动势 e_2 的作用下，二次绕组中便产生了输出电流 i_2，i_2 将产生磁动势 $N_2 i_2$，该磁动势也作用在主磁路上，从而打破了变压器空载运行时的电磁平衡关系。一次绕组中的电流和感应电动势将发生相应变化，以建立新的电磁平衡关系。此时，主磁通 Φ 由 $N_1 i_1$ 和 $N_2 i_2$ 共同作用产生，磁动势 $N_2 i_2$ 还要产生仅与二次绕组相交链的漏磁通 $\Phi_{2\sigma}$。主磁通 Φ 同时在一、二次绕组中产生感应电动势 e_1 和 e_2，而漏磁通 $\Phi_{1\sigma}$ 和 $\Phi_{2\sigma}$ 分别在一、二次绕组中产生感应电动势 $e_{1\sigma}$ 和 $e_{2\sigma}$。上述电磁关系可以简单地描述如下：

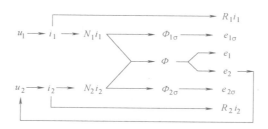

变压器负载运行时，一次绕组中的电磁关系与空载时类似，电源电压 u_1 将降落在以下三个部分：主磁通产生的感应电动势 e_1、漏磁通产生的感应电动势 $e_{1\sigma}$ 以及绕组电阻电压 $R_1 i_1$。漏磁感应电动势与空载时同样处理，于是可得一次绕组的电压平衡方程为

$$\dot{U}_1 = -\dot{E}_1 + Z_1 \dot{I}_1 \tag{3-24}$$

对于二次绕组，主磁通产生的感应电动势是电源电动势，漏磁感应电动势同样使用漏电抗电压代替，因此，电源电动势减去漏电抗电压和绕组电阻电压，就得到输出电压。于是可得二次绕组的电压平衡方程为

$$\dot{U}_2 = \dot{E}_2 + \dot{E}_{2\sigma} - R_2 \dot{I}_2 = \dot{E}_2 - (R_2 + jX_{2\sigma})\dot{I}_2$$

即
$$\dot{U}_2 = \dot{E}_2 - Z_2 \dot{I}_2 \tag{3-25}$$

且
$$\dot{U}_2 = Z_L \dot{I}_2 \tag{3-26}$$

式中　R_2——二次绕组的电阻；

$X_{2\sigma}$——二次绕组的漏电抗；

Z_2——二次绕组的漏阻抗，$Z_2 = R_2 + jX_{2\sigma}$；

Z_L——变压器的负载阻抗。

2. 磁动势平衡及能量传递

从磁路上分析，空载运行时建立主磁通的是励磁磁动势 $N_1 i_m$（即空载磁动势 $N_1 i_0$），而负载运行时，主磁通是由两个磁动势 $N_1 i_1$ 和 $N_2 i_2$ 共同激励的。考虑到电流 i_1 和 i_2 的参考方向，磁动势 $N_1 i_1$ 和 $N_2 i_2$ 产生的磁通同方向，也就是说，负载运行时的主磁通是由合成磁动势 $(N_1 i_1 + N_2 i_2)$ 激励的。那么，从空载运行到负载运行，主磁通发生了多大的变化呢？

从电路上分析，在式（3-24）中，电源电压 U_1 在正常运行时一般保持额定值。由于漏阻抗 $|Z_1|$ 很小，即使在满载运行状态下，漏阻抗压降 $|Z_1| I_{1N}$ 也远远小于感应电动势 E_1。因此，$U_1 \approx E_1$ 这个关系，无论是空载运行还是负载运行始终成立。由式（3-14）可知，在

电源电压 U_1 和频率 f 不变的情况下，主磁通 Φ_{m} 将基本保持不变。因此，负载时的合成磁动势（$N_1 i_1 + N_2 i_2$）与空载时的励磁磁动势 $N_1 i_{\mathrm{m}}$ 是基本相等的，即

$$N_1 i_1 + N_2 i_2 = N_1 i_{\mathrm{m}} \tag{3-27}$$

变压器正常运行时，i_1 和 i_2 都是随时间按正弦规律变化的，所以上述方程可写成相量形式，即

$$N_1 \dot{I}_1 + N_2 \dot{I}_2 = N_1 \dot{I}_{\mathrm{m}} \tag{3-28}$$

上式称为变压器的磁动势平衡方程式。对式（3-28）进行变换，得

$$N_1 \dot{I}_1 = N_1 \dot{I}_{\mathrm{m}} + (-N_2 \dot{I}_2) \tag{3-29}$$

式（3-29）表明，一次绕组的磁动势由两个分量组成，一个分量是励磁磁动势 $N_1 \dot{I}_{\mathrm{m}}$，用来产生主磁通 $\dot{\Phi}_{\mathrm{m}}$；另一个分量是负载分量 $-N_2 \dot{I}_2$，用来平衡二次侧磁动势 $N_2 \dot{I}_2$，以维持主磁通 Φ_{m} 基本保持不变。负载分量的大小与二次侧磁动势的大小相等，随负载的变化而变化。变压器在满载或接近满载运行时，$I_1 \gg I_{\mathrm{m}}$，$N_1 I_1 \gg N_1 I_{\mathrm{m}}$，即一次绕组的磁动势中主要部分是负载分量。

式（3-29）还可以进一步变形为

$$\dot{I}_1 = \dot{I}_{\mathrm{m}} + \left(-\frac{N_2}{N_1} \dot{I}_2\right) = \dot{I}_{\mathrm{m}} + \left(-\frac{1}{k} \dot{I}_2\right) = \dot{I}_{\mathrm{m}} + \dot{I}_{1\mathrm{L}} \tag{3-30}$$

式中 $\dot{I}_{1\mathrm{L}}$——一次电流的负载分量，$\dot{I}_{1\mathrm{L}} = -\dfrac{1}{k} \dot{I}_2$。

式（3-30）表明，变压器运行时，一次电流由两个分量组成，一个是励磁分量 $\dot{I}_{\mathrm{m}}$，另一个是负载分量 $\dot{I}_{1\mathrm{L}}$。负载分量的大小 $I_{1\mathrm{L}}$ 由二次电流的大小 I_2 决定，它的相位与二次电流相位相反。这是因为，要维持主磁通基本恒定，一次侧必须提供一个负载分量去抵消二次电流对主磁通的影响。可见，变压器工作时，二次电流 I_2 的大小由负载的轻重决定，而一次电流 I_1 的大小由二次电流 I_2 的大小来决定。

磁动势平衡方程说明了变压器的能量传递原理。二次侧一旦出现了电流 I_2，就产生了功率 $E_2 I_2$（$U_2 I_2$）；随着 I_2 的逐渐增大，一次电流 I_1 也逐渐增大，因此，一次侧的输入功率 $U_1 I_1$ 也随之增大。这就说明了变压器是通过一、二次绕组的磁动势平衡和电磁感应关系，将一次绕组从电源输入的功率传递到二次绕组、并输出给负载的。

变压器在满载或接近满载运行时，$I_1 \gg I_{\mathrm{m}}$，I_{m} 可以忽略不计，式（3-30）可以简化为

$$\dot{I}_1 \approx \dot{I}_{1\mathrm{L}} = -\frac{1}{k} \dot{I}_2 \tag{3-31}$$

式（3-31）表明了变压器一、二次绕组电流的大小关系和相位关系。其中，大小关系即电流变换关系为：$I_1 = \dfrac{1}{k} I_2$，即一、二次绕组的电流比等于匝数的反比。对于降压变压器，$k > 1$，$I_1 < I_2$，对于升压变压器，$k < 1$，$I_1 > I_2$。在相位上，一、二次绕组的电流相位是近似相反的，意味着二次电流的性质是去磁性的，符合能量守恒的基本原理。

3.3 变压器的等效电路和相量图

通过上一节的分析，得到了一组能正确反映变压器内部电磁关系的基本方程式，据此可

以对变压器的运行情况进行分析计算。显然，这样的分析计算是比较复杂的，因为变压器有两个电压等级不同、只有磁耦合而无电联系的回路，特别是当电压比 k 大很多时，一、二次侧的电压、电流和漏阻抗等在数值上相差悬殊，既不便于工程计算，又给绘制相量图带来困难。为此，采用绕组折算的方法来解决以上困难。

3.3.1 绕组折算

绕组折算的方法是令二次绕组的匝数等于一次绕组的匝数（二次侧折算到一次侧）或令一次绕组的匝数等于二次绕组的匝数（一次侧折算到二次侧），其他物理量做相应的变化，使一、二次侧的电磁关系维持不变。具体地说，绕组折算的原则是，在折算前后，一次侧从电源输入的电流、有功功率和无功功率要保持不变，而二次侧对一次侧施加影响的磁动势也要保持不变。

下面以二次侧折算到一次侧为例，来说明绕组折算的方法。折算后的二次绕组的所有物理量（折算值）用原来的符号加"$'$"来表示。

1. 电动势折算

取 $N_2' = N_1$，由式（3-8）可得

$$E_2' = 4.44 f N_1 \Phi_{\mathrm{m}}$$

即
$$E_2' = E_1 = k E_2 \tag{3-32}$$

式（3-32）说明，二次绕组电动势的折算值是原值的 k 倍。这样一来，二次绕组的电压等级就等于一次绕组的电压等级了。为了保持变压器的电磁关系不变，二次绕组的其他电量均要做出相应的变化。

2. 电流折算

根据折算前后二次侧的磁动势保持不变的原则，可得

$$N_1 \dot{I}_2' = N_2 \dot{I}_2$$

即
$$\dot{I}_2' = \frac{N_2}{N_1} \dot{I}_2 = \frac{1}{k} \dot{I}_2 \tag{3-33}$$

折算后的磁动势平衡方程变为

$$N_1 \dot{I}_1 + N_1 \dot{I}_2' = N_1 \dot{I}_{\mathrm{m}}$$

于是有下列电流关系成立

$$\dot{I}_1 + \dot{I}_2' = \dot{I}_{\mathrm{m}} \tag{3-34}$$

3. 阻抗折算

根据折算前后二次侧的有功功率和无功功率保持不变的原则，可得

$$R_2' I_2'^2 = R_2 I_2^2, \quad X_{2\sigma}' I_2'^2 = X_{2\sigma} I_2^2$$

即
$$R_2' = \frac{I_2^2}{I_2'^2} R_2 = k^2 R_2 \tag{3-35}$$

$$X_{2\sigma}' = \frac{I_2^2}{I_2'^2} X_{2\sigma} = k^2 X_{2\sigma} \tag{3-36}$$

同理
$$R_{\mathrm{L}}' = k^2 R_{\mathrm{L}}, \quad X_{\mathrm{L}}' = k^2 X_{\mathrm{L}} \tag{3-37}$$

于是可得复数阻抗的折算值为

$$Z_2' = k^2 Z_2, \quad Z_L' = k^2 Z_L \tag{3-38}$$

4. 电压折算

根据式（3-25），二次侧的电压方程可变换为 $k\dot{U}_2 = k\dot{E}_2 - kZ_2\dot{I}_2$，即 $\dot{U}_2' = \dot{E}_2' - Z_2'\dot{I}_2'$，可得

$$\dot{U}_2' = k\dot{U}_2 \tag{3-39}$$

注意：电动势、电压和电流经过折算后，只改变大小，相位不变，而复数阻抗经过折算后，也只改变阻抗模，不会改变其阻抗角的大小。

如果要将一次侧折算到二次侧，折算方法完全相同，但由于折算的方向不同，所以，电动势和电压的折算值为原值除以 k，电流的折算值为原值乘以 k，阻抗的折算值为原值除以 k^2。

通过上述折算后，变压器负载运行时的基本方程式将变为如下形式：

$$\left.\begin{array}{l} \dot{U}_1 = -\dot{E}_1 + Z_1\dot{I}_1 \\[4pt] \dot{U}_2' = \dot{E}_2' - Z_2'\dot{I}_2' \\[4pt] \dot{E}_1 = \dot{E}_2' \\[4pt] \dot{E}_1 = -Z_m\dot{I}_m \\[4pt] \dot{I}_1 + \dot{I}_2' = \dot{I}_m \end{array}\right\} \tag{3-40}$$

3.3.2　T 形等效电路

根据折算后的基本方程式，可以导出变压器的等效电路。由方程组式（3-40）的第一、二式可以画出图 3-15a 所示的具有两个回路的等效电路。该电路表明：将绕组的电阻和漏磁通效应从绕组中分离出去后，剩下的是一个耦合系数为 1 的互感绕组。由于 $\dot{E}_1 = \dot{E}_2'$，故可把包含这两个电动势的两条支路并联在一起，如图 3-15b 所示。根据方程组式（3-40）的第四、五式，可以用励磁阻抗支路代替图 3-15b 中间的与主磁通对应的电感线圈，于是可得如图 3-15c 所示的变压器的 T 形等效电路。

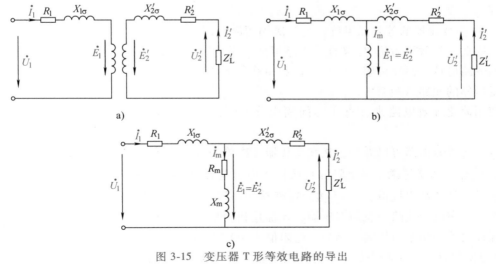

图 3-15　变压器 T 形等效电路的导出

按照同样的方法，亦可将变压器的一次侧折算到二次侧，得到结构相同的 T 形等效电路。其参数的折算公式，读者可自行分析。

需要强调的是，T 形等效电路虽然是由单相变压器推导出来的，但它同样适用于对对称运行的三相变压器的一相的计算。

3.3.3 近似和简化等效电路

变压器的 T 形等效电路比较准确地反映了变压器内部的电磁关系，但它含有串联和并联支路，进行复数运算比较复杂，工程上希望对其进行简化。对于一般的电力变压器，其参数均满足 $|Z_m| \gg |Z_1|$ 这一关系，且在满载或接近满载运行时，$I_1 \gg I_m$，漏阻抗压降 $|Z_1| I_{1N}$ 仅占额定电压 U_{1N} 的百分之几。因此，把 T 形等效电路中的励磁支路从电路的中间左移到电源端，对变压器的运行分析不会带来明显的误差。这样，就可得到如图 3-16a 所示的变压器近似等效电路（亦称为 Γ 形等效电路）。

在对变压器的某些问题进行分析时，还可以进一步忽略励磁电流 I_m，即把励磁阻抗的支路断开，则等效电路将简化成一个串联电路，如图 3-16b 所示，该电路被称为变压器的简化等效电路。

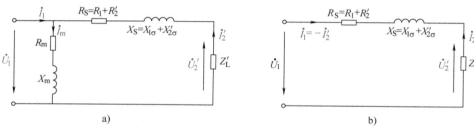

图 3-16　变压器的近似和简化等效电路
a）近似（Γ形）等效电路　b）简化等效电路

在近似和简化等效电路中，变压器一、二次侧的漏阻抗是串联关系，其串联等效阻抗为

$$Z_S = Z_1 + Z_2' = (R_1 + R_2') + j(X_{1\sigma} + X_{2\sigma}')$$

即

$$Z_S = R_S + jX_S \tag{3-41}$$

Z_S 称为变压器的等效漏阻抗。当二次侧短路，即 $Z_L' = 0$ 时，变压器的阻抗就是等效漏阻抗，因此，等效漏阻抗 Z_S 又称为短路阻抗，短路阻抗的实部 R_S 和虚部 X_S 分别称为短路电阻和短路电抗。短路电阻、短路电抗和短路阻抗统称为变压器的短路参数。短路参数可以通过变压器的短路试验测得。

使用简化等效电路来计算实际问题十分简便，在多数情况下计算精度能够满足工程要求。

从上述等效电路可以看出，接在变压器二次侧的负载阻抗 Z_L 折算到一次侧后，就变成了 $Z_L' = k^2 Z_L$，也就是说，一个阻抗直接接入电源与经过电压比为 k 的变压器接入电源，对电源来说，其负载阻抗值相差 k^2 倍。这就是变压器在变换电压与电流的同时所带来的阻抗变换作用。在电子线路中应用变压器，大都是利用变压器的阻抗变换作用来实现阻抗匹配，以实现最大信号功率的传输。例如，电阻值为 8Ω 的扬声器如果直接与功率放大器连接，由于 8Ω 电阻值远远小于功率放大器的输出电阻，扬声器基本上是接收不到功率的（阻抗不匹配）。为此，在功率放大器与扬声器之间接一台输出变压器，以实现扬声器阻值的变换，从而达到阻抗匹配，使扬声器获得最大的信号功率。

3.3.4　变压器负载运行时的相量图

基本方程式、等效电路和相量图是变压器运行分析的三种工具。相比而言，相量图能更直观、形象地反映出各个物理量的相对大小和相位关系，有利于定性分析变压器的运行情况。

根据变压器绕组折算后的方程组式（3-40）或 T 形等效电路，可以画出变压器负载运行时的相量图，如图 3-17 所示。相量图的具体形式，与负载的性质有关（图 3-17 是电感性负载）；各个相量的位置与参考相量的选择有关（计算时常常选择电压 u_1 为参考相量）。但是，在相同负载时，选择不同的参考相量，不影响各个相量的相对位置关系。

在图 3-17 中，φ_2 是负载的功率因数角，φ_1 是变压器负载运行时一次侧的功率因数角。φ_1 的数值和 $\cos\varphi_1$ 的大小，取决于负载的性质和大小。实际上，由于漏阻抗压降和 I_m 都很小，$\cos\varphi_1$ 的数值与 $\cos\varphi_2$ 的数值接近相等。

注意：图 3-17 是定性画出的。其中，漏阻抗压降和励磁电流 I_m 这些电量没有按比例画出，因为它们相对同类电量数值很小，只能放大画出，才能清楚表达。

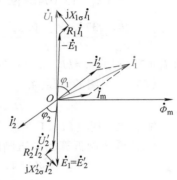

图 3-17　变压器负载运行时的相量图

【例 3-1】　有一台 50Hz 的单相变压器，其额定值和参数分别为 $S_N = 10\text{kV} \cdot \text{A}$，$U_{1N}/U_{2N} = 380/220\text{V}$。一次绕组的漏阻抗 $Z_1 = (0.14 + \text{j}0.22)\Omega$，二次绕组的漏阻抗 $Z_2 = (0.035 + \text{j}0.055)\Omega$，励磁阻抗 $Z_m = (30 + \text{j}310)\Omega$，负载阻抗 $Z_L = (4 + \text{j}3)\Omega$。在高压侧施加额定电压时，求：

（1）一、二次侧的额定电流；（2）一、二次侧的实际电流和励磁电流；（3）二次侧的电压。

解：变压器的电压比 k 为

$$k = \frac{U_{1N}}{U_{2N}} = \frac{380}{220} = 1.73$$

（1）一、二次侧的额定电流为

$$I_{1N} = \frac{S_N}{U_{1N}} = \frac{10 \times 10^3}{380}\text{A} = 26.32\text{A}$$

$$I_{2N} = \frac{S_N}{U_{2N}} = \frac{10 \times 10^3}{220}\text{A} = 45.45\text{A}$$

下面分别用两种方法求解（2）和（3）两个问题。

解法一：用 T 形等效电路求解。

（2）低压侧折算到高压侧的参数为

$$Z_2' = k^2 Z_2 = 1.73^2 \times (0.035 + \text{j}0.055)\Omega = (0.1048 + \text{j}0.1646)\Omega$$

$$Z_L' = k^2 Z_L = 1.73^2 \times (4 + \text{j}3)\Omega = (11.97 + \text{j}8.98)\Omega$$

变压器输入端口的等效阻抗为

$$Z = Z_1 + \frac{Z_m(Z_2' + Z_L')}{Z_m + Z_2' + Z_L'}$$

$$= \left[(0.14+\text{j}0.22) + \frac{(30+\text{j}310)(0.1048+\text{j}0.1646+11.97+\text{j}8.98)}{30+\text{j}310+0.1048+\text{j}0.1646+11.97+\text{j}8.98} \right] \Omega$$

$$= 14.905 \underline{/39.44°} \Omega$$

取参考相量为 $\dot{U}_1 = 380 \underline{/0°} \text{V}$，则所求电流分别为

$$\dot{I}_1 = \frac{\dot{U}_1}{Z} = \frac{380 \underline{/0°}}{14.905 \underline{/39.44°}} \text{A} = 25.5 \underline{/-39.44°} \text{A}$$

$$\begin{aligned} -\dot{E}_1 &= \dot{U}_1 - Z_1 \dot{I}_1 \\ &= \left[380 \underline{/0°} - (0.14+\text{j}0.22) \times 25.5 \underline{/-39.44°} \right] \text{V} = 373.68 \underline{/-0.32°} \text{V} \end{aligned}$$

$$-\dot{I}_2' = \frac{-\dot{E}_1}{Z_2' + Z_L'} = \frac{373.68 \underline{/-0.32°}}{12.0748 + \text{j}9.1446} \text{A} = 24.67 \underline{/-37.46°} \text{A}$$

$$\dot{I}_\text{m} = \frac{-\dot{E}_1}{Z_\text{m}} = \frac{373.68 \underline{/-0.32°}}{30+\text{j}310} \text{A} = 1.2 \underline{/-84.8°} \text{A}$$

即 $I_1 = 25.5\text{A}$，$I_2 = kI_2' = 1.73 \times 24.67\text{A} = 42.68\text{A}$，$I_\text{m} = 1.2\text{A}$。

（3）二次侧的电压为

$$U_2 = |Z_L| I_2 = \sqrt{3^2 + 4^2} \times 42.68\text{V} = 213.4\text{V}$$

解法二：用近似（Γ 形）等效电路求解。

（2）低压侧折算到高压侧的参数为

$$Z_2' = k^2 Z_2 = 1.73^2 \times (0.035+\text{j}0.055) \Omega = (0.1048+\text{j}0.1646) \Omega$$

$$Z_L' = k^2 Z_L = 1.73^2 \times (4+\text{j}3) \Omega = (11.93+\text{j}8.95) \Omega$$

取参考相量为 $\dot{U}_1 = 380 \underline{/0°} \text{V}$，则所求电流分别为

$$-\dot{I}_2' = \frac{\dot{U}_1}{Z_1 + Z_2' + Z_L'}$$

$$= \frac{380 \underline{/0°}}{0.14+\text{j}0.22+0.1048+\text{j}0.1646+11.93+\text{j}8.98} \text{A} = 24.74 \underline{/-37.5°} \text{A}$$

$$\dot{I}_\text{m} = \frac{\dot{U}_1}{Z_\text{m}} = \frac{380 \underline{/0°}}{30+\text{j}310} \text{A} = 1.22 \underline{/-84.5°} \text{A}$$

$$\dot{I}_1 = \dot{I}_\text{m} + (-\dot{I}_2') = (1.22 \underline{/-84.5°} + 24.74 \underline{/-37.5°}) \text{A} = 25.6 \underline{/-39.5°} \text{A}$$

即 $I_1 = 25.6\text{A}$，$I_2 = kI_2' = 1.73 \times 24.74\text{A} = 42.8\text{A}$，$I_\text{m} = 1.22\text{A}$。

（3）二次侧的电压为

$$U_2 = |Z_L| I_2 = \sqrt{3^2 + 4^2} \times 42.8\text{V} = 214\text{V}$$

比较以上两种方法的计算结果可见，用近似等效电路计算与用 T 形等效电路计算的结果相差极小，但计算量大为减少。

3.4　标幺值

3.4.1　标幺值的定义

标幺值是指某一物理量的实际值与选定的基值之比，即

$$标幺值 = \frac{实际值}{基值} \tag{3-42}$$

由于标幺值是两个具有相同单位的物理量之比，所以它是没有量纲的物理量。一般，标幺值用原符号加"*"来表示。例如，U^*、I^* 等。

应用标幺值时，首先要选定基值。对于电路计算而言，U、I、Z 和 S 四个基本物理量中，有两个量的基值可以任意选定，其余两个量的基值则可根据已选定的基值计算出来。对单相电路，若选定电压和电流的基值分别为 U_b 和 I_b（这里用下标 b 表示基值），则阻抗和视在功率的基值分别为

$$|Z_b| = \frac{U_b}{I_b}, \quad S_b = U_b I_b \tag{3-43}$$

阻抗的基值也是电阻和电抗的基值，视在功率的基值也是有功功率和无功功率的基值。

一般基值都选为额定值。变压器的基值是这样选定的：电压的基值选一、二次绕组的额定电压 U_{1N} 和 U_{2N}；电流的基值选一、二次绕组的额定电流 I_{1N} 和 I_{2N}；阻抗和功率的基值则由额定电压和额定电流决定。这样一来，额定电压、额定电流和额定视在功率的标幺值均为 1，"标幺"的名称由此得来。

对于三相变压器，选择额定相电压和额定相电流为相电压和相电流的基值；选择额定线电压和额定线电流为线电压和线电流的基值。阻抗和功率的基值则由相应的计算关系确定。

3.4.2 采用标幺值的优点

在工程分析和计算中，如果各物理量采用标幺值来表示和计算，往往会使问题更为简单，而对于短路阻抗等物理量，必须用标幺值才能更好地说明问题。采用标幺值的优点可以归纳为如下几点：

1）各种电力变压器的容量、电压和电流相差非常悬殊，其阻抗等参数也相差很大。采用标幺值表示后，各个参数和典型的性能数据通常都在一定的范围以内，因此便于比较和分析。例如，在 S9～S11 型系列变压器中，对于 10kV 级小型配电变压器，漏阻抗的标幺值为 $|Z_S^*| = 4\% \sim 6\%$，空载电流的标幺值为 $|I_0^*| = 0.6\% \sim 2.1\%$；对于 35～110kV 级中大型电力变压器，漏阻抗的标幺值为 $|Z_S^*| = 6.5\% \sim 10.5\%$，空载电流的标幺值为 $|I_0^*| = 0.3\% \sim 1.2\%$。总之，变压器的电压等级越高、容量越大，其漏阻抗的标幺值会越来越大，而空载电流的标幺值会越来越小。

2）采用标幺值表示电压和电流时，便于直观地表示变压器的运行情况。例如，假设已知变压器的二次电流为 1650A，如果不知道其额定值，则无法判断该台变压器是满载还是欠载，或是过载。假设已知变压器二次电流的标幺值为 0.6（或 1），那么，马上就可以判断出该台变压器处于欠载（或满载）状态。

3）对称三相电路中任一点处，相电压和线电压的标幺值恒定相等，相电流和线电流的标幺值恒定相等。这是因为，如果实际值的线值是相值的 $\sqrt{3}$ 倍，则其基值的线值也是相值的 $\sqrt{3}$ 倍。因此，只要是按标幺值给出电压和电流，就不必指出是线值还是相值了，这给实际计算带来了很大的方便。

4）用标幺值表示时，折算到高压侧或低压侧变压器的参数恒定相等。故用标幺值计算

时不必再进行折算，也不用考虑是折算到哪一侧。

5）方程式和算式中某些系数可以省略，某些物理量的标幺值将具有相同的数值。这样不仅简化了方程，往往还会大大减轻计算量。例如，在对称三相电路中，采用实际值和标幺值计算三相电路功率的公式分别为：$P_1 = 3U_1 I_1 \cos\varphi_1$，$P_1^* = U_1^* I_1^* \cos\varphi_1$，即三相功率与每相功率的标幺值相等。在额定电压下运行时，$U_1^* = 1$，则有关系 $P_1^* = I_1^* \cos\varphi_1$。

标幺值的缺点是，各物理量的标幺值都没有量纲，物理概念不太清楚，不能用量纲关系来检查关系式的正确与否。

【例 3-2】 计算例 3-1 中所给变压器分别折算到高压侧和低压侧的励磁阻抗和短路阻抗的标幺值。

解： 根据例 3-1 的计算结果，高、低压侧的额定电流为 $I_{1N} = 26.32A$，$I_{2N} = 45.45A$，折算到高压侧的短路阻抗为 $Z_S = (0.244 + j0.384)\Omega$。由此可得

（1）折算到高压侧的阻抗基值为

$$|Z_b| = \frac{U_{1N}}{I_{1N}} = \frac{380}{26.32}\Omega = 14.44\Omega$$

励磁阻抗的标幺值为

$$|Z_m^*| = \frac{|Z_m|}{|Z_b|} = \frac{\sqrt{30^2 + 310^2}}{14.44} = 21.57$$

$$R_m^* = \frac{R_m}{|Z_b|} = \frac{30}{14.44} = 2.08$$

$$X_m^* = \frac{X_m}{|Z_b|} = \frac{310}{14.44} = 21.47$$

短路阻抗的标幺值为

$$|Z_S^*| = \frac{|Z_S|}{|Z_b|} = \frac{\sqrt{0.244^2 + 0.384^2}}{14.44} = 0.0315$$

$$R_S^* = \frac{R_S}{|Z_b|} = \frac{0.244}{14.44} = 0.0169$$

$$X_S^* = \frac{X_S}{|Z_b|} = \frac{0.384}{14.44} = 0.0266$$

（2）折算到低压侧的阻抗基值为

$$|Z_b| = \frac{U_{2N}}{I_{2N}} = \frac{220}{45.45}\Omega = 4.84\Omega$$

折算到低压侧的励磁阻抗为

$$|Z_m'| = \frac{|Z_m|}{k^2} = \frac{\sqrt{30^2 + 310^2}}{1.73^2}\Omega = 104.06\Omega$$

$$R_m' = \frac{R_m}{k^2} = \frac{30}{1.73^2}\Omega = 10.02\Omega$$

$$X_m' = \frac{X_m}{k^2} = \frac{310}{1.73^2}\Omega = 103.58\Omega$$

折算到低压侧的短路电阻和短路电抗为

$$R_S = \frac{R_1}{k^2} + R_2 = \left(\frac{0.14}{1.73^2} + 0.035 \right) \Omega = 0.0818\Omega$$

$$X_S = \frac{X_{1\sigma}}{k^2} + X_{2\sigma} = \left(\frac{0.22}{1.73^2} + 0.055 \right) \Omega = 0.1285\Omega$$

励磁阻抗的标幺值为

$$|Z_m^*| = \frac{|Z_m'|}{|Z_b|} = \frac{104.06}{4.84} = 21.5$$

$$R_m^* = \frac{R_m'}{|Z_b|} = \frac{10.02}{4.84} = 2.07$$

$$X_m^* = \frac{X_m'}{|Z_b|} = \frac{103.58}{4.84} = 21.4$$

短路阻抗的标幺值为

$$|Z_S^*| = \frac{Z_S}{|Z_b|} = \frac{\sqrt{0.0818^2 + 0.1285^2}}{4.84} = 0.0315$$

$$R_S^* = \frac{R_S}{|Z_b|} = \frac{0.0818}{4.84} = 0.0169$$

$$X_S^* = \frac{X_S}{|Z_b|} = \frac{0.1285}{4.84} = 0.0266$$

由于折算到高压侧的励磁阻抗和短路阻抗是折算到低压侧的励磁阻抗和短路阻抗的 k^2 倍，而高压侧的阻抗基值也是低压侧阻抗基值的 k^2 倍，因此，折算到高压侧和折算到低压侧的励磁阻抗和短路阻抗的标幺值应该相等。由此可见，采用标幺值计算时，等效电路中的参数就不用再进行折算了。

3.5　变压器的参数测定

通过上节的讨论可知，要对变压器进行稳态分析需要知道其等效参数。在设计变压器时，可以根据变压器的使用材料、结构形状和几何尺寸等数据将等效参数计算出来，对于给定的变压器，可以用实验的方法来确定等效参数。

3.5.1　变压器的空载试验

从变压器的空载试验可以求出铁耗 P_{Fe}、电压比 k 和励磁阻抗 Z_m 等。

空载试验的接线图如图 3-18 所示，其中，图 3-18a 是单相变压器的空载试验接线图，图 3-18b 是三相变压器的空载试验接线图。为了试验时的安全性和仪表选择的方便，空载试验一般都在低压侧进行，即将低压绕组作为一次绕组，施加额定电压 U_{1N}，高压绕组作为二次绕组，输出端开路，测量此时的输入总有功功率、高低压侧的端电压和输入电流。

下面以单相变压器为例，说明如何利用空载试验数据，计算变压器的铁耗、励磁参数和电压比。单相变压器的空载试验数据包括：输入功率 P_0、电压 U_1、空载电流 I_0 和电压 U_{20}。

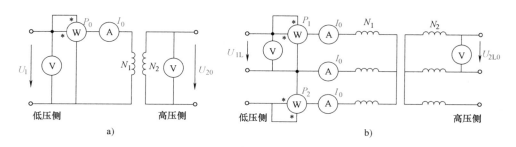

图 3-18 变压器空载试验接线图

a）单相变压器 b）三相变压器

1. 铁耗 P_{Fe}

根据图 3-14b 可知，由于输出端开路，变压器空载时没有功率输出，一次绕组从电源输入的功率，一部分被一次绕组的电阻 R_1 所消耗，即一次绕组的铜耗 $R_1 I_0^2$；另一部分被励磁电阻 R_m 所消耗，即铁心的铁耗 $R_m I_0^2$。因为 $R_1 I_0^2 \ll R_m I_0^2$，故空载铜耗 $R_1 I_0^2$ 可以忽略不计。而空载运行时，一次绕组施加的是绕组的额定电压，此时主磁通与正常运行时相同，其铁心损耗也与正常运行时相同，因此，空载试验的输入功率即空载损耗基本就是铁耗，即

$$P_{Fe} = P_0 \tag{3-44}$$

2. 励磁电阻 R_m、励磁电抗 X_m 和励磁阻抗 Z_m

根据式（3-44）和铁耗的公式 $P_{Fe} = R_m I_0^2$，可以求得励磁电阻为

$$R_m = \frac{P_{Fe}}{I_0^2} = \frac{P_0}{I_0^2} \tag{3-45}$$

由图 3-14b 可知，$U_1 = |Z_1 + Z_m| I_0$，因为 $|Z_1| \ll |Z_m|$，故漏阻抗压降 $|Z_1| I_0$ 可以忽略不计，于是可得励磁阻抗的大小为

$$|Z_m| = \frac{U_1}{I_0} \tag{3-46}$$

因此，励磁电抗为

$$X_m = \sqrt{|Z_m|^2 - R_m^2} \tag{3-47}$$

3. 电压比 k

因为变压器的电压比一般规定为等于高压绕组的电动势与低压绕组的电动势之比，近似等于高压绕组的电压与低压绕组的电压之比，而空载试验是在低压侧进行的，故电压比应按下式求出：

$$k = \frac{U_{20}}{U_1}$$

4. 折算到高压侧的励磁参数

按上述方法求得的励磁参数为折算到低压侧的值。如果要将这些参数折算到高压侧，则可以按下述公式进行换算：

$$折算到高压侧的参数 = k^2 \times 折算到低压侧的参数 \tag{3-48}$$

对于三相变压器，空载试验数据包括：使用二瓦计法测得的三相输入总功率 $P_0 = P_1 +$

P_2、线电压 U_{1L} 和 U_{2L0} 以及空载线电流 I_0。按照式（3-44）~式（3-47）计算之前，应当根据三相绕组的连接方式，求出相电压和相电流，以及每一相的功率（$P_0/3$），然后才能按上述公式计算出三相变压器每一相的励磁参数和电压比（相电压之比）。

3.5.2　变压器的短路试验

从变压器的短路试验可以求出额定铜耗 P_{CuN}、短路阻抗 Z_S 和阻抗电压 U_S^* 等。

图 3-19 是变压器的短路试验接线图，其中，图 3-19a 是单相变压器的短路试验接线图，图 3-19b 是三相变压器的短路试验接线图。短路试验一般在高压侧进行。试验时，把二次绕组（低压绕组）短路，将一次绕组与可调的交流电源相联，使输入电压从极低数值（例如小于 $1\%U_{1N}$）开始逐渐增大，直到短路电流 I_S 达到额定电流，然后读取此时的输入总有功功率和高压侧的端电压（大约为 $5\%U_{1N}$）。

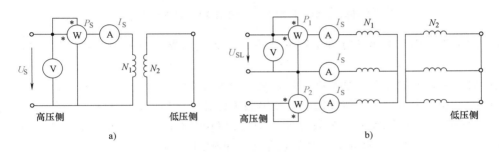

图 3-19　变压器短路试验接线图

a）单相变压器　b）三相变压器

下面仍以单相变压器为例，说明如何利用短路试验数据，计算变压器的额定铜耗和短路参数。单相变压器的短路试验数据包括：输入功率 P_S、短路电压 U_S 和短路电流 I_S。

1. 额定铜耗 P_{CuN}

短路试验所测得的功率 P_S 包括变压器的铁耗和铜耗。根据图 3-16b 所示的简化等效电路，变压器短路时，外加电压仅用于克服变压器内部的漏阻抗压降，该电压一般只有额定电压 U_{1N} 的 $4\% \sim 10\%$ 左右。因此，短路试验时变压器铁心内的主磁通很小，使得铁耗 P_{Fe} 很小，故 P_{Fe} 可以忽略不计。而短路试验时的电流为额定值，此时一、二次绕组的铜耗 $R_1 I_1^2$ 和 $R_2' I_2'^2$ 即为额定负载时的铜耗。所以，短路试验的输入功率即短路损耗基本就是额定铜耗，即

$$P_{CuN} = P_S \tag{3-49}$$

2. 短路电阻 R_S、短路电抗 X_S 和短路阻抗 Z_S

根据图 3-16b 所示的简化等效电路，短路阻抗为

$$|Z_S| = \frac{U_S}{I_S} \tag{3-50}$$

短路电阻为

$$R_S = R_1 + R_2' = \frac{P_S}{I_S^2} \tag{3-51}$$

短路电抗为

$$X_S = \sqrt{|Z_S|^2 - R_S^2} \tag{3-52}$$

按照国家标准规定，试验测出的电阻应换算到 75℃ 时的数值。设短路试验时的室温为 θ，短路电阻的换算公式因绕组材料的不同而有所差别。若绕组为铜线绕组，其换算公式为

$$R_{S75℃} = R_S \frac{234.5+75}{234.5+\theta} \tag{3-53}$$

若绕组为铝线绕组，其换算公式为

$$R_{S75℃} = R_S \frac{228+75}{228+\theta} \tag{3-54}$$

按上述方法求得的短路参数为折算到高压侧的值。如果要将这些参数折算到低压侧，则可以按下述公式进行换算：

$$折算到低压侧的参数 = \frac{1}{k^2} \times 折算到高压侧的参数 \tag{3-55}$$

与空载试验一样，上述计算方法同样适用于三相变压器，但必须注意使用一相的值来计算。

变压器中漏磁场的分布十分复杂，所以要从计算出的 X_S 中把 $X_{1\sigma}$ 和 $X'_{2\sigma}$ 分开是极为困难的。由于工程上大多采用近似或简化等效电路来计算变压器的运行问题，也就没有必要把 $X_{1\sigma}$ 和 $X'_{2\sigma}$ 分开。如果要画 T 形等效电路，则可以将短路参数一分为二，即认为 $R_1 = R'_2$，$X_{1\sigma} = X'_{2\sigma}$，$Z_1 = Z'_2$，这样处理对运行计算也是足够准确的。

3. 阻抗电压 U_S

在进行短路试验时，使一、二次绕组电流达到额定值时所施加的电压 U_S 称为阻抗电压或短路电压。阻抗电压是变压器的重要参数，一般用其标幺值标注在铭牌上。阻抗电压的标幺值为

$$U_S^* = \frac{U_S}{U_{1N}} = \frac{|Z_S|I_{1N}}{U_{1N}} = \frac{|Z_S|}{U_{1N}/I_{1N}} = \frac{|Z_S|}{|Z_{1b}|} = |Z_S^*| \tag{3-56}$$

由此可见，阻抗电压的标幺值等于短路阻抗的标幺值。

【例 3-3】 某三相配电变压器，一、二次绕组均为星形联结，已知额定值为 $S_N = 100\text{kV·A}$，$U_{1N}/U_{2N} = 6/0.4\text{kV}$，$f_N = 50\text{Hz}$。在低压侧做空载试验，测得额定电压时的空载损耗为 $P_0 = 616\text{W}$，空载电流为 $I_0 = 9.37\text{A}$。在高压侧做短路试验，测得额定电流时的短路损耗为 $P_S = 2010\text{W}$，短路电压为额定电压的 4.3%，试验时的室温为 25℃，绕组为铜线。试求折算到高压侧变压器一相的：（1）励磁参数的实际值和标幺值；（2）短路参数的实际值和标幺值。

解法一：先计算实际值，后计算标幺值。

一、二次侧的额定电流为：

$$I_{1N} = \frac{S_N}{\sqrt{3}\,U_{1N}} = \frac{100 \times 10^3}{\sqrt{3} \times 6 \times 10^3}\text{A} = 9.62\text{A}$$

$$I_{2N} = \frac{S_N}{\sqrt{3}\,U_{2N}} = \frac{100 \times 10^3}{\sqrt{3} \times 400}\text{A} = 144.34\text{A}$$

电压比为

$$k = \frac{U_{1N}/\sqrt{3}}{U_{2N}/\sqrt{3}} = \frac{U_{1N}}{U_{2N}} = \frac{6}{0.4} = 15$$

一次、二次侧的阻抗基值为

$$|Z_{1b}| = \frac{U_1}{I_1} = \frac{U_{1N}/\sqrt{3}}{I_{1N}} = \frac{6\times10^3/\sqrt{3}}{9.62}\Omega = 360.1\Omega$$

$$|Z_{2b}| = \frac{U_2}{I_2} = \frac{U_{2N}/\sqrt{3}}{I_{2N}} = \frac{400/\sqrt{3}}{144.34}\Omega = 1.6\Omega$$

（1）由空载试验数据求得折算到低压侧的励磁参数为

$$|Z'_m| = \frac{U_1}{I_0} = \frac{400/\sqrt{3}}{9.37}\Omega = 24.65\Omega$$

$$R'_m = \frac{P_0/3}{I_0^2} = \frac{616/3}{9.37^2}\Omega = 2.34\Omega$$

$$X'_m = \sqrt{|Z'_m|^2 - R'^2_m} = \sqrt{24.65^2 - 2.34^2}\,\Omega = 24.54\Omega$$

折算到高压侧的励磁参数为

$$|Z_m| = k^2|Z'_m| = 15^2\times24.65\Omega = 5546.25\Omega$$

$$R_m = k^2 R'_m = 15^2\times2.34\Omega = 526.5\Omega$$

$$X_m = k^2 X'_m = 15^2\times24.54\Omega = 5521.5\Omega$$

$$R_m^* = \frac{R_m}{|Z_{1b}|} = \frac{526.5}{360.1} = 1.462$$

$$X_m^* = \frac{X_m}{|Z_{1b}|} = \frac{5521.5}{360.1} = 15.33$$

$$|Z_m^*| = \frac{|Z_m|}{|Z_{1b}|} = \frac{5546.25}{360.1} = 15.4$$

（2）由短路试验数据求得折算到高压侧的短路参数为

$$U_S = U_S^* U_{1N} = 0.043\times6000V = 258V$$

$$|Z_S| = \frac{U_S/\sqrt{3}}{I_S} = \frac{258/\sqrt{3}}{9.62}\Omega = 15.48\Omega$$

$$R_S = \frac{P_S/3}{I_S^2} = \frac{2010/3}{9.62^2}\Omega = 7.24\Omega$$

$$X_S = \sqrt{|Z_S|^2 - R_S^2} = \sqrt{15.48^2 - 7.24^2}\,\Omega = 13.68\Omega$$

折算到75℃时的短路参数为

$$R_{S75℃} = R_S\frac{234.5+75}{234.5+25} = 7.24\times\frac{309.5}{254.5}\Omega = 8.64\Omega$$

$$X_S = 13.68\Omega（与温度无关）$$

$$|Z_S| = \sqrt{R_{S75℃}^2 + X_S^2} = \sqrt{8.64^2 + 13.68^2}\,\Omega = 16.18\Omega$$

$$R_S^* = \frac{R_S}{|Z_{1b}|} = \frac{8.64}{360.1} = 0.024$$

$$X_S^* = \frac{X_S}{|Z_{1b}|} = \frac{13.68}{360.1} = 0.038$$

$$|Z_S^*| = \frac{|Z_S|}{|Z_{1b}|} = \frac{16.17}{360.1} = 0.045$$

上述计算是用折算到高压侧的数据求出标幺值的，此时阻抗的基值是 $|Z_{1b}|$，如果用折算到低压侧的数据求标幺值，阻抗基值则为 $|Z_{2b}|$，两种方法得到的结果完全相同。

解法二：考虑到折算到高压侧与折算到低压侧的标幺值相等，因此，先计算标幺值。

一、二次侧的额定电流为

$$I_{1N} = \frac{S_N}{\sqrt{3}\, U_{1N}} = \frac{100 \times 10^3}{\sqrt{3} \times 6 \times 10^3} A = 9.62 A$$

$$I_{2N} = \frac{S_N}{\sqrt{3}\, U_{2N}} = \frac{100 \times 10^3}{\sqrt{3} \times 400} A = 144.34 A$$

高压侧的阻抗基值为

$$|Z_{1b}| = \frac{U_1}{I_1} = \frac{U_{1N}/\sqrt{3}}{I_{1N}} = \frac{6 \times 10^3/\sqrt{3}}{9.62} \Omega = 360.1 \Omega$$

（1）求励磁参数

$$|Z_m^*| = \frac{U_1^*}{I_0^*} = \frac{U_1/(U_{2N}/\sqrt{3})}{I_0/I_{2N}} = \frac{1}{9.37/144.34} = 15.4$$

$$R_m^* = \frac{P_0^*}{I_0^{*2}} = \frac{P_0/S_N}{(I_0/I_{2N})^2} = \frac{616/100 \times 10^3}{(9.37/144.34)^2} = 1.462$$

$$X_m^* = \sqrt{|Z_m^*|^2 - R_m^{*2}} = \sqrt{15.4^2 - 1.462^2} = 15.33$$

$$|Z_m| = |Z_m^*| |Z_{1b}| = 15.4 \times 360.1 \Omega = 5545.54 \Omega$$

$$R_m = R_m^* |Z_{1b}| = 1.462 \times 360.1 \Omega = 526.47 \Omega$$

$$X_m = X_m^* |Z_{1b}| = 15.33 \times 360.1 \Omega = 5520.33 \Omega$$

（2）求短路参数

$$|Z_S^*| = U_S^* = 0.043$$

$$R_S^* = \frac{P_S^*}{I_S^{*2}} = \frac{P_S/S_N}{(I_S/I_{1N})^2} = \frac{2010/100 \times 10^3}{1^2} = 0.0201$$

$$X_S^* = \sqrt{|Z_S^*|^2 - R_S^{*2}} = \sqrt{0.043^2 - 0.0201^2} = 0.038$$

温度折算：

$$R_{S75℃}^* = R_S^* \frac{234.5 + 75}{234.5 + 25} = 0.0201 \times \frac{309.5}{259.5} = 0.024$$

$$X_S^* = 0.038（与温度无关）$$

$$|Z_S^*| = \sqrt{X_S^{*2} + R_{S75℃}^{*2}} = \sqrt{0.038^2 + 0.024^2} = 0.045$$

$$|Z_S| = |Z_S^*||Z_{1b}| = 0.045 \times 360.1\Omega = 16.2\Omega$$

$$R_S = R_S^*|Z_{1b}| = 0.024 \times 360.1\Omega = 8.64\Omega$$

$$X_S = X_S^*|Z_{1b}| = 0.038 \times 360.1\Omega = 13.68\Omega$$

对比分析上述两种解法可知，先计算出标幺值的方法比较简单，不仅步骤减少了，而且计算量也减轻不少。

3.6 变压器的运行特性

变压器的运行特性主要有外特性和效率特性。从外特性可以求得变压器的额定电压调整率，从效率特性可以求得变压器的额定效率。这是两个标志变压器性能的重要指标。

3.6.1 变压器的外特性与电压调整率

变压器的外特性是指在电源电压 U_1 和负载功率因数 $\cos\varphi_2$ 保持不变的条件下，二次侧端电压 U_2 与负载电流 I_2 的关系曲线，即 $U_2 = f(I_2)$。

当变压器一次侧接额定电压 U_{1N} 时，二次侧的空载电压 U_{20} 就是它的额定电压 U_{2N}。带负载以后，由于负载电流在变压器内部产生漏阻抗压降，使二次侧端电压随负载电流的变化而变化。二次电压变化的大小，可以用电压调整率 V_R 来表示。所谓电压调整率，是指在一次电压为额定值 U_{1N}、负载功率因数 $\cos\varphi_2$ 不变的情况下，从空载到负载时二次电压 U_2 变化的百分值，即

$$V_R = \frac{U_{2N} - U_2}{U_{2N}} \times 100\% \tag{3-57}$$

或

$$V_R = \frac{U_{1N} - U_2'}{U_{1N}} \times 100\% \tag{3-58}$$

下面根据变压器的简化等效电路来推导变压器的电压调整率与短路参数的关系。图 3-20a 是重新选定参考方向的变压器简化等效电路，其电压方程为

$$\dot{U}_1 = (R_S + jX_S)\dot{I}_2' + \dot{U}_2'$$

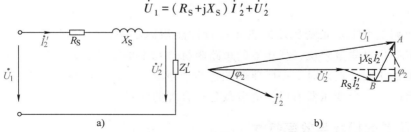

图 3-20 用简化等效电路及其相量图求电压调整率

a）简化等效电路 b）相量图

当输出接电感性负载时，若选 $\dot{U}_2'$ 为参考相量，可得到如图 3-20b 所示的相量图。过 A 点和 B 点向 $\dot{U}_2'$ 边的延长线作垂线，可得到两个直角三角形。一般情况下，漏阻抗压降都很

小，使得 $\dot{U}_1$ 和 $\dot{U}_2'$ 两条边的夹角很小，于是，可用 $\dot{U}_1$ 在 $\dot{U}_2'$ 方向上的投影来近似代替 $\dot{U}_1$ 的边长。因此，一、二次电压的差值近似为

$$U_1 - U_2' \approx R_S I_2' \cos\varphi_2 + X_S I_2' \sin\varphi_2$$

将上式代入式（3-58）得

$$V_R = \frac{R_S I_2' \cos\varphi_2 + X_S I_2' \sin\varphi_2}{U_{1N}} \times 100\% \qquad (3\text{-}59)$$

或

$$V_R = \beta(R_S^* \cos\varphi_2 + X_S^* \sin\varphi_2) \times 100\% \qquad (3\text{-}60)$$

式中，β 称为负载系数，它就是负载电流的标幺值，即 $\beta = I_2^*$。如果忽略励磁电流，则 $\beta = I_2^* = I_1^*$。

式（3-60）说明电压调整率 V_R 与下列因素有关：

1）负载的轻重。V_R 随着负载电流的增加而正比增大。

2）负载的性质。对于电感性负载，φ_2 恒为正值，故电压调整率为正值，即负载时的二次电压恒比空载时低；对于电容性负载，φ_2 恒为负值，V_R 可能变为负值。若 V_R 为负值，则负载时的二次电压高于空载电压。实际运行时，变压器的负载一般为电感性负载。

3）短路阻抗值。在相同负载的情况下，短路阻抗值越大，V_R 就越大。

变压器的外特性如图 3-21 所示。把负载为额定负载（$\beta=1$）、功率因数为规定值（通常为 $\cos\varphi_2=0.8$，$\varphi_2>0$）时的电压调整率称为额定电压调整率，用 V_{RN} 表示。一般 V_{RN} 为 5% 左右。为了调节供电端电压，电力变压器的高压绕组均要设置分接抽头，使输出电压能在额定电压的 $\pm5\% \sim \pm10\%$ 范围内调节。

而变压器二次侧额定电压的选择通常高于线路额定电压的 5% ~ 10%。当变压器二次侧的供电线路较长时（如 35kV 以上的高压线路），一般选择二次侧额定电压高于线路额定电压的 10%，这是考虑到变压器内部约有 5% 的阻抗压降，以及线路产生约 5% 的电压降落的缘故。例如，35kV 的供电线路，其变压器二次侧的额定电压为 38.5kV。对于供电线路较短的低压线路，一般选择变压器二次侧的额定电压高于线路额定电压的 5%，如 380V 的低压线路，其变压器二次侧的额定电压为 400V。

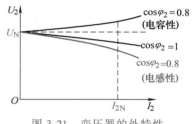

图 3-21　变压器的外特性

额定电压调整率 V_{RN} 是变压器的主要运行性能指标之一，标志着变压器输出电压的稳定程度。从提高供电质量来说，变压器的短路阻抗值越小越好。但是，短路阻抗起着限制变压器短路电流的作用，设计时，一般要兼顾这两个问题。另外，短路阻抗的标幺值还涉及变压器并联运行时，各台变压器所承担的负载是否合理的问题。

3.6.2　变压器的损耗与效率特性

1. 变压器的功率关系

变压器一次侧从电源输入功率，从二次侧输出功率，在功率的传递过程中，有功率损耗。

变压器一、二次绕组的视在功率为

单相变压器

$$\left.\begin{aligned} S_1 &= U_1 I_1 \\ S_2 &= U_2 I_2 \end{aligned}\right\} \tag{3-61}$$

三相变压器

$$\left.\begin{aligned} S_1 &= \sqrt{3}\, U_{1L} I_{1L} \\ S_2 &= \sqrt{3}\, U_{2L} I_{2L} \end{aligned}\right\} \tag{3-62}$$

变压器的输入、输出有功功率为

单相变压器

$$\left.\begin{aligned} P_1 &= U_1 I_1 \cos\varphi_1 \\ P_2 &= U_2 I_2 \cos\varphi_2 \end{aligned}\right\} \tag{3-63}$$

三相变压器

$$\left.\begin{aligned} P_1 &= \sqrt{3}\, U_{1L} I_{1L} \cos\varphi_1 \\ P_2 &= \sqrt{3}\, U_{2L} I_{2L} \cos\varphi_2 \end{aligned}\right\} \tag{3-64}$$

2. 变压器的损耗

变压器的损耗分为铁耗和铜耗两大类，而每一类损耗又分为基本损耗和附加损耗（或称为杂散损耗）两种。变压器中所有导磁和导电的介质内都存在损耗，其主要部件铁心和绕组中的损耗就是基本铁耗和基本铜耗。变压器的总损耗主要取决于基本铁耗和基本铜耗。

输入与输出有功功率之差为变压器的损耗，该损耗包括铜耗和铁耗两部分，即

$$P = P_1 - P_2 = P_{Fe} + P_{Cu} \tag{3-65}$$

（1）铁耗 基本铁耗即指变压器铁心中的磁滞损耗和涡流损耗。磁滞损耗与涡流损耗的计算方法参见式（1-27）~式（1-30）。若铁心使用晶粒取向的硅钢片制成，其磁滞损耗与涡流损耗基本相等，即各占基本铁耗的 50%。采用磁性能优越的软磁薄带材料，是降低基本铁耗的主要方法。

附加铁耗包含漏磁通在夹件、油箱等构件中引起的涡流损耗，以及在铁心接缝等处因磁通密度分布不均而引起的损耗。变压器的容量越大，附加铁耗的影响就越大。但由于各种结构件形状的不规则性，使漏磁场分布复杂，故难以严格计算出附加铁耗的数值，一般只能采用估算的方法。采用非磁性材料制造各种结构件、减少漏磁并采用磁屏蔽等方法，能有效降低附加铁耗。

变压器工作时，一次绕组电压的有效值和频率不变，主磁通基本不变，基本铁耗也基本不变；而漏磁场的大小和分布也基本不变，附加铁耗亦基本恒定。因此，铁耗又称为不变损耗。如 3.5 节所述，铁耗可以通过空载试验测得。

（2）铜耗 基本铜耗是指变压器一、二次绕组电流在各自电阻上的功率损耗之和，即

$$P_{Cu} = R_1 I_1^2 + R_2 I_2^2 \tag{3-66}$$

铜耗与负载电流的二次方成正比。当负载变化时，电流随之而变，铜耗也就发生了改变。故铜耗又称为可变损耗。铜耗还与绕组的温度有关，一般使用 75℃ 时的电阻值来计算。如前所述，短路试验能测出额定负载时的铜耗，则任意负载时的铜耗由下式确定：

$$P_{Cu} = R_S I_1^2 = \frac{I_1^2}{I_{1N}^2} R_S I_{1N}^2 = \beta^2 P_{CuN} = \beta^2 P_S \tag{3-67}$$

绕组采用低电阻率的导电材料是降低基本铜耗的有效方法。而增大绕组导线的截面积同样可减小绕组的等效电阻，但会造成绕组体积增大，又相应延长了导线的长度，带来制造成本的提高。

附加铜耗包括导线中的涡流损耗、多根并联导线中的环流损耗及结构件中的涡流损耗等。小容量变压器的附加铜耗约为基本铜耗的 0.5%～5%；容量超过 8000kV·A 时，其附加铜耗可增大到约为基本铜耗的 10%～20%。

3. 变压器的效率特性

输出有功功率 P_2 与输入有功功率 P_1 比值的百分数称为变压器的效率，用 η 表示，即

$$\eta = \frac{P_2}{P_1} \times 100\% \tag{3-68}$$

变压器的电压调整率 V_R 一般较小，若忽略不计，则 $U_2 = U_{2N}$，于是有

$$P_2 = U_2 I_2 \cos\varphi_2 = U_{2N} \frac{I_2}{I_{2N}} I_{2N} \cos\varphi_2 = \beta U_{2N} I_{2N} \cos\varphi_2 = \beta S_N \cos\varphi_2$$

$$\eta = \frac{\beta S_N \cos\varphi_2}{\beta S_N \cos\varphi_2 + P_{Fe} + P_{Cu}} \times 100\% \tag{3-69}$$

将式（3-44）和式（3-67）代入上式，求得通用的效率公式为

$$\eta = \frac{\beta S_N \cos\varphi_2}{\beta S_N \cos\varphi_2 + P_0 + \beta^2 P_S} \times 100\% \tag{3-70}$$

从式（3-70）可以看出，对于一台给定的变压器，其效率的高低取决于负载的大小和负载的性质。当负载系数 β 一定时，负载的功率因数 $\cos\varphi_2$ 越高，效率 η 就越高。

当电源电压 U_1 和负载的功率因数 $\cos\varphi_2$ 保持不变时，效率 η 与负载电流 I_2 的关系曲线 $\eta = f(I_2)$ 或效率 η 与负载系数 β 的关系曲线 $\eta = f(\beta)$ 称为变压器的效率特性，如图 3-22 所示。

从图 3-22 可见，当变压器空载时，效率为零；随着输出电流（功率）的增大，效率迅速升高；当负载达到某一数值 β_m 时，效率将达到其最大值 η_{max}。此后，随着输出电流（功率）的继续增加，效率缓慢下降。这是因为，铁耗是基本不随负载的增加而变化的不变损耗，轻载时虽然铜耗很低，但铁耗占总输入功率的比重大，因而效率较低；当负载较大时，不但铜耗远大于铁耗，而且铜耗是随输出电流的增加而二次方倍地增大的，其值在输入总功率中的比重将随着输出电流

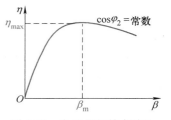

图 3-22 变压器的效率特性

（功率）的增加而增大，因此，当 $\beta > \beta_m$ 时，效率 η 会随着负载 β 的增加而下降。

将式（3-70）对 β 求一阶导数，并令其为零，即令 $\dfrac{\mathrm{d}\eta}{\mathrm{d}\beta} = 0$，由此求得产生最大效率 η_{max} 的条件是

$$P_0 = \beta^2 P_S \tag{3-71}$$

即当可变损耗 P_{Cu} 等于不变损耗 P_{Fe} 时，变压器的效率达到最大值。由式（3-71）可以求得产生最大效率的负载系数 β_m 为

$$\beta_{\mathrm{m}} = \sqrt{\frac{P_0}{P_{\mathrm{S}}}} \tag{3-72}$$

在 20 世纪 60 年代，变压器的额定铜耗大约是铁耗的 3 倍，因此，$\beta_{\mathrm{m}} = 0.55 \sim 0.6$。此后随着变压器铁心材料的不断进步，铁耗不断下降，而绕组材料除了使用铜线代替了铝线外没有发生质的变化，铜耗下降不多。例如，S9 型变压器的额定铜耗是铁耗的 $5 \sim 6$ 倍，因此，$\beta_{\mathrm{m}} = 0.45 \sim 0.41$；S11 型变压器的额定铜耗是铁耗的 $7.5 \sim 9$ 倍，因此，$\beta_{\mathrm{m}} = 0.37 \sim 0.33$；而 SH（R）15 型非晶合金变压器的额定铜耗大约是铁耗的 $18 \sim 23$ 倍，其 $\beta_{\mathrm{m}} = 0.236 \sim 0.21$。由此可见，如果变压器一味追求最大效率运行，会严重浪费其容量。

解决上述问题的途径是想办法降低变压器的铜耗。显然，采用优质导电材料是降低铜耗最有效的措施。例如，采用高温超导材料绕制线圈、以液氮取代变压器油作为冷却介质制成的高温超导变压器（High Temperature Superconducting Transformer，HTS Transformer），可以大大降低变压器的铜耗，提高运行效率，并使输出电压更加稳定。与相同容量的常导变压器相比，超导变压器的体积要小 $40\% \sim 60\%$（已考虑冷却系统），且过载能力强，被公认为是最有可能取代常规变压器的高新技术节能产品。

变压器在规定的负载功率因数下（通常为 $\cos\varphi_2 = 0.8$，$\varphi_2 > 0$）满载运行时的效率称为额定效率，用 η_{N} 表示，额定效率 η_{N} 是变压器另一个重要的运行性能指标。通常电力变压器的额定效率为 $\eta_{\mathrm{N}} = 95\% \sim 99\%$。

【例 3-4】 如果例 3-3 中的变压器带上 $\cos\varphi_2 = 0.8$（$\varphi_2 > 0$）的额定负载时，试求：（1）额定电压调整率和额定效率；（2）最大效率和达到最大效率时的负载电流；（3）一次侧的功率因数 $\cos\varphi_1$。

解：已知在 75℃ 时的短路电阻为 $R_{\mathrm{S}} = 8.64\Omega$，则相应的短路损耗应该为

$$P_{\mathrm{S}} = 3R_{\mathrm{S}}I_{\mathrm{S}}^2 = 3 \times 8.64 \times 9.62^2\mathrm{W} = 2398.75\mathrm{W}$$

由 $\cos\varphi_2 = 0.8$ 可得 $\varphi_2 = 36.87°$，$\sin\varphi_2 = 0.6$。

（1）额定电压调整率和额定效率为

$$V_{\mathrm{R}} = \beta(R_{\mathrm{S}}^* \cos\varphi_2 + X_{\mathrm{S}}^* \sin\varphi_2) \times 100\% = 1 \times (0.024 \times 0.8 + 0.038 \times 0.6) \times 100\% = 4.2\%$$

$$\eta_{\mathrm{N}} = \frac{\beta S_{\mathrm{N}} \cos\varphi_2}{\beta S_{\mathrm{N}} \cos\varphi_2 + P_0 + \beta^2 P_{\mathrm{S}}} \times 100\%$$

$$= \frac{1 \times 100 \times 10^3 \times 0.8}{1 \times 100 \times 10^3 \times 0.8 + 616 + 1^2 \times 2398.75} \times 100\% = 96.37\%$$

（2）最大效率和达到最大效率时的负载

产生最大效率时的负载系数为

$$\beta_{\mathrm{m}} = \sqrt{\frac{P_0}{P_{\mathrm{S}}}} = \sqrt{\frac{616}{2398.75}} = 0.507$$

因此

$$\eta_{\mathrm{m}} = \frac{\beta_{\mathrm{m}} S_{\mathrm{N}} \cos\varphi_2}{\beta_{\mathrm{m}} S_{\mathrm{N}} \cos\varphi_2 + 2P_0} \times 100\% = \frac{0.507 \times 100 \times 10^3 \times 0.8}{0.507 \times 100 \times 10^3 \times 0.8 + 2 \times 616} \times 100\% = 97.05\%$$

$$I_2 = \beta_{\mathrm{m}} I_{2\mathrm{N}} = 0.507 \times 144.34\mathrm{A} = 73.18\mathrm{A}$$

（3）一次侧的功率因数 $\cos\varphi_1$

额定负载时的输出线电压为

$$U_{2L} = (1 - V_R) U_{2N} = (1 - 0.042) \times 400V = 383.2V$$

额定输出和输入的有功功率分别为

$$P_{2N} = \sqrt{3} U_2 I_{2N} \cos\varphi_2 = \sqrt{3} \times 383.2 \times 144.34 \times 0.8W = 76641.29W$$

$$P_{1N} = P_{2N} + P_0 + P_S = (76641.29 + 616 + 2398.75)W = 79656.04W$$

额定负载时变压器的功率因数为

$$\cos\varphi_1 = \frac{P_{1N}}{S_N} = \frac{79656.04}{100 \times 10^3} = 0.797$$

3.7 三相变压器及其联结组

前面各节讨论了变压器工作原理的共性问题，本节讨论三相变压器的特殊问题。实际上，由于电力系统均采用三相制，因此，电力变压器和绝大多数配电变压器都是三相变压器。

3.7.1 三相变压器的类型

三相电能的传输和分配是依靠三相变压器来实现的。三相变压器有两种形式，一种是采用三个相同的单相变压器组成的三相组式变压器，如图 3-23 所示，其特点是三相磁路相互独立、三相磁通和电流对称；另一种是铁心为三相所共有的三相变压器。三相变压器也分为心式和壳式两种，我国电力变压器都采用三相心式变压器。传统的三相心式变压器的结构如图 3-3b 所示，三个立柱是铁心柱，上下横柱是铁轭。图 3-24 是三相心式变压器铁心与绕组的示意图。显然，这种铁心的三相磁路存在不对称性，由此带来三相磁通和三相电流不是严格对称的。而且铁轭长，铁心柱与铁轭之间有多个接缝形成气隙，每相磁路的磁阻大，因此，空载电流和空载损耗都较大，而且铁心的横截面不易夹紧，又增加了运行噪声。为了达到三相磁路的完全对称，必须采取立体型铁心结构，如图 3-5e 所示。立体卷铁心不仅三相磁路完全对称、消除了气隙、铁轭最短，而且它还充分利用了硅钢片的方向性，减少了因磁通与硅钢片高导磁方向（晶粒取向）不一致所增加的损耗。

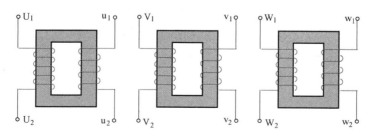

图 3-23　三相组式变压器示意图

在容量相同的情况下，三相组式变压器的体积和质量大于三相心式变压器，但每个单台的体积和质量较小，有利于远途运输，而且运行时所需的储备容量较小，比较安全可靠。一般超大型的电力变压器都采用三相组式变压器。相对于三相组式变压器，三相心式变压器的

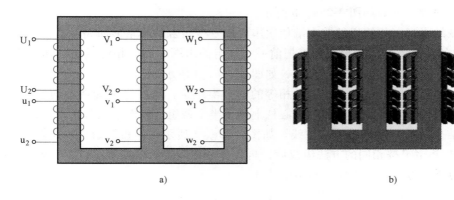

图 3-24 三相心式变压器示意图

a）铁心与绕组示意图　b）同心绕组示意图

铁心材较省，成本较低，价格便宜，体积较小，占地面积也小，效率较高，维护比较简单，一般用于中小容量的变压器中。

3.7.2 三相变压器的联结组

1. 三相绕组的联结方法

双绕组三相变压器有三个高压绕组和三个低压绕组。三相绕组的标注方法见表 3-1。

由表 3-1 可知，高压绕组用大写字母标注，低压绕组用小写字母标注。本书采用第一种方法标注三相绕组的首末端，并用 N 表示中性点。

三相绕组的联结方法有星形联结、三角形联结和曲折形联结三种，每一种联结方法使用相应的英文字母来表示，见表 3-2。显然，高压绕组的联结方法使用大写字母表示，低压绕组的联结方法使用小写字母表示。

表 3-1　三相绕组的标注方法

绕组	方法 1		方法 2		中性点
	首端	末端	首端	末端	
高压绕组	U_1、V_1、W_1	U_2、V_2、W_2	A、B、C	X、Y、Z	N 或 O
低压绕组	u_1、v_1、w_1	u_2、v_2、w_2	a、b、c	x、y、z	n 或 o

表 3-2　三相绕组联结方法的表示法

名称	高压绕组	低压绕组
星形无中性线联结	Y	y
星形有中性线联结	YN	yn
三角形联结	D	d
曲折形无中性线联结	Z	z
曲折形有中性线联结	ZN	zn

现以高压绕组为例，说明三相绕组的联结方法。星形联结是把三相绕组的三个首端 U_1、

V_1、W_1引出，把三个末端U_2、V_2、W_2联结在一起作为中性点N。星形联结又分为无中性线和有中性线两种，分别如图3-25a、b所示。

三角形联结是把三相绕组的首末端依次串联成一个闭合的三角形回路，最后把首端U_1、V_1、W_1引出的联结方法。如果按相序把前一相绕组的末端和后一相绕组的首端相联，称此为顺接三角形，反之，则为逆接三角形，如图3-25c、d所示。

曲折形联结是将一相绕组分成匝数相等的两个半绕组，将其分别套在不同的铁心柱上，把一个铁心柱上的上半个绕组与另一铁心柱上的下半个绕组反极性串联起来，这样组成的三相绕组再联结成星形，亦可引出中性线。如图3-25e、f所示，U相绕组由U_1U_2和U_3U_4组成，V相和W相绕组按相同的方法组成后，再将每一相绕组的末端U_3、V_3和W_3连接在一起形成中性点N。可以由该中性点引出中性线。

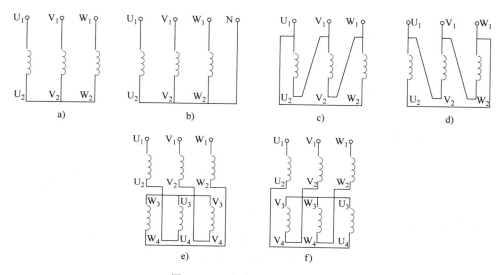

图 3-25　三相绕组的联结方法

a）星形联结之一　b）星形联结之二　c）三角形联结之一　d）三角形联结之二

e）曲折性联结之一　f）曲折性联结之二

2. 绕组的同极性端

绕在同一铁心柱上的高、低压绕组，它们与同一磁通相交链。当磁通交变时，在高、低压绕组上产生的感应电动势（相电动势）之间有一定的极性关系。若某一瞬间，高压绕组的某一端点相对于另一端点的电位为正时，低压绕组必有一端点的电位也是相对另一端点的电位为正，则这两个对应的高电位端点（或两个对应的低电位端点）就称为同极性端，也称为同名端。一般用小圆点符号"·"同时标注在对应的端点旁来表示同极性端，如图3-26所示。两个绕组的同极性端取决于绕组的绕向，若高、低压绕组的绕向相同，则两个绕组位置相对应的端（两个上端或两个下端）就是同极性端；若高、低压绕组的绕向相反，则两个绕组位置相反的端（一个绕组的上端与另一个绕组的下端）是同极性端。具体地说，在图3-26a中，高、低压绕组的绕向相同，位置相对应的端U_1与u_1（或U_2与u_2）是同极性端；在图3-26b中，高、低压绕组的绕向相反，位置相反的端U_1与u_2（或U_2与u_1）是同极性端。

如果规定绕组感应电动势的参考方向是由绕组的首端指向末端，从图3-26中还可以看出，处于同一铁心柱上的高、低压绕组的感应电动势只有两种相位关系，即绕向相同的高、低压绕组的感应电动势的相位相同，而绕向相反的高、低压绕组的感应电动势的相位相反（相位差为 180°）。

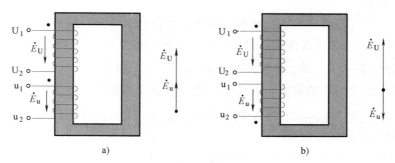

图 3-26　单相变压器高低压绕组相电动势的相位关系

a) 绕向相同的绕组　b) 绕向相反的绕组

3. 三相变压器的联结组

三相变压器按高压、中压和低压绕组的联结方式的顺序组合称为联结组（三绕组变压器有中压绕组）。例如，高压是 Y 联结、低压是 yn 联结，则变压器的联结组为 Yyn；若高压是 YN 联结、中压是 yn 联结、低压是 d 联结，则变压器的联结组为 YNynd。

联结组不仅对变压器的运行特性有很大影响，而且也是判断电力变压器能否并联运行的基本条件之一。

同侧绕组联结后，不同侧绕组之间的线电动势（或线电压）就会形成各种不同的相位关系，该相位关系使用联结组标号（或称为组别）来标识。联结组标号按下述时钟法确定。

由于不同侧绕组相电动势的相位差只有 0°、180° 和 120° 三种，因此，对于任一联结组，高、低压绕组线电动势的相位差，要么是 0°，要么是 30° 的整数倍。因为时钟面盘上的 12 个数字两两之间正好相差 30°，故国际上惯用时钟的钟点数来代表高、低压线电动势之间的相位关系，这就是所谓的时钟表示法。具体方法是：把高压绕组的某个线电动势相量作为分针，始终指向 12 这个数字，而把低压绕组对应的线电动势相量作为时针，时针所指的数字（钟点）就是联结组标号。例如，Yd1 联结组的变压器，表示高压绕组为星形联结，低压绕组为三角形联结，高压侧线电动势超前于低压侧对应的线电动势 30°。

4. 三相变压器联结组标号的判断方法

根据三相绕组的联结方法，分别画出高压绕组和低压绕组的电动势相量图，并从图中找到一个对应的高、低压线电动势（如 $\dot{E}_{UV}$ 和 $\dot{E}_{uv}$），确定其相位差，由此便可以确定联结组标号。下面以 Yy0 和 Yd11 这两种标准联结组为例，来说明其判断方法。

对于图 3-27a 所示的绕组联结图，按下列步骤画出相量的位形图（每一个相量的起点和终点与电路图中结点完全对应）。需要说明的是：为了简化相量的下标，这里使用 $\dot{E}_U$ 代替 $\dot{E}_{U_1U_2}$（U_1 与 U_2 两点之间的相电动势），$\dot{E}_{UV}$ 代替 $\dot{E}_{U_1V_1}$（U_1 与 V_1 两点之间的线电动势）。其余类推。

1）在图 3-27a 中标出六个相电动势 $\dot{E}_U$、$\dot{E}_V$、$\dot{E}_W$、$\dot{E}_u$、$\dot{E}_v$、$\dot{E}_w$ 和两个线电动势 $\dot{E}_{UV}$、

$\dot{E}_{\mathrm{uv}}$ 的参考方向。

2）画出高压绕组的相电动势相量和线电动势相量的位形图。注意，应当保证将 $\dot{E}_{\mathrm{UV}}$ 画在指向时钟 12 数字的方位上。

3）根据高、低压绕组的极性，画出低压绕组的相电动势相量的位形图。由于高压绕组与低压绕组的首端分别为同极性端，故低压绕组的相电动势相量分别与高压绕组的相电动势相量同相位，即将 $\dot{E}_{\mathrm{u}}$、$\dot{E}_{\mathrm{v}}$、$\dot{E}_{\mathrm{w}}$ 分别画得与 $\dot{E}_{\mathrm{U}}$、$\dot{E}_{\mathrm{V}}$、$\dot{E}_{\mathrm{W}}$ 同方向。

4）根据低压绕组的联结方式，由低压绕组相电动势相量的位形图画出低压绕组的线电动势相量 $\dot{E}_{\mathrm{uv}}$，如图 3-27b 所示。比较 $\dot{E}_{\mathrm{UV}}$ 和 $\dot{E}_{\mathrm{uv}}$ 可知，高压绕组和低压绕组的线电动势的相位相同，即联结组的标号为 0。

对于图 3-28a 所示的绕组联结图，按照上述相同的方法可以画出如图 3-28b 所示的相量图。由于相量 $\dot{E}_{\mathrm{uv}}$ 正好指向时钟的 11 点，于是就得到了标准的联结组 Yd11。

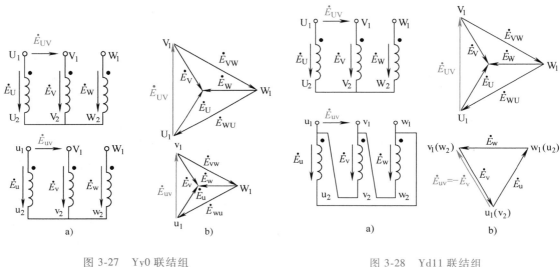

图 3-27　Yy0 联结组
a）联结图　b）相量图

图 3-28　Yd11 联结组
a）联结图　b）相量图

画相量图时还应该注意以下两个问题。第一，三相电动势的相序一定要画成正序，即标在图中的绕组首端字母 U_1、V_1、W_1（或 u_1、v_1、w_1）应该是按顺时针排列的。第二，三角形联结时，要正确判断线电动势等于哪一个相电动势。例如，在图 3-28 中，u_1 与 v_1 之间的线电动势等于 v 相相电动势的负值，即 $\dot{E}_{\mathrm{uv}} = -\dot{E}_{\mathrm{v}}$。

5. 各种联结组的应用场合

变压器的联结组很多。为了电力变压器的制造和使用方便，其联结组要求尽量统一。国家标准规定[○]：单相双绕组变压器采用 Ii0 联结组（Ii6 联结组一般不采用）；三相双绕组变压器采用 Dyn11、Yzn11、Yyn0、Yd11、YNd11 这五种联结组。不同电压等级的配电变压器和电力变压器通常采用如下的联结组。

○　参照《GB/T 6451—2015 油浸式电力变压器技术参数和要求》。

1）10kV 配电变压器：Dyn11、Yyn0、Yzn11。

2）35kV 配电变压器：Yyn0、Yd11、YNd11。

3）35kV 与 66kV 电力变压器：Yd11、YNd11。

4）110kV、220kV、330kV 与 500kV 电力变压器：YNd11。

变压器的高压绕组联结成 Y 形可降低每匝线圈所承受的电压；而当二次侧引出中性线时，就构成了三相四线制供电系统，可兼供动力和照明等单相负载。

变压器采用 Dyn11、Yd11 与 YNd11 这三种联结组时，高压侧或低压侧联结成三角形，形成了三次谐波电流的通路，因此，有利于改善电动势的波形。这是因为，无论是一次侧还是二次侧的三次谐波电流都将产生近似尖顶波励磁电流同样的效果，使主磁通波形和一、二次侧的感应电动势波形均接近正弦波。采用 Yyn0 联结组的变压器，其绕组内没有三次谐波电流的通路，故铁心内存在三次谐波磁通。三次谐波磁通使相电动势含有三次谐波分量，导致波形畸变，同时会在金属结构件中引起涡流损耗。因此，除非是配电变压器，否则一般不选用全星形联结的变压器。

曲折型联结的配电变压器（Yzn11）能防止冲击波影响，运行在多雷雨地区可减少变压器雷击损耗。它还常应用于某些整流变压器中，以防止中性点位移，使三相电压接近平衡，从而提高整流效率。

3.8　三相变压器的并联运行

变压器的并联运行是指一次绕组和二次绕组分别并联到一次侧和二次侧的公共母线上时的运行方式，如图 3-29a 所示。单台变压器的容量往往难以满足负载的要求，而且，在某个用电区域内，用电量也是逐步增加的，因此，在现代的发电站和变电所中，常常采用多台变压器并联运行的方式。变压器的并联运行既可以解决单台变压器的容量不足问题，又可以提高供电的可靠性、减少总的储备容量，还可以根据负载的大小来调整投入运行的变压器台数，以提高运行效率。

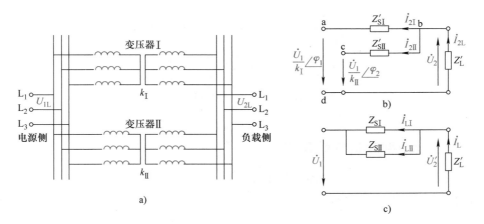

图 3-29　两台变压器的并联运行

a）接线图　b）折算到二次侧的一相简化等效电路　c）折算到一次侧的一相简化等效电路

3.8.1 并联运行的理想状态及条件

变压器并联运行的理想状态是:

1) 空载运行时, 并联的各台变压器的二次电流为零, 与变压器单独运行时一样。这样各变压器之间没有环流。

2) 负载运行时, 各台变压器所分担的负载与它们的容量成正比, 实现负载的合理分配。

3) 各台变压器从同一相上输出的电流的相位相同, 使输出的总负载电流有效值等于各台变压器输出电流有效值的算术和。这样在总负载电流一定时, 各台变压器的输出电流最小。

为了达到上述理想状态, 并联运行的各台变压器必须满足如下要求:

1) 各台变压器的联结组相同。

2) 各台变压器的电压和电压比相等。

3) 各台变压器的短路阻抗的标幺值相同、阻抗角相等。

变压器并联运行如果不满足上述三个条件, 将会产生一系列不良影响甚至造成严重后果。

设三相变压器对称运行, 取一相进行分析。图 3-29b 和 c 给出了两台变压器并联运行时, 折算到二次侧和一次侧的一相简化等效电路。下面分别讨论变压器的联结组、电压比和短路阻抗的标幺值对变压器并联运行的影响。

3.8.2 联结组对并联运行的影响

并联运行的变压器必须严格保证联结组相同, 否则二次侧的各个绕组之间将有很大的感应电动势差, 会产生很大的环流, 烧坏变压器的绕组, 这是绝对不允许的。

例如, 若将两台联结组分别为 Yyn0 和 Yyn6 的 10/0.4kV 配电变压器并联运行, 虽然联结方式和电压比均相同, 它们的二次侧具有相同电压值, 但二次侧的电压是相位相反的。也就是说, 在图 3-29b 中, $U_1/k_{\mathrm{I}} = U_{\mathrm{I}}/k_{\mathrm{II}}$, $\varphi_1 = -\varphi_2$。当变压器空载 ($I_{2\mathrm{L}} = 0$) 时, 回路 abcd 中有下列关系:

$$\frac{U_1}{k_{\mathrm{I}}} \angle \varphi_1 - \frac{U_1}{k_{\mathrm{II}}} \angle \varphi_2 = -Z'_{s\mathrm{I}} \dot{I}_{2\mathrm{I}} + Z'_{s\mathrm{II}} \dot{I}_{2\mathrm{II}}$$

即

$$\dot{I}_{2\mathrm{II}} = -\dot{I}_{2\mathrm{I}} = 2 \frac{U_1 \angle \varphi_1}{k_{\mathrm{I}}} \frac{1}{Z'_{s\mathrm{I}} + Z'_{s\mathrm{II}}}$$

显然, 由于变压器的短路阻抗值很小, 将产生很大的电流值 $I_{2\mathrm{I}}$、$I_{2\mathrm{II}}$, 这就是两台变压器之间的环流, 回路 abcd 中近似于短路。

3.8.3 电压比对并联运行的影响

如果两台变压器的联结组相同, 但电压比不相等, 即 $U_1/k_{\mathrm{I}} \neq U_1/k_{\mathrm{II}}$, $\varphi_1 = \varphi_2$。根据图 3-29b 可知, 变压器在空载状态下, 回路 abcd 中的环流为

$$\dot{I}_{2\mathrm{II}} = -\dot{I}_{2\mathrm{I}} = \frac{U_1\left(\dfrac{1}{k_{\mathrm{I}}} - \dfrac{1}{k_{\mathrm{II}}}\right)}{Z'_{s\mathrm{I}} + Z'_{s\mathrm{II}}}$$

由于变压器的短路阻抗值很小，即使 k_{I} 与 k_{II} 的数值相差不大，环流也会较大。例如，若将两台联结组均为 Dyn11、电压分别为 11/0.4kV 和 10/0.4kV 的配电变压器并联运行，就会在两台变压器之间产生较大的环流。

环流不仅占据了变压器的容量，而且增加了损耗，对系统的运行是很不利的。因此，为了限制环流，国家标准规定：并联运行的变压器的电压和电压比必须相等，电压比的允许偏差也要相同，且各台变压器的电压比在 ±0.5% 的允许偏差范围内。变压器不仅在制造时要对电压比的误差严加控制，而且在出厂试验以及大修和定期维护时都要对电压比进行测试，以判断是否存在线圈匝间短路缺陷，以及分接开关引线是否正确等问题。

3.8.4　短路阻抗对并联运行的影响

为了分析短路阻抗对并联运行的影响，现采用如图 3-29c 所示的折算到一次侧的一相简化等效电路。假设两台变压器的电压比和联结组标号均相同，其短路阻抗的标幺值是否相等，关系到各台变压器承担负载的比例是否合理的问题。

根据图 3-29c，两台变压器所承担的负载电流为

$$
\left.
\begin{aligned}
\dot{I}_{\text{L I}} &= \frac{Z_{\text{S II}}}{Z_{\text{S I}}+Z_{\text{S II}}}\dot{I}_{\text{L}} \\
\dot{I}_{\text{L II}} &= \frac{Z_{\text{S I}}}{Z_{\text{S I}}+Z_{\text{S II}}}\dot{I}_{\text{L}}
\end{aligned}
\right\}
\tag{3-73}
$$

取上两式的比，可得

$$
\frac{\dot{I}_{\text{L I}}}{\dot{I}_{\text{L II}}} = \frac{Z_{\text{S II}}}{Z_{\text{S I}}}
$$

即

$$
\frac{I_{\text{L I}}}{I_{\text{L II}}} = \frac{|Z_{\text{S II}}|}{|Z_{\text{S I}}|}
\tag{3-74}
$$

考虑到两台变压器有相同的额定电压 U_{N}，式（3-74）还可以写成

$$
\frac{S_{\text{L I}}}{S_{\text{L II}}} = \frac{|Z_{\text{S II}}|}{|Z_{\text{S I}}|}
\tag{3-75}
$$

以上两式说明，并联的各台变压器所承担的负载与其短路阻抗模成反比。再将式（3-74）和式（3-75）两边同乘以 $\dfrac{I_{\text{N II}}}{I_{\text{N I}}}$，于是有下面的恒等变换关系：

$$
\frac{I_{\text{L I}}}{I_{\text{L II}}}\frac{I_{\text{N II}}}{I_{\text{N I}}} = \frac{|Z_{\text{S II}}|}{|Z_{\text{S I}}|}\frac{I_{\text{N II}}}{I_{\text{N I}}}\frac{U_{\text{N}}}{U_{\text{N}}}
$$

$$
\frac{S_{\text{L I}}}{S_{\text{L II}}}\frac{I_{\text{N II}}}{I_{\text{N I}}}\frac{U_{\text{N}}}{U_{\text{N}}} = \frac{|Z_{\text{S II}}|}{|Z_{\text{S I}}|}\frac{I_{\text{N II}}}{I_{\text{N I}}}\frac{U_{\text{N}}}{U_{\text{N}}}
$$

即

$$
\frac{S_{\text{L I}}^{*}}{S_{\text{L II}}^{*}} = \frac{I_{\text{L I}}^{*}}{I_{\text{L II}}^{*}} = \frac{|Z_{\text{S II}}^{*}|}{|Z_{\text{S I}}^{*}|}
\tag{3-76}
$$

式（3-76）说明，并联的各台变压器的负载系数（即负载电流的标幺值或负载容量的标幺值）与其短路阻抗模的标幺值成反比。因此，短路阻抗模的标幺值小的变压器的负担重，而短路阻抗模的标幺值大的变压器的负担轻。

理想并联运行的负载分配关系应该是，各台变压器所承担的负载与其容量成正比，即希望 $\dfrac{I_{LI}}{I_{LII}} = \dfrac{I_{NI}}{I_{NII}}$，或 $\beta_I = \beta_{II}$。由式（3-76）可见，只要各台变压器短路阻抗模的标幺值相等，即 $\left| Z_{sI}^* \right| = \left| Z_{sII}^* \right|$，就能实现上述理想的负载分配关系。因此，要尽量选择短路阻抗模的标幺值相等的变压器来并联运行。

根据图 3-29c 可知，$\dot{I}_L = \dot{I}_{LI} + \dot{I}_{LII}$，即负载电流是各台并联运行的变压器输出电流的相量和。如果短路阻抗的阻抗角相等，即 $\dot{I}_{LI}$ 与 $\dot{I}_{LII}$ 同相位（各台变压器从同一相上输出的电流的相位相同），则负载电流就等于各台变压器输出电流有效值之和，即 $I_L = I_{LI} + I_{LII}$；此时，负载容量就为各台变压器容量的算术和，即 $S_L = S_{LI} + S_{LII}$。这样一来，各台变压器的容量便可得到充分的利用。换言之，在需要相同负载电流的情况下，如果短路阻抗的阻抗角不同，即 $\dot{I}_{LI}$ 与 $\dot{I}_{LII}$ 不同相位，则各台变压器的输出电流将大于它们短路阻抗的阻抗角相等时的输出电流（因为相量和总是小于代数和的），因此，同样的负载容量，将需要选择更大容量的变压器供电。

综上所述，变压器理想并联运行的条件之三是短路阻抗的标幺值相等。这其中包含了短路阻抗模的标幺值相等以及短路阻抗的阻抗角相等这两层含义。一般变压器的短路阻抗的阻抗角相差不大，在以后的分析中，忽略其影响。

在实际应用中，短路阻抗标幺值的偏差在 ±10% 以内的变压器，亦可以并联使用。而短路阻抗标幺值相差较大的变压器不宜并联运行。另外，并联运行的变压器的容量比要控制在 0.5~2⊖，也就是说，容量相差太大的变压器也不宜并联运行。

【例 3-5】　有三台电压比和联结组标号均相同的变压器并联运行，其额定容量和短路电压标幺值分别为 $S_{NI} = 1000\mathrm{kV \cdot A}$，$U_{sI}^* = 0.063$，$S_{NII} = 1800\mathrm{kV \cdot A}$，$U_{sII}^* = 0.065$，$S_{NIII} = 3200\mathrm{kV \cdot A}$，$U_{sIII}^* = 0.07$。求：（1）当总负载为 $S_L = 5300\mathrm{kV \cdot A}$ 时，三台变压器各自分担的负载是多少？（2）在保证三台变压器都不过载的情况下的最大负载是多少？总设备容量的利用率是多少？（3）如果第一台和第三台变压器的短路阻抗电压标幺值交换一下，即为 $U_{sI}^* = 0.07$，$U_{sIII}^* = 0.063$，则三台变压器都不过载的最大负载是多少？总设备容量的利用率是多少？

解：（1）求三台变压器各自分担的负载

设三台变压器的负载系数分别为 β_I、β_{II}、β_{III}，由题意得

$$\beta_I S_{NI} + \beta_{II} S_{NII} + \beta_{III} S_{NIII} = 5300$$

$$\beta_I : \beta_{II} : \beta_{III} = \frac{1}{U_{sI}^*} : \frac{1}{U_{sII}^*} : \frac{1}{U_{sIII}^*}$$

即

$$1000\beta_I + 1800\beta_{II} + 3200\beta_{III} = 5300$$

$$\beta_I : \beta_{II} : \beta_{III} = \frac{1}{0.063} : \frac{1}{0.065} : \frac{1}{0.07}$$

联立以上两式求解，可得

$$\beta_I = 0.9425, \beta_{II} = 0.9133, \beta_{III} = 0.8485$$

因此，各台变压器的负载分别为

$$S_{\text{I}} = \beta_{\text{I}} S_{\text{NI}} = 0.9425 \times 1000 \text{kV} \cdot \text{A} = 942.5 \text{kV} \cdot \text{A}$$

$$S_{\text{II}} = \beta_{\text{II}} S_{\text{NII}} = 0.9133 \times 1800 \text{kV} \cdot \text{A} = 1643.9 \text{kV} \cdot \text{A}$$

$$S_{\text{III}} = \beta_{\text{III}} S_{\text{NIII}} = 0.8485 \times 3200 \text{kV} \cdot \text{A} = 2715.2 \text{kV} \cdot \text{A}$$

（2）求三台变压器都不过载时的最大负载和总设备容量的利用率。

因为第一台变压器的短路阻抗电压标幺值最小，故先达到满载，即 $\beta_{\text{I}} = 1$。因此，可以求得

$$\beta_{\text{II}} = 0.969, \beta_{\text{III}} = 0.9$$

于是可得

$$S_{\text{I}} = \beta_{\text{I}} S_{\text{NI}} = 1 \times 1000 \text{kV} \cdot \text{A} = 1000 \text{kV} \cdot \text{A}$$

$$S_{\text{II}} = \beta_{\text{II}} S_{\text{NII}} = 0.969 \times 1800 \text{kV} \cdot \text{A} = 1744.2 \text{kV} \cdot \text{A}$$

$$S_{\text{III}} = \beta_{\text{III}} S_{\text{NIII}} = 0.9 \times 3200 \text{kV} \cdot \text{A} = 2880 \text{kV} \cdot \text{A}$$

最大负载容量为

$$S_{\text{Lmax}} = S_{\text{I}} + S_{\text{II}} + S_{\text{III}} = (1000 + 1744.2 + 2880) \text{kV} \cdot \text{A} = 5624.2 \text{kV} \cdot \text{A}$$

总设备容量的利用率为

$$\frac{S_{\text{Lmax}}}{S_{\text{NI}} + S_{\text{NII}} + S_{\text{NIII}}} = \frac{5624.2}{1000 + 1800 + 3200} \times 100\% = 93.74\%$$

（3）因为第三台变压器的短路电压标幺值最小，故先达到满载，即 $\beta_{\text{III}} = 1$。因此，可以求得

$$\beta_{\text{I}} = 0.9, \quad \beta_{\text{II}} = 0.9692$$

于是可得

$$S_{\text{I}} = \beta_{\text{I}} S_{\text{NI}} = 0.9 \times 1000 \text{kV} \cdot \text{A} = 900 \text{kV} \cdot \text{A}$$

$$S_{\text{II}} = \beta_{\text{II}} S_{\text{NII}} = 0.9692 \times 1800 \text{kV} \cdot \text{A} = 1744.56 \text{kV} \cdot \text{A}$$

$$S_{\text{III}} = \beta_{\text{III}} S_{\text{NIII}} = 1 \times 3200 \text{kV} \cdot \text{A} = 3200 \text{kV} \cdot \text{A}$$

最大负载容量为

$$S_{\text{Lmax}} = S_{\text{I}} + S_{\text{II}} + S_{\text{III}} = (900 + 1744.56 + 3200) \text{kV} \cdot \text{A} = 5844.56 \text{kV} \cdot \text{A}$$

总设备容量的利用率为

$$\frac{S_{\text{Lmax}}}{S_{\text{NI}} + S_{\text{NII}} + S_{\text{NIII}}} = \frac{5844.56}{1000 + 1800 + 3200} \times 100\% = 97.41\%$$

由此可见，不同容量的变压器并联运行时，希望容量大的变压器的阻抗电压小一些，这样才能使并联组的总容量得到充分的利用。

3.9　特殊变压器

变压器的种类繁多，除了前面介绍的普通双绕组变压器外，在电力系统以及其他一些用电场合，还广泛使用像自耦变压器（Self Coupling Transformer）、三绕组变压器（Three Winding Transformer）和仪用互感器（Instrument Use Transformer）这样一些具有特殊性能和用途的变压器。本节将对这几种变压器逐一进行简介。

3.9.1　自耦变压器

普通双绕组变压器的一、二次绕组只有磁耦合而无电联系，而自耦变压器每一相只有一个绕组，其一次侧和二次侧要共用一部分绕组，因此，自耦变压器的一、二次绕组既有磁耦合又有电联系。自耦变压器也有单相和三相之分，这里以单相自耦变压器为例，分析其电磁关系，其结论适用于三相自耦变压器的一相。

自耦变压器可以由双绕组变压器演变而来。如图 3-30 所示，将一台双绕组变压器的高压绕组和低压绕组串联起来作为自耦变压器的一次绕组，匝数为 (N_1+N_2)；原来的高压（或低压）绕组作为串联绕组（匝数为 N_1 或 N_2），低压（或高压）绕组作为公共绕组也就是自耦变压器的二次绕组（匝数为 N_2 或 N_1），这就组成了一台降压自耦变压器。在图 3-30b 中，为了区别原双绕组变压器的物理量，自耦变压器的物理量均加了下标 a。如果交换图 3-30b 的输入和输出端口，就可以组成升压自耦变压器。

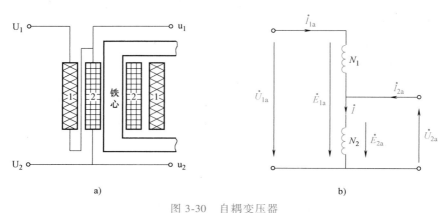

图 3-30　自耦变压器

a）结构示意图　b）降压自耦变压器

1. 电压与电流的变换关系

自耦变压器的工作原理与普通双绕组变压器相同。现以降压自耦变压器为例来说明自耦变压器的电压与电流的变换关系。

自耦变压器一、二次侧的电压平衡方程与普通双绕组变压器相同，在一次侧施加额定电压 U_{1aN} 并忽略漏阻抗时，有下面的关系式

$$\frac{U_{1aN}}{U_{2aN}} \approx \frac{E_{1a}}{E_{2a}} = \frac{N_1+N_2}{N_2} = 1+k = k_a \tag{3-77}$$

式中　N_1、N_2——分别为原双绕组变压器一、二次绕组的匝数；

　　　　k——原双绕组变压器的电压比，$k = N_1/N_2$；

　　　　k_a——自耦变压器的电压比。

如果把自耦变压器的串联绕组和公共绕组做成匝数是可以调节的，就变成了输出电压方便可调的自耦调压器。

与普通双绕组变压器一样，自耦变压器负载运行时，若一次侧保持额定电压 U_{1aN} 不变，则主磁通的幅值 $\varPhi_m$ 从空载到任意负载将近似保持不变，因此，也有同样的磁动势平衡方程，即

$$N_1 \dot{I}_{1a} + N_2 \dot{I} = (N_1 + N_2) \dot{I}_m \tag{3-78}$$

式中 I_m ——自耦变压器的励磁电流。

根据图 3-30b 给定的参考方向，可知公共绕组的电流为 $\dot{I} = \dot{I}_{1a} + \dot{I}_{2a}$，代入式（3-78）可得

$$\dot{I}_{1a} + \dot{I}'_{2a} = \dot{I}_m \tag{3-79}$$

式中 $\dot{I}'_{2a} = \dfrac{N_2}{N_1 + N_2} \dot{I}_{2a} = \dfrac{\dot{I}_{2a}}{k_a}$。

在满载和接近满载时，一、二次侧的电流远远大于励磁电流，若忽略励磁电流 I_m，则

$$\dot{I}_{1a} = -\dot{I}'_{2a} = -\frac{1}{k_a} \dot{I}_{2a} \tag{3-80}$$

由式（3-80）可见，一、二次侧的电流在相位上是相反的。因此公共绕组的电流为

$$\dot{I} = \dot{I}_{1a} + \dot{I}_{2a} = -\frac{1}{k_a} \dot{I}_{2a} + \dot{I}_{2a} = \left(1 - \frac{1}{k_a}\right) \dot{I}_{2a} \tag{3-81}$$

对于降压自耦变压器，$k_a > 1$。因此，公共绕组的电流 $\dot{I}$ 与二次侧的电流 $\dot{I}_{2a}$ 是同相位的。考虑到各个电流的实际方向（或相位关系）后，各个电流在数量上的关系为

$$I = I_{2a} - I_{1a} \tag{3-82}$$

2. 容量关系

自耦变压器的输出视在功率为

$$S_{2a} = U_{2a} I_{2a} = U_{2a} (I + I_{1a}) = U_{2a} I + U_{2a} I_{1a} \tag{3-83}$$

式（3-83）说明：自耦变压器的输出视在功率由两部分组成。一部分视在功率 $U_{2a}I$ 与普通双绕组变压器一样，是通过电磁感应由一次侧传递到二次侧的，称之为感应功率或电磁功率；另一部分视在功率 $U_{2a}I_{1a}$ 是通过串联绕组直接由一次侧传递到二次侧的，称之为传导功率。显然，传导功率不需要额外增加绕组容量，也就不需要增加绕组的匝数或增大绕组的截面积。

与普通双绕组变压器一样，自耦变压器的额定容量定义为一次侧或二次侧的额定电压与额定电流的乘积，即

$$S_{aN} = U_{1aN} I_{1aN} = U_{2aN} I_{2aN} \tag{3-84}$$

设原双绕组变压器一、二次侧的额定电压为 U_{1N} 和 U_{2N}，额定电流为 I_{1N} 和 I_{2N}，额定容量为 S_N。将其改接成图 3-30b 所示的降压自耦变压器后，额定值有如下关系：

$$I_{1aN} = I_{1N}, \quad I_N = I_{2N}, \quad I_{2aN} = I_{1N} + I_{2N}, \quad U_{1aN} = U_{1N} + U_{2N}, \quad U_{2aN} = U_{2N}$$

于是可得自耦变压器的额定容量为

$$S_{aN} = (U_{1N} + U_{2N}) I_{1N} = U_{1N} I_{1N} + U_{2N} I_{1N} = S_N + \frac{1}{k} S_N = \frac{k_a}{k_a - 1} S_N \tag{3-85a}$$

或

$$S_{aN} = U_{2N} (I_{1N} + I_{2N}) = U_{2N} I_{2N} + U_{2N} I_{1N} = S_N + \frac{1}{k} S_N = \frac{k_a}{k_a - 1} S_N \tag{3-85b}$$

由此可见，双绕组变压器改接成自耦变压器后，额定容量增大到原来双绕组变压器额定容量 S_N 的 $\dfrac{k_a}{k_a - 1}$ 倍，其增量 $\dfrac{1}{k} S_N$ 就是额定传导功率。而双绕组变压器的额定容量等于绕组容

量（绕组容量是指绕组的额定电压与额定电流的乘积），也就是说，自耦变压器的额定容量大于绕组容量。

3. 自耦变压器的特点和应用

通过上述分析可知，与普通双绕组变压器相比，自耦变压器输出的容量比较大。因此，与同容量的双绕组变压器相比，自耦变压器具有成本低、重量轻、体积小、效率高等优点。

电压比 k_a 越接近于1，传导功率所占的比例就越大，经济效果就越显著。因此，自耦变压器常用于高、低电压比较接近的场合，例如，用以连接两个电压相近的电力网。在工厂和实验室里，自耦变压器主要用于调压设备和交流电动机的减压起动设备等。

由于自耦变压器的高、低压绕组之间具有电的直接联系，所以，要加强内部绝缘和过电压保护，一般要求低压侧与高压侧具有相同的绝缘水平，同时三相自耦变压器的中性点还必须可靠地接地。

此外，自耦变压器的短路阻抗标幺值比用作双绕组变压器时小，因此，自耦变压器发生短路时，短路电流的标幺值较大。

实验室常用的单相调压器和三相调压器如图 3-31、图 3-32 所示。图 3-33 所示是一台 ODFPS-M-400000-500 型的单相自耦全密封油浸式电力变压器，其容量为 400000kV·A，额定电压为 500kV。

图 3-31　单相调压器

图 3-32　三相调压器

图 3-33　单相自耦全密封
油浸式电力变压器

【例 3-6】　将一台 3kV·A、230/115V 的普通单相双绕组变压器改接成 230/345V 的升压自耦变压器使用，如图 3-34 所示。试求（1）自耦变压器的电压比以及一、二次侧的额定电流；（2）额定的感应功率和传导功率；（3）自耦变压器的额定容量。

解：（1）自耦变压器的电压比为

$$k_a = \frac{U_{1aN}}{U_{2aN}} = \frac{U_{2N}}{U_{1N} + U_{2N}} = \frac{230}{345} = 0.667$$

原双绕组变压器的额定电流和电压比为

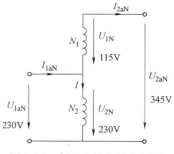

图 3-34　例 3-6 的自耦变压器

$$I_{1N} = \frac{S_N}{U_{1N}} = \frac{3 \times 10^3}{115} A = 26.087A$$

$$I_{2N} = \frac{S_N}{U_{2N}} = \frac{3 \times 10^3}{230} A = 13.04A$$

$$k = \frac{U_{1N}}{U_{2N}} = \frac{115}{230} = 0.5$$

如图 3-34 所示，二次侧的额定电流 I_{2aN} 应该是原低压绕组的额定电流 I_{1N}，而一次侧的额定电流 I_{1aN} 应该是二次侧的额定电流 I_{2aN} 与作为公共绕组的原高压绕组的额定电流 I_{2N} 之和，即

$$I_{1aN} = I_{1N} + I_{2N} = (26.087 + 13.04)A = 39.13A$$

$$I_{2aN} = I_{1N} = 26.087A$$

（2）额定感应功率和额定传导功率分别为

$$S'_{aN} = U_{1N} I_{2aN} = U_{1N} I_{1N} = S_N = 3kV \cdot A$$

$$S''_{aN} = U_{2N} I_{2aN} = U_{2N} I_{1N} = \frac{1}{k} S_N = \frac{1}{0.5} \times 3kV \cdot A = 6kV \cdot A$$

（3）自耦变压器的额定容量为

$$S_{aN} = U_{1aN} I_{1aN} = 230 \times 39.13 V \cdot A = 9kV \cdot A$$

或

$$S_{aN} = U_{2aN} I_{2aN} = 345 \times 26.087 V \cdot A = 9kV \cdot A$$

或

$$S_{aN} = S'_{aN} + S''_{aN} = (3+6)kV \cdot A = 9kV \cdot A$$

由此可见，自耦变压器的额定容量远大于原双绕组变压器的额定容量（即绕组的容量），其中有三分之二的容量是通过传导功率增加的。

3.9.2　三绕组变压器

每一相有三个不同电压等级的绕组的变压器称为三绕组变压器。三绕组变压器的三个绕组根据电压的高低分别称为高压绕组、中压绕组和低压绕组。三绕组变压器的结构示意图如图 3-35a 所示。三绕组变压器的铁心一般为心式结构，在一个铁心柱上套有三个绕组，从绝缘方便考虑，把高压绕组放在外层，低压和中压绕组放在里层。

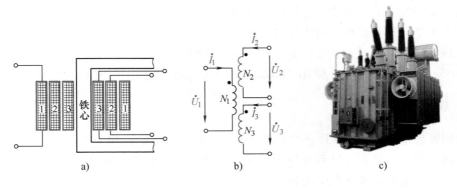

图 3-35　三绕组变压器

a）结构示意图　b）原理图　c）实物图

三绕组变压器的工作原理与普通双绕组变压器一样,当三个绕组中任意一个接电源时,另外两个绕组就有不同的电压输出。

在图 3-35b 中,设一次、二次和三次绕组的匝数分别为 N_1、N_2 和 N_3,则空载运行时,三个绕组之间的电压关系为

$$\left.\begin{array}{l} \dfrac{U_1}{U_2}=\dfrac{N_1}{N_2}=K_{12} \\[2mm] \dfrac{U_1}{U_3}=\dfrac{N_1}{N_3}=K_{13} \\[2mm] \dfrac{U_2}{U_3}=\dfrac{N_2}{N_3}=K_{23} \end{array}\right\} \tag{3-86}$$

负载运行时,三绕组变压器的电流关系仍然满足磁动势平衡方程式

$$N_1\dot{I}_1+N_2\dot{I}_2+N_3\dot{I}_3=N_1\dot{I}_0 \tag{3-87}$$

三绕组变压器的磁通也可以分成主磁通和漏磁通两部分。主磁通是指与三个绕组同时交链的磁通。主磁通由三个绕组的合成磁动势产生,经铁心磁路而闭合。漏磁通有两种,一种是只与一个绕组交链的磁通,称为自漏磁通,另一种是与两个绕组交链的磁通,称为互漏磁通。自漏磁通是由一个绕组自身的磁动势产生的,而互漏磁通则是由它所交链的两个绕组的合成磁动势产生的。

由此可见,三绕组变压器中存在比双绕组变压器更为复杂的互感耦合关系,按照双绕组变压器的分析方法,可以推导出三绕组变压器的等效参数和等效电路,鉴于这些内容已超出教学基本要求,对此问题本节不做讨论,读者可参阅相关书籍。

三绕组变压器的三个绕组的容量可以相等,也可以不相等。三绕组变压器的额定容量定义为容量最大的那个绕组的容量。工作时,各个绕组的输出容量都不允许超过各自的绕组容量。

三相三绕组变压器的标准联结组只有 YNyn0d11 和 YNyn0y0 两种,这是由高压—中压和高压—低压两个联结组组成的。常见的电压等级有 110/35/10.5kV、220/110/10.5kV。三相三绕组自耦变压器的联结组为 YNa0d11。

三绕组变压器大多数用于二次侧需要两种不同等级电压的电力系统中。例如,在发电厂使用三相三绕组变压器,其中,中压绕组接发电机,高压绕组输出到电力系统,低压绕组的输出则可为发电厂自身供电。对于比较重要的负载,为安全可靠和经济地供电,也可以由两条不同电压等级的线路通过三绕组变压器共同为其供电。

图 3-35c 所示,是一台 SFSZ10-31500/110 型的三相油浸风冷三绕组有载调压变压器。

3.9.3 仪用互感器

根据国家标准[一],互感器是一种为测量仪器、仪表、继电器和其他类似电器供电的特殊变压器,通常分为测量用互感器和保护用互感器两大类。测量用互感器也称为仪用互感器,又分为电压互感器和电流互感器两种。

[一] 参照《GB/T 20840.1—2010 互感器 第1部分:通用技术要求》。

仪用互感器的主要用途有两个：一是用来扩大交流电表的量程，二是使测试仪表和测试人员与高电压隔离，以保证测试人员的安全。

仪用互感器既然用于测量，就必须考虑其测量精度问题。只有保证互感器本身的损耗足够小，才能有较高的测量精度。为了减小误差，提高测量精度，互感器的铁心采用高磁导率的高级硅钢片制成，且铁心中的磁通密度较低，磁路处于不饱和状态，其励磁电流和铁心损耗都较小。另外，漏磁阻抗也必须做得很小。

1. 电压互感器

电压互感器（Voltage Transformer，VT）的原理图如图 3-36a 所示。它的高压绕组为一次绕组，与被测电路并联；低压绕组为二次绕组，与电压表或其他负载联结。电压互感器的一次绕组匝数很多，二次绕组匝数很少。由于二次侧所接电压表的阻抗很大，因此，电压互感器工作时，相当于一台空载运行的降压变压器。如果忽略漏阻抗压降，则有

$$U_2 = \frac{N_2}{N_1} U_1$$

选择适当的一、二次绕组的匝数比，就可以把高电压降低为低电压来测量。为了标准化测量，单相电压互感器与三相电压互感器二次绕组的额定电压统一设计为 100V，即配量程为 100V 的电压表。

国家标准规定了测量用单相电磁式电压互感器的准确级为 0.1、0.2、0.5、1.0 和 3.0 这 5 种。图 3-36b、c 所示分别是单相和三相电压互感器的实物图片。

电压互感器的使用注意事项：

1）二次侧不能短路，否则将产生很大的短路电流。

2）为安全起见，尤其是一次电压很高时，互感器的二次绕组连同铁心要可靠地接地。

3）二次侧不能接较多的仪表，所有仪表取用的功率不能超过互感器的额定功率，否则，二次电流较大，会在漏阻抗上产生明显的漏阻抗压降，从而影响测量精度。

图 3-36　电压互感器
a）电压互感器原理图　b）单相电压互感器　c）三相电压互感器

2. 电流互感器

电流互感器（Current Transformer，CT）的原理图如图 3-37a 所示。它的一次绕组串联在被测电路中，二次绕组接电流表等负载。电流互感器的一次绕组匝数很少（一般只有一匝），这是为了避免电流互感器接入被测电路时对被测电路产生影响，而二次绕组的匝数很

多，即 $N_2 \gg N_1$。

由于接入二次侧的电流表的阻抗很小，因此，电流互感器工作时，相当于一台短路运行的升压变压器。因为一次绕组的电压很小，产生的主磁通也很小，故空载励磁电流很小。如果忽略励磁电流，则有

$$I_2 = \frac{N_1}{N_2} I_1$$

选择适当的一、二次绕组的匝数比，就可以把大电流转变为小电流来测量。为了便于测量，通常二次绕组的额定电流统一设计为 1A 或 5A，即配量程为 1A 或 5A 的电流表。

国家标准规定了测量用电流互感器的标准准确级有 0.1、0.2、0.5、1.0、3.0 和 5.0 这 6 种。在工程实际中，为了使用方便，将电流互感器与电流表集成在一起，制成了可随身携带的钳形电流表，如图 3-37b 所示。使用时，将被测线路的一根相线从铁心开口处穿入，根据量程开关的位置，可直接读取被测电路的电流。

电流互感器的使用注意事项：

1）二次侧不允许开路。因为当 $I_2 = 0$ 时，一次侧的被测电流就变成励磁电流了，铁心中的磁通将大大

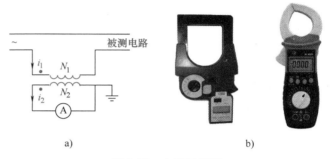

图 3-37　电流互感器

a）电流互感器原理图　b）钳形电流表

增加，二次侧的感应电动势也将大大增加，使二次侧的端电压达到几百伏的高压。此时，铁心中的高磁通密度会使铁心严重发热，可能烧坏绕组，同时，二次侧的高压不仅可能损坏互感器的绝缘还会危及操作人员的安全。因此，电流互感器使用时绝对不允许二次侧开路。

2）为安全起见，尤其是一次电压很高时，互感器的二次绕组连同铁心要可靠地接地。

3）二次侧所接仪表的总阻抗不得大于规定值。

附　变压器性能参数比较

发电厂生产的电能需经过远距离传输和配送才能到达用户，其间要通过 4~9 次变压器。据统计，近年我国电网电能损耗约占供电容量的 7%，其中变压器损耗就占了 60% 左右。另一方面，电能作为清洁、优质的二次能源，随着经济的发展，在终端能源消费中的比重正在不断提高。从能源转化效率来看，当前我国多数旧发电机组的发电效率仅为 33% 左右，新建的百万千瓦级超超临界发电机组的发电效率可以达到 45%。因此，节约 $1kW \cdot h$ 的电能相当于节约 2~3 倍左右等值的一次能源。减少一次能源的消耗，降低有害气体排放，对环境保护至关重要。变压器作为电力系统中的重要设备，其性能直接关系到电力系统运行的可靠性和运营效益。降低损耗、提高效率、研制节能变压器（Energy Saving Transformer）是变压器研发与运行管理的永恒课题。

作为使用者，必须了解各型变压器的节能性能，在选用时侧重选择新型节能变压器，是一种社会责任。表 3-3 给出了 S9、S11、S13、S15 系列配电变压器的性能参数。

表 3-3　S9、S11、S13、S15 系列配电变压器的性能参数

型号	S9			S11-M-RL			S13-M-RL			SH15-M		
容量 $S_N/\mathrm{kV\cdot A}$	$I_0^*(\%)$	P_0/W	P_S/W	$I_0^*(\%)$	P_0/W	P_S/W	$I_0^*(\%)$	P_0/W	P_S/W	$I_0^*(\%)$	P_0/W	P_S/W
100	1.6	290	1500	0.26	200	1500	0.21	150	1500	1.0	75	1500
500	1.0	960	5100	0.21	680	5100	0.15	480	5100	0.5	240	5150
1000	0.7	1700	10300	0.18	1150	10300	0.13	830	10300	0.3	450	10300
1600	0.6	2400	14500	0.16	1640	14500	0.11	1170	14500	0.2	630	14500
2000	0.6	2900	17500	0.15	2250	17500	0.1	1540	17500	0.2	750	17400

以容量为 1000kV·A 的变压器为例，从 S9 型到 S13 型，由于所使用的铁心材料磁性能不断提高，使空载电流 I_0^* 从 0.7% 降至 0.13%，空载损耗（铁耗）P_0 从 1700W 降至 830W；但绕组导线始终是用铜线，故短路损耗（铜耗）P_S 没有变化。SH15 型非晶合金变压器的空载损耗（铁耗）P_0 比 S13 型立体卷铁心变压器降低了一半左右。

思考题与习题

3-1　分析变压器时，应如何规定各个物理量的参考方向？这些参考方向能否任意改变？

3-2　变压器的主磁通和漏磁通的性质有什么不同？在等效电路中怎样反映它们的作用？

3-3　变压器一次绕组的漏电抗很小，为什么在二次侧开路、一次侧施加额定电压时，一次绕组的电流却很小？如果给变压器施加同样大小的直流电压，会发生什么现象？

3-4　变压器的一、二次绕组之间并无电的联系，为什么一次电流会随二次电流的变化而变化？

3-5　变压器的励磁参数 R_m、X_m 的物理意义是什么？其值与磁路是否饱和有无关系？与变压器的运行状态有无关系？R_m 和 X_m 的数值是越大越好还是越小越好？

3-6　变压器的短路参数 R_S、X_S 的物理意义是什么？R_S、X_S 和 $|Z_S|$ 的数值在短路试验和负载运行两种情况下是否相同？

3-7　短路阻抗的标幺值 $|Z_S^*|$ 对变压器运行性能有什么影响？

3-8　一台 50Hz、220/110V 单相变压器，如果把高压绕组接到 50Hz、110V 交流电源上，其主磁通 Φ_m 和二次侧空载电压 U_{20} 将如何变化？

3-9　一台 50Hz、220/110V 单相变压器，如果把低压绕组接到 50Hz、220V 交流电源上，主磁通 Φ_m、空载电流 I_0、铁耗 P_{Fe} 和励磁电抗 X_m 将如何变化？

3-10　如果一台 50Hz 的变压器接入了 60Hz 的交流电源，定性分析其主磁通 Φ_m、空载电流 I_0、励磁电抗 X_m、漏电抗和铁耗将怎样变化？

3-11　如图 3-38 所示，某单相变压器一、二次侧各有两个相同的绕组，每个一次绕组的额定电压为 110V，每个二次绕组的额定电压为 12V。用这台变压器进行不同的联结，能得到几种不同的电压比？电压比分别为多少？

3-12　在推导变压器的等效电路时，为什么要进行绕组折算？绕组折算的条件是什么？

3-13　利用 T 形等效电路进行计算时，求得的一次侧和二次侧的电压、电流、损耗和功率是否都是实际值，为什么？

3-14　什么是标幺值？使用标幺值来分析计算变压器有哪些优点？

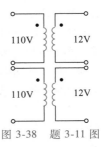

图 3-38　题 3-11 图

3-15　为什么变压器的空载损耗可以近似地看成铁耗？为什么短路损耗可以近似地看成铜耗？负载时，变压器真正的铁耗和铜耗分别与空载损耗、短路损耗有无差别？为什么？

3-16 同一台变压器如果在高、低压侧分别施加额定电压做空载试验，试问所测得的空载损耗和空载电流是否相同？励磁阻抗是否相同？

3-17 同一台变压器如果在高、低压侧分别做额定电流时的短路试验，试问所测得的短路损耗和短路阻抗是否相同？

3-18 什么是变压器的电压调整率？它与哪些因素有关？当负载电流一定时，电压调整率将如何随着负载功率因数的变化而变化？

3-19 变压器的效率与哪些因素有关？额定效率是否就是最大效率？什么情况下才能达到最大效率？

3-20 分析图 3-39 所示四台变压器的联结组，并据此总结三相变压器有多少种联结组。

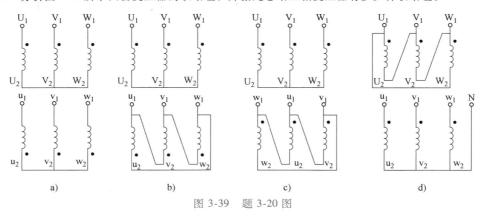

图 3-39 题 3-20 图

3-21 若短路阻抗标幺值和容量均不相等的变压器并联运行，标幺值和容量怎样配合才能使设备的利用率尽可能高一些？

3-22 一台电压比为 k 的双绕组变压器可以改接成几种电压比的自耦变压器？

3-23 三绕组变压器的一次绕组接额定电压运行时，若一个二次绕组负载发生变化时，是否会影响另一个二次绕组的端电压？为什么？

3-24 电压互感器二次侧为什么不允许短路？电流互感器二次侧为什么不允许开路？

3-25 影响电压互感器和电流互感器测量精度的主要原因是什么？为什么二次侧所接仪表不宜过多？

3-26 某单相变压器的额定电压为 220/110V，设低压绕组开路、高压绕组施加 220V 电压时，空载电流为 I_0，磁动势为 F_0，主磁通幅值为 Φ_m。试分析按下述三种方式接线时的空载电流、磁动势为和主磁通幅值：（1）高压绕组开路、低压绕组施加 110V 电压；（2）高、低压绕组的异极性端串联后，施加 330V 电压；（3）高、低压绕组的同极性端串联后，施加 110V 电压。

3-27 设三相变压器高、低压绕组每相的匝数比为 $k = \dfrac{N_1}{N_2}$。若该变压器分别采用 Yy、Yd、Dy 和 Dd 这四种联结方式时，试求高、低压绕组空载线电压的比值。

3-28 晶体管功率放大器对负载来说相当于一个交流信号电压源，若其等效电动势为 $E_S = 5.2V$，等效内阻为 $R_S = 150\Omega$，现将阻值为 8Ω 的扬声器按下述两种方式与放大器相连，试求扬声器所获得的功率：（1）扬声器直接与放大器连接；（2）扬声器通过一台电压比为 5 的单相降压变压器与放大器连接；（3）若要使扬声器获得最大功率，应该怎么办？

3-29 一台 100kV·A 的单相变压器，其额定电压为 3300/220V。已知一、二次绕组的参数为 $R_1 = 0.35\Omega$，$X_{1\sigma} = 2.15\Omega$，$R_2 = 0.002\Omega$，$X_{2\sigma} = 0.015\Omega$。试求折算到高压侧和低压侧的短路阻抗值，并分析其关系。

3-30 一台 600kV·A、35/6.3kV 的单相变压器，已知高压绕组的漏阻抗为 $Z_1 = (15.68 + j65.2)\Omega$，励磁阻抗为 $Z_m = (3540 + j35870)\Omega$。当该变压器作降压变压器额定运行时，若一次侧的功率因数为 0.86，试求：（1）空载时的励磁电流和一、二次侧的感应电动势；（2）额定负载时一、二次侧的感应电动势。

3-31 某单相降压变压器，已知额定值为 $S_N = 20000 \text{kV} \cdot \text{A}$，$U_{1N}/U_{2N} = 127/11 \text{kV}$；一、二次绕组的参数为 $R_1 = 3.12\Omega$，$X_{1\sigma} = 28.05\Omega$，$R_2 = 0.026\Omega$，$X_{2\sigma} = 0.225\Omega$；励磁参数为 $R_m = 3100\Omega$，$X_m = 33500\Omega$。试用 T 形等效电路求：（1）空载电流；（2）当负载为 $Z_L = (6+j8)\ \Omega$ 时，一、二次侧的电流和二次侧的端电压。

3-32 一台 S7-125 型三相配电变压器，其额定值为 $S_N = 125 \text{kV} \cdot \text{A}$，$U_{1N}/U_{2N} = 11/0.4 \text{kV}$，采用 Yyn0 联结。已知折算到高压侧的短路阻抗为 $Z_S = (18.97+j33.78)\Omega$，励磁阻抗为 $Z_m = (5920+j43600)\ \Omega$。试用 Γ 形等效电路计算：（1）空载电流及其与额定电流的比值；（2）空载运行时的功率因数和输入功率；（3）当负载为 $Z_L = (1.12+j0.84)\ \Omega$ 时，一、二次侧的线电流和二次侧的线电压；（4）负载运行时的功率因数和输入功率。

3-33 SC8-30/10 型树脂浇注干式配电变压器，已知额定容量 $S_N = 30 \text{kV} \cdot \text{A}$，额定电压 $U_{1N}/U_{2N} = 10/0.4 \text{kV}$，采用 Yyn0 联结。额定电压时的空载损耗为 240W，空载电流为额定电流的 3.2%，额定电流时的短路损耗为 700W（100℃），短路电压为额定电压的 4%。试求：（1）该变压器的励磁参数；（2）该变压器的短路参数。

3-34 一台 S7-1600 型三相配电变压器，已知额定容量为 1600kV·A，额定电压为 10.5/0.4kV，采用 Dyn 联结。当施加额定电压做空载试验时，测得空载损耗为 2.65kW，空载电流为额定电流的 1.1%；在额定电流下做短路试验，测得短路损耗为 16.5kW（已换算到 75℃ 时的值），阻抗电压为额定电压的 4.5%。试求该变压器等效参数的标幺值和折算到高压侧的实际值。

3-35 如果题 3-34 中变压器分别给 $\cos\varphi_2 = 0.75$（$\varphi_2 > 0$）、$\cos\varphi_2 = 1$ 和 $\cos\varphi_2 = 0.8$（$\varphi_2 < 0$）的三种负载供电，试利用上题的参数计算该变压器的额定电压调整率。

3-36 利用题 3-31 的参数和结论，计算该变压器的电压调整率、铁耗、铜耗、输出功率和效率。

3-37 一台 SFZ8-31500/66 型三相电力变压器，其额定值为 $S_N = 31500 \text{kV} \cdot \text{A}$，$U_{1N}/U_{2N} = 66/10.5 \text{kV}$，采用 YNd11 联结。已知额定电压时的空载损耗为 45kW，额定电流时的短路损耗为 135kW，阻抗电压的标幺值为 9%。当低压侧带额定电流的电感性负载、且负载的功率因数为 0.8 时，试求：（1）额定电压调整率和效率；（2）效率最大时的负载系数和负载电流。

3-38 一台 16000kV·A 三相电力变压器，额定电压为 110/35kV，采用 YNd11 联结。已知额定电流时的短路损耗为 91kW，短路电压的标幺值为 10.5%。现带额定电流负载时，测得二次侧线电压为额定值，试分析负载的性质并计算出负载的功率因数角。

3-39 有两台联结组、电压比和阻抗电压标幺值均相同的变压器并联运行，已知 $S_{N1} = 250 \text{kV} \cdot \text{A}$，$S_{N2} = 400 \text{kV} \cdot \text{A}$。若负载总容量为 550kV·A 时，试求：（1）这两台变压器各自承担的负载为多少？（2）该并联组能承担的最大负载为多少？

3-40 有三台联结组和电压比相同的变压器并联运行，已知 $S_m = 400 \text{kV} \cdot \text{A}$，$U_{S1}^* = 4\%$，$S_{N2} = 630 \text{kV} \cdot \text{A}$，$U_{S2}^* = 4.5\%$，$S_{N3} = 800 \text{kV} \cdot \text{A}$，$U_{S3}^* = 6.25\%$。（1）若该并联组的总负载为 1200kV·A，则各台变压器的负载为多少？（2）在任何一台变压器均不过载的情况下，该并联组的最大负载为多少？此时设备的利用率是多少？（3）如果要提高设备的利用率，应该怎样选择并联运行的变压器？

3-41 一台 250kV·A 的单相双绕组变压器，其额定电压为 1000/230V。若按下述两种方式将其改接成自耦变压器运行，试分别计算自耦变压器的额定容量和满载运行时的电磁容量和传导容量（忽略空载电流和漏阻抗压降）。（1）改接成 1230/1000V 的降压自耦变压器；（2）改接成 230/1230V 的升压自耦变压器。

3-42 某三相三绕组变压器，额定容量为 50000kV·A，额定电压为 110/38.5/11kV，联结组为 YNynd11。如果中压侧带功率因数为 0.8 的电感性负载，视在功率为 38000kV·A，在低压侧接三相无功补偿电容器以改善高压侧的功率因数。当高压侧的功率因数为 0.92（电感性）时，求各绕组的相电流及有功功率、无功功率和视在功率（计算时忽略电压调整率）。

自　测　题

1. 一台 800kV·A 的三相变压器，额定电压为 10/0.4kV，采用 Yyn0 接法。下面一组电流数据中，有一个是该变压器的空载电流。正确的应该是（　　）。

A. 46.2A　　　　　　B. 1154.7A　　　　　　C. 0.46A　　　　　　D. 230A

2. 一台 50Hz、220/110V 单相变压器，如果把低压绕组接到 50Hz、220V 交流电源上时，主磁通 Φ_m、空载电流 I_0、铁损耗 P_{Fe} 和励磁电抗 X_m 的变化规律是（　　）。

A. Φ_m 和 I_0 变为原来 2 倍，P_{Fe} 增加，X_m 不变

B. Φ_m、I_0、P_{Fe} 和 X_m 都大大增加

C. Φ_m 增加为原来的 2 倍，I_0 和 P_{Fe} 大大增加，X_m 减小

D. Φ_m、I_0 和 P_{Fe} 都大大增加，X_m 减小

3. 如果一台 50Hz、10kV 的变压器接入了 60Hz、10kV 的交流电源，其主磁通 Φ_m 和励磁电抗 X_m 的变化是（　　）。

A. Φ_m 减小，X_m 不变　　　　　　　　　　B. Φ_m 增大，X_m 不变

C. Φ_m 减小，X_m 增大　　　　　　　　　　D. Φ_m 增大，X_m 减小

4. 设变压器在额定负载时的铁耗为 P_{FeN}，当变压器的负载为 50%额定负载时，其铁耗近似为（　　）。

A. P_{FeN}　　　　　　B. $0.25P_{FeN}$　　　　　　C. $0.5P_{FeN}$　　　　　　D. $2P_{FeN}$

5. 电压比为 k 的变压器，若在高压侧做额定电流时的短路试验，测得短路损耗为 P_S、短路阻抗为 $|Z_S|$，则在低压侧做变压器额定电流时的短路试验所测得的短路损耗和短路阻抗应为（　　）。

A. P_S 和 $|Z_S|$　　　　　　　　　　　　　　B. kP_S 和 $k^2|Z_S|$

C. k^2P_S 和 $|Z_S|/k^2$　　　　　　　　　　D. P_S 和 $|Z_S|/k^2$

6. 联结组号为 Yd5 的三相变压器，低压绕组的线电动势滞后于高压绕组的线电动势的角度是（　　）。

A. $-150°$　　　　　　B. $180°$　　　　　　C. $150°$　　　　　　D. $-90°$

7. 两台变压器并联运行时，它们的额定电压、联结组和短路阻抗标幺值都相等，容量分别为 $S_{N1} = 80kV·A$，$S_{N2} = 160kV·A$，总输出视在功率为 $S = 210kV·A$。这两台变压器各自承担的视在功率为（　　）。

A. $S_1 = 70kV·A$，$S_2 = 140kV·A$　　　　　　B. $S_1 = S_2 = 105kV·A$

C. $S_1 = 140kV·A$，$S_2 = 70kV·A$　　　　　　D. $S_1 = 80kV·A$，$S_2 = 130kV·A$

8. 某工厂由于生产发展，用电量由 3800kV·A 增加到 6000kV·A。该厂原由一台 $S_N = 4000kV·A$、$U_{1N}/U_{2N} = 66/10.5kV$、$U_S^* = 8\%$、Yd11 联结组的变压器供电。现有四台备用变压器，其数据如表 3-4 所示。在任何一台变压器均不过载的情况下，应该选变压器（　　）并联运行。

表 3-4　自测题 8 数据表

变压器	$S_N/kV·A$	$U_{1N}/U_{2N}(/kV)$	U_S^*	联结组
A	2000	66/10.5	7%	Yd11
B	2500	66/10.5	9%	Yd11
C	1600	66/10.5	8%	Yd11
D	2000	66/11	8%	Yd11

第4章　异步电机

感应电机（Induction Motor）是指定子接到交流电网，依靠电磁感应作用使转子产生感应电流从而实现机电能量转换的一种交流电机，感应电机实质上是一种异步电机（Asynchronous Motor），后者泛指运行时转子转速与电网频率之比不是恒定关系的交流电机。在异步电机中，感应电机的应用最为普遍，在不致引起误解和混淆的情况下，通常把感应电机称为异步电机。

异步电机主要作电动机运行，它具有结构简单、制造容易、运行可靠、效率较高、价格低廉、坚固耐用等优点，因此成为当代产量最多、应用最广泛的电机。在各种电气传动系统中，约90%的驱动电机为异步电动机；在电网的总负荷中，异步电动机用电量约占60%以上。近年来，随着电力电子技术、自动控制技术和计算机技术的进步，交流调速技术取得了实质性的发展，异步电动机得到了更加广泛的应用。

异步电动机的缺点是运行时必须从电网吸收电感性无功功率，使电网的功率因数降低。由于电网的功率因数可以采用其他方法进行补偿，因此这一点并不影响异步电动机的广泛使用。

异步电机也可作为发电机使用，多是单机运行，常用于电网尚未到达的边远地区，或用于风力发电等特殊场合。

4.1　三相异步电动机的基本结构与工作原理

4.1.1　三相异步电动机的基本结构

三相异步电动机主要由定子和转子两大部分组成，定子和转子之间有一个很小的气隙，其中小型封闭式笼型三相异步电动机的外形和结构如图 4-1 和图 4-2 所示。下面简要介绍异步电动机主要零部件的构造、作用和制造材料。

图 4-1　小型封闭式笼型三相异步电动机的结构剖视图

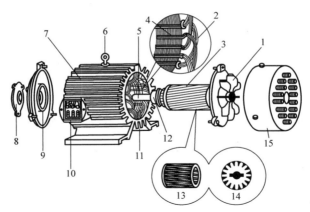

图 4-2 小型封闭式笼型三相异步电动机的主要部件与结构

1—风扇 2—定子绕组 3—转子 4—定子铁心 5—转轴 6—吊环 7—散热筋 8—轴承盖
9—端盖 10—接线盒 11—机座 12—轴承 13—笼型绕组 14—转子铁心 15—风扇罩

1. 定子部分

异步电动机的定子是由定子铁心和定子绕组、机座与端盖等几部分组成的。

（1）定子铁心　定子铁心压装在机座中，是电动机主磁路的一部分。为了减小旋转磁场在定子铁心中引起的磁滞和涡流损耗，定子铁心采用 0.5mm 厚的硅钢片冲片叠压而成，冲片表面有通过涂绝缘漆或氧化形成的绝缘层，以减少涡流损耗，定子铁心内圆有均匀分布的槽，用于嵌放定子绕组。图 4-3 为一台电动机的定子铁心，图 4-4 为常用的定子槽形，其中，图 4-4a 为开口槽，图 4-4b 为半开口槽，图 4-4c 为半闭口槽。

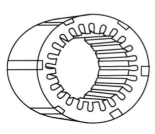

图 4-3 定子铁心

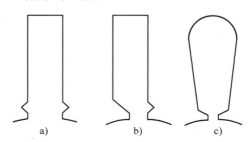

图 4-4 定子槽形

a）开口槽 b）半开口槽 c）半闭口槽

（2）定子绕组　定子绕组是异步电动机定子部分的电路，它是由若干个线圈按一定规律连接而成的。三相异步电动机的定子绕组是由三个完全相同的绕组构成的三相对称绕组，每个绕组为一相，三相绕组在空间互差 120° 电角度。三相绕组的两端分别用 U_1-U_2、V_1-V_2、W_1-W_2 表示，通常将三相绕组的六个出线头都引到接线盒内，可按需要联结成星形（用 Y 表示）或三角形（用 △ 表示），如图 4-5 所示。

（3）机座和端盖　机座主要用于固定和支撑定子铁心，中小型异步电动机一般采用铸铁机座，大中型异步电动机采用钢板焊接的机座。端盖是用铁铸成的盘状盖子，用螺柱固定在机座两端，对电动机起防护作用，端盖的中央安装轴承以支撑转子的转轴。

2. 转子部分

异步电动机的转子由转子绕组、转子铁心和转轴等几部分组成。

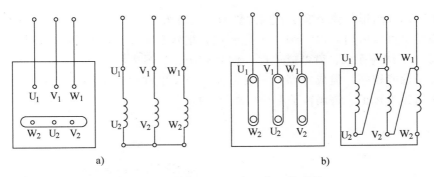

图 4-5　三相异步电动机定子绕组的联结

a）星形联结　b）三角形联结

（1）**转子铁心**　转子铁心也是电动机主磁通磁路的一部分，一般也由厚度为 0.5mm 的硅钢片冲片叠成。转子铁心固定在转轴上，或固定在转子支架上，转子支架再套在转轴上。转子铁心外表面有若干均匀分布的槽，槽内嵌放转子绕组。常用的转子槽形如图 4-6 所示，其中，图 4-6a 为开口槽，用于转子绕组为成型绕组的大功率绕线转子异步电机；图 4-6b 为梨形槽，为单笼转子槽形；图 4-6c 为双笼转子槽形。

（2）**转子绕组**　异步电动机的转子绕组有绕线和笼型两种。根据转子结构的不同，将异步电动机分为绕线转子异步电动机和笼型转子异步电动机两大类。绕线转子造价较高，一般只用于有较高起动性能和调速要求的电动机；笼型转子结构简单、制造方便、运行可靠，因而应用更为广泛。

绕线转子绕组也是一个三相绕组，一般联结成星形，三根引出线分别接到转轴上的三个集电环上，集电环与轴绝缘，集电环通过电刷装置与外电路相连，使转子电路中可串接电阻改善电动机的运行特性，绕线转子异步电动机电路如图 4-7 所示。

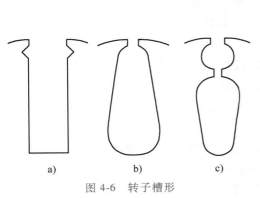

图 4-6　转子槽形

a）开口槽形　b）梨形槽　c）双笼转子槽形

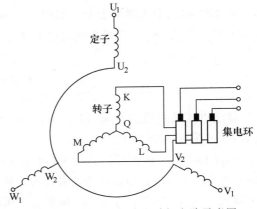

图 4-7　绕线转子异步电动机电路示意图

笼型绕组与定子绕组大不相同，它是一个自行短路的绕组。如图 4-8a 所示，在转子铁心的每一个槽中插入一根导体（称为导条），每根导条都比铁心长，在铁心两端各用一个环形导体（称为端环）把所有导条都短接起来，形成一个自己短路的绕组。如果把转子铁心拿掉，剩下来的绕组形状像个笼子，因此称为笼型绕组。

笼型绕组也可以采用铸铝（铜）工艺制成，把转子导条、端环和冷却用的风扇叶片用铝（铜）液一次浇铸而成，就形成铸铝（铜）转子，如图4-8b所示。

铜条转子性能较好，但成本高，一般在大型异步电动机中采用，100kW以下的异步电动机一般采用铸铝转子，铸铜转子用于超高效电机。

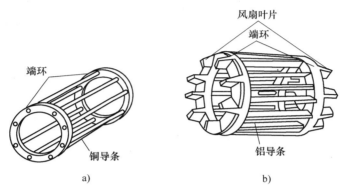

图4-8 笼型转子

a）铜条转子绕组 b）铸铝转子绕组

4.1.2 异步电动机的基本工作原理

1. 旋转磁场的产生

三相异步电动机的定子绕组是一个对称的三相绕组，如果将定子绕组接到三相交流电源上，在定子绕组中就会有对称的三相交流电流流通，该电流在定子绕组中产生的磁场是一个旋转磁场，下面分析旋转磁场是如何产生的。

以两极三相异步电动机为例，三相对称绕组的轴线在空间互差120°，为了简化分析，用互隔120°的三个线圈来表示，如图4-9所示。三个线圈的首端分别为 U_1、V_1、W_1，末端分别为 U_2、V_2、W_2。三相绕组的电流在相位上互差120°，其解析式为

$$i_U = I_m \cos\omega t$$

$$i_V = I_m \cos(\omega t - 120°)$$

$$i_W = I_m \cos(\omega t - 240°)$$

规定电流从线圈的首端（U_1、V_1、W_1）流入时为正值；反之为负值。用符号⊗表示电流流入，⊙表示电流流出。

选择 $\omega t = 0°$、$\omega t = 120°$、$\omega t = 240°$ 和 $\omega t = 360°$ 这几个特定的时刻进行分析。首先，在 $\omega t = 0°$ 时刻，$i_U = I_m$，电流从 U_1 端流入，从 U_2 端流出；$i_V = i_W = -I_m/2$，电流分别从 V_2 与 W_2 流入，从 V_1 与 W_1 端流出。根据右手螺旋定则可知，三相绕组中电流产生的磁场方向是从上向下，如图4-9a所示。用同样的方法可以画出 $\omega t = 120°$、$\omega t = 240°$ 和 $\omega t = 360°$ 时的电流与磁场方向，分别如图4-9b、c、d所示。

比较图4-9中的四个时刻，可以看出：每当 ωt 变化120°，磁场的方向就在空间按逆时针方向转过120°；当 ωt 变化360°时，磁场的方向就转回到起始位置。也就是说，在两极电动机中，电流在时间上变化一个周期，磁场在空间也正好转过360°（即一转）。如电流每秒

钟变化 f_1 周，磁场在空间也旋转 f_1 转。我国交流电的频率为每秒变化 50 周，故两极异步电动机的定子旋转磁场的转速为 $n_1 = 60f_1 = 3000 \text{r/min}$。

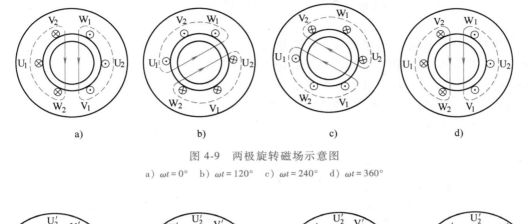

图 4-9　两极旋转磁场示意图

a）$\omega t = 0°$　b）$\omega t = 120°$　c）$\omega t = 240°$　d）$\omega t = 360°$

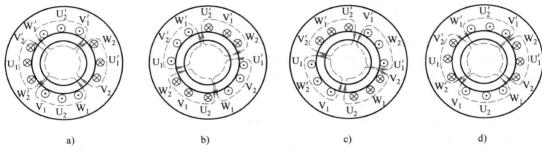

图 4-10　四极旋转磁场示意图

a）$\omega t = 0°$　b）$\omega t = 120°$　c）$\omega t = 240°$　d）$\omega t = 360°$

如果将三相定子绕组接成四极，如图 4-10 所示。同样取 $\omega t = 0°$、$\omega t = 120°$、$\omega t = 240°$ 和 $\omega t = 360°$ 这几个时刻，考察电流变化时电动机磁场的变化情况，可以看出：当 ωt 经过 120° 时，磁场只在空间按逆时针方向转过 60°；电流变化一个周期（即 ωt 经过 360°），磁场只在空间旋转了半转。因此，四极电动机旋转磁场的转速为 $n_1 = 60f_1/2 = 1500 \text{ r/min}$，它是两极旋转磁场转速的一半。

同理，当电动机有 $2p$ 个磁极时，旋转磁场的转速为

$$n_1 = \frac{60f_1}{p} \tag{4-1}$$

式中　n_1——旋转磁场的转速，又称为同步转速，单位为 r/min；

　　　p——电动机的磁极对数。

2. **异步电动机的基本工作原理**

如图 4-11 所示的两极异步电动机，当三相电流流入定子绕组时，在气隙中将产生一个旋转磁场，并以同步速 n_1 旋转。为了明显起见，在图 4-11 中，将该旋转磁场用一对旋转的磁极来表示。当旋转磁场切割转子导体时，就在其中产生感应电动势。电动势的方向可以利用右手定则来判断。由于转子绕组是短路的，在转子导体中便有电流流通，导体中电流的有功分量方向与感应电动势同向。转子导体中的电流与气隙磁场相互作用而产生电磁转矩。由

左手定则可知，转矩的方向与旋转磁场同方向。于是，在电磁转矩作用下，转子以转速 n 顺着磁场方向旋转。如果此时电动机转子带动生产机械，则转子上受到的电磁转矩将克服负载转矩而做功，从而实现了电能与机械能之间的能量转换，这就是异步电动机的基本工作原理。

如果转子的转速 n 能加速到等于同步转速 n_1，转子绕组和气隙旋转磁场之间就没有相对运动，那么转子绕组中就不再感应电动势了，转子绕组中电流和作用于转子的电磁转矩都等于零。这就是说，这种情况不可能维持下去。可见，异步电动机转子的转速 n 不可能达到同步转速 n_1，一般总是略小于 n_1，"异步"的名称由此而来。

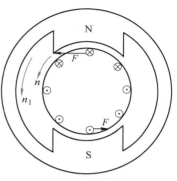

图 4-11 异步电动机的工作原理

通常把同步转速 n_1 和电动机转子转速 n 之差与同步转速 n_1 的比值叫作转差率，用 s 表示，即

$$s = \frac{n_1 - n}{n_1} \qquad (4\text{-}2)$$

3. 异步电动机的运行状态

转差率是异步电动机的一个基本参数。根据转差率的正负和大小，异步电动机可分为电动机、发电机和电磁制动三种状态，如图 4-12 所示。

当异步电动机运行于电动机状态时，转子转速与同步转速同方向，且其数值小于同步转速。如果将同步转速的方向作为正方向，则 $0 < n < n_1$，因此，转差率的范围为 $0 < s < 1$。此时，电磁转矩与旋转磁场的方向相同，为驱动性质。

对于普通的异步电动机，其额定转速总是略小于同步转速，其额定转差率的变化范围在 $0.01 \sim 0.05$。

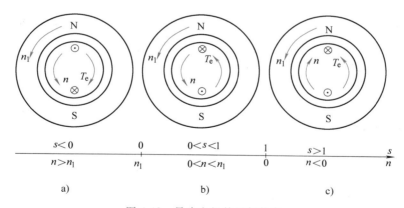

图 4-12 异步电机的运行状态

a) 发电机状态 b) 电动机状态 c) 电磁制动状态

如果用另外一台原动机拖动异步电机，使它的转速高于同步转速 n_1，即 $n > n_1$ 或 $s < 0$，如图 4-12a 所示。由于 $n > n_1$，转子导体的切割气隙磁场的方向与电动机状态时相反，因此，导体中的感应电动势和电流的方向以及产生的电磁转矩方向也与电动机状态时相反。此时，电磁转矩 T_e 对原动机来说，是一个制动转矩。要保持电机转子继续转动，必须由原动机向电机输入机械功率。于是，异步电机定子侧由从电网吸收电功率，改变为向电网发出电功

率，即处于发电机状态。

如果用其他机械拖动电机转子逆着气隙旋转场旋转方向转动，即 $n<0$ 或 $s>1$，如图 4-12c 所示。这时转子中电动势和电流的方向仍然与电动机状态时一样，作用在转子上的电磁转矩方向仍然与气隙旋转磁场的旋转方向一致，但与转子的实际转向相反。可见，在这种情况下，电磁转矩为制动性转矩。把这种情况称为电机处于电磁制动状态运行，电机除了吸收拖动机械的机械功率外，还从电网吸收电功率，这两部分功率都变成了电机内部的损耗。

【例 4-1】 一台三相异步电动机的额定转速为 1437r/min，试求这台电动机的磁极对数和额定转差率。

解：异步电动机的同步转速为

$$n_1 = \frac{60f_1}{p}$$

当磁极对数 $p=1$ 时，$n_1 = 3000$ r/min；当 $p=2$ 时，$n_1 = 1500$ r/min；当 $p=3$ 时，$n_1 = 1000$ r/min；当 $p=4$ 时，$n_1 = 750$ r/min；当 $p=5$ 时，$n_1 = 600$ r/min；…

由于额定转速略低于同步转速，因此该电动机的同步转速应为 1500r/min，其磁极对数为 $p=2$。其额定转差率为

$$s_N = \frac{n_1 - n}{n_1} = \frac{1500 - 1437}{1500} = 0.042$$

4.1.3 三相异步电动机的额定值和主要系列

1. 额定值

异步电动机的铭牌上标注的额定值主要有以下几项：

（1）额定功率 P_N 指电动机在额定运行时，转轴上输出的机械功率。

（2）额定电压 U_N 指额定运行状态下，加在定子绕组上的线电压。

（3）额定电流 I_N 指电动机在额定运行时，定子绕组输入的线电流。

（4）额定频率 f_N 指电动机所接电源的频率，我国规定工业用电的频率是 50Hz。

（5）额定转速 n_N 指电动机额定运行时的转速。

（6）额定功率因数 $\cos\varphi_N$ 指电动机在额定运行时，定子边的功率因数。

（7）绝缘等级与温升 绝缘等级决定了电动机的允许温升，有时铭牌上不标绝缘等级而直接标明允许温升。

（8）接法 指电动机额定运行时，定子绕组的联结法，用Y或△表示。有的电机铭牌上标明"电压 380V/220V、Y/△联结"，在这种情况下，是采用Y联结法还是△联结法，要看电源电压的数值。如果电源电压为 380V，则联结成星形（Y）；如电源电压为 220V，则联结成三角形（△）。

绕线转子异步电动机的铭牌上除上述额定数据外，还标有转子额定电压（定子绕组加额定电压，转子绕组开路时集电环间的电压，又称为转子开路电压）E_{2N} 和转子额定电流 I_{2N}，作为配备起动电阻的参考依据。

2. 异步电动机的主要系列

除上述额定数据外，电动机铭牌还标有型号，即电动机产品的名称代号。三相异步电动机的型号一般由大写汉语拼音或英文字母和阿拉伯数字组成，如

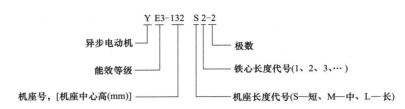

目前我国生产的异步电动机有一百多个系列，五百多个品种，可以适应各种机械设备的配套要求。低压三相异步电动机由 Y、Y2 和 Y3 基本系列发展到 YE2、YE3、YE4 超高效节能系列，导磁材料由原来的热轧硅钢片变为低损耗冷轧硅钢片，绝缘等级由原来的 B 级发展到 F、H 级，噪声考核由原来的只考核空载噪声到同时考核空载噪声与负载噪声。我国最新的电机能效标准《GB 18613—2020 电动机能效限定值及能效等级》于 2021 年 6 月 1 日正式实施，标志着国内电机行业正式进入高效时代。YE2、YE3 和 YE4 三个系列产品的主要技术参数和特点见表 4-1，表 4-2 还列出了国内生产的部分异步电动机系列产品及用途。

表 4-1　YE2、YE3、YE4 三个系列产品的主要技术参数和特点

系列代号	YE2 系列	YE3 系列	YE4 系列
功率	0.12~355kW	0.12~315kW	0.55~1000kW
机座号 （机座中心高）	63~355 15 个机座号	63~355 15 个机座号	80~450 15 个机座号
基本极数	2,4,6,8,10	2,4,6,8,10	2,4,6,8
产品规格数	117	117	135
额定电压	380V	380V	380V、660V
额定频率	50Hz		
能效等级	国际 IE2,国标 4 级	国际 IE3,国标 3 级	国际 IE4,国标 2 级
绝缘等级	F		
防护等级	IP55		
绕组联结	额定功率在 3kW 及以下为丫接法,其余为 △ 接法		
噪声水平	同时考核空载和负载噪声		
硅钢片材料	冷轧硅钢片	冷轧硅钢片	冷轧硅钢片
引用标准	JB/T 11707—2017	GB/T 28575—2020	JB/T 13299—2017

表 4-2　部分异步电动机系列产品及用途

系列代号	产品系列名称	特点与用途
Y、Y2、Y3	一般用途基本系列笼型三相异步电动机	适应一般传动要求,使用面最广
YX、YX2、YX3	高效系列笼型三相异步电动机	适应一般传动要求,效率比基本系列更高
YE2、YE3、YE4	超高效系列笼型三相异步电动机	适应一般传动要求,超高效率
YR	绕线转子三相异步电动机	适用于要求起动转矩高但起动电流不大或需小范围调速的场合
YD	变极多速异步电动机	用于驱动有级变速设备

（续）

系列代号	产品系列名称	特点与用途
YCT	电磁调速异步电动机	由异步电动机和电磁转差离合器组成,用于驱动恒转矩或风机型负载
YZ、YZR	起重及冶金用三相异步电动机（YZR 为绕线转子型）	断续定额、起动转矩较高、能频繁起动、过载能力大
YVF2	变频调速专用三相异步电动机	适用于各种需要调速的传动装置。电动机在规定频率范围内应能保证恒转矩（3Hz 或 5~50Hz）和恒功率（50~100Hz）运行

【例 4-2】 已知 Y100L-2 型异步电动机的额定功率 $P_N = 3.0\text{kW}$，额定电压 $U_N = 380\text{V}$，额定功率因数 $\cos\varphi_N = 0.87$，额定效率 $\eta_N = 82\%$，额定转速 $n_N = 2870\text{r/min}$，求电动机的额定电流和额定转矩。

解：额定电流为

$$I_N = \frac{P_N}{\sqrt{3}\,U_N\cos\varphi_N\eta_N} = \frac{3.0\times10^3}{\sqrt{3}\times380\times0.87\times0.82}\text{A} = 6.4\text{A}$$

额定转矩为

$$T_N = \frac{P_N}{\frac{2\pi n_N}{60}} = 9.55\frac{P_N}{n_N} = 9.55\times\frac{3000}{2870}\text{N·m} = 9.983\text{N·m}$$

4.2 三相交流电机的绕组

三相异步电动机是依靠定子绕组中通以三相交流电流产生旋转磁场工作的，因此定子绕组是三相异步电动机最重要的部件之一。本节简要介绍三相交流绕组的基本构成，以便更好地理解三相异步电机中旋转磁场的产生和电磁功率的传递。

4.2.1 交流绕组的基本概念

下面以图 4-13a 所示的交流电机模型（定子槽数为 $Q_1 = 24$、极数 $2p = 4$）为例，说明交流绕组的基本概念。

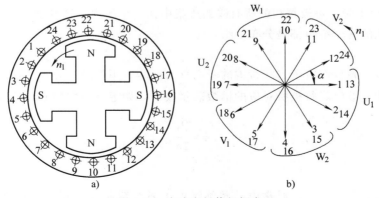

a) b)

图 4-13 交流电机绕组概念

a）模型图 b）槽电动势星形图

1. 空间电角度和机械角度

电机的定、转子圆周可以从几何上分成360°，这个角度称为机械角度。从电磁观点看，若磁场在空间按正弦波分布，经过 N、S 一对磁极，磁场变化一周。如导体切割这种磁场，则经过一对磁极，导体中感应的正弦电动势也变化一个周期，相当于360°电角度。因此，如电机有 p 对磁极，则一个圆周的空间电角度为 $p×360°$。即机械角度与空间电角度之间有如下关系：

$$空间电角度 = p × 机械角度$$

2. 槽距角

相邻两槽之间的电角度称为槽距角，用符号 α 表示。由于定子槽是均匀分布的，如电机磁极对数为 p，定子槽数为 Q_1，则定子槽距角为

$$\alpha = \frac{p×360°}{Q_1} \qquad (4-3)$$

为了更好地理解电角度的概念，图 4-13b 画出了 24 个槽内导体感应电动势的相量图。由于 $\alpha = 30°$，第 2 号槽内导体的电动势相量（简称 2 号槽相量）滞后 1 号槽相量30°，3 号槽相量又滞后 2 号槽相量30°，依次类推，一直到第 12 号槽，经过了一对极，在相量图上恰好转过一圈；第 13 号槽至第 24 号槽位于第二对极下，在电动势相量图上属第二圈。由于第 13 号槽的电角度是 $12×30° = 360°$，因此 13 号槽相量与 1 号槽相量重合，14 号槽相量与 2 号槽相量重合，依次类推。由于各个槽内导体电动势相量呈星形分布，故图 4-13b 也称为槽电动势星形图。

3. 每极每相槽数

每一个磁极下每相绕组所占有的槽数称为每极每相槽数，用符号 q 表示。设绕组相数为 m，则每极每相槽数为

$$q = \frac{Q_1}{2pm} \qquad (4-4)$$

当 q 为整数时，定子绕组为整数槽绕组，反之则为分数槽绕组。分数槽绕组一般只在大型、低速同步电机中应用。

当 $q>1$ 时，组成每相绕组的 q 个线圈是嵌放在沿圆周分布的相邻槽内的，这种绕组称为分布绕组；当 $q=1$ 时，每极每相的所有线圈边集中在一个槽内，这种绕组相当于集中绕组。通常异步电动机的定子绕组都是分布绕组。

4. 极距

旋转磁场每一磁极在定子内圆所占的距离称为极距，用符号 τ 表示。在研究绕组的排列规律时，可采用基波磁场每极所对应的槽数表示极距。如定子槽数为 Q_1，磁极对数为 p，则

$$\tau = \frac{Q_1}{2p} \qquad (4-5)$$

5. 线圈

线圈是构成绕组的元件，通常由外敷绝缘的电磁线绕制成一定的形状（与直流电机类似），槽中的线圈通常都不止一匝，而是由若干匝组成一个整体。放在槽中的部分称为线圈

边，每个线圈有两个边，两边之间的连接部分称为端接部分。

6. 节距

线圈两个边之间的距离叫作节距，用符号 y_1 表示。由于线圈需放在槽内，因此一般用线圈两边所跨越的槽数表示节距。如线圈的节距 $y_1 = \tau$，为整距线圈；如 $y_1 < \tau$，为短距线圈；如 $y_1 > \tau$，为长距线圈。

7. 相带

每相绕组在一个磁极下连续占有的宽度（用电角度表示）称为相带。如图 4-13b 所示，三相对称绕组在槽中的安放次序为 U_1-W_2-V_1-U_2-W_1-V_2，彼此互差 60°电角度，这就是 60°相带。三相异步电动机一般都采用这种 60°相带的三相绕组。

交流电机的绕组按照每槽安放的线圈边数不同，常用的可分为单层和双层两种，下面分别予以讨论。

4.2.2 三相双层绕组

双层绕组是指定子的每个槽内有两个线圈边，线圈的一个边嵌放在某槽的上层，而另一个边则嵌在相隔一定槽数的另一槽的下层。因为一个线圈不管有多少匝串联，都只有两个线圈边，所以双层绕组的线圈数等于定子槽数。

双层绕组的优点是线圈能够任意短距，如果短距设计得当，可改善电动势和磁动势波形，所以容量在 10kW 以上的交流电机大都采用双层绕组。

下面仍以图 4-13 所示交流电机为例，说明双层绕组的构成规律。

1. 极距和节距

$$\tau = \frac{Q_1}{2p} = \frac{24}{4} = 6$$

双层绕组的线圈一般采用短距形式，一方面可以节省绕组的端部接线，另一方面有助于改善电动势和磁动势波形。一般取 y_1 为小于且接近于 τ 的整数，此处取 $y_1 = 5$。

2. 每极每相槽数

$$q = \frac{Q_1}{2pm} = \frac{24}{4 \times 3} = 2$$

3. 槽距角

$$\alpha = \frac{p \times 360°}{Q_1} = \frac{2 \times 360°}{24} = 30°$$

4. 划分相带

双层绕组需分别确定上、下两层导体的所属相带。但因为上层边分相后，按照绕组节距规律，下层边的分相即自动确定。因此，实际只需划分上层边的各相带槽号，而下层边各相带的槽号由 y_1 决定。

将定子槽标明槽号 1~24。每极下有 6 个槽，每极每相槽数为 2，占 60°电角度，4 个极下共有 12 个 60°相带。根据对称绕组的概念，一对极下 6 个相带的排列次序为 U_1-W_2-V_1-U_2-W_1-V_2，如图 4-13b 所示。

5. 组成线圈和线圈组

由于双层绕组每槽内有两个线圈边，在绕组展开图中，每个槽都画两条线，用实线表示上层边，用虚线表示下层边。由于双层绕组的线圈数等于槽数，为简便起见，通常把上层边所在的槽号当作线圈的序号。

图 4-14 画出了 U 相绕组的连接方法。在第一个磁极下，1、2 号槽属 U_1 相带，1、2 号线圈的上层边分别在 1、2 号槽内，用实线画出，它们的下层边分别在 6、7 号槽，用虚线画出。将 1 号线圈的尾端与 2 号线圈的首端相连，构成一个线圈组。U 相的其他三个线圈组可用同样的方法画出。

6. 构成一相绕组

双层绕组每相的线圈组数为 $2p$，而单层绕组每相的线圈组数为 p。这些线圈组可以根据并联支路数 a 的要求串联或并联，组成相绕组。图 4-14 所示的 U 相绕组只有一条支路。

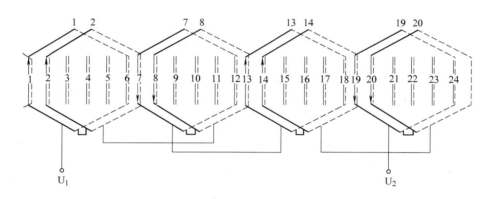

图 4-14　三相双层绕组（$2p=4$，$Q_1=24$）

4.2.3　三相单层绕组

单层绕组的每一个槽内只有一个线圈边，整个绕组的线圈数等于总槽数的一半。单层绕组的优点是槽内只有一个导体，下线比较容易，没有层间绝缘，槽的利用率较高。4kW 以下的异步电机大多采用单层绕组。单层绕组属整距绕组，不能像双层绕组那样灵活地选择线圈短距以削弱电动势和磁动势谐波。

根据线圈的形状和端部的连接方式不同，单层绕组分为链式、交叉式和同心式三种。

链式绕组的线圈具有相同的节距，从整个绕组外形来看，一环靠一环，形如长链。链式线圈的节距恒为奇数槽，一般用于每极每相槽数 q 为偶数的小型 4、6 极异步电机中，采用短距时，端部较短。其绕组连接如图 4-15a 所示。

交叉式绕组主要用于每极每相槽数 q 为奇数的小型 4、6 极异步电机中，采用不等距线圈。交叉绕组的端部排列均匀，便于制造和散热。其绕组连接如图 4-15b 所示。

同心式绕组由不同节距的同心线圈组成，主要用于每极每相槽数 $q\geqslant4$ 的 2、4 极小型异步电机中。其优点是端部的重叠层数少，嵌线方便；缺点是线圈的大小不等，绕制不便。其绕组连接如图 4-15c 所示。

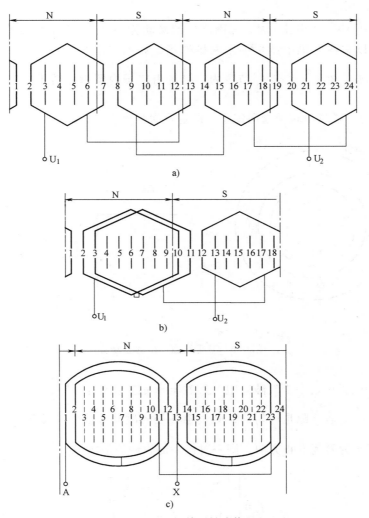

图 4-15　三相单层链式绕组

a）三相单层链式绕组（$2p=4$，$Q_1=24$，$q=2$）　b）三相单层交叉式绕组（$2p=2$，$Q_1=18$，$q=3$）

c）三相单层同心式绕组（$2p=2$，$Q_1=24$，$q=4$）

4.3　三相交流绕组的磁动势

在本章开头介绍三相异步电动机的工作原理时，简要说明了定子三相对称绕组通以对称三相交流电流就会产生旋转磁场。在了解三相交流绕组的基础上，本节从分析一相绕组产生的磁动势入手，分析三相绕组产生的旋转磁动势，从而弄清旋转磁场的建立机理。

4.3.1　单相绕组的磁动势——脉振磁动势

1. 整距线圈的磁动势

图 4-16a 表示一台两极三相异步电机，定子上每相只有一个匝数为 N_y 的整距线圈，在

图中只画出了 U 相绕组。

当线圈 U_1-U_2 中通入电流 i 时，线圈产生的磁动势为 $N_y i$。由于线圈的节距为定子内圆周长的 1/2，所以它在电机中产生一个两极磁场，如图中虚线所示。若以线圈的轴线为原点，则沿定子内圆，在 $-\dfrac{\tau}{2} \leq x \leq \dfrac{\tau}{2}$ 范围内，磁场由定子内圆指向转子，即定子为 N 极；在 $\dfrac{\tau}{2} \leq x \leq \dfrac{3\tau}{2}$ 范围内，磁场由转子指向定子，即定子为 S 极。

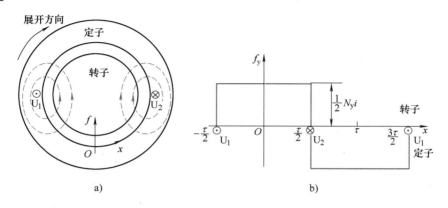

a)   b)

图 4-16 整距线圈产生的磁动势

由于铁心的磁阻远远小于气隙磁阻，其磁压降可忽略不计，因此可认为线圈磁动势全部消耗在两个气隙上。若气隙是均匀的，则气隙各处的磁动势值均应等于 $\dfrac{1}{2} N_y i$。如规定磁力线由定子指向转子为磁场的正方向，则一对极下的磁动势沿定子内圆的分布为

$$f_y = \begin{cases} \dfrac{1}{2} N_y i & -\dfrac{\tau}{2} \leq x \leq \dfrac{\tau}{2} \\[2mm] -\dfrac{1}{2} N_y i & \dfrac{\tau}{2} \leq x \leq \dfrac{3\tau}{2} \end{cases} \tag{4-6}$$

可见，单个整距线圈所产生的气隙磁动势 f_y 在空间的分布是一个矩形波，如图 4-16b 所示。

如线圈中的电流为 $i = \sqrt{2} I \cos\omega t$，则气隙磁动势可写成

$$f_y(x,t) = \begin{cases} \dfrac{\sqrt{2}}{2} N_y I \cos\omega t & -\dfrac{\tau}{2} \leq x \leq \dfrac{\tau}{2} \\[2mm] -\dfrac{\sqrt{2}}{2} N_y I \cos\omega t & \dfrac{\tau}{2} \leq x \leq \dfrac{3\tau}{2} \end{cases} \tag{4-7}$$

所以，当整距线圈通入正弦变化的交流电流时，它所建立的气隙磁动势在空间沿定子内圆周方向作矩形分布，矩形波的幅值和方向随时间按正弦规律变化，但其轴线在空间保持固定位置。这种磁动势称为脉振磁动势。脉振的频率就是交流电流的频率，它所建立的磁场称

为脉振磁场。

对于一个在空间按矩形规律分布的磁动势，可以用傅里叶级数分解成一个基波和一系列谐波，如图 4-17 所示。

由于磁动势的分布既对称于横轴，$f(x) = -f(x+\tau)$，即谐波中无偶次项；又对称于纵轴，$f(x) = f(-x)$，故谐波中也无正弦项。因此，按傅里叶级数将磁动势在 x 方向展开，可写成

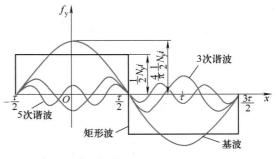

图 4-17 矩形波磁动势的基波和谐波分量

$$f_y(x,t) = \frac{4\sqrt{2}}{\pi 2} N_y I \left(\cos \frac{\pi}{\tau}x - \frac{1}{3}\cos 3\frac{\pi}{\tau}x + \frac{1}{5}\cos 5\frac{\pi}{\tau}x + \cdots \right)\cos\omega t$$

$$= \left(F_{y1}\cos \frac{\pi}{\tau}x - F_{y3}\cos 3\frac{\pi}{\tau}x + F_{y5}\cos 5\frac{\pi}{\tau}x + \cdots \right)\cos\omega t \qquad (4\text{-}8)$$

$$= f_{y1} + f_{y3} + f_{y5} + \cdots$$

式中

$$f_{y1} = F_{y1}\cos \frac{\pi}{\tau}x\cos\omega t \qquad (4\text{-}9)$$

$$F_{y1} = \frac{2\sqrt{2}}{\pi}N_y I = 0.9 N_y I \qquad (4\text{-}10)$$

$$f_{y\nu} = F_{y\nu}\cos\nu \frac{\pi}{\tau}x\cos\omega t \qquad (4\text{-}11)$$

$$F_{y\nu} = \frac{1}{\nu}\frac{2\sqrt{2}}{\pi}N_y I = \frac{0.9}{\nu}N_y I \qquad (4\text{-}12)$$

分别称为基波磁动势、基波磁动势的幅值、ν 次谐波磁动势（$\nu = 3$，5，7，$\cdots$）和 ν 次谐波磁动势的幅值。

2. 单层整距分布绕组的磁动势

设有 q 个相同的单层整距线圈相串联构成一个线圈组，各线圈之间依次相差一个槽距角 α，如图 4-18a 所示。由于各线圈匝数相同，且通过相同的电流，所以每个线圈所产生的矩形波磁动势大小相等，且在空间依次相隔 α 电角度。把每个矩形波都分解成基波及一系列谐波，则它们的基波在空间也依次相隔 α 电角度。

将在空间依次相隔 α 电角度的 q 个基波磁动势逐点相加，就得到基波的合成磁动势，如图 4-18b 所示。因为基波磁动势在空间按正弦规律分布，故可以用相应的空间矢量来代表，矢量的长度代表各基波磁动势的幅值，矢量的方向代表该磁动势在空间的位置，如图 4-18c 所示。将 q 个基波磁动势矢量相加，得到整距线圈组的合成基波磁动势幅值 F_{q1} 为

$$F_{q1} = q F_{y1} k_{q1} \qquad (4\text{-}13)$$

其中

$$k_{q1} = \frac{\sin q\dfrac{\alpha}{2}}{q\sin\dfrac{\alpha}{2}} \qquad (4\text{-}14)$$

k_{q1} 称为基波磁动势的分布因数。它表示如将线圈组的各个线圈分布在 q 个槽内时，其

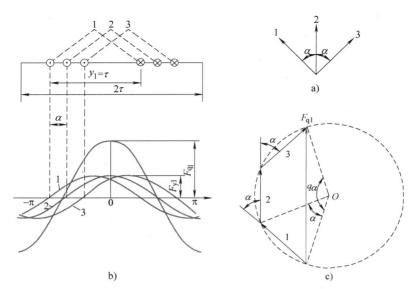

图 4-18　单层整距线圈组的磁动势

基波磁动势较 q 个线圈在一个槽内的集中绕组的基波磁动势减小的系数。

同理，可得出 ν 次谐波合成磁动势的幅值为

$$F_{q\nu} = qF_{y\nu}k_{q\nu} \tag{4-15}$$

其中

$$k_{q\nu} = \frac{\sin q\dfrac{\nu\alpha}{2}}{q\sin\dfrac{\nu\alpha}{2}} \tag{4-16}$$

$k_{q\nu}$ 称为 ν 次谐波合成磁动势的分布因数。

3. 双层短距分布绕组的磁动势

图 4-19a 为图 4-14 所示的 $q = 3$ 的双层短距分布绕组的展开图。由于是短距绕组，所以每一相的上下层导体都要错开一个距离，这个距离正好是线圈节距所缩短的电角度，为

$$\beta = \left(1 - \frac{y_1}{\tau}\right)\pi$$

实际的绕组是左边的一组上层导体与右边的一组下层导体组成了三个短距线圈。但是，由于磁动势的大小和波形只由导体电流在空间的分布情况所决定，而与导体之间的连接次序无关。因此，为方便起见，可以将所有上层导体看成一个 $q = 3$ 的单层整距绕组，而将所有下层导体看成另一个 $q = 3$ 的单层整距绕组，它们与图 4-18 所示的绕组一样，都是整距分布绕组，两个绕组在空间的位置错开了 β 电角度。

根据整距分布绕组磁动势的计算公式，可以分别求得这两个单层整距绕组的基波磁动势，两个基波磁动势在空间相差 β 电角度。把两个基波磁动势逐点相加，便可求得它们的基波合成磁动势，如图 4-19b 所示。用矢量相加的方法可以得到这两个线圈组的合成基波磁动势幅值，图 4-19c 为对应的磁动势矢量图。基波合成磁动势幅值为

$$F_{\Phi1(p=1)} = 2F_{q1}\cos\frac{\beta}{2} = 2F_{q1}k_{y1} \tag{4-17}$$

其中
$$k_{y1} = \cos\frac{\beta}{2} = \sin\left(\frac{y_1}{\tau} \times 90°\right) \tag{4-18}$$

k_{y1} 称为基波磁动势的节距因数，它代表线圈采用短距后所建立的磁动势较整距绕组应打的折扣。

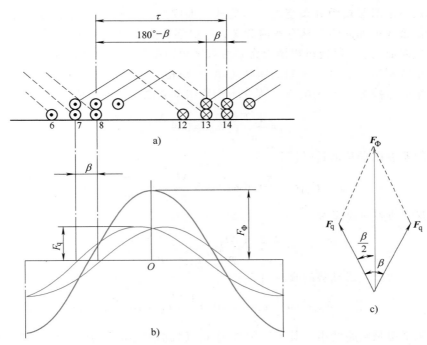

图 4-19　双层短距分布绕组的磁动势

同理，可得出 ν 次谐波合成磁动势的幅值为
$$F_{\Phi\nu(p=1)} = 2F_{q\nu}k_{y\nu} \tag{4-19}$$

其中
$$k_{y\nu} = \cos\nu\frac{\beta}{2} = \sin\left(\nu\frac{y_1}{\tau} \times 90°\right) \tag{4-20}$$

$k_{y\nu}$ 称为 ν 次谐波磁动势的节距因数。

由式（4-20）可知，如 $y_1 = \tau - \dfrac{\tau}{\nu}$，因 ν 为奇数，$k_{y\nu} = 0$，即如果节距比整距缩短 $\dfrac{\tau}{\nu}$，则可消除 ν 谐波。例如要消除 5 次谐波，可使线圈的节距为 $y = \dfrac{4}{5}\tau$。

从以上分析可见，相对于整距集中绕组而言，短距分布绕组的基波合成磁动势应打一个折扣 $k_{q1}k_{y1}$，分布因数 k_{q1} 与节距因数 k_{y1} 的乘积称为基波绕组因数并以 k_{W1} 表示，即
$$k_{W1} = k_{q1}k_{y1} \tag{4-21}$$

对于 ν 次谐波，其绕组因数为
$$k_{W\nu} = k_{q\nu}k_{y\nu} \tag{4-22}$$

绕组因数的物理意义在于，从磁场效应（以及后面的电动势）看，引入绕组因数之后，短距分布绕组可以等价为一个整距绕组，只不过这个等价整距绕组的匝数应为绕组的实际匝数乘以绕组因数。

4．单相绕组的磁动势

由于相绕组是由分布在各个极下的线圈组连接而成的，因此，求出线圈组的磁动势后就很容易得到相绕组的磁动势。但是因为绕组磁动势是用气隙所消耗的磁动势来描述的，所以相绕组的磁动势并不是整个绕组的安匝数，而是每一对极下该相绕组的合成磁动势。因为相绕组通常总是一个双层短距分布绕组，因此式（4-17）~式（4-20）也就是单相绕组的磁动势幅值。为使公式更加简洁并具有普遍意义，一般都在公式中引入每相串联匝数 N。

对于磁极对数为 p，每极每相槽数为 q 的双层短距绕组，每个线圈组有 q 个线圈，每对磁极下有两个线圈组，如每个线圈的匝数为 N_y，则相绕组每对磁极下的线圈匝数为 $2qN_y$，而相绕组的串联匝数为 $N = 2pqN_y/a$。因此，相绕组基波磁动势的幅值（安匝/极）为

$$F_{\Phi1} = \frac{2\sqrt{2}}{\pi}\frac{NI}{p}k_{W1} = 0.9\frac{NI}{p}k_{W1} \qquad (4-23)$$

而相绕组基波磁动势的瞬时值为

$$f_{\Phi1} = F_{\Phi1}\cos\frac{\pi}{\tau}x\cos\omega t = 0.9\frac{NI}{p}k_{W1}\cos\frac{\pi}{\tau}x\cos\omega t \qquad (4-24)$$

ν 次谐波磁动势的幅值为

$$F_{\Phi\nu} = \frac{2\sqrt{2}}{\pi}\frac{1}{\nu}\frac{NI}{p}k_{W\nu} = 0.9\frac{1}{\nu}\frac{NI}{p}k_{W\nu} \qquad (4-25)$$

而相绕组 ν 次谐波磁动势的瞬时值为

$$f_{\Phi\nu} = F_{\Phi\nu}\cos\nu\frac{\pi}{\tau}x\cos\omega t = 0.9\frac{1}{\nu}\frac{NI}{p}k_{W\nu}\cos\nu\frac{\pi}{\tau}x\cos\omega t \qquad (4-26)$$

由于单层绕组是整距绕组，其节距因数为 1，因此单层绕组的绕组因数等于分布因数；考虑到单层绕组每对磁极下只有一个线圈组，其每相串联匝数 $N = pqN_y/a$。所以，式（4-23）~式（4-26）同样适用于单层绕组。即无论电机是单层绕组还是双层绕组，用每相串联匝数表示的单相绕组磁动势的表达式是相同的。

综上所述，单相绕组的磁动势有以下性质：

1）单相绕组的磁动势是一种在空间位置固定、幅值随时间按正弦规律变化的脉振磁动势。

2）一相绕组基波磁动势幅值的位置与该相绕组的轴线重合。

3）单相绕组磁动势的基波和各次谐波有相同的脉振频率，都决定于电流的频率。

4）磁动势的基波分量是磁动势的主要成分，谐波次数越高，幅值越小，绕组分布和适当短距有利于改善磁动势的波形。实际单相分布绕组的磁动势接近正弦波，呈阶梯形分布。

4.3.2 三相绕组的合成磁动势——旋转磁动势

在 4.1 节，我们用图示法说明了三相对称绕组通入三相对称电流所产生的磁场是旋转磁场，下面用解析法证明三相绕组的合成磁动势是旋转磁动势。

1．三相绕组的基波合成磁动势

三相对称绕组的轴线在空间彼此相差 120°电角度，当通入对称的三相电流时，三相绕组产生三个脉振磁动势，这三个脉振磁动势的轴线分别与三相绕组的轴线重合，它们在空间也彼此相差 120°电角度。

若将横轴的原点取在 U 相绕组的轴线处，并把 U 相电流达到最大值的瞬间作为时间 t 的起点，则三相基波磁动势的表达式为

$$
\left.
\begin{aligned}
f_{U1}(x,t) &= F_{\Phi1}\cos\frac{\pi}{\tau}x\cos\omega t \\
f_{V1}(x,t) &= F_{\Phi1}\cos\left(\frac{\pi}{\tau}x-\frac{2\pi}{3}\right)\cos\left(\omega t-\frac{2\pi}{3}\right) \\
f_{W1}(x,t) &= F_{\Phi1}\cos\left(\frac{\pi}{\tau}x-\frac{4\pi}{3}\right)\cos\left(\omega t-\frac{4\pi}{3}\right)
\end{aligned}
\right\}
\tag{4-27}
$$

利用三角函数的积化和差公式对上式进行分解得

$$
\left.
\begin{aligned}
f_{U1}(x,t) &= \frac{1}{2}F_{\Phi1}\cos\left(\omega t-\frac{\pi}{\tau}x\right)+\frac{1}{2}F_{\Phi1}\cos\left(\omega t+\frac{\pi}{\tau}x\right) \\
f_{V1}(x,t) &= \frac{1}{2}F_{\Phi1}\cos\left(\omega t-\frac{\pi}{\tau}x\right)+\frac{1}{2}F_{\Phi1}\cos\left(\omega t+\frac{\pi}{\tau}x-\frac{4\pi}{3}\right) \\
f_{W1}(x,t) &= \frac{1}{2}F_{\Phi1}\cos\left(\omega t-\frac{\pi}{\tau}x\right)+\frac{1}{2}F_{\Phi1}\cos\left(\omega t+\frac{\pi}{\tau}x-\frac{2\pi}{3}\right)
\end{aligned}
\right\}
\tag{4-28}
$$

将 f_{U1}、f_{V1}、f_{W1} 相加，得到三相绕组的基波合成磁动势为

$$
f_1(x,t) = f_{U1}+f_{V1}+f_{W1} = \frac{3}{2}F_{\Phi1}\cos\left(\omega t-\frac{\pi}{\tau}x\right) = F_1\cos\left(\omega t-\frac{\pi}{\tau}x\right)
\tag{4-29}
$$

其中

$$
F_1 = \frac{3}{2}F_{\Phi1} = \frac{3}{2}\times0.9\frac{NI}{p}k_{W1} = 1.35\frac{NI}{p}k_{W1}
\tag{4-30}
$$

F_1 为三相绕组基波合成磁动势的幅值。

由式（4-29）可知，当 $\omega t=0$ 时，$f_1(x,0)=F_1\cos\left(-\frac{\pi}{\tau}x\right)=F_1\cos\frac{\pi}{\tau}x$；当经过一定时间，$\omega t=\theta_1$ 时，$f_1(x,t_1)=F_1\cos\left(\theta_1-\frac{\pi}{\tau}x\right)$。若把这两个不同时刻的磁动势波画出并进行比较，可以发现磁动势的幅值未变，但 $f_1(x,t_1)$ 比 $f_1(x,t_0)$ 向前推进了 θ_1，如图 4-20 所示。随着时间的推移，θ_1 不断增大，即磁动势不断地向 x 增大方向移动。这就是说，三相绕组的基波合成磁动势是一个在空间按正弦规律分布的恒幅、正向行波。由于定子内腔为圆柱形，所以 $f_1(x,t)$ 实质上是一个沿气隙圆周正向旋转的磁动势波，如图 4-21 所示。由于这种磁动势幅值恒定，通常把它称为圆形旋转磁动势。

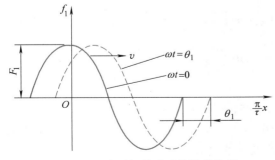

图 4-20　两个瞬间的磁动势波的位置

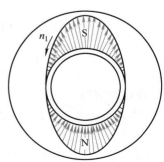

图 4-21　圆形旋转磁动势

由以上分析可知，当对称的三相电流流过对称的三相绕组时，其基波合成磁动势为旋转磁动势。该磁动势有如下性质：

1）极数：基波旋转磁动势的极数与绕组的极数相同。

2）幅值：基波合成磁势的幅值保持恒定，为每相基波磁动势幅值的$\frac{3}{2}$倍。

3）转速：基波旋转磁动势的转速就是磁场的同步转速。由于旋转磁动势波幅的横坐标应满足关系式$\cos\left(\omega t-\frac{\pi}{\tau}x\right)=1$，即$\omega t-\frac{\pi}{\tau}x=0$，将空间电角度$\theta=\frac{\pi}{\tau}x$对时间$t$求导，可得到波幅的旋转角速度为

$$\Omega_1=\frac{\mathrm{d}\theta}{\mathrm{d}t}=\omega$$

所以旋转磁动势的转速（r/min）为

$$n_1=\frac{60\Omega_1}{2\pi p}=\frac{60\times2\pi f_1}{2\pi p}=\frac{60f_1}{p}$$

4）波幅位置：由式（4-29）可知，合成磁动势波幅的位置出现在$\cos\left(\omega t-\frac{\pi}{\tau}x\right)=1$，即$\omega t-\frac{\pi}{\tau}x=0$处。因此，当某相电流达到最大值时，合成磁动势波幅就恰好移至该相绕组的轴线上。

5）旋转方向：式（4-29）所示的磁动势波的旋转方向是顺着x增加的方向。因此，三相合成基波磁动势的旋转方向取决于三相电流的相序，总是由超前电流相转向滞后电流相。

6）单相脉振磁动势的分解：由式（4-28）可见，一个在空间按正弦规律分布且幅值随时间做正弦变化的脉振磁动势，可以分解为两个转速相等、转向相反的旋转磁动势，每一个旋转磁动势的幅值为原脉振磁动势幅值的一半。

顺便指出，当m相对称绕组中通以m相对称电流时，所形成的m相基波合成磁动势也是一个圆形旋转磁动势，其幅值为相脉振磁动势幅值的$\frac{m}{2}$，其转速仍为同步转速。

2. 三相合成磁动势中的高次谐波

把三相绕组的ν次谐波磁动势相加，可得到三相ν次谐波合成磁动势为

$$f_\nu(x,t)=f_{\mathrm{U}\nu}+f_{\mathrm{V}\nu}+f_{\mathrm{W}\nu}$$

$$=F_{\Phi\nu}\cos\nu\,\frac{\pi}{\tau}x\cos\omega t+F_{\Phi\nu}\cos\nu\left(\frac{\pi}{\tau}x-\frac{2\pi}{3}\right)\cos\left(\omega t-\frac{2\pi}{3}\right)+ \qquad (4\text{-}31)$$

$$F_{\Phi\nu}\cos\nu\left(\frac{\pi}{\tau}x-\frac{4\pi}{3}\right)\cos\left(\omega t-\frac{4\pi}{3}\right)$$

经运算可知：

1）当$\nu=3k$（$k=1,3,5,\cdots$），即$\nu=3,9,15,\cdots$时

$$f_\nu=0 \qquad (4\text{-}32)$$

即对称三相绕组的合成磁动势中不存在3次及3的倍数次谐波。

2）当$\nu=6k+1$（$k=1,2,3,\cdots$），即$\nu=7,13,19,\cdots$时

$$f_\nu = \frac{3}{2} F_{\Phi\nu} \cos\left(\omega t - \nu \frac{\pi}{\tau} x\right) \tag{4-33}$$

此时合成磁动势为一个正向旋转、转速为 $\frac{n_1}{\nu}$、幅值为 $\frac{3}{2} F_{\Phi\nu}$ 的旋转磁动势。

3）当 $\nu = 6k-1$（$k = 1$，2，3，…），即 $\nu = 5$，11，17，…时

$$f_\nu = \frac{3}{2} F_{\Phi\nu} \cos\left(\omega t + \nu \frac{\pi}{\tau} x\right) \tag{4-34}$$

此时合成磁动势为一个反向旋转、转速为 $\frac{n_1}{\nu}$、幅值为 $\frac{3}{2} F_{\Phi\nu}$ 的旋转磁动势。

谐波磁动势产生的谐波磁场使电机的性能变坏，因此，在设计电机时，应尽量削弱磁动势中的高次谐波，特别要削弱其中影响最大的 5 次谐波和 7 次谐波。

【例 4-3】　已知 Y315S-2 型异步电动机的额定电流 $I_N = 200A$，额定电压 $U_N = 380V$（三角形联结），定子绕组为双层短距绕组，定子槽数 $Q_1 = 48$，节距 $y_1 = 18$，每相串联匝数 $N = 72$，求三相绕组的基波合成磁动势以及 5 次、7 次谐波合成磁动势幅值。

解：由电动机型号可知磁极对数为 $p = 1$。

因为定子绕组为三角形联结，故定子相电流为

$$I = \frac{I_N}{\sqrt{3}} = \frac{200}{\sqrt{3}}A = 115.5A$$

（1）计算绕组参数

$$\tau = \frac{Q_1}{2p} = \frac{48}{2} = 24$$

$$q = \frac{Q_1}{2mp} = \frac{48}{2 \times 3} = 8$$

$$\alpha = \frac{p \times 360°}{Q_1} = \frac{1 \times 360°}{48} = 7.5°$$

（2）计算基波磁动势

$$k_{y1} = \sin\left(\frac{y_1}{\tau} \times 90°\right) = \sin\left(\frac{18}{24} \times 90°\right) = 0.924$$

$$k_{q1} = \frac{\sin\left(q \dfrac{\alpha}{2}\right)}{q\sin\dfrac{\alpha}{2}} = \frac{\sin\left(8 \times \dfrac{7.5°}{2}\right)}{8\sin\dfrac{7.5°}{2}} = 0.956$$

$$k_{W1} = k_{q1} k_{y1} = 0.924 \times 0.956 = 0.883$$

$$F_1 = 1.35 \frac{NI}{p} k_{W1} = 1.35 \times \frac{72 \times 115.5}{1} \times 0.883A = 9917A$$

（3）计算 5 次谐波磁动势

$$k_{y5} = \sin\left(5 \times \frac{y_1}{\tau} \times 90°\right) = \sin\left(5 \times \frac{18}{24} \times 90°\right) = -0.383$$

$$k_{q5} = \frac{\sin\left(q\dfrac{5\alpha}{2}\right)}{q\sin\dfrac{5\alpha}{2}} = \frac{\sin\left(8\times\dfrac{5\times7.5°}{2}\right)}{8\sin\dfrac{5\times7.5°}{2}} = 0.194$$

$$k_{W5} = k_{q5}k_{y5} = -0.383\times0.194 = -0.074$$

式中，负号只在计算磁动势的瞬时值时有效，在计算有效值时可不予考虑。

$$F_5 = 1.35\frac{1}{5}\frac{NI}{p}k_{W5} = 1.35\times\frac{1}{5}\times\frac{72\times115.5}{1}\times0.074\text{A} = 167\text{A}$$

（4）计算 7 次谐波磁动势

$$k_{y7} = \sin\left(7\frac{y_1}{\tau}\times90°\right) = \sin\left(7\times\frac{18}{24}\times90°\right) = 0.924$$

$$k_{q7} = \frac{\sin\left(q\dfrac{7\alpha}{2}\right)}{q\sin\dfrac{7\alpha}{2}} = \frac{\sin\left(8\times\dfrac{7\times7.5°}{2}\right)}{8\sin\dfrac{7\times7.5°}{2}} = -0.141$$

$$k_{W7} = k_{q7}k_{y7} = 0.924\times(-0.141) = -0.130（负号不需考虑）$$

$$F_7 = 1.35\frac{1}{7}\frac{NI}{p}k_{W7} = 1.35\times\frac{1}{7}\times\frac{72\times115.5}{1}\times0.130\text{A} = 209\text{A}$$

4.3.3 三相定子绕组建立的磁场

1. 主磁场

三相基波合成磁动势在气隙内建立一个以同步转速 n_1 旋转的磁场，这就是异步电机的主磁场。主磁场产生的磁通同时交链定、转子绕组，异步电动机的定子、转子绕组依靠主磁场产生感应电动势，实现机电能量转换。

若电机为均匀气隙，且设气隙长度为 δ ，则主磁场的气隙磁通密度为

$$B_1(x,t) = \mu_0\frac{F_1}{\delta}\cos\left(\omega t - \frac{\pi}{\tau}x\right) = B_{m1}\cos\left(\omega t - \frac{\pi}{\tau}x\right) \qquad (4\text{-}35)$$

式中　B_{m1}——气隙磁通密度的幅值。

2. 漏磁场

三相合成磁动势中的谐波分量在气隙中建立谐波磁场，产生谐波磁通。虽然这些高次谐波磁通也同时交链定子、转子绕组，但却不能产生有效的转矩（分析略），因此把谐波磁场归并到漏磁场之中。

定子绕组的电流除在气隙中建立磁场（包括主磁场和谐波磁场）外，还在绕组端部、定子槽内建立磁场，这些磁场产生的磁通只与定子绕组相交链，因此都属于漏磁场。异步电动机的漏磁通如图 4-22 所示。

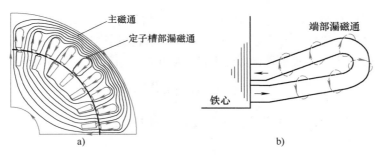

图 4-22 主磁通和漏磁通

4.4 三相交流绕组的感应电动势

三相异步电动机中的旋转磁场同时切割定子、转子绕组，在定子、转子绕组中产生感应电动势。尽管转子绕组是随转子转动的，其感应电动势与定子绕组中的感应电动势频率不同，但两者的计算方法是一样的。本节以定子绕组为例，说明多相对称绕组在旋转磁场中的感应电动势计算。

4.4.1 集中整距线圈的感应电动势

首先，用图 4-16 所示的电动机模型求基波旋转磁场在集中整距线圈中产生的感应电动势。由式（4-35）可知，通过线圈 U_1-U_2 的气隙磁通为

$$\phi_U = \int_{-\frac{\tau}{2}}^{\frac{\tau}{2}} B_{m1} \cos\left(\omega t - \frac{\pi}{\tau}x\right) l \mathrm{d}x = \frac{2}{\pi}\tau l B_{m1} \cos\omega t = \Phi_m \cos\omega t$$

式中 Φ_m——每极磁通量，$\Phi_m = \dfrac{2}{\pi}B_{m1}l\tau$；

l——线圈的有效长度。

如线圈 U_1-U_2 的串联匝数为 N_y，则其感应电动势为

$$e_U = -N_y \frac{\mathrm{d}\phi_U}{\mathrm{d}t} = \omega N_y \Phi_m \sin\omega t$$

可见，基波旋转磁场在定子绕组中产生按正弦规律变化的电动势，电动势的频率与产生旋转磁场的电流同频率，它与同步转速 n_1 的关系为 $f_1 = \dfrac{pn_1}{60}$。

线圈感应电动势的有效值为

$$E_{y1} = \frac{\omega N \Phi_m}{\sqrt{2}} = \sqrt{2}\,\pi f_1 N_y \Phi_m = 4.44 f_1 N_y \Phi_m \tag{4-36}$$

4.4.2 分布绕组的感应电动势

如图 4-23a 所示，q 个整距线圈构成一相绕组的一个线圈组（图中 $q=3$），由于这 q 个线圈在空间依次相隔 α 电角度（槽距角），因此旋转磁场在这些线圈中感应电动势的相位也依次相差 α 电角度，各线圈感应电动势的相量关系如图 4-23b 所示。

线圈组电动势的总和应该是这 q 个线圈电动势的相量相加,如图 4-23c 所示。由于这 q 个相量大小相等,又依次移过一个槽距角,因此相加之后构成了正多边形的一部分。为这个正多边形作一个外接圆,并以 R 表示外接圆的半径,从几何关系可得 q 个串联线圈的合成电动势为

$$E_{q1} = 2R\sin\left(q\,\frac{\alpha}{2}\right)$$

而外接圆半径 R 与线圈电动势 E_{y1} 之间存在下列关系,即

$$R = \frac{E_{y1}}{2\sin\dfrac{\alpha}{2}}$$

所以,线圈组的电动势为

$$E_{q1} = E_{y1}\,\frac{\sin\left(q\,\dfrac{\alpha}{2}\right)}{\sin\dfrac{\alpha}{2}} = qE_{y1}\,\frac{\sin\left(q\,\dfrac{\alpha}{2}\right)}{q\sin\dfrac{\alpha}{2}} = qE_{y1}k_{q1} \tag{4-37}$$

由式(4-37)可见,同样可以使用分布因数 k_{q1} 来表示分布绕组的感应电动势较集中绕组的感应电动势应打的折扣。

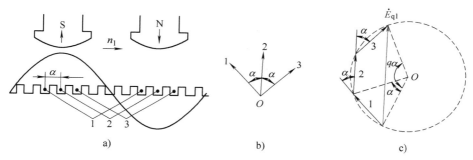

图 4-23 分布绕组及其电动势相量图
a)绕组展开图 b)线圈组电动势相量 c)线圈组电动势合成

4.4.3 短距线圈的感应电动势

对于整距线圈,一个线圈的两个线圈边在空间相差 $180°$ 电角度,因此整距线圈的电动势有效值 E_{y1} 等于每个线圈边电动势有效值 E_{c1} 的 2 倍。对于短距线圈,两个线圈边在空间的相差 $\gamma = \dfrac{y_1}{\tau}\times 180°$ 电角度,其电动势相位差也是 $\gamma = \dfrac{y_1}{\tau}\times 180°$ 电角度,如图 4-24 所示。因此短距线圈的电动势为

$$\dot{E}_{y1(y<\tau)} = \dot{E}'_{c1} - \dot{E}''_{c1}$$

根据相量图中的几何关系,可以得出

$$E_{y1(y<\tau)} = 2E_{c1}\sin\left(\frac{y_1}{\tau}90°\right) = E_{y1}k_{y1} \tag{4-38}$$

可见,线圈短距后感应电动势比整距时应打的折扣也可用节距因数来表示。

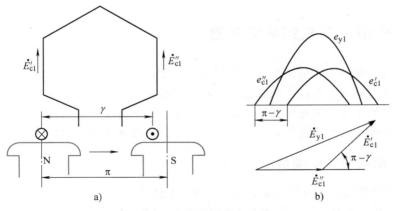

图 4-24　短距线圈的电动势

a）短距线圈　b）电动势相量图

4.4.4　相电动势

设电机有 $2p$ 个磁极，如定子绕组为双层绕组，则共有 $2p$ 个线圈组；如定子绕组为单层绕组，则共有 p 个线圈组。若采用一相绕组的总串联匝数 N 来表示相电动势，则有如下统一公式：

$$E_{\Phi 1} = 4.44 f_1 N k_{q1} k_{y1} \Phi_m = 4.44 f_1 N k_{W1} \Phi_m \qquad (4-39)$$

可见，在既考虑短距，又考虑分布时，整个绕组的合成电动势应打的折扣也可用绕组的基波绕组因数来表示。

【例 4-4】　一台频率为 50Hz 的三相异步电动机，定子为双层短距分布绕组，定子槽数 $Q_1 = 48$，磁极对数 $p = 2$，线圈节距 $y_1 = 11$，每相串联匝数 $N = 200$，额定运行时定子绕组的每相电动势为 $E_1 = 238\text{V}$，求电动机的每磁极磁通量。

解：（1）计算绕组参数

$$\tau = \frac{Q_1}{2p} = \frac{48}{4} = 12$$

$$q = \frac{Q_1}{2mp} = \frac{48}{2 \times 3 \times 2} = 4$$

$$\alpha = \frac{p \times 360°}{Q_1} = \frac{2 \times 360°}{48} = 15°$$

（2）计算每极磁通量 Φ_m

$$k_{y1} = \sin\left(\frac{y_1}{\tau} \times 90°\right) = \sin\left(\frac{11}{12} \times 90°\right) = 0.991$$

$$k_{q1} = \frac{\sin q \dfrac{\alpha}{2}}{q \sin \dfrac{\alpha}{2}} = \frac{\sin\left(4 \times \dfrac{15°}{2}\right)}{4 \sin \dfrac{15°}{2}} = 0.958$$

$$k_{W1} = k_{y1} k_{q1} = 0.991 \times 0.958 = 0.950$$

$$\Phi_m = \frac{E_1}{4.44 f_1 N k_{W1}} = \frac{238}{4.44 \times 50 \times 200 \times 0.950} \text{Wb} = 5.64 \times 10^{-3} \text{Wb}$$

4.5 三相异步电动机的等效电路

异步电动机的基本工作情况与变压器的电磁作用过程极其相似，因此，变压器的分析方法也可用于异步电动机。不过，两者之间也存在明显的差异，如异步电动机的主磁场是旋转磁场，而变压器的主磁场是正弦脉振磁场；异步电动机的转子是旋转的，而变压器中没有旋转体。下面从分析这些差异的影响和处理方法入手，导出异步电动机的等效电路。

4.5.1 转子磁动势和电动势

将三相对称交流电流通入异步电动机的三相定子绕组，就在气隙中产生了旋转磁场。旋转磁场切割转子导体，于是在转子导体中感应电动势，此电动势产生转子电流。转子电流又与气隙磁场相互作用产生了转矩，使转子沿着旋转磁场的方向开始转动，一直达到稳态转速。

如转子的转速为 n，则定子绕组产生的旋转磁场将以 $\Delta n = n_1 - n$ 的相对转速"切割"转子绕组，因此转子感应电动势和电流的频率 f_2 应为

$$f_2 = \frac{p(n_1-n)}{60} = \frac{(n_1-n)}{n_1} \frac{pn_1}{60} = sf_1 \tag{4-40}$$

即转子感应电动势和电流的频率为转差频率。转子电流产生的磁动势 $\boldsymbol{F}_2$ 相对于转子的转速为

$$n_2 = \frac{60f_2}{p} = \frac{60sf_1}{p} = sn_1 = \Delta n \tag{4-41}$$

因此，转子磁动势相对于定子的转速为

$$\Delta n + n = (n_1 - n) + n = n_1$$

可见，无论转子的转速多大，转子磁动势与定子磁动势在空间总是以同一转速沿同一方向旋转的，两者共同作用，产生气隙旋转磁场，就像变压器中的主磁通是由一、二次绕组的磁动势共同作用产生的一样。这正是采用变压器分析方法的依据所在。

如果每极磁通量为 $\varPhi_m$，则气隙主磁通在定子一相绕组中感应的电动势有效值为

$$E_1 = 4.44f_1N_1k_{W1}\varPhi_m \tag{4-42}$$

如转子绕组每相串联匝数为 N_2，转子的绕组因数为 k_{W2}，则主磁通在转子中产生的转差频率的相电动势为

$$E_{2s} = 4.44sf_1N_2k_{W2}\varPhi_m \tag{4-43}$$

式（4-43）中，下标 s 表示转子感应电动势的频率为转差频率。当转子静止（$s=1$）时，转子每相感应电动势为

$$E_2 = 4.44f_1N_2k_{W2}\varPhi_m \tag{4-44}$$

可见，在数值上

$$E_{2s} = sE_2 \tag{4-45}$$

即转子的感应电动势 E_{2s} 与转差率 s 成正比，s 越大，主磁场"切割"转子绕组的相对速度越快，E_{2s} 也越大。

4.5.2 定子、转子绕组的电压方程——频率归算

定子、转子磁动势除了共同作用产生穿过气隙的主磁通外，还产生只交链定子绕组或只

交链转子绕组的漏磁通，以及高次谐波漏磁通。在工程分析中，漏磁通的影响通常由漏电抗和漏磁电动势来反映。

首先，考虑定子的情况。同步旋转的气隙磁场在定子三相绕组中产生对称的三相电动势 $\dot{E}_1$，定子电流 $\dot{I}_1$ 还在定子绕组中产生漏阻抗压降 $(R_1+jX_{1\sigma})\dot{I}_1$，根据基尔霍夫电压定律，定子每相所加的电源电压 $\dot{U}_1$ 应当等于各部分压降之和。由于三相对称，只需分析其中一相。于是定子的电压方程为

$$\dot{U}_1 = -\dot{E}_1 + (R_1+jX_{1\sigma})\dot{I}_1 \tag{4-46}$$

式中　R_1——定子绕组的相电阻；

$X_{1\sigma}$——定子一相绕组的漏电抗。

合成气隙磁通是由定子、转子磁动势共同产生的，同变压器中的情形一样，定子电流也可以分解为两个分量：励磁分量 $\dot{I}_m$ 和负载分量 $\dot{I}_{1L}$。励磁分量对应于气隙磁通；负载分量对应于转子磁动势。

即

$$\dot{I}_1 = \dot{I}_m + \dot{I}_{1L} \tag{4-47}$$

同时，定子电动势可以用励磁阻抗表示为

$$\dot{E}_1 = -Z_m\dot{I}_m = -(R_m+jX_m)\dot{I}_m \tag{4-48}$$

其次，考虑转子的情况。由于 $f_2 = sf_1$，故转子绕组的漏电抗 $X_{2\sigma s}$ 应为

$$X_{2\sigma s} = 2\pi f_2 L_{2\sigma} = 2\pi sf_1 L_{2\sigma} = sX_{2\sigma} \tag{4-49}$$

式中　$L_{2\sigma}$——转子相绕组的漏电感；

$X_{2\sigma}$——转子静止 $(f_2 = f_1)$ 时每相绕组的漏电抗。

异步电动机的转子绕组是自行短路的，端电压 $U_2 = 0$；根据基尔霍夫电压定律，可写出转子一相绕组的电压方程为

$$\dot{E}_{2s} = (R_2+jsX_{2\sigma})\dot{I}_{2s} \tag{4-50}$$

将式（4-50）两端同乘以 $\dfrac{1}{s}$，得

$$\dot{E}_2 = \left(\frac{R_2}{s}+jX_{2\sigma}\right)\dot{I}_2 \tag{4-51}$$

式中　R_2——转子绕组的相电阻。

注意，式（4-51）中 $\dot{I}_2$ 的幅值虽仍与 $\dot{I}_{2s}$ 相同，但其频率已从 f_2 变为 f_1，这一处理叫作频率归算。频率归算的含义是用一个电阻为 $\dfrac{R_2}{s}$ 的静止的等效转子代替电阻为 R_2 的实际旋转的转子，而等效转子的磁动势不变。

对转子绕组进行频率归算之后，旋转的转子被等效的静止转子所代替，定子、转子绕组即具有相同的频率，两者的感应电动势之比等于其有效匝数之比 $\dfrac{N_1 k_{W1}}{N_2 k_{W2}}$。至此，可以把异步电动机看成是一个具有空气隙且二次绕组有可变电阻的变压器，于是，异步电动机的定子绕组相当于变压器的一次绕组，转子绕组相当于二次绕组。频率归算后异步电动机的电路如图 4-25 所示。

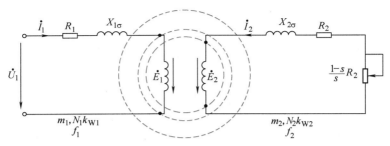

图 4-25   异步电动机的定子、转子电路图

4.5.3   绕组归算

仿照变压器的分析方法，对经频率归算后的转子绕组再进行绕组归算，即用一个与定子绕组相数、有效匝数完全相同的等效转子绕组去代替相数为 m_2、有效匝数为 $N_2 k_{W2}$ 的实际转子绕组。下面用加 "'" 的量表示归算值，导出绕组归算方法。

（1）电流归算   归算前后转子的磁动势应保持不变，即

$$\frac{m_1}{2} \times 0.9 \times \frac{N_1 k_{W1}}{p} I_2' = \frac{m_2}{2} \times 0.9 \times \frac{N_2 k_{W2}}{p} I_2$$

于是

$$I_2' = \frac{m_2 N_2 k_{W2}}{m_1 N_1 k_{W1}} I_2 = \frac{I_2}{k_i} \tag{4-52}$$

式中 k_i——异步电动机的电流比，$k_i = \frac{m_1 N_1 k_{W1}}{m_2 N_2 k_{W2}}$。

（2）电压和电动势归算   由于归算后转子的有效匝数已变成定子的有效匝数，故

$$E_2' = E_1 = \frac{N_1 k_{W1}}{N_2 k_{W2}} E_2 = k_e E_2 \tag{4-53}$$

式中 k_e——异步电动机的电压比，$k_e = \frac{N_1 k_{W1}}{N_2 k_{W2}}$。

（3）电阻归算   归算前后转子的损耗应保持不变，即

$$m_1 R_2' I_2'^2 = m_2 R_2 I_2^2$$

于是

$$R_2' = \frac{m_2 I_2^2}{m_1 I_2'^2} R_2 = \frac{m_1 N_1 k_{W1}}{m_2 N_2 k_{W2}} \frac{N_1 k_{W1}}{N_2 k_{W2}} R_2 = k_e k_i R_2 \tag{4-54}$$

（4）电抗归算   归算前后转子漏磁场的磁场储能也应保持不变，即

$$m_1 X_{2\sigma}' I_2'^2 = m_2 X_{2\sigma} I_2^2$$

所以

$$X_{2\sigma}' = k_e k_i X_{2\sigma} \tag{4-55}$$

综上所述，绕组归算时，转子的电动势和电压应乘以 k_e，转子电流应除以 k_i，转子电阻和漏抗应乘以 $k_e k_i$，归算前后转子的有功功率、无功功率均保持不变。

归算后异步电动机的基本方程如下：

$$\left.\begin{array}{l} \dot{U}_1 = -\dot{E}_1 + (R_1 + jX_{1\sigma})\dot{I}_1 \\[2mm] \dot{E}_2' = \left(\dfrac{R_2'}{s} + jX_{2\sigma}'\right)\dot{I}_2' \\[2mm] \dot{I}_1 = \dot{I}_m + \dot{I}_{1L} = \dot{I}_m + (-\dot{I}_2') \\[2mm] \dot{E}_1 = \dot{E}_2' = -Z_m \dot{I}_m = -\dot{I}_m(R_m + jX_m) \end{array}\right\} \qquad (4\text{-}56)$$

4.5.4 异步电动机的等效电路和相量图

根据基本方程式可以画出异步电动机的 T 形等效电路，如图 4-26 所示。在等效电路图中，我们把 $\dfrac{R_2'}{s}$ 分解成两项：转子电阻 R_2' 和附加电阻 $\dfrac{1-s}{s}R_2'$。在实际电动机中，转子回路中并无附加电阻，但有机械功率输出。因此，附加电阻所消耗的电功率 $m_1 \dfrac{1-s}{s}R_2'I_2'^2$ 实际上代表了电动机转子轴上所输出的总机械功率。

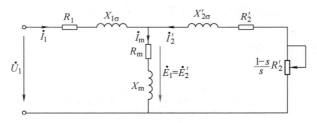

图 4-26　异步电动机的 T 形等效电路

从等效电路可以看出，当异步电动机空载时，转子转速接近于同步转速，因此转差率 $s \approx 0$，附加电阻 $\dfrac{1-s}{s}R_2' \rightarrow \infty$，转子可视为开路，此时定子电流就是励磁电流，电动机的功率因数很低。当电动机满载时，转差率 $s = 0.01 \sim 0.05$，转子电路基本是电阻性的，转子电路的功率因数很高，使电动机的功率因数提高，可达 $0.70 \sim 0.90$。当电动机起动时，转差率 $s = 1$，附加电阻 $\dfrac{1-s}{s}R_2' = 0$，相当于短路状态，定子、转子电流都很大，且功率因数较低。

应当注意，由等效电路算出的所有定子侧的物理量均为电动机中的实际量，转子电动势、电流是归算值而不是实际值，但算出的转子有功功率、损耗和转矩与实际值相同。

图 4-27 是与基本方程对应的相量图。由图可见，异步电动机的定子电流总是滞后于电源电压，这是由于产生气隙磁通和维持定子、转子的漏磁通都需要一定的无功功率，这些感性无功功率都需要电源来供给，所以异步电动机对电源来说是一个感性负载。

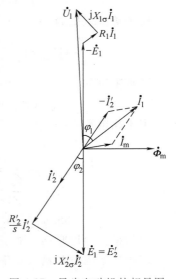

图 4-27　异步电动机的相量图

4.5.5 异步电动机的简化等效电路

为了简化计算，实际应用中还使用图 4-28 所示的简化等效电路。必须注意，由于气隙的存在，异步电动机的励磁电流较大，因此一般不能像变压器那样把励磁阻抗忽略，将励磁支路移到输入端时，通常还要在励磁支路中附加阻抗 $R_1+jX_{1\sigma}$。

利用简化等效电路计算会带来一定的误差，且电动机的容量越小，误差越大。

【例 4-5】 一台 4 极三相异步电动机，额定电压 $U_N = 380V$（△联结），额定频率 $f_N = 50Hz$，额定转速 $n_N = 1487r/min$，其参数为 $R_1 = 0.055\Omega$，$X_{1\sigma} = 0.265\Omega$，$R_m = 0.763\Omega$，$X_m = 16.39\Omega$，$R_2' = 0.04\Omega$，$X_{2\sigma}' = 0.565\Omega$，试分别用 T 形等效电路和简化等

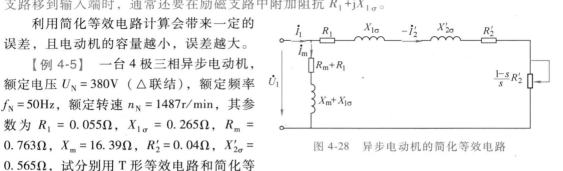

图 4-28 异步电动机的简化等效电路

效电路计算电动机额定运行时的定子电流、输入功率和功率因数。

解：因为定子绕组是三角形联结，定子相电压 $U_1 = 380V$，取 $\dot{U}_1$ 为参考相量，即令 $\dot{U}_1 = 380\underline{/0°}V$

（1）用 T 形等效电路计算

额定转差率为

$$s_N = \frac{n_1 - n_N}{n_1} = \frac{1500 - 1487}{1500} = 0.0087$$

定子漏阻抗为

$$Z_1 = (R_1 + jX_{1\sigma}) = (0.055 + j0.265)\Omega = 0.2706\underline{/78.275°}\ \Omega$$

转子等效阻抗为

$$Z_2' = \frac{R_2'}{s_N} + jX_{2\sigma}' = \left(\frac{0.04}{0.0087} + j0.565\right)\Omega = (4.598 + j0.565)\Omega = 4.632\underline{/7.03°}\ \Omega$$

励磁阻抗为

$$Z_m = (R_m + jX_m) = (0.763 + j16.39)\Omega = 16.407\underline{/87.334°}\ \Omega$$

定子相电流为

$$\dot{I}_1 = \frac{\dot{U}_1}{Z_1 + \dfrac{Z_m Z_2'}{Z_m + Z_2'}} = \frac{380\underline{/0°}}{0.055 + j0.265 + \dfrac{16.407\underline{/87.334°} \times 4.632\underline{/7.03°}}{0.763 + j16.39 + 4.598 + j0.565}}A$$

$$= 85.8\ \underline{/-24.803°}\ A$$

因为是三角形联结，故定子线电流为 $\sqrt{3} \times 85.8A = 148.6A$。

定子功率因数和输入功率为

$$\cos\varphi_1 = \cos 24.803° = 0.908$$

$$P_1 = 3U_1 I_1 \cos\varphi_1 = 3 \times 380 \times 85.8 \times 0.908W = 88.81kW$$

（2）用简化等效电路计算

励磁电流为

$$\dot{I}_{\mathrm{m}} = \frac{\dot{U}_1}{Z_1 + Z_{\mathrm{m}}} = \frac{380\,\underline{/0°}}{(0.055+j0.265)+(0.763+j16.39)}\mathrm{A} = 22.79\,\underline{/-87.188°}\,\mathrm{A}$$

转子电流为

$$-\dot{I}_2' = \frac{\dot{U}_1}{Z_1 + Z_2'} = \frac{380\,\underline{/0°}}{(0.055+j0.265)+(4.598+j0.565)}\mathrm{A} = 80.399\,\underline{/-10.114°}\,\mathrm{A}$$

定子相电流为

$$\dot{I}_1 = \dot{I}_{\mathrm{m}} - \dot{I}_2' = (80.399\,\underline{/-10.114°}+22.79\,\underline{/-87.188°})\mathrm{A} = 88.335\,\underline{/-24.678°}\,\mathrm{A}$$

定子功率因数和输入功率为

$$\cos\varphi_1 = \cos24.678° = 0.909$$
$$P_1 = 3U_1 I_1 \cos\varphi_1 = 3×380×88.335×0.909\mathrm{W} = 91.53\mathrm{kW}$$

4.5.6 笼型绕组的磁极数和相数

任何电机的定、转子极数都应该相等，如果二者不相等，就不能产生平均电磁转矩，电机便无法工作。对于绕线转子异步电动机，通过转子绕组的联结就可以做到定子、转子极数相等。对于笼型异步电动机，笼型转子本身并无固定的磁极数，其磁极数能否满足上述要求，下面分析笼型转子的磁极数如何确定。

分析图 4-29 所示两极旋转磁场在转子导条中感应的电动势，可以看出，在任一瞬间，转子导条可分为两部分：N 极下导条的电动势方向为进入纸面，S 极下导条的电动势方向为穿出纸面。由于转子导条是自行短路的，导条电流仅滞后于导条电动势一个阻抗角（导条电流的有功分量与导条电动势同向），因此转子电流产生的磁场也是两极。同理，如果旋转磁场为 $2p$ 极，那么转子电流产生的磁场也是 $2p$ 极。

可见，笼型转子的磁极对数恒等于定子绕组的磁极对数，而与转子导条的数目无关，这是笼型异步电动机的一个突出特点。

交流电动机的相数是根据电流的相位来确定的，即同一相绕组中的电流相位应一致。笼型转子的导条是均匀分布在转子圆周的，各导条的感应电动势相位都不相同。因此，每对磁极下的每根导条就构成一相。

设转子导条数（或槽数）为 Q_2，如 $\dfrac{Q_2}{p}$ 为整数，则笼型转子就相当于一个有 $\dfrac{Q_2}{p}$ 相的对称绕组，每相有 p 根并联导条；否则，笼型转子就相当于一个 Q_2 相的对称绕组，每相有一根并联导条。

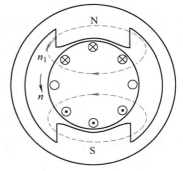

图 4-29 转子磁场磁极数分析

由于每对磁极下每相仅有一根导条，而一根导条为半匝，所以笼型绕组的每相串联匝数 $N_2 = 1/2$。因为每相只有一根导条，也就不存在绕组的分布和短距的问题，所以笼型绕组的绕组因数 $k_{\mathrm{W2}} = 1$。于是对笼型绕组有

$$m_2 = \frac{Q_2}{p},\ N_2 = \frac{1}{2},\ k_{\mathrm{W2}} = 1 \ 或 \ m_2 = Q_2,\ N_2 = \frac{1}{2},\ k_{\mathrm{W2}} = 1 \tag{4-57}$$

4.6 三相异步电动机的功率和转矩

4.6.1 三相异步电动机的功率关系

三相异步电动机的功率传递和转换过程可以用 T 形等效电路来分析。如图 4-30 所示，电动机在运行时，由电源向定子绕组输入电功率 P_1，P_1 的一小部分消耗在定子电阻上成为铜耗 P_{Cu1}，另一小部分消耗在定子铁心中成为铁耗 P_{Fe}，其余大部分通过气隙磁场由定子传递到转子，这部分功率就是电磁功率 P_e。因此有

$$P_1 = P_{Cu1} + P_{Fe} + P_e \tag{4-58}$$

其中
$$P_1 = m_1 U_1 I_1 \cos\varphi_1, \quad P_{Cu1} = m_1 R_1 I_1^2, \quad P_{Fe} = m_1 R_m I_m^2 \tag{4-59}$$

由等效电路可知，电磁功率就是转子等效电阻上的有功功率，即

$$P_e = m_1 E_2' I_2' \cos\varphi_2 = m_1 I_2'^2 \frac{R_2'}{s} \tag{4-60}$$

式中 $\cos\varphi_2$——转子的功率因数。

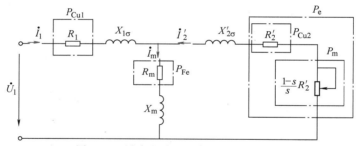

图 4-30 异步电动机的各种功率和损耗

异步电动机正常运行时，转差率很小，转子铁心中磁通的变化频率很低，只有 $1 \sim 3\text{Hz}$，所以转子铁耗可以忽略不计。因此，从电磁功率中减去转子的铜耗 P_{Cu2} 后，就是转子上产生的全部机械功率 P_m，即

$$P_m = P_e - P_{Cu2} = m_1 I'^2_2 \frac{1-s}{s} R_2' = (1-s) P_e \tag{4-61}$$

其中
$$P_{Cu2} = m_1 I'^2_2 R_2' = s P_e \tag{4-62}$$

由于 $P_{Cu2} = s P_e$，所以转子铜耗被称为转差功率。不难看出，电磁功率 P_e、总机械功率 P_m 和转子铜耗 P_{Cu2} 三者之间的比例关系是

$$P_e : P_m : P_{Cu2} = 1 : (1-s) : s \tag{4-63}$$

从总机械功率中扣除电动机在旋转过程中由摩擦和风阻产生的机械损耗 P_{fw}，以及由高次谐波磁通和漏磁通产生的附加损耗 P_{ad}，就是轴上输出的机械功率 P_2，即

$$P_2 = P_m - (P_{fw} + P_{ad}) \tag{4-64}$$

可见，异步电动机的输出功率与输入功率的关系为

$$P_2 = P_1 - \sum P \tag{4-65}$$

其中
$$\sum P = P_{Cu1} + P_{Fe} + P_{Cu2} + P_{fw} + P_{ad} \tag{4-66}$$

$\sum P$ 为电动机的总损耗。异步电动机的功率传递过程如图 4-31 所示。

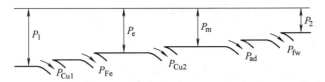

图 4-31 三相异步电动机的功率传递过程

4.6.2 三相异步电动机的转矩关系

将转子的输出功率方程式（4-64）两端同除以机械角速度 Ω，便得到电动机的转矩方程

$$T_e = T_0 + T_2 \tag{4-67}$$

式中 T_e——电磁转矩，$T_e = \dfrac{P_m}{\Omega}$；

T_0——与机械损耗和附加损耗对应的阻力转矩，通常称为空载转矩，$T_0 = \dfrac{P_{fw} + P_{ad}}{\Omega}$；

T_2——电动机的输出转矩，$T_2 = \dfrac{P_2}{\Omega}$。

由于总机械功率 $P_m = (1-s)P_e$，转子的机械角速度 $\Omega = (1-s)\Omega_1$，Ω_1 为同步角速度，所以电磁转矩也可写成

$$T_e = \frac{P_m}{\Omega} = \frac{P_e}{\Omega_1} \tag{4-68}$$

式（4-68）表明，电磁转矩 T_e 既可以用机械功率 P_m 除以转子角速度 Ω 来计算，也可以用电磁功率 P_e 除以同步角速度 Ω_1 来计算，其计算结果是相同的。

【例 4-6】 一台 4 极三相异步电动机，$P_N = 90\text{kW}$，$U_N = 380\text{V}$（△联结），$f_N = 50\text{Hz}$，$P_{Cu1} = 1450.9\text{W}$，$P_{Fe} = 1428.8\text{W}$，$P_{Cu2} = 819.1\text{W}$，$P_{fw} = 1800\text{W}$，$P_{ad} = 1000\text{W}$，试求：（1）总机械功率；（2）电磁功率；（3）额定转速；（4）电磁转矩；（5）空载转矩；（6）额定效率。

解：（1）总机械功率为

$$P_m = P_2 + (P_{fw} + P_{ad}) = (90 + 1.8 + 1)\text{kW} = 92.8\text{kW}$$

（2）电磁功率为

$$P_e = P_m + P_{Cu2} = (92.8 + 0.8191)\text{kW} = 93.6191\text{kW}$$

（3）额定转差率为

$$s_N = \frac{P_{Cu2}}{P_e} = \frac{0.8191}{93.6191} = 0.0087$$

额定转速为

$$n_N = (1 - s_N)n_1 = (1 - s_N)\frac{60 f_N}{p} = (1 - 0.0087) \times \frac{60 \times 50}{2}\text{r/min} = 1487\text{r/min}$$

（4）电磁转矩为

$$T_e = \frac{P_e}{\Omega_1} = \frac{P_e}{\frac{2\pi f_1}{p}} = \frac{93619.1}{\frac{2\pi \times 50}{2}} \text{N} \cdot \text{m} = 596 \text{N} \cdot \text{m}$$

（5）空载转矩为

$$T_0 = \frac{P_{fw} + P_{ad}}{\Omega} = \frac{P_{fw} + P_{ad}}{\frac{2\pi n}{60}} = \frac{1800 + 1000}{\frac{2\pi \times 1487}{60}} \text{N} \cdot \text{m} = 17.99 \text{N} \cdot \text{m}$$

（6）额定输入功率为

$$P_{1N} = P_e + P_{Fe} + P_{Cu1} = (93.6191 + 1.4288 + 1.4509) \text{kW} = 96.499 \text{kW}$$

额定效率为

$$\eta_N = \frac{P_N}{P_{1N}} \times 100\% = \frac{90}{96.499} \times 100\% = 93.26\%$$

4.6.3　三相异步电动机电磁转矩的物理表达式

为了加深对电磁转矩物理意义的理解，下面利用异步电动机的等效电路推导电磁转矩的表达式。考虑到 $P_e = m_1 E_2' I_2' \cos\varphi_2$，$E_2' = \sqrt{2}\,\pi f_1 N_1 k_{W1} \Phi_m$，$I_2' = \frac{m_2 N_2 k_{W2}}{m_1 N_1 k_{W1}} I_2$，$\Omega_1 = \frac{2\pi f_1}{p}$，把这些关系代入式（4-68）并整理得

$$T_e = \frac{1}{\sqrt{2}} p m_2 N_2 k_{W2} \Phi_m I_2 \cos\varphi_2 = C_T \Phi_m I_2 \cos\varphi_2 \tag{4-69}$$

式中　C_T——异步电动机的电磁转矩常数，$C_T = \frac{1}{\sqrt{2}} p m_2 N_2 k_{W2}$。

式（4-69）与直流电动机的电磁转矩公式极为相似，它表明三相异步电动机电磁转矩的大小与气隙每磁极磁通量及转子电流的有功分量的乘积成正比。这说明电磁转矩是由气隙磁场和转子电流的有功分量共同作用产生的。

4.6.4　三相异步电动机的转矩-转差率特性

最有用的电磁转矩公式是用参数表示的公式。由图 4-28 所示的简化等效电路可以求得

$$I_2' = \frac{U_1}{\sqrt{\left(R_1 + \frac{R_2'}{s}\right)^2 + (X_{1\sigma} + X_{2\sigma}')^2}} \tag{4-70}$$

将式（4-70）代入式（4-60）求得电磁功率 P_e 后，再代入式（4-68），考虑 $\Omega_1 = \frac{2\pi f_1}{p}$，可得

$$T_e = \frac{P_e}{\Omega_1} = \frac{m_1 p U_1^2 \dfrac{R_2'}{s}}{2\pi f_1 \left[\left(R_1 + \dfrac{R_2'}{s}\right)^2 + (X_{1\sigma} + X_{2\sigma}')^2\right]} \tag{4-71}$$

式（4-71）就是异步电动机电磁转矩的参数表达式，虽然它是按电动机运行方式导出的，但可推广用于分析发电机运行和制动状态。对已制造好的电机来说，当外加电压及频率不变时，其同步角速度 Ω_1 以及其他参数都是常数，所以电磁转矩 T_e 只是转差率 s 的函数。将不同转差率 s 代入上式，算出对应的电磁转矩 T_e，便得到异步电动机的转矩-转差率特性（T_e-s）曲线，如图 4-32 所示。

T_e-s 曲线是异步电动机最主要的特性，由图 4-32 可见，异步电机可按照转差率划分为三种运行状态：

1）当 $0<s<1$ 或 $0<n<n_1$ 时，电磁转矩 T_e 和转速 n 都为正，电机处于电动机状态。

2）当 $s<0$ 或 $n>n_1$ 时，电磁转矩 T_e 为负，转速 n 为正，电机处于发电机状态。

3）当 $s>1$ 或 $n<0$ 时，电磁转矩 T_e 为正，转速 n 为负，电机处于电磁制动状态。

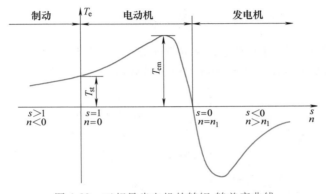

图 4-32　三相异步电机的转矩-转差率曲线

当异步电机作为电动机运行时，在 T_e-s 曲线上有几个运行点值得关注，下面分别进行讨论。

1. 最大转矩

将式（4-71）对转差率 s 求导，并令 $\dfrac{\mathrm{d}T_e}{\mathrm{d}s}=0$，可求得产生最大转矩时的转差率 s_m 为

$$s_m = \pm \frac{R'_2}{\sqrt{R_1^2 + (X_{1\sigma} + X'_{2\sigma})^2}} \tag{4-72}$$

该转差率称为临界转差率，其原因是最大转矩又称为临界转矩。

将 s_m 代入到电磁转矩表达式中可求得最大转矩为

$$T_{em} = \pm \frac{m_1 p U_1^2}{4\pi f_1 \left[\pm R_1 + \sqrt{R_1^2 + (X_{1\sigma} + X'_{2\sigma})^2} \right]} \tag{4-73}$$

式（4-72）和式（4-73）中，"+" 号适用于电动机运行状态，"–" 号适用于发电机运行状态。一般 $R_1 \ll (X_{1\sigma} + X'_{2\sigma})$，忽略 R_1，则以上两式变为

$$s_m \approx \pm \frac{R'_2}{X_{1\sigma} + X'_{2\sigma}} \tag{4-74}$$

$$T_{em} \approx \pm \frac{m_1 p U_1^2}{4\pi f_1 (X_{1\sigma} + X'_{2\sigma})} \tag{4-75}$$

分析式（4-72）~式（4-75）可得出如下结论：

1）当电源频率和电动机参数不变时，异步电动机的最大转矩与电源电压的二次方成正比。

2）当电源电压和频率一定时，最大转矩近似与定子、转子漏抗之和成反比。

3）最大转矩 T_{em} 与转子电阻无关，而临界转差率 s_m 与转子电阻成正比。如增大转子电阻，最大转矩 T_{em} 不变，但临界转差率 s_m 随之增大，如图 4-33 所示。

4）如忽略定子电阻，最大转矩 T_{em} 与 $\left(\dfrac{U_1}{f_1}\right)^2$ 成正比。

最大转矩是电动机所能产生的转矩极限值，把最大转矩与额定转矩之比称为电动机的过载倍数或过载能力，用 k_m 表示，即

$$k_m = \frac{T_{\text{em}}}{T_N} \tag{4-76}$$

过载能力是异步电动机的主要性能技术指标之一。Y 系列中小型异步电动机的过载倍数 $k_m = 1.8 \sim 2.3$，起重及冶金用三相异步电动机的过载倍数为 $k_m = 2.2 \sim 2.8$。

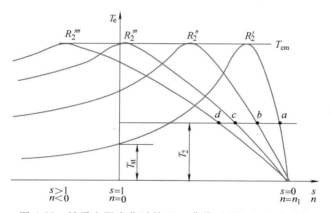

图 4-33 转子电阻变化时的 T_e-s 曲线（$R_2'''' > R_2''' > R_2'' > R_2'$）

2. 起动转矩

异步电动机接通电源开始起动时，$n=0$，$s=1$，此时的电磁转矩称为起动转矩或堵转转矩，用 T_{st} 表示。把 $s=1$ 代入式（4-71），便得到起动转矩，即

$$T_{\text{st}} = \frac{m_1 p U_1^2 R_2'}{2\pi f_1 \left[(R_1 + R_2')^2 + (X_{1\sigma} + X_{2\sigma}')^2 \right]} \tag{4-77}$$

由此可得出如下结论：

1）当电源频率和电动机参数一定时，起动转矩 T_{st} 与电源电压 U_1 的二次方成正比。

2）当电源电压和频率一定时，起动转矩 T_{st} 近似与定子、转子漏抗之和的二次方成反比。

3）在一定的范围内，增加转子回路的电阻 R_2'，可增大起动转矩 T_{st}；当 $R_2' = X_{1\sigma} + X_{2\sigma}'$，即 $s_m = 1$ 时，$T_{\text{st}} = T_{\text{em}}$，起动转矩最大。

异步电动机的起动转矩 T_{st} 与额定转矩 T_N 之比称为起动转矩倍数，用 k_{st} 表示，即

$$k_{st} = \frac{T_{st}}{T_N} \tag{4-78}$$

起动转矩倍数也是异步电动机的重要性能技术指标之一。Y 系列小型异步电动机的起动转矩倍数为 $k_{st} = 1.6 \sim 2.2$。对绕线转子异步电动机,可通过在转子回路串联电阻来改变起动转矩的大小。

【例 4-7】　电动机参数见例 4-5,试计算:(1)最大转矩与过载倍数;(2)临界转差率;(3)起动转矩与起动转矩倍数;(4)起动电流与起动电流倍数(起动电流与额定电流之比)。

解:(1)额定转差率为

$$s_N = \frac{n_1 - n_N}{n_1} = \frac{1500 - 1487}{1500} = 0.0087$$

由于空载转矩很小,额定转矩近似等于额定电磁转矩,即

$$T_N \approx \frac{m_1 p U_1^2 \dfrac{R_2'}{s_N}}{2\pi f_1 \left[\left(R_1 + \dfrac{R_2'}{s_N} \right)^2 + (X_{1\sigma} + X_{2\sigma}')^2 \right]}$$

$$= \frac{3 \times 2 \times 380^2 \times \dfrac{0.04}{0.0087}}{2\pi \times 50 \times \left[\left(0.055 + \dfrac{0.04}{0.0087} \right)^2 + (0.265 + 0.565)^2 \right]} \mathrm{N \cdot m} = 567.7 \mathrm{N \cdot m}$$

最大转矩为

$$T_{em} = \pm \frac{m_1 p U_1^2}{4\pi f_1 \left[\pm R_1 + \sqrt{R_1^2 + (X_{1\sigma} + X_{2\sigma}')^2} \right]}$$

$$= \pm \frac{3 \times 2 \times 380^2}{4\pi \times 50 \times \left[\pm 0.055 + \sqrt{0.055^2 + (0.265 + 0.565)^2} \right]} \mathrm{N \cdot m} = \begin{cases} 1554\mathrm{N \cdot m} \\ -1775\mathrm{N \cdot m} \end{cases}$$

最大转矩倍数为

$$k_m = \frac{T_{em}}{T_N} = \begin{cases} 2.74 \\ 3.13 \end{cases}$$

(2)临界转差率为

$$s_m = \pm \frac{R_2'}{\sqrt{R_1^2 + (X_{1\sigma} + X_{2\sigma}')^2}} = \pm \frac{0.04}{\sqrt{0.055^2 + (0.265 + 0.565)^2}} = \pm 0.048$$

(3)起动转矩为

$$T_{st} = \frac{m_1 p U_1^2 R_2'}{2\pi f_1 \left[(R_1 + R_2')^2 + (X_{1\sigma} + X_{2\sigma}')^2 \right]}$$

$$= \frac{3 \times 2 \times 380^2 \times 0.04}{2\pi \times 50 \times \left[(0.055 + 0.04)^2 + (0.265 + 0.565)^2 \right]} \mathrm{N \cdot m} = 158.06 \mathrm{N \cdot m}$$

起动转矩倍数为

$$k_{st} = \frac{T_{st}}{T_N} = \frac{158.06}{567.7} = 0.278$$

注意：实际电动机在起动时，由于起动电流较大，引起漏磁路饱和，导致定子、转子漏抗变小。同时，起动时转子感应电动势和电流的频率比运行时高得多，由于趋肤效应的影响，转子电阻将变大，起动转矩也随之变大。例如，本电动机在起动时定子、转子漏电抗分别变为：$X_{1\sigma} = 0.227\Omega$、$X'_{2\sigma} = 0.401\Omega$，转子电阻变为 $R'_2 = 0.1895\Omega$，而定子电阻不变。把它们代入式（4-77）可得

$$
\begin{aligned}
T_{st} &= \frac{m_1 p U_1^2 R'_2}{2\pi f_1 [(R_1 + R'_2)^2 + (X_{1\sigma} + X'_{2\sigma})^2]} \\
&= \frac{3 \times 2 \times 380^2 \times 0.1895}{2\pi \times 50 \times [(0.055 + 0.1895)^2 + (0.227 + 0.401)^2]} N \cdot m = 1150.7 N \cdot m
\end{aligned}
$$

$$k_{st} = \frac{T_{st}}{T_N} = \frac{1150.7}{567.7} = 2.027$$

（4）将 $s = 1$ 代入简化等效电路计算起动电流

励磁电流为

$$\dot{I}_{mst} = \frac{\dot{U}_1}{Z_1 + Z_m} = \frac{380\underline{/0°}}{(0.055 + j0.227) + (0.763 + j16.39)} A = 22.84 \ \underline{/-87.182°} \ A$$

转子电流为

$$-\dot{I}'_{2st} = \frac{\dot{U}_1}{Z_1 + Z'_2} = \frac{380\underline{/0°}}{(0.055 + j0.227) + (0.1895 + j0.401)} A = 563.9 \ \underline{/-68.727°} \ A$$

定子相电流为

$$\dot{I}_{1st} = \dot{I}_{mst} - \dot{I}'_{2st} = (22.84\underline{/-87.182°} + 563.9\underline{/-68.727°}) A = 585.6\underline{/-69.434°} A$$

分析以上结果可见，起动时励磁电流远远小于转子电流，因此，在实际计算中常常忽略励磁电流，这样就可以避免复数运算，即

$$I_{1st} \approx \frac{U_1}{\sqrt{(R_1 + R'_2)^2 + (X_{1\sigma} + X'_{2\sigma})^2}}$$

在例 4-5 中已计算得额定相电流为 $I_{1N} = 88.335A$，故起动电流与额定电流之比为

$$k_1 = \frac{I_{st}}{I_N} = \frac{I_{1st}}{I_{1N}} = \frac{585.6}{88.335} = 6.38$$

4.7　三相异步电动机的工作特性和参数测定

4.7.1　三相异步电动机的工作特性

三相异步电动机的工作特性是指在电源电压和频率为额定值的条件下，电动机的转速、定子电流、电磁转矩、功率因数、效率与输出功率的函数关系，即 $n = f(P_2)$、$I_1 = f(P_2)$、

$T_e = f(P_2)$、$\cos\varphi = f(P_2)$、$\eta = f(P_2)$ 的关系曲线。工作特性可以采用直接负载法测出来，也可以利用等效电路间接计算出来。图 4-34 就是一台三相异步电动机的工作特性曲线。

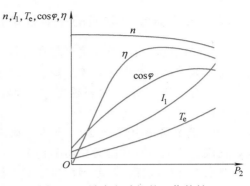

图 4-34 异步电动机的工作特性

1. 转速特性 $n = f(P_2)$

三相异步电动机空载时，转子转速 n 接近于同步转速 n_1。随着负载的增加，转速 n 降低，转差率 s 增大，转子电流增大，以产生电磁转矩来平衡负载转矩。通常额定负载时的转差率 $s_N = 1\% \sim 5\%$，即额定转速约比同步转速低 $1\% \sim 5\%$。

2. 电磁转矩特性 $T_e = f(P_2)$

稳态运行时，三相异步电动机的电磁转矩为

$$T_e = T_0 + T_2 = T_0 + \frac{P_2}{\Omega}$$

由于可认为空载转矩 T_0 不变，而电动机的转速变化也很小，所以电磁转矩 T_e 随 P_2 的变化近似为一条直线。

3. 定子电流特性 $I_1 = f(P_2)$

异步电动机的定子电流 $\dot{I}_1 = \dot{I}_m + (-\dot{I}_2')$。空载时，转子电流 $\dot{I}_2 \approx 0$，定子电流几乎全部是励磁电流。随着负载的增加，转子电流增大，定子电流也随之增大。

4. 功率因数特性 $\cos\varphi = f(P_2)$

三相异步电动机运行时，必须从电网吸收滞后的无功功率，其功率因数恒小于 1。空载时，定子电流基本上是励磁电流，所以功率因数很低，不超过 0.2。当负载增大时，定子电流中的有功分量增加，使功率因数提高。通常在额定负载附近，$\cos\varphi$ 达到最大值。如果负载进一步增大，由于转差率 s 增大，使 $\varphi_2 = \arctan\dfrac{sX_{2\sigma}}{R_2}$ 变大，转子功率因数下降很快，$\cos\varphi$ 又开始减小。

5. 效率特性 $\eta = f(P_2)$

三相异步电动机的效率为

$$\eta = \frac{P_2}{P_1} \times 100\% = \frac{P_2}{P_2 + P_{Cu1} + P_{Fe} + P_{Cu2} + P_{fw} + P_{ad}} \times 100\%$$

电动机空载时，$P_2 = 0$，$\eta = 0$。随着输出功率 P_2 的增加，效率 η 也增加。当可变损耗 $(P_{Cu1} + P_{Cu2} + P_{ad})$ 等于不变损耗 $(P_{Fe} + P_{fw})$ 时，电动机的效率达到最大。如果负载继续增大，效率反而降低。Y 系列三相异步电动机额定效率 η_N 的范围为 $72.5\% \sim 96.2\%$，一般容量越大，η_N 越高。

由于三相异步电动机的效率和功率因数都在额定负载附近达到最高，因此选用电动机时，应使电动机容量与负载相匹配。如果电动机容量比负载大得多，不仅电动机的价格较高，而且运行时的效率及功率因数都较低。反之，如果电动机容量太小，则电动机经常在过载状态下运行，会影响其使用寿命甚至损坏电动机。

4.7.2 三相异步电动机的主要性能指标

为了保证电动机能够经济可靠地运行，以更好地满足生产机械的需要，国家标准对电动机主要特性的指标都做了具体规定。标志这些特性的主要性能指标有：

（1）额定效率 η_N 效率越高，电动机运行时就越节电，因此要求电动机的额定效率应不低于技术标准的规定值。

（2）额定功率因数 $\cos\varphi_N$ 异步电动机运行时，必须从电源吸收滞后的无功功率，功率因数越低，从电源吸收的无功功率越多。这会加重电网的负担，降低发电设备的利用率。因此，要求电动机的额定功率因数应不低于技术标准的规定值。

（3）最大转矩倍数 k_m 电动机的最大电磁转矩代表了电动机的过载能力。在电动机运行过程中，由于某种原因，负载短时间内突然增大，只要不超过最大转矩，电动机仍能继续运行。因此，电动机在额定电压下运行时，它的过载倍数不应小于技术标准规定的数值。

（4）堵转转矩倍数 k_{st} 电动机应有足够大的堵转转矩，否则，在拖动机械负载时，就无法起动。因此，电动机在额定电压下起动时，其堵转转矩倍数应不小于技术标准的规定值。

（5）堵转电流倍数 k_I 三相异步电动机在定子加额定电压起动瞬间，转子绕组的感应电动势和电流很大，使定子电流也很大。如果堵转电流太大，会使输电线路的阻抗压降增大，降低了电网电压，影响其他用户用电；同时也会影响电动机本身的寿命和正常使用。因此，电动机在额定电压下起动时，起动电流倍数不应超过技术标准的规定值。

Y系列三相异步电动机的主要性能指标见表4-3。

表4-3 Y系列三相异步电动机的主要性能指标

额定效率	额定功率因数	最大转矩倍数	堵转转矩倍数	堵转电流倍数
72.5%~96.2%	0.70~0.90	2.0~2.3	1.2~2.2	5.5~7.0

4.7.3 三相异步电动机的参数测定

用等效电路分析异步电动机的运行特性时，首先应设法求取等效电路中的各个参数 R_1、$X_{1\sigma}$、R_2、$X'_{2\sigma}$、R_m 和 X_m。其中定子每相电阻 R_1 的测定比较简单，可以通过直流伏安法或电桥测量出来，而其他参数则需通过空载试验和堵转（短路）试验来确定。

1. 空载试验

空载试验的目的是测定励磁阻抗 R_m、X_m，以及铁耗 P_{Fe} 和机械损耗 P_{fw}。试验是在转子轴上不带任何负载、电源频率 $f_1 = f_N$、转速 $n \approx n_1$ 的条件下进行的。用调压设备调节电源电压，使定子端电压从 $(1 \sim 1.2)U_{1N}$ 开始，逐步下降到空载电流为最小或不稳定的最小电流为止。测取 8~10 个点，每次记录定子相电压 U_1、空载相电流 I_{10} 和空载输入功率 P_{10}。即得到电动机的空载特性曲线 $I_{10} = f(U_1)$，$P_{10} = f(U_1)$，如图4-35所示。

由于空载时转子电流很小，转子电阻损耗可忽略不计。在这种情况下，定子输入的功率转化为定子铜损耗 P_{Cu1}、铁损耗 P_{Fe} 和机械损耗 P_{fw}，所以从空载功率 P_{10} 中减去定子铜损耗 P_{Cu1}，就是铁耗与机械损耗两项之和，即

$$P_{10} - m_1 R_1 I_{10}^2 = P_{Fe} + P_{fw} \tag{4-79}$$

由于铁耗与磁通密度的二次方成正比，近似地可看成与电动机的端电压二次方成正比；机械损耗仅与转速有关而与电压无关，只要电动机的转速不变或变化不大，就可认为是个常数。因此，如果把铁耗与机械损耗两项之和与端电压的二次方值画成曲线 $P_{Fe}+P_{fw}=f(U_1^2)$，则该曲线将近似为一直线，如图 4-36 所示。将该直线延长，与纵轴交于 O' 点，过 O' 点做一条水平虚线，把曲线的纵坐标分成两部分，虚线与横轴之间的部分就是机械损耗 P_{fw}，虚线与曲线之间的部分则是随电压变化的铁耗 P_{Fe}。

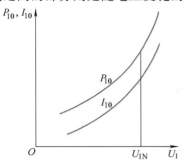

图 4-35　异步电动机的空载特性

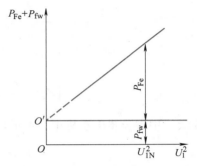

图 4-36　铁耗与机械损耗的分离

定子加额定电压时，根据空载试验测得的数据 I_{10} 和 P_{10}，可以算出

$$|Z_0|=\frac{U_1}{I_{10}},R_0=\frac{P_{10}-P_{fw}}{m_1 I_{10}^2},X_0=\sqrt{|Z_0|^2-R_0^2} \tag{4-80}$$

电动机空载时，转差率 $s\approx0$，转子侧可当作开路，于是根据 T 形等效电路，励磁电阻为

$$R_m=\frac{P_{Fe}}{m_1 I_{10}^2} \tag{4-81}$$

定子漏电抗 $X_{1\sigma}$ 可从堵转试验中测出，于是励磁电抗为

$$X_m=X_0-X_{1\sigma} \tag{4-82}$$

2. 堵转试验

堵转试验的目的是测定异步电动机的漏阻抗，试验是在转子堵转情况下（$s=1$）进行的。为了防止过电流的发生，堵转试验时要降低加在定子绕组上的电压。一般从 $U_{1L}=(0.3\sim0.4)U_{1N}$ 开始，逐步降低电压。记录试验中定子绕组的相电压 U_1、定子相电流 I_{1s} 和定子输入功率 P_{1s}，即得到堵转特性 $I_{1s}=f(U_1)$、$P_{1s}=f(U_1)$，如图 4-37 所示。

在异步电动机堵转时，$s=1$，代表总机械功率的附加电阻 $\frac{1-s}{s}R_2'=0$；又因为堵转试验时电源电压 U_{1L} 较低，E_1、Φ_1 很小，励磁电流也很小，可认为励磁支路开路，所以可得图 4-38 所示的堵转试验等效电路。由该等效电路可见，此时全部的输入功率都消耗在定子、转子的电阻上，即

$$P_{1s}=m_1 R_s I_{1s}^2=m_1(R_1+R_2')I_{1s}^2 \tag{4-83}$$

所以

$$R_2'=R_s-R_1 \tag{4-84}$$

根据堵转试验数据可以算出

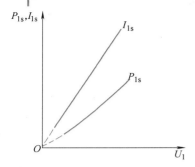

图 4-37 异步电动机堵转特性

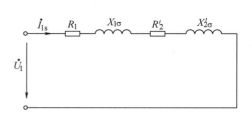

图 4-38 堵转试验等效电路

$$\mid Z_\mathrm{s} \mid = \frac{U_1}{I_{1\mathrm{s}}}, R_\mathrm{s} = \frac{P_{1\mathrm{s}}}{m_1 I_{1\mathrm{s}}^2}, X_\mathrm{s} = \sqrt{\mid Z_\mathrm{s} \mid^2 - R_\mathrm{s}^2} \tag{4-85}$$

在大、中型异步电动机中，可近似认为

$$X_{1\sigma} \approx X_{2\sigma}' = \frac{X_\mathrm{s}}{2} \tag{4-86}$$

对于小型异步电动机

$$X_{2\sigma}' = (0.55 \sim 0.7) X_\mathrm{s}, X_{1\sigma} = X_\mathrm{s} - X_{2\sigma}' \tag{4-87}$$

【例 4-8】 一台笼型三相异步电动机，$U_\mathrm{N} = 380\mathrm{V}$（丫联结），$I_\mathrm{N} = 19.8\mathrm{A}$，测得电阻 $R_1 = 0.5\Omega$。空载试验时定子所加电压为 380V，测得空载电流 $I_{10} = 5.4\mathrm{A}$，空载损耗 $P_{10} = 425\mathrm{W}$，其中机械损耗 $P_\mathrm{fw} = 80\mathrm{W}$。堵转试验时定子所加电压为 130V，堵转电流 $I_{1\mathrm{s}} = 19.8\mathrm{A}$，堵转损耗 $P_{1\mathrm{s}} = 1.1\mathrm{kW}$。如 $X_{2\sigma}' = 0.65 X_\mathrm{s}$，求电动机的参数 $X_{1\sigma}$、R_2'、$X_{2\sigma}'$、R_m 和 X_m。

解：由空载试验数据可求得

$$\mid Z_0 \mid = \frac{U_1}{I_{10}} = \frac{380}{\sqrt{3} \times 5.4}\Omega = 40.6\Omega$$

$$R_0 = \frac{P_{10} - P_\mathrm{fw}}{3 I_{10}^2} = \frac{425 - 80}{3 \times 5.4^2}\Omega = 3.94\Omega$$

$$X_0 = \sqrt{\mid Z_0 \mid^2 - R_0^2} = \sqrt{40.6^2 - 3.94^2}\Omega = 40.4\Omega$$

$$P_\mathrm{Cu1} = 3 R_1 I_{10}^2 = 3 \times 5.4^2 \times 0.5\mathrm{W} = 43.7\mathrm{W}$$

$$P_\mathrm{Fe} = P_{10} - P_\mathrm{Cu1} - P_\mathrm{fw} = (425 - 43.7 - 80)\mathrm{W} = 301\mathrm{W}$$

$$R_\mathrm{m} = \frac{P_\mathrm{Fe}}{3 I_{10}^2} = \frac{301}{3 \times 5.4^2}\Omega = 3.4\Omega$$

由堵转试验数据可求得

$$\mid Z_\mathrm{s} \mid = \frac{U_1}{I_{1\mathrm{s}}} = \frac{130}{\sqrt{3} \times 19.8}\Omega = 3.79\Omega$$

$$R_\mathrm{s} = \frac{P_{1\mathrm{s}}}{3 I_{1\mathrm{s}}^2} = \frac{1100}{3 \times 19.8^2}\Omega = 0.94\Omega$$

$$X_\mathrm{s} = \sqrt{\mid Z_\mathrm{s} \mid^2 - R_\mathrm{s}^2} = \sqrt{3.79^2 - 0.94^2}\Omega = 3.67\Omega$$

$$R_2' = R_\mathrm{s} - R_1 = (0.94 - 0.5)\Omega = 0.44\Omega$$

$$X'_{2\sigma} = 0.65X_s = 0.65 \times 3.67\Omega = 2.39\Omega$$

$$X_{1\sigma} = X_s - X'_{2\sigma} = (3.67 - 2.39)\Omega = 1.28\Omega$$

$$X_m = X_0 - X_{1\sigma} = (40.4 - 1.28)\Omega = 39.12\Omega$$

4.8 单相异步电动机

单相异步电动机只需单相电源供电，因而被广泛应用于家用电器、电动工具、医疗器械及轻工设备中。与同容量的三相异步电动机相比，单相异步电动机体积较大，运行性能稍差。因此，单相异步电动机大多是功率在 1kW 以下的小功率电动机。

单相异步电动机的结构与笼型三相异步电动机相似，但又有其自身的特点。通常单相异步电动机在定子上装有两个绕组：工作绕组和辅助绕组，而转子为笼型结构。

4.8.1 单相异步电动机的工作原理

当定子工作绕组接到单相电源上时，定子单相绕组产生脉振磁动势可分解成两个大小相等、转速相同、但转向相反的旋转磁动势 F_+ 和 F_-。正向磁动势 F_+ 产生的正向旋转磁场在转子绕组中感应电流 I_{2+}，I_{2+} 与正向旋转磁场相互作用产生正向电磁转矩 T_{e+}，T_{e+} 的方向与正转磁场的方向一致。同理，反向磁动势 F_- 也在电动机中产生反向电磁转矩 T_{e-}，其方向与反转磁场的方向一致。显然，正向转矩 T_{e+} 与反向转矩 T_{e-} 之和就是电动机的合成电磁转矩 T_e。

由异步电动机的 T_e-s 曲线可知，异步电动机的电磁转矩的大小是由转差率决定的，因此要知道 T_{e+} 和 T_{e-} 的变化情况，首先需研究正向转差率 s_+ 及反向转差率 s_-。

将正转磁场的旋转方向作为转子转速 n 的正方向，则对正转磁场而言，转子的转差率为

$$s_+ = \frac{n_1 - n}{n_1} = s \tag{4-88}$$

转子对反向旋转磁场的转差率为

$$s_- = \frac{-n_1 - n}{-n_1} = 2 - s \tag{4-89}$$

单相异步电动机的 T_e-s 曲线如图 4-39 所示。由于正向旋转磁场产生转矩的过程与普通三相异步电动机中通入正序电流时形成的旋转磁场产生转矩的过程完全相同，因此 $T_{e+} = f(s_+)$ 的曲线形状与一般的三相异步电动机的 T_e-s 曲线相似；由于 $F_+ = F_-$，电动机中正向磁通与反向磁通大小相等，只是二者的转向相反，因此只要将 $T_{e+} = f(s_+)$ 曲线转过 $180°$，就得到 $T_{e-} = f(s_-)$ 曲线；将 T_{e+} 和 T_{e-} 逐点相加，就得到合成电磁转矩 T_e。

从图 4-39 可以看出单相异步电动机的几个主要特点：

1）当转速 $n = 0$，即 $s = 1$ 时，正向转矩与反向转矩大小相等，方向相反，二者互相抵消，所以合成转矩 $T_e = 0$。因此，单相异步

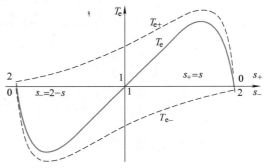

图 4-39　单相异步电动机的 T_e-s 曲线

电动机没有自起动能力，必须采取专门的措施使之起动。

2）只要单相异步电动机起动后，转速 $n \neq 0$，$s \neq 1$，$T_e \neq 0$，若 $T_e > T_L$，即使撤销起动措施，电动机仍能继续加速到某一转速稳定运行。

3）在 $s = 1$ 两侧，合成转矩曲线是对称的，因此单相异步电动机没有固定的转向，两个方向都可以旋转。

4）由于反向转矩的存在，使电动机的总转矩减小，当然最大转矩也随之减少，所以单相异步电动机的过载能力较低，约为同容量三相异步电动机的 70%。

5）与三相异步电动机相比，单相异步电动机性能较差。例如，反向磁场在转子感应的电流增加了转子铜耗，反向转矩的制动作用减小了电动机的输出功率，所以单相异步电动机的效率较低，为同容量三相异步电动机效率的 75%~90%。

4.8.2 两相绕组的磁动势

要使单相异步电动机能自行起动，必须如同三相异步电动机一样在电动机内部产生一个旋转磁场。产生旋转磁场最简单的方法是在两相绕组中通入相位不同的两相电流。因此，在单相电动机中，除了工作绕组 W_M 外，还在空间相隔 90° 电角度的地方安放一个辅助起动绕组 W_A，如图 4-40a 所示。如起动绕组电流 $\dot{I}_a$ 超前工作绕组电流 $\dot{I}_m$ 一个相角 φ，如图 4-40b 所示，则两相绕组的磁动势分别为

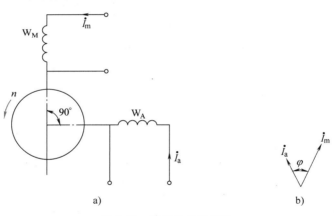

图 4-40 单相异步电动机

a）两相绕组 b）电流相位

$$f_a = F_a \cos \frac{\pi}{\tau} x \cos \omega t = \frac{1}{2} F_a \cos \left(\omega t - \frac{\pi}{\tau} x \right) + \frac{1}{2} F_a \cos \left(\omega t + \frac{\pi}{\tau} x \right) \tag{4-90}$$

$$f_m = F_m \cos \left(\frac{\pi}{\tau} x - \frac{\pi}{2} \right) \cos (\omega t - \varphi)$$

$$= \frac{1}{2} F_m \cos \left[\left(\omega t - \frac{\pi}{\tau} x \right) - \left(\varphi - \frac{\pi}{2} \right) \right] + \frac{1}{2} F_m \cos \left[\left(\omega t + \frac{\pi}{\tau} x \right) - \left(\varphi + \frac{\pi}{2} \right) \right] \tag{4-91}$$

电动机内的合成磁动势为

$$f = f_a + f_m$$

$$= \frac{1}{2}F_{\mathrm{a}}\cos\left(\omega t - \frac{\pi}{\tau}x\right) + \frac{1}{2}F_{\mathrm{a}}\cos\left(\omega t + \frac{\pi}{\tau}x\right) + \frac{1}{2}F_{\mathrm{m}}\cos\left[\left(\omega t - \frac{\pi}{\tau}x\right) - \left(\varphi - \frac{\pi}{2}\right)\right] +$$
$$\frac{1}{2}F_{\mathrm{m}}\cos\left[\left(\omega t + \frac{\pi}{\tau}x\right) - \left(\varphi + \frac{\pi}{2}\right)\right] \tag{4-92}$$

下面分几种情况进行讨论：

1）如果使起动绕组与工作绕组的磁动势幅值相等，并且使起动绕组的电流 $\dot{I}_{\mathrm{a}}$ 超前工作绕组的电流 $\dot{I}_{\mathrm{m}}$ 90°，即 $F_{\mathrm{m}} = F_{\mathrm{a}} = F$，$\varphi = 90°$，则合成磁动势为

$$f = \frac{1}{2}F\cos\left(\omega t - \frac{\pi}{\tau}x\right) + \frac{1}{2}F\cos\left(\omega t + \frac{\pi}{\tau}x\right) + \frac{1}{2}F\cos\left[\left(\omega t - \frac{\pi}{\tau}x\right) - \left(\frac{\pi}{2} - \frac{\pi}{2}\right)\right] +$$
$$\frac{1}{2}F\cos\left[\left(\omega t + \frac{\pi}{\tau}x\right) - \left(\frac{\pi}{2} + \frac{\pi}{2}\right)\right]$$
$$= F\cos\left(\omega t - \frac{\pi}{\tau}x\right) \tag{4-93}$$

此时电动机内部是一个正向旋转的圆形旋转磁动势，如同三相异步电动机一样，可以产生起动转矩。

2）如果两个绕组的磁动势不等，但电流相位差仍为 90°，即 $F_{\mathrm{m}} \neq F_{\mathrm{a}}$，$\varphi = 90°$，则合成磁动势为

$$f = \frac{1}{2}F_{\mathrm{a}}\cos\left(\omega t - \frac{\pi}{\tau}x\right) + \frac{1}{2}F_{\mathrm{a}}\cos\left(\omega t + \frac{\pi}{\tau}x\right) + \frac{1}{2}F_{\mathrm{m}}\cos\left[\left(\omega t - \frac{\pi}{\tau}x\right) + \left(\frac{\pi}{2} - \frac{\pi}{2}\right)\right] +$$
$$\frac{1}{2}F_{\mathrm{m}}\cos\left[\left(\omega t + \frac{\pi}{\tau}x\right) - \left(\frac{\pi}{2} + \frac{\pi}{2}\right)\right]$$
$$= \frac{1}{2}(F_{\mathrm{a}} + F_{\mathrm{m}})\cos\left(\omega t - \frac{\pi}{\tau}x\right) + \frac{1}{2}(F_{\mathrm{a}} - F_{\mathrm{m}})\cos\left(\omega t + \frac{\pi}{\tau}x\right) \tag{4-94}$$

可见，此时电动机内部存在两个圆形旋转磁动势。其中一个幅值为 $F_{+} = \frac{1}{2}(F_{\mathrm{a}} + F_{\mathrm{m}})$，向着 x 的正方向旋转，另一个幅值为 $F_{-} = \frac{1}{2}(F_{\mathrm{a}} - F_{\mathrm{m}})$，向着 x 的反方向旋转。两个幅值不等而转向相反的圆形旋转磁动势合成以后是一个幅值轨迹为椭圆的旋转磁动势，即椭圆形旋转磁动势，如图 4-41 所示。

3）同理，当两个绕组产生的磁动势大小相等，但电流相位差不为 90°时，或当两个绕组产生的磁动势大小既不相等，电流相位差也不是 90°时，电动机内部的磁动势均为椭圆形。

当电动机内部为椭圆形旋转磁动势时，虽然也能产生起动转矩，但由于反向旋转磁场的制动作用，起动转矩减少很多。

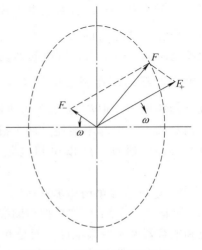

图 4-41　椭圆形旋转磁动势

4.8.3 单相异步电动机的主要类型和起动方法

根据起动方法或运行方式的不同，单相异步电动机主要有以下几种类型：

1. 电容起动单相异步电动机

电容起动单相异步电动机的接线图如图4-42a所示。起动绕组与电容器串联后和工作绕组接在同一电源。起动绕组电流 $\dot{i}_a$ 与工作绕组电流 $\dot{i}_m$ 的相位关系如图4-42b所示。如果起动电容选择适当，可以使 $\dot{i}_a$ 正好超前 $\dot{i}_m$ 90°电角度；如果电容及两个绕组的匝数适当，还可

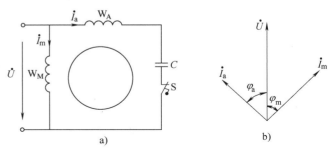

图 4-42 电容起动单相异步电动机
a) 接线图 b) 相量图

以使这两个绕组的磁动势大小相等，且由于两个磁动势在空间相差90°电角度，两者合成，就得到一个圆形旋转磁动势。因此电动机具有良好的起动性能。

起动绕组是按照短时运行方式设计的，如果长期通过电流会因过热而损坏。因此，当转速达到75%~80%同步转速时，由离心开关S把起动绕组从电源断开，电动机便转换到只有工作绕组的单相电动机运行状态。

2. 电阻起动单相异步电动机

在图4-42中，通过在起动绕组回路中串联电容使 $\dot{i}_a$ 与 $\dot{i}_m$ 产生相位差，这种方法称为电容分相。除电容分相外，还有电阻分相，一般是将起动绕组用较细的导线绕制，从而增大起动绕组本身的电阻，使 $\dot{i}_a$ 与 $\dot{i}_m$ 间产生相位差。图4-43a是电阻起动单相异步电动机的接线图，图4-43b表示起动绕组电流 $\dot{i}_a$ 与工作绕组电流 $\dot{i}_m$ 的相位关系。由于起动绕组的电阻很大，所以起动绕组的电流 $\dot{i}_a$ 超前工作绕组电流 $\dot{i}_m$，形

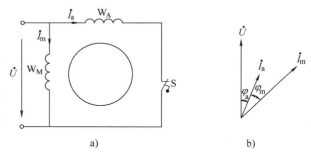

图 4-43 电阻起动单相异步电动机
a) 接线图 b) 相量图

成了两相电流，但 $\dot{i}_a$ 与 $\dot{i}_m$ 之间的相位差总是小于90°。虽然可以通过调整匝数使两相绕组磁动势相等，但却不能使这两个磁动势在时间上相差90°，因此电动机内部建立的磁场是椭圆形旋转磁场。所以单相电阻起动异步电动机的起动转矩比较小，而起动电流却比较大。

3. 电容运转单相异步电动机

如图4-44所示，如果把辅助绕组设计成能长期接在电源上工作，即起动以后，辅助绕组和电容器并不脱离电源，而是和主绕组一道参加运行，这就是电容运转单相异步电动机。适当选择电容器和辅助绕组的匝数，可以使单相异步电动机在运行时得到圆形旋转磁场，因

此其运行性能大为改善。但由于异步电动机的起动电流和稳态运行电流并不相等，因此电容运转单相异步电动机的起动性能较电容起动单相异步电动机稍差。

4. 双值电容单相异步电动机

为了得到起动性能和运行性能俱佳的单相异步电动机，可以在起动和运行时选配不同的电容器，使电动机在起动和运行时都能建立圆形旋转磁场，这就是电容起动、电容运转单相异步电动机，即双值电容单相异步电动机，其接线图如图 4-45 所示。

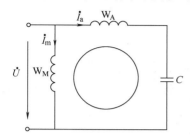

图 4-44　电容运转单相异步电动机

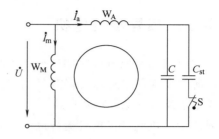

图 4-45　双值电容单相异步电动机

5. 罩极式单相异步电动机

罩极式单相异步电动机的结构如图 4-46a 所示，其定子铁心一般为凸极式，由硅钢片叠压而成。每个磁极上装有工作绕组，接到单相电源上工作。同时在极靴上开一小槽，槽中嵌入短路铜环（一般罩住极靴面积的 1/3 左右），称为罩极线圈。转子则为笼型。

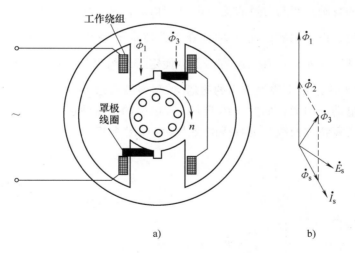

图 4-46　罩极式单相异步电动机
a）电动机结构　b）相量图

当主绕组通过单相交流电流时，便产生脉振磁通，其中一部分磁通 $\dot{\Phi}_1$ 不穿过短路环，它与主绕组中的电流相位一致，另一部分磁通 $\dot{\Phi}_2$ 穿过短路环，并在环中产生感应电动势 $\dot{E}_s$ 和电流 $\dot{I}_s$。$\dot{I}_s$ 产生的穿过短路环的磁通 $\dot{\Phi}_s$ 与主绕组产生的穿过短路环的 $\dot{\Phi}_2$ 合成短路环的总磁通 $\dot{\Phi}_3$。如图 4-46b 所示，由于 $\dot{E}_s$ 滞后 $\dot{\Phi}_3$ 90°，$\dot{I}_s$ 又滞后 $\dot{E}_s$ 一个相位角，且 $\dot{\Phi}_s$ 与 $\dot{I}_s$ 同相位,因此$\dot{\Phi}_3$滞后$\dot{\Phi}_1$一个相位角。由于$\dot{\Phi}_1$和$\dot{\Phi}_3$在空间分布上以及在时间上都存在相位差,所以它们的合成磁通在空间由超前的$\dot{\Phi}_1$向滞后的$\dot{\Phi}_3$移动,形成一种椭圆度较大的旋转磁场。在这种磁场的作用下,电动机将获得一定的起动转矩。

罩极式单相异步电动机结构简单,但起动转矩较小,主要用于小型电扇、电唱机、录音机和电动仪表上,功率一般在100W以下。

*4.9 三相异步发电机

异步电机与其他电机一样具有可逆性,既可作为电动机运行,也可作为发电机运行。不过,目前的交流发电机绝大多数是同步发电机,异步发电机只用于电网尚未到达的边远地区,或用于风力发电等特殊场合。

异步发电机既可以单机运行也可以与电网并联运行,以下分别予以讨论。

4.9.1 三相异步发电机的单机运行

如果用原动机拖动一台异步电机的转子,使它顺着旋转磁场的转向旋转,并使其转速n高于同步速n_1,即转差率$s<0$,则异步电机作为发电机运行。

三相异步发电机单机运行时,必须在定子绕组的端点并联三相对称的电容器,见图4-47a,通过电容来提供异步发电机所需的励磁电流,使其自励建压。

异步发电机的自励过程与并励直流发电机相似。首先,转子必须有一定的剩磁,当原动机拖动转子旋转时,由于剩磁磁通$\dot{\Phi}_r$的存在,致使定子绕组中感应出落后$\dot{\Phi}_r$ 90°的剩磁电动势$\dot{E}_r$,如图4-47b所示。$\dot{E}_r$加在电容器上,使定子绕组流过超前$\dot{E}_r$ 90°的容性电流$\dot{I}_c$,$\dot{I}_c$与$\dot{\Phi}_r$同相,则由$\dot{I}_c$流过定子绕组产生的磁通$\dot{\Phi}_c$与剩磁磁通$\dot{\Phi}_r$同相,使总的气隙磁场增强,从而使定子感应电动势增大,如此继续下去,发电机的电压便逐渐升高。稳态空载电压取决于异步发电机的空载特性曲线与电容线的交点a,如图4-47c所示。

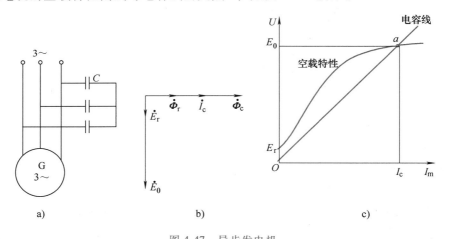

图4-47 异步发电机

a) 接线图　b) 自励时相量图　c) 自励过程

异步发电机自励的另一个条件就是要有足够的电容量 C ,以保证电容线与异步发电机的空载特性曲线交于稳定运行点 a 。

异步发电机单机负载运行时,发电机端电压和频率将随负载变化而变化,为保持电压和频率恒定,必须相应地调节原动机的驱动转矩和电容 C 的大小。

4.9.2 笼型三相异步发电机的并网运行

异步发电机组直接并网需要满足以下两个条件:一是发电机的相序与电网的相序相同;二是发电机的转速尽可能地接近同步转速。其中第一条必须严格遵守,否则,并网发电机将处于电磁制动状态。第二条的要求并不严格,但并网时发电机的转速与同步转速误差越小,并网时产生的冲击电流就越小,动态过程也越短。

笼型异步发电机与电网并联运行常见于风力发电机组,如图 4-48 所示。当风力机在风的作用下起动后,通过增速机构将异步发电机的转子驱动到同步转速附近时,进行自动合闸并网。由于并网前发电机本身无电压,并网过程中会产生 $5 \sim 6$ 倍额定电流的冲击电流,引起电网电压下降。因此,这种并网方式只能用于异步发电机在百千瓦级以下,且电网容量较大的场合。

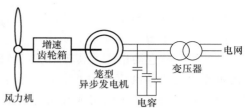

图 4-48 笼型异步发电机直接
并网风力发电机组

异步发电机在向电网提供有功功率的同时,需要从电网吸收无功功率,用于为发电机建立磁场,一般大中型异步发电机的励磁电流约为其额定电流的 $20\% \sim 30\%$,如此大的无功电流吸收,将加重电网无功功率的负担,使电网的功率因数下降,同时引起电网电压下降和线路损耗增大,影响电网的稳定性,因此,并网运行的异步发电机必须进行无功功率补偿,通常采用并联电容器的方法进行补偿。

异步发电机的转矩-转速特性如图 4-49 所示。当风力机传递到发电机的机械功率增大时,发电机的转速升高,如发电机的输出功率小于其最大转矩对应的功率,其输出功率和制动转矩随之增大,发电机在新的工作点达到平衡,可以稳定运行,所以从同步转速至最大转矩对应的转速点是直接并网的笼型异步发电机的稳定运行域。如发电机的输出功率超过其最大转矩对应的功率,发电机的制动转矩不增反降,使发电机的转速迅速上升而出现危险的飞车现象,为了保护发电机组,必须配备可靠的失速控制或限速保护装置。

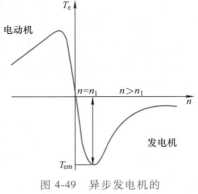

图 4-49 异步发电机的
转矩-转速特性

直接并网的笼型异步发电机正常运行时转速仅在很小的范围内变化,因此也称为定速风力发电机组。由于定速风电机组的转速变化范围很小,降低了风能的利用率;且当风速变化较大时,机组中的齿轮箱、主轴等机械部件会受到很大的机械冲击,缩短机组的使用寿命。因此,定速风力发电机组很快被变速恒频风力发电系统取代。

4.9.3 双馈异步发电机变速恒频风力发电系统

变速恒频发电系统通过控制发电机的转速随风速变化，能在较宽的风速变化范围内实现最大风能捕获，提高风力机的运行效率，被公认为目前最优的调节方式，是当前风力发电的主流技术。变速恒频控制系统具有多种不同的实现形式，其中，采用双馈异步发电机的变速恒频方案在目前的风力发电技术中占主导地位，其结构如图 4-50 所示。

双馈异步发电机在结构上就是一台绕线转子异步发电机，其

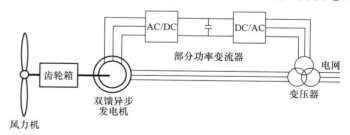

图 4-50 双馈异步发电机的变速恒频风力发电系统

定子绕组与电网直接相连，其转子绕组经过集电环和电刷通过双向变流器与电网相连。发电机的励磁由变流器供给，通过控制变流器，不仅可以控制交流励磁的幅值、相位和频率，实现变速恒频运行，还可以实现有功功率和无功功率控制。因此，发电机向电网输出的功率由两部分组成：直接由定子输出的功率和通过变流器从转子输出的功率，双馈异步发电机由此得名。可见，双馈异步发电机既具有异步电机的特点，又具有同步电机的某些特点。

由于双馈风力发电系统的变流器配置在转子回路，仅处理双向流动的转差功率，因此双馈风力发电机组对转子侧变流器的容量要求较小，仅为机组额定容量的 30%~50%，可以大大降低系统的成本。

异步发电机的定子、转子电流产生的旋转磁场始终保持相对静止，发电机的转速与定子、转子电流的频率之间的关系为

$$f_1 = \frac{pn}{60} \pm f_2 \tag{4-95}$$

由式（4-95）可见，当发电机的转速变化时，可通过调节转子回路的频率 f_2 来维持定子绕组的频率 f_1 不变，以保证其与电网频率相同，实现变速恒频控制。

转子侧变流器的控制作用相当于在转子回路中串入了一个转差频率的附加电压，据此可得双馈异步发电机的等效电路，如图 4-51 所示。由等效电路可知，从转子传递到定子的电磁功率可表示为

$$P_e = -m_1 I_2'^2 R_2' - m_1 I_2'^2 \frac{1-s}{s} R_2' + m_1 U_2' I_2' \cos\varphi_2 + m_1 \frac{1-s}{s} U_2' I_2' \cos\varphi_2 \tag{4-96}$$

定义 $P_{Cu2} = -m_1 I_2'^2 R_2' + m_1 U_2' I_2' \cos\varphi_2$ 为广义铜耗，$P_m = -m_1 I_2'^2 \frac{1-s}{s} R_2' + m_1 \frac{1-s}{s} U_2' I_2' \cos\varphi_2$ 为转子轴上的总机械功率，此项为正，表示轴的机械功率转化为电磁功率；此项为负，表示电磁功率转化为机械功率。可见，$P_{Cu2} = sP_e$，$P_m = (1-s)P_e$。根据转子转速的不同，双馈异步发电机具有以下三种运行状态。

1）亚同步运行状态。亚同步运行状态是变速风力机的主要运行状态。在此状态下 $n < n_1$，转差率 $s > 0$，输入转子三相对称绕组中的转差功率 $sP_e > 0$，即需要向转子绕组输入电功率。此时，由原动机转化过来，并由定子输出的电功率比转子传送到定子的电磁功率小。图

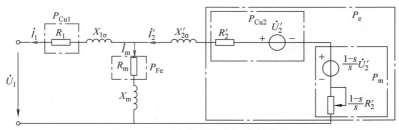

图 4-51　双馈异步发电机等效电路

4-52 是亚同步运行状态下的功率流程图。

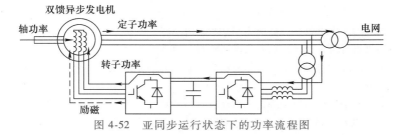

图 4-52　亚同步运行状态下的功率流程图

2）超同步运行状态。在此状态下 $n>n_1$，转差率 $s<0$，输入转子三相对称绕组中的转差功率 $sP_e<0$，即转子发出的电能通过变流器馈入电网，定子和转子同时发电，总输出电功率为 $(1+|s|)P_e>P_e$，这是双馈发电机的一个重要特性。图 4-53 是超同步运行状态下的功率流程图。

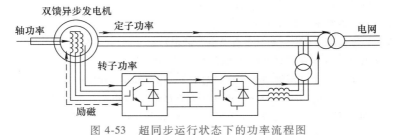

图 4-53　超同步运行状态下的功率流程图

3）同步运行状态。在此种状态下 $n=n_1$，$s=0$，这表明此时通入转子绕组的电流的频率为 0，即为直流电流。在这种工况下，双馈异步发电机相当于同步发电机运行。

思考题与习题

4-1　为什么三相异步电动机的定子、转子铁心要用硅钢片叠压而成？

4-2　容量和相电压相同的三相异步电动机与三相变压器，哪个空载电流大，为什么？

4-3　如何用转差率 s 来区分三相异步电动机的各种运行状态？

4-4　为什么大中型交流电机的绕组大多采用双层短距绕组？

4-5　产生振磁动势、圆形旋转磁动势和椭圆形旋转磁动势的条件有什么不同？

4-6　额定频率为 50Hz 的三相异步电动机，接到 60Hz 的交流电源，其转速、磁通和空载电流是否变化，如何变化？

4-7　如果一台交流电机绕组的电动势 3 次谐波已由短距消除，那么其 5 次和 7 次谐波的短距因数是多少？

4-8 把三相异步电动机接到电源的三个接线头对调两根，电动机的转向将如何改变？为什么？

4-9 为什么转子绕组自行闭合的三相异步电动机在理想空载时转子相当于开路，而在堵转时相当于转子短路？将绕线转子三相异步电动机的定子接到三相对称电源，转子开路，电动机能否旋转，为什么？

4-10 用分析变压器的方法分析三相异步电动机，其不同点是什么？

4-11 异步电动机的等效电路如何简化，为什么？

4-12 异步电动机等效电路中电阻 $\frac{1-s}{s}R_2'$ 代表什么？能用电感或电容代替吗？

4-13 如果电源电压下降，而负载转矩不变，对异步电动机的转速、定子电流、气隙磁通、功率因数各有什么影响？

4-14 异步电动机的转子磁动势相对转子的转向和转速与转子的转向和转速有何关系？当转速变化时，转子磁动势相对定子的转向和转速是否变化？

4-15 异步电机运行在发电机状态和电磁制动状态时，转子磁动势与定子磁动势是否有相对运动？

4-16 异步电动机运行时，为什么总要从电源吸收电感性无功功率？

4-17 绕线转子异步电动机转子绕组的相数和磁极数总是与定子绕组的相同，而笼型异步电动机转子的相数和磁极数如何确定？

4-18 异步电动机定子绕组与转子绕组之间没有直接的联系，为什么负载增加时，定子电流和输入功率会自动增加，试说明其物理过程。从空载到满载电动机主磁通有无变化？

4-19 异步电动机在轻载下运行时，为什么其效率和功率因数都较额定负载低？如定子绕组为△联结的异步电动机改为丫联结运行，在轻载下其效率和功率因数如何变化？

4-20 三相异步电动机在运行中有一相突然断线，会发生什么情况？

4-21 做空载试验时为什么可以不计转子铜耗？做短路试验时为什么可以不计定子铁耗？

4-22 三相异步电动机能否接到单相电源运行？

4-23 异步发电机的自励条件有哪些？

4-24 一台 YD 系列单绕组双速三相异步电动机，额定转速分别为 1440r/min 和 980r/min，这台电动机的定子绕组可以接成几极？在两种不同极数下运行时，其转差率各是多少？

4-25 已知一台 Y180M-4 型异步电动机的额定功率 $P_N = 18.5kW$，额定电压 $U_N = 380V$，额定功率因数 $\cos\varphi_N = 0.866$，额定效率 $\eta_N = 89.95\%$，额定转速 $n_N = 1470r/min$，求电动机的额定电流和额定转矩。

4-26 已知 Y225M-6 型异步电动机的额定电流 $I_N = 58A$，额定电压 $U_N = 380V$（三角形联结），定子绕组为双层短距绕组，定子槽数 $Q_1 = 54$，节距 $y_1 = 8$，每相串联匝数 $N = 126$，求三相绕组的基波合成磁动势以及 5 次、7 次谐波合成磁动势幅值。

4-27 一台额定频率为 50Hz 的三相异步电动机，定子为双层短距分布绕组，定子槽数 $Q_1 = 54$，极数 $2p = 6$，线圈节距 $y_1 = 8$，每相串联匝数 $N = 126$，额定运行时定子绕组的每相电动势为 $E_1 = 208V$，求电动机的每极磁通量。

4-28 一台绕线转子三相异步电动机，当转子堵转，且转子绕组开路时，转子绕组每相感应电动势为 110V，电动机的额定转速为 $n_N = 975r/min$，当电动机额定运行时，转子电动势是多大？

4-29 一台 6 极笼型三相异步电动机，接在 50Hz 的三相电源上，其额定电压 $U_N = 380V$（丫联结），其参数为 $R_1 = 0.316\Omega$，$X_{1\sigma} = 0.631\Omega$，$R_m = 11.09\Omega$，$X_m = 159.4\Omega$，$R_2' = 0.439\Omega$，$X_{2\sigma}' = 0.402\Omega$，试分别用 T 形等效电路和简化等效电路计算转速 $n = 975r/min$ 时电动机的定子电流、输入功率和功率因数。

4-30 一台 4 极笼型三相异步电动机，接在 50Hz 的三相电源上，其额定数据为额定电压 $U_N = 380V$（丫联结），额定转速 $n_N = 1400r/min$，其参数为 $R_1 = 5.205\Omega$，$X_{1\sigma} = 4.256\Omega$，$R_m = 4.626\Omega$，$X_m = 194.6\Omega$，$R_2' = 4.767\Omega$，$X_{2\sigma}' = 7.544\Omega$，额定负载时的机械损耗及附加损耗共为 45W，求额定转速时的定子电流、功率因数、输入功率及效率。

4-31 一台 8 极三相异步电动机，$P_N = 22kW$，$U_N = 380V$（△联结），$f_N = 50Hz$，$P_{Cu1} = 729.2W$，$P_{Fe} =$

535.1W，$P_{Cu2} = 729.2W$，$P_{fw} = 200W$，$P_{ad} = 220W$，试求：（1）总机械功率；（2）电磁功率；（3）额定转速；（4）电磁转矩；（5）空载转矩；（6）额定效率。

4-32 一台笼型三相异步电动机，$P_N = 3kW$，$U_N = 380V$（丫联结），$I_N = 7.26A$，测得电阻 $R_1 = 2.01\Omega$。空载试验时定子所加电压为 380V，测得空载电流 $I_{10} = 3.65A$，空载损耗 $P_{10} = 245W$，其中机械损耗 $P_{fw} = 11W$。堵转试验时定子所加电压为 90V，堵转电流 $I_{1s} = 6.35A$，堵转损耗 $P_{1s} = 380.7W$。如 $X'_{2\sigma} = 0.65X_s$，求电动机的参数 $X_{1\sigma}$、R'_2、$X'_{2\sigma}$、R_m 和 X_m。

自 测 题

1. 三相异步电动机若起动前一根相线断开了，则当接通电源时（   ）。

   A. 能起动，但转速不能升高到额定转速　　B. 不能起动

   C. 轻载能起动　　　　　　　　　　　　　D. 能正常起动

2. 三相异步电动机在轻载运行时若一根相线断开了，则该电动机（   ）。

   A. 立刻停机　　　　　　　　　　　　　　B. 继续运行，但转速要升高

   C. 发生飞车　　　　　　　　　　　　　　D. 继续运行，但转速要降低

3. 一台笼型感应电动机的转子原来是插铜条的，后因损坏，转子笼改为铸铝转子。如果输出同样的转矩，则该电动机的起动电流和运行效率的变化是（   ）。

   A. 起动电流增大、运行效率降低　　　　　B. 起动电流增大、运行效率提高

   C. 起动电流减小、运行效率降低　　　　　D. 起动电流减小、运行效率提高

4. 某三角形联结的交流电机其定子三相绕组接在对称三相交流电源上，若运行时内部某相绕组因故断开，则定子绕组所产生的磁场为（   ）。

   A. 圆形旋转磁场　　　　　　　　　　　　B. 脉振磁场

   C. 直流磁场　　　　　　　　　　　　　　D. 椭圆形旋转磁场

5. 某三相绕线转子异步电动机，在临界转差率 $s_m < 1$ 范围内增加转子电阻 R_2 时，起动电流 I_{st} 和起动转矩 T_{st} 的变化情况是（   ）。

   A. I_{st} 和 T_{st} 都增加　　　　　　　　　B. I_{st} 和 T_{st} 都减小

   C. I_{st} 增加、T_{st} 减小　　　　　　　　D. I_{st} 减小、T_{st} 增加

6. 某绕线型三相异步电动机，其额定转速为 975r/min。当转子堵转时，测得转子绕组的开路相电压为 100V，额定运行时，转子绕组每相电动势为（   ）。

   A. 100V　　　　B. 97.5V　　　　C. 2.5V　　　　D. 102.5V

7. 异步电动机在轻载运行时，其同步转速比额定负载时（   ）。

   A. 不变　　　　　　B. 变小　　　　　　C. 变大　　　　　　D. 不确定

8. 三相异步电动机的电磁转矩是由（   ）相互作用产生的。

   A. 旋转磁场与定子电流　　　　　　　　　B. 旋转磁场与转子电流的有功分量

   C. 定子电流与转子电流　　　　　　　　　D. 旋转磁场与转子电流的无功分量

9. 一台额定频率为 50Hz、磁极对数为 4 的三相异步电动机的转差率为 0.04，其定子绕组产生的旋转磁场的转速应为（   ）

   A. 3000r/min　　　B. 720r/min　　　C. 1000r/min　　　D. 750r/min

10. 关于异步电动机，下列说法错误的是（   ）。

   A. 异步电动机的额定转差率一般小于临界转差率

   B. 大型异步电动机一般采用减压起动的方式，目的是为了减小起动电流

   C. 异步电动机刚起动瞬间，起动电流最大，因而起动转矩也是最大

   D. 绕线型异步电动机工作时，转子三相绕组的引出线应短接在一起

第5章　同步电机

同步电机（Synchronous Electric Machine）是工作原理与异步电机不同的另一大类交流电机。

同步电机的转子转速等于旋转磁场的同步转速，即转子与旋转磁场同步旋转，这就是其名称的由来。同步电机的转速与电网的频率成正比，只要电网的频率不变，同步电机的转速就会保持为常数。同步电机最突出的优点是其功率因数的可调节性，因此，同步电机也常作为调节功率因数的补偿机来使用。

根据电机的可逆性原理，同步电机既可以作为发电机运行，也可以作为电动机运行。现代发电站中的交流发电机几乎全是三相同步发电机。在工矿企业中，一些要求恒定转速的大功率机械设备的驱动装置也常常选用同步电动机。这是因为同步电动机在驱动机械负载的同时，还能提高电网等效负载的功率因数，这对电网的经济运行意义重大。近年来，随着变频器的广泛使用，解决了同步电动机的起动和调速问题，进一步扩大了其应用范围。

本章以三相同步发电机为主，分析同步电机的工作原理和运行特性，讨论同步发电机并网运行的条件，最后简要介绍同步电动机和同步补偿机。

5.1　同步电机的基本结构和额定值

同步电机的种类较多，工作原理和励磁方式等均有所不同。本节主要介绍电励磁的三相同步电机的基本结构和励磁方式。鉴于同步电机大量用于大容量的发电机，故所举图例也以发电机为主。

5.1.1　同步电机的基本结构

定子和转子是同步电机的两大基本组成部分。由于励磁磁极既可以安装在定子上，也可安装在转子上，因此，同步电机有旋转电枢式和旋转磁极式两种结构型式。旋转电枢式同步电机与直流电机的结构型式类似，励磁磁极安装在定子上，电枢绕组安装在转子上。电枢绕组需经过电刷和集电环与外部电路相连。显然，对于高电压、大电流的同步电机不适合采用这种结构。旋转磁极式同步电机的励磁磁极安装在转子上，电枢绕组安装在定子上。虽然励磁绕组也要经过电刷和集电环与外部电路相连，但励磁绕组的容量远远小于电枢绕组的容量，电刷和集电环只通过较小的励磁电流。如果采用旋转整流器励磁，还能省去电刷和集电环装置。因此，大中型同步电机采用旋转磁极式这种结构比较合理。

旋转磁极式同步电机的基本结构如图 5-1 所示，下面介绍其定子和转子的基本结构型式。

1. 定子

同步电机的定子是能量转换的枢纽，故又称为电枢。定子由定子铁心、定子绕组、机座、端盖等部件组成，其结构型式与异步电机基本相同。

定子铁心（电枢铁心）一般用 0.35~0.5mm 厚的硅钢片叠压而成，每叠厚度为 3~6cm，

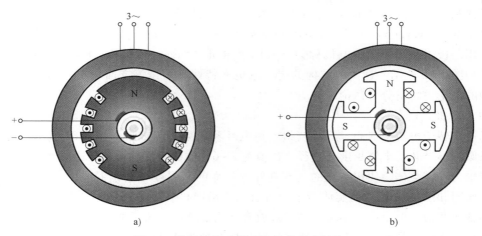

图 5-1　旋转磁极式同步电机的基本结构

a）隐极式　b）凸极式

叠与叠之间留有宽 0.8~1cm 的通风槽。整个铁心用非磁性压板压紧，固定在定子机座上。定子铁心既是主磁路的一部分，又用于嵌放定子绕组。对于大型水轮发电机的定子铁心，由于直径较大，按制造和运输条件可做成整体式或分瓣式结构。

定子绕组（电枢绕组）为对称三相交流绕组，一般由矩形铜线或若干根铜线并联制成。如果定子绕组采用水内冷，则由实心导线和空心导线交叉组成。定子绕组采用双层短距叠绕组，嵌放于定子铁心内圆周上的矩形开口槽内，槽口用槽楔封住。定子三相绕组采用丫形或丫丫形联结。

机座和端盖是电机的外壳，起固定电机、保护内部构件以及支撑定子、转子和轴承的作用。一般用有足够的强度和刚度的厚钢板焊接而成。

同步电机的定子如图 5-2 所示。其中，图 5-2a 是汽轮发电机的定子，图 5-2b 是已经安置于机座中的水轮发电机的定子，它们的定子绕组已经安放完毕。

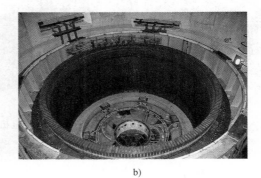

a）　　　　　　　　b）

图 5-2　同步电机的定子

a）汽轮发电机的定子　b）水轮发电机的定子

2. 转子

同步电机的转子是产生主极磁场的地方，按照转子主磁极形状的不同，同步电机又可分为隐极式和凸极式两种基本类型。采用隐极式转子的同步电机称为隐极同步电机（Cylindrical Rotor Synchronous Motor 或 Non-Salient Pole Synchronous Motor），其结构原理如图 5-1a 所示；采用凸极式转子的同步电机称为凸极同步电机（Salient Pole Synchronous Motor），其结构原理如图 5-1b 所示。这两种结构的同步电机在特性和用途等方面均不相同，因此，在各种问题的讨论中均是分开讨论的。

（1）隐极式转子

隐极式转子由转子铁心、励磁绕组、集电环和风扇等组成。如图 5-3a 所示，转子铁心呈细长圆柱形，转子本体长度与直径之比值为 2~6，电机容量越大，此比值就越大。转子铁心与转轴为一个整体，使用整块的具有良好导磁性的高强度合金钢锻成。由图 5-1a 所示的径向剖面图和图 5-3a 所示的实体转子中可看出，沿隐极转子外圆周约三分之二的部分开有较多的轴向凹槽，形成许多小齿，其中嵌放直流励磁绕组。余下部分没有开槽，形成一个大齿，大齿中心线就是转子磁极的轴线。转子磁极及轴线就是同步电机的主磁极和直轴。

转子本体两端的伸长部分就是转轴，一端与原动机相联，另一端与励磁机连接。励磁绕组是由扁铜线绕成的同心线圈，使用槽楔紧固在转子槽中。

由于隐极式转子结构的机械强度高，故由高转速原动机驱动的发电机的转子都采用隐极式转子。例如，由汽轮机驱动的发电机（汽轮发电机）均是隐极发电机。大容量汽轮发电机的转子圆周的线速度可达 170~180m/s。

a)

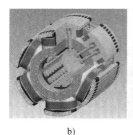

b)

c)

d)

图 5-3 同步电机的转子

a）隐极转子铁心 b）凸极转子结构图 c）16 极凸极转子 d）72 极凸极转子

（2）凸极式转子

凸极式转子由主磁极、磁轭、励磁绕组、集电环、阻尼绕组、转轴和转子支架等组成。如图 5-3b 所示，凸极式转子为粗而短的圆柱形，有明显突出的磁极，它与定子之间构成不均匀的气隙。主磁极是使用 1~1.5mm 厚钢板冲成的磁极冲片叠压而成，外套励磁绕组（集中绕组）。磁轭是用于固定磁极并构成磁路，一般使用 2~4.5mm 厚钢板冲成扇形片叠压而成，其外圆周形成倒 T 形缺口，用于安装主磁极。最后用铆钉将磁极和磁轭联成一体。

凸极转子中还常装有阻尼绕组，它是由插入主磁极极靴槽中的铜条和两端的端环焊成的一个闭合绕组，与笼型感应电机转子的笼型绕组结构相似。在同步发电机中，阻尼绕组起抑制过渡过程中转子机械振荡的作用，在同步电动机和补偿机中，主要作为起动绕组用。

转轴用高强度的钢锻成，通过转子支架安装在磁轭中。转轴的两端分别与原动机和励磁机连接。

凸极转子制造简单，但机械强度不如隐极式转子，主要用于转速较低的同步电机中。例如，由低转速水轮机驱动的发电机（称为水轮发电机）的转子都是采用凸极式转子，这种转子的磁极对数都较多，有的多达 40~50 对（转速越低磁极对数越多），而转子的外径与轴向长度之比可达 5~7，甚至更大。图 5-3c 所示是一种具有 16 个磁极的凸极转子，图 5-3d 所示是一种具有 72 个磁极的 150MW 水轮发电机的转子，其外径与轴向高度之比约为 13.4m/1.7m，采取立式安装。

同步电动机、同步补偿机以及由内燃机驱动的同步发电机大都采用凸极式转子结构，少数高速同步电动机采用隐极式转子结构。

目前，我国电力的 75% 左右是由大型汽轮发电机提供的，15%~20% 是由大型水轮发电机提供的。1955 年我国生产出首台 6000kW 汽轮发电机组，开创了我国汽轮发电机组的制造历史。历经半个多世纪的技术进步，现已达到生产 1200MW 汽轮发电机组的能力。在新建的火力发电厂，汽轮发电机的单机容量一般在 600~1000MW。自 1955 年我国设计制造了 10MW 水轮发电机组，到 2007 年，三峡电站右岸安装了首台自主研制的全国产化、单机容量为 700MW 的巨型水轮发电机（这是当时世界最大单机容量水轮发电机组），标着我国水轮发电机组的设计能力与制造水平达到了国际领先水平。而在 2012 年建成的金沙江向家坝水电站，其水轮发电机机组的单机容量为 800MW，在 2022 年建成的白鹤滩水电站，其单机容量达到了 1000MW。这种百万千瓦级巨型水轮发电机组已经成为世界水电行业的标志。

图 5-4a 所示是 1000MW 大型汽轮发电机组，按照汽轮机—发电机—励磁机的顺序水平排列（卧式结构），除此之外，还有复杂的冷却系统，故其体积十分庞大。图 5-4b 所示是一台由内燃机驱动的 40MW 小型凸极同步发电机。图 5-4c 所示是 700MW 大型水轮发电机的转子吊装现场。图 5-4d 是水轮发电机组示意图，水轮发电机组一般位于地下厂房内，采用立式安装，车间地面是励磁机，下面依次是发电机和水轮机等。

5.1.2　同步电机的励磁系统

为同步电机励磁绕组提供直流励磁电流的装置称为励磁系统。励磁系统是同步电机的重要组成部分，其性能优劣直接影响到整个机组的安全、经济与稳定运行。为了保证同步电机的正常运行，励磁电源不仅要稳定地提供同步电机从空载到满载以及过载时所需的励磁电流，还必须在电力系统发生故障而使电网电压下降时，能快速强行励磁，以提高系统的稳定性，另外，当同步电机内部发生短路故障时，应能快速灭磁。

目前，同步电机转子励磁绕组所需的直流励磁电流主要由以下几种形式的励磁系统提供。

1. 直流励磁机励磁系统

直流励磁机励磁系统有两种形式，第一种是由与同步发电机同轴的并励直流发电机组成，其输出电压通过电刷和集电环装置输入到同步电机的转子励磁绕组，第二种是由与同步电机同轴的主励磁机和副励磁机构成，主励磁机是他励直流发电机，副励磁机是一台并励直

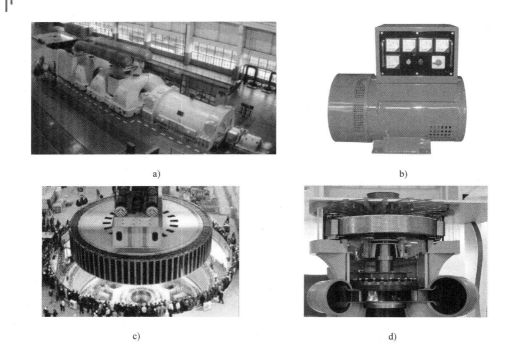

图 5-4 同步发电机组

a）汽轮发电机组 b）小型同步发电机 c）水轮发电机的转子吊装 d）水轮发电机组

流发电机，它为主励磁机励磁，主励磁机即为直流励磁电源。第二种形式的励磁系统在调节励磁电流时，有较快的响应速度。

为使同步发电机的输出电压保持恒定，常在励磁电路中加入一个反映发电机负载电流的反馈分量。当负载增加时，励磁电流应相应增大，以补偿电枢反应和漏阻抗压降的作用。

2. 交流励磁机——静止整流器励磁系统

静止整流器励磁系统由与同步电机同轴的交流主励磁机、交流副励磁机、静止整流器、电压调节器以及灭磁回路等组成。主励磁机是一台额定频率为 100Hz 的三相同步发电机，其输出通过三相不可控整流电路产生同步电机所需要的直流励磁电压。副励磁机是一台额定频率为 400Hz 的中频三相同步发电机（可采用永磁发电机），其输出通过三相可控整流电路产生主励磁机所需要的直流励磁电压。副励磁机工作之初由外部直流电源供电，待有稳定电压输出后，切换为自励。电压调节器根据主电路的电压和电流实时产生整流电路的触发信号，以调节主励磁机的励磁电流，进而自动控制同步电机的励磁电流。

这种交流励磁系统解决了直流励磁机的换向器在大电流时火花严重的问题，能够提供比直流励磁机励磁系统更大的励磁容量，故在大容量同步发电机中得到了广泛应用。

3. 旋转整流器励磁系统（无刷励磁系统）

以上两种励磁系统都需要使用电刷和集电环装置才能将直流电流引入同步电机的励磁绕组。如果把交流励磁机（主励磁机）做成旋转电枢式同步发电机，并把它安装在被励磁同步电机的转轴上，然后把整流器也固定在主励磁机的电枢上使其一起旋转，这就组成了旋转整流器励磁系统。因为交流励磁机的电枢、整流器以及同步电机的励磁绕组均装设在同一旋转体上，故不再需要电刷和集电环装置。

大型同步发电机的励磁电流可达数千安，如果通过电刷和集电环装置引入励磁电流，会引起集电环的严重过热，采用旋转整流器励磁，就很好地解决了这个问题。而且这种励磁方式的运行比较可靠，尤其适合于要求防燃、防爆的特殊场合。目前，大、中容量的汽轮发电机、补偿机以及在特殊环境中工作的同步电动机大多采用旋转整流器励磁。

4．机端自励系统

机端自励系统轴上没有旋转的励磁机，励磁电源来自同步发电机自身，即将同步发电机的输出经过三相可控整流电路得到可调的直流励磁电压。此种励磁方式已广泛应用于各个容量等级的同步发电机中。

5.1.3 同步电机的冷却方式

同步电机有比其他任何电机都复杂的冷却系统。这是因为，同步电机一般容量都比较大，即使只有 1%～3% 的功率损耗，由此在电机内部产生的热量也是相当可观的。特别是汽轮发电机，其机身细长，转子和电机中部的通风比较困难。因此，良好的通风、冷却系统对同步电机尤为重要。事实上，同步电机的冷却方式与单机容量以及性能之间存在相互制约的关系，只有随着冷却技术的进步，同步电机才能向更大容量发展。

冷却方式是指在电机内部循环的冷却介质与发电机内部产生损耗的部件进行热交换的方式、冷却介质的种类及其循环方式。通常使用的冷却介质有空气、水和氢气。

汽轮发电机的冷却方式有：

1）全空冷方式。一种是采用风扇通风冷却电机内的定子绕组、转子绕组和定子铁心；另一种是定子绕组和定子铁心采用通风冷却，转子绕组采用空气内冷。此种冷却方式一般用于中小容量的发电机。

2）全氢冷方式。其定子绕组和转子绕组采用氢气内冷，定子铁心亦采用氢气冷却。

3）水氢氢冷却方式。其定子绕组采用水内冷，转子绕组采用氢气内冷，定子铁心采用氢气冷却。

4）双水内冷方式。其定子绕组和转子绕组采用水内冷，而定子铁心采用空气冷却。

5）全水冷方式。一般用于容量在 1000MW 以上的发电机。

水轮发电机的冷却方式有：

1）全空冷方式。这是一种由离心风机产生冷却风，经转子、定子中的风沟，形成径向双风道的全封闭空冷循环方式。随着发电机容量的增加，全空冷技术难度将越来越大。

2）半水内冷方式。定子绕组采用水内冷，转子绕组和定子铁心采用空冷。例如，三峡左岸发电机采用了半水内冷方式。

3）蒸发冷却方式。此方式与半水内冷方式的不同之处是定子绕组空心线棒内的冷却介质不是水，而是一种汽化温度较低的液体。这是我国自主研发的新型大型水轮发电机的冷却方式。

目前，水轮发电机的这三种冷却方式都已经应用于单机容量为 700MW 级的三峡大型水轮发电机组中。

5.1.4 同步电机的基本类型

同步电机可按如下一些方式进行分类。

1. 按用途分类

同步电机按用途不同可分为发电机、电动机和补偿机。其中，同步发电机按原动机的不同又可分为汽轮发电机和水轮发电机，以及以柴油机等动力机械拖动的同步发电机。补偿机是一种不输出有功功率、只输出无功功率、用于调节电网功率因数的电机。

2. 按结构型式分类

同步电机按转子功能的不同，可分为旋转电枢式同步电机和旋转磁极式同步电机两类。

旋转磁极式同步电机按转子结构型式的不同，又可分为凸极同步电机和隐极同步电机两种；按照安装型式的不同，还有立式结构和卧式结构之分。

就发电机而言，汽轮发电机和由内燃机拖动的发电机均采用卧式布置，而水轮发电机有立式与卧式两类。低速、大中型水轮发电机采用立式结构布置，小型水轮发电机机组、冲击式水轮机或贯流式水轮机拖动的同步发电机组（通常转速高于 375r/min）采用卧式布置。就电动机而言，除大型水泵电动机采用立式结构外，绝大部分同步电动机、同步补偿机都采用卧式结构。

3. 按冷却方式分类

同步电机可以按照冷却方式的不同分类，有空气冷却、氢气冷却、水冷却和混合冷却等。对于大中型同步电机主要采用混合冷却的方式（参见 5.1.3 节）。

5.1.5 同步电机的额定值

同步电机的额定值主要有以下几个。

1. 额定容量 S_N 或额定功率 P_N

额定容量或额定功率均是指同步电机额定运行时的输出功率。

对于同步发电机，额定容量是指额定运行时电枢输出的额定视在功率，额定功率是指同步发电机额定运行时电枢输出的额定有功功率。对于同步电动机，额定功率是指额定运行时轴上输出的额定机械功率，补偿机则用无功功率表示。

2. 额定电压 U_N

额定电压是指同步电机在额定状态下运行时电枢的线电压。我国中小功率同步发电机的额定电压一般有：230V、400V、3.15kV；大中型同步发电机的额定电压有 6.3kV、10.5kV、13.8kV、15.75kV、18kV、20kV 和 22kV 等。

3. 额定电流 I_N

额定电流是指同步电机在额定状态下运行时电枢的线电流。

目前，三相同步发电机的单机容量越来越大，相应的额定电压和额定电流也在提高和增大。额定电压的升高要求提高绝缘材料的耐压水平。电流增大则带来比较大的困难，一是发热增大、温度升高，对绝缘不利；二是大电流会产生较大的电磁力。因此，从发电机安全运行观点出发，大型同步发电机的额定电压宜选高一些，以尽量降低定子电流。根据当前绝缘材料的制造水平，600MW 级及以上容量同步发电机的额定电压一般为 20kV 或 22kV。

4. 额定功率因数 $\cos\varphi_N$

额定功率因数是指同步电机在额定状态下运行时电机的功率因数。一般 $\cos\varphi_N = 0.8 \sim 0.9$，现代大型同步发电机的额定功率因数大都设计为 0.9。实际运行中，发电机的功率因数为 0.8~0.95。在低功率因数运行时，应当使输出有功功率低于额定功率。

5. 额定频率 f_N

额定频率是指同步电机在额定状态下运行时电枢的频率。我国同步电机的额定频率规定为 50Hz。

6. 额定转速 n_N

额定转速指同步电机在额定状态下运行时电机的转速，额定转速即为同步转速。一般，汽轮发电机的额定转速为 3000r/min，水轮发电机的额定转速在每分钟几十转至几百转之间。

除上述额定值以外，还有额定温升 θ_N，额定励磁电压 U_{fN} 和额定励磁电流 I_{fN} 等额定参数。

5.2 三相同步电机的工作原理

5.2.1 三相同步电机的基本原理

三相同步电机的工作原理图如图 5-5 所示。工作时，一方面，在转子励磁绕组上施加直流电压 U_f，产生直流励磁电流 I_f 和励磁磁动势 F_0，由此便形成了同步电机的主磁极磁场。忽略励磁磁动势的谐波分量，则主磁极磁场的磁感应强度沿气隙按正弦规律分布。另一方面，定子上的三相电枢绕组流过对称三相电流时，将产生一个以同步转速 n_1 旋转的旋转磁场，定子也形成了等效磁极。转子主磁极与定子等效磁极相互作用，产生电磁转矩，转子以同步转速恒速旋转，于是就实现了机电能量的相互转换。

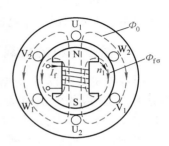

图 5-5 三相同步电机的
工作原理图

1. 三相同步发电机的工作原理

同步发电机是把原动机的机械能转换为交流电能从电枢输出。工作时，原动机拖动转子主磁极以同步转速 n_1 旋转，励磁磁动势 F_0 变成了旋转磁动势，三相电枢绕组切割旋转的主磁极磁场的主磁通 Φ_0，就在三相对称电枢绕组中产生频率为 $f_1 = pn_1/60$ 的三相对称交流电动势 e_{0U}、e_{0V} 和 e_{0W}，这一组相电动势被称为励磁电动势。如果电枢接有负载，就会有交流电能输出。

2. 三相同步电动机的工作原理

同步电动机是把电枢输入的交流电能转换为机械能从转轴上输出。工作时，三相电枢绕组联结成星形或三角形后接入三相交流电源，电枢绕组中的三相对称电流将产生以同步转速 n_1 旋转的电枢旋转磁动势 F_a，由此形成以同步转速旋转的旋转磁场，电枢旋转磁场的等效磁极将吸引转子主磁极与其同步旋转。如果转轴上带有机械负载，就会有机械能输出。

5.2.2 同步电机的空载运行

同步电机空载运行时，电枢电流为零或者很小。此时的气隙磁场就是由转子励磁磁动势产生的同步旋转的主磁极磁场。如图 5-5 所示，主磁极磁通的绝大部分通过气隙并与电枢绕组相交链，这就是主磁通 Φ_0，还有极少的主磁极漏磁通 $\Phi_{f\sigma}$ 仅与励磁绕组相交链。当转子以同步转速旋转时，旋转的主磁通 Φ_0 在电枢每相绕组中产生励磁电动势（相电动势）。如果忽略励磁电动势的高次谐波，则三相励磁电动势及其有效值分别为

$$\dot{E}_{0U} = E_0 \angle 0° , \quad \dot{E}_{0V} = E_0 \angle -120° , \quad \dot{E}_{0W} = E_0 \angle 120° \tag{5-1}$$

$$E_0 = \sqrt{2} \pi f_1 k_{W1} N_1 \Phi_0 \tag{5-2}$$

式中　　Φ_0——转子每极的主磁通量，就是通过线圈的磁通最大值；

N_1——电枢绕组的每相串联匝数；

k_{W1}——电枢绕组的基波绕组因数；

f_1——交流电源的频率。

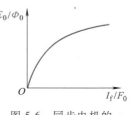

图 5-6　同步电机的
空载特性

改变直流励磁电流 I_f，就改变了主磁通 Φ_0，从而使励磁电动势 E_0 发生相应的变化。励磁电动势与励磁电流之间的关系曲线 $E_0 = f(I_f)$ 称为同步电机的空载特性，如图 5-6 所示。因为在频率不变时，励磁电动势 E_0 正比于主磁通 Φ_0，因此，同步电机的空载特性可以由铁心的磁化曲线 $\Phi_0 = f(I_f)$ 直接得到。而励磁磁动势的大小 F_0 正比于励磁电流 I_f，因此，空载特性的横坐标也可以换为 F_0。空载特性是同步电机的基本特性，是电机设计的基本依据，利用它可以求出同步电机的有关参数和其他特性曲线。

5.2.3　同步电机的负载运行和电枢反应

同步电机负载以后，电枢绕组中将流过对称三相电流，该电枢电流就会产生电枢磁动势 $\boldsymbol{F}_a$ 及相应的电枢磁场，如果忽略电枢磁动势 $\boldsymbol{F}_a$ 的高次谐波，$\boldsymbol{F}_a$ 是与转子主磁极（或说励磁磁动势 $\boldsymbol{F}_0$）同向、同速旋转的。因此，同步电机负载时的气隙磁场是由励磁磁动势 $\boldsymbol{F}_0$ 和电枢磁动势 $\boldsymbol{F}_a$ 共同作用产生的。由于电枢磁动势 $\boldsymbol{F}_a$ 的作用，将使同步电机的气隙磁场相对空载气隙磁场发生显著的变化，这种电枢磁动势对气隙磁场的影响称为电枢反应。

电枢电流的大小和相位决定了电枢磁动势 $\boldsymbol{F}_a$ 的大小和空间位置，这就直接影响着电枢磁动势 $\boldsymbol{F}_a$ 与励磁磁动势 $\boldsymbol{F}_0$ 的相对大小和相对空间位置，由此也将产生不同的电枢反应。下面以两极同步发电机为例，说明电枢反应的几种情况。

同步发电机的负载性质，决定了电枢电流与励磁电动势的相位差。一般把励磁电动势 $\dot{E}_0$ 与电枢电流 $\dot{I}_1$ 的相位差 ψ 称为内功率因数角。需要注意，除非特别说明，这里的所有电量均是指电枢一相的值，即 $\dot{E}_0$ 和 $\dot{I}_1$ 是指三相中任一相的相电动势和相电流，而电枢磁动势 $\boldsymbol{F}_a$ 是指三相电枢电流产生的合成磁动势。

1. $\dot{E}_0$ 与 $\dot{I}_1$ 同相位（$\psi = 0°$）时

设转子按顺时针方向旋转，电枢绕组中的电流参考方向为从首端指向末端。在如图 5-7a 所示的瞬间，励磁磁动势 $\boldsymbol{F}_0$ 的空间位置（即主磁极的轴线）与电枢 U 相绕组的轴线正交，主磁通 Φ_0 与 U 绕组没有交链，但此时通过 U 相绕组平面的磁通的变化率最大，故此时 U 相绕组的励磁电动势达到最大瞬时值，即 $e_U = E_{0m}$（即电动势滞后于产生它的磁通 90°），V 相和 W 相绕组的励磁电动势 e_{0V} 和 e_{0W} 分别滞后于 e_{0U} 120° 和 240°。根据右手定则，可以判断出此时各相电枢绕组中的感应电动势的方向。因为电枢电流与感应电动势同相位，故此时感应电动势的方向即为电枢电流的方向，如图 5-7a 所标注：$i_U > 0$，$i_V < 0$，$i_W < 0$，并且 U 相绕组的电流也达到最大值，即 $i_U = I_m$。图中电枢绕组中所标注的"×"和"·"既是

电动势的方向，也是电流的方向。再根据电枢电流的方向，即可画出此时电枢磁动势 F_a 的方位，该方位与电流达到最大值的 U 相绕组的轴线重合。

励磁磁动势 F_0 与电枢磁动势 F_a 共同作用在气隙，产生气隙合成磁动势 $F = F_0 + F_a$。显然，同步发电机负载后的气隙磁场，是由气隙合成磁动势 F 产生的。由于气隙合成磁动势 F 与空载时的励磁磁动势 F_0 的空间位置和大小均不相同，所以说，负载后的气隙磁场发生了畸变。

为了说明电枢磁动势的空间位置，把主磁极的轴线称为直轴，用 d 表示；而把主磁极 N-S 之间的中性线称为交轴，用 q 表示。交轴与直轴是正交的。在图 5-7a 中，电枢磁动势 F_a 的轴线与转子的交轴重合。由于电枢磁动势和主磁极均以同步转速旋转，它们之间的相对位置始终保持不变，因此，在其他时刻，电枢磁动势的轴线恒与转子交轴重合。由此可见，在内功率因数角 ψ 为零时，电枢磁动势是一个交轴磁动势，即 $F_a = F_{aq}$，它在空间上滞后于励磁磁动势 F_0 90°。正是由于滞后的交轴电枢磁动势 F_{aq} 的出现，才导致气隙合成磁动势 F 滞后于励磁磁动势 F_0，此时的气隙合成磁场相对于空载时的气隙磁场发生了畸变，这种由交轴电枢磁动势所产生的电枢反应称为交轴电枢反应。

如果把时间参考轴置于 U 相绕组的轴线上，并选 U 相的励磁电动势 $\dot{E}_{0U}$ 为参考相量，即 $\dot{E}_{0U} = E_0 \underline{/0°}$，则穿过 U 相绕组的磁通 $\dot{\Phi}_{0U} = \Phi_0 \underline{/90°}$，由此可画出如图 5-7b 所示的相量图。

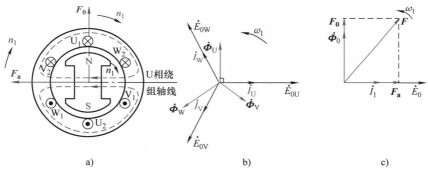

图 5-7　$\psi = 0°$ 时同步发电机的电枢反应

a）磁动势矢量　b）相量图　c）相-矢量图

因为图 5-7a 的磁动势空间矢量与图 5-7b 的时间相量均为同步旋转，因此，可以把空间矢量与时间相量画在一个坐标系中，得到如图 5-7c 所示的时空统一的相-矢量图。具体作图方法是：由图 5-7a 可知，电枢磁动势 F_a 的空间位置正好在 U 相绕组的轴线上，故 F_a 与 $\dot{E}_{0U}$ 的方位重合；而 F_0 不仅超前于 F_a 90°，并与相量 $\dot{\Phi}_0$ 的方位重合，由此可以确定出 F_a 与 F_0 的位置。再考虑到三相电量的对称性，可以略去 V 相和 W 相的励磁电动势与电流相量。所以，在图 5-7c 中只画了 U 相绕组的励磁电动势和电枢电流相量，并且省略了下标 U。最后，由 F_a 与 F_0 相加得到气隙合成磁动势 F。

由图 5-7c 可知，由于气隙合成磁动势 F 滞后于励磁磁动势 F_0 一个空间角，因此，气隙合成磁场也要滞后于主磁极磁场一个相同的空间角。

值得注意的是，在原理图中，转子转速的正方向可以设定为顺时针方向，也可以设定为逆时针方向，这不会改变 F_0 与 F_a 的超前滞后关系。在图 5-7a 中，转子转速的正方向设定为顺时针方向，但在图 5-7b、c 中，相量与矢量的旋转方向规定为逆时针方向为正方向，这是不可以改变的。

2. $\dot{E}_0$ 超前于 $\dot{I}_1$ 90°（$\psi = 90°$）时

对于图 5-7a 所示的时刻，正是 U 相绕组中的励磁电动势 e_{0U} 达到最大值 E_{0m} 的时刻；若 $\dot{E}_{0U}$ 超前于 $\dot{I}_U$ 90°，则此时刻 U 相绕组中的电流正好为零；当经历 $\omega_1 t = 90°$ 电角度后，励磁电动势 e_{0U} 减小到 0，而电枢电流 i_U 正好达到最大值 I_m，与此对应主磁极在空间亦转过了 90°机械角，如图 5-8a 所示。图中电枢绕组中所标注的只是电流的方向，并据此画出此时电枢磁动势 $\boldsymbol{F_a}$ 的方位（与图 5-7a 相同）。由图可见，在 U 相绕组电流为最大值时的三相合成电枢磁动势 $\boldsymbol{F_a}$ 与励磁磁动势 $\boldsymbol{F_0}$ 反方向，即 $\boldsymbol{F_a}$ 滞后 $\boldsymbol{F_0}$ 180°。

按照图 5-7c 的作图方法，绘制出内功率因数角为 90°时的相-矢量图如图 5-8b 所示。显然，电枢磁动势 $\boldsymbol{F_a}$ 位于直轴位置，这是一个直轴电枢磁动势，即 $\boldsymbol{F_a} = \boldsymbol{F_{ad}}$，且 $|\boldsymbol{F} = \boldsymbol{F_a} + \boldsymbol{F_0}| < |\boldsymbol{F_0}|$，因此，该直轴电枢磁动势 $\boldsymbol{F_{ad}}$ 将削弱由励磁磁动势 $\boldsymbol{F_0}$ 所建立的空载磁场，产生了去磁作用。

这种由直轴电枢磁动势 $\boldsymbol{F_{ad}}$ 所产生的电枢反应称为直轴电枢反应。

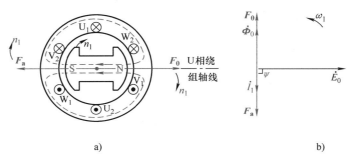

a)　　　　　　　　　　　　　　b)

图 5-8　$\psi = 90°$时同步发电机的电枢反应

a）磁动势矢量　b）相-矢量图

3. $\dot{E}_0$ 超前 $\dot{I}_1$ 任意电角度时（$0° < \psi < 90°$）

当励磁电动势超前于电枢电流任意相位角 ψ（$0° < \psi < 90°$）时，根据对图 5-7a 和图 5-8a 的分析可知，在 U 相绕组电流达到最大值时，主磁极相对图 5-7a 时的位置在空间转过的机械角为 ψ，如图 5-9a 所示。由图可知，处在 U 相绕组轴线位置处的电枢磁动势 $\boldsymbol{F_a}$ 滞后于励磁磁动势 $\boldsymbol{F_0}$ 一个钝角，显然，$\boldsymbol{F_a}$ 既不是直轴电枢磁动势 $\boldsymbol{F_{ad}}$，也不是交轴电枢磁动势 $\boldsymbol{F_{aq}}$。考虑到电枢磁动势 $\boldsymbol{F_a}$ 与励磁磁动势 $\boldsymbol{F_0}$ 是同向、同速旋转的，它们之间的相对位置始终保持不变。因此，可以将电枢磁动势沿直轴和交轴两个方向分解，得到交轴电枢磁动势 $\boldsymbol{F_{aq}}$ 和直轴电枢磁动势 $\boldsymbol{F_{ad}}$ 两个分量，即

$$\boldsymbol{F_a} = \boldsymbol{F_{ad}} + \boldsymbol{F_{aq}} \tag{5-3}$$

同理，按照图 5-7c 的作图方法，绘制出内功率因数角为 ψ 时的相-矢量图如图 5-9b 所示。由图 5-9b 可见，电枢磁动势的交轴分量 $\boldsymbol{F_{aq}}$ 滞后于励磁磁动势 $\boldsymbol{F_0}$，使得气隙合成磁动势 $\boldsymbol{F}$ 滞后于励磁磁动势 $\boldsymbol{F_0}$ 一定的角度。

由此可见，当励磁电动势超前于电枢电流任意相位角时，电枢反应既有交轴电枢反应，又有直轴电枢反应。此时的直轴电枢反应是去磁的。

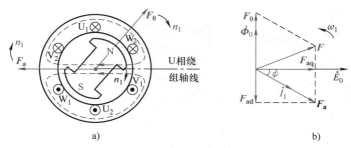

图 5-9　0<ψ<90°时同步发电机的电枢反应

a）磁动势矢量　b）相-矢量图

根据 0°<ψ<90°的电枢反应可以推知，当励磁电动势 $\dot{E}_0$ 滞后电枢电流 $\dot{I}_1$ 任意电角度，即 −90°<ψ<0°时，电枢磁动势 F_a 会滞后于励磁磁动势 F_0 一个锐角，电枢反应既有交轴电枢反应，又有直轴电枢反应，此时的直轴电枢反应是增磁的。读者可自行画出此种情况的磁动势矢量和相-矢量图。

综上所述，对于同步发电机，交轴电枢反应使励磁磁动势 F_0 始终超前于气隙合成磁动势 F，即主极磁场超前于气隙合成磁场，使主磁极上始终受到一个制动性质的电磁转矩的作用，于是原动机克服该制动转矩而做功，从而实现了机械能到电能的转换。换句话说，只有交轴电枢反应的存在，才使得气隙合成磁动势 F 与励磁磁动势 F_0 之间形成空间角度差，它们之间相互作用才能产生电磁转矩，从而实现机械能与电能之间的转换。

而直轴电枢反应对主极磁场起去磁或增磁作用，它虽然不会引起气隙磁场的畸变，但是对同步电机的运行性能影响很大。因为，直轴电枢反应改变了主磁通的大小，直接影响到励磁电动势的大小。如果发电机单独运行，则其端电压将不稳定；如果发电机并网运行，则其输出的无功功率和功率因数会受到影响（详见 5.6 节）。

需要说明，这里虽然只分析了同步发电机的电枢反应，对同步电动机来说，也有类似的电枢反应，上述结论，稍加改变后完全适用于同步电动机。

5.2.4　三相同步电机的运行状态

根据前面的分析，同步发电机负载运行时，气隙合成磁动势滞后于励磁磁动势一个空间角度，这个空间角度称之为功率角，用 θ 表示。因此，气隙合成磁场的轴线就滞后于主磁极的轴线 θ 角。如果用等效磁极来表示气隙合成磁场，则同步发电机的运行状态可以用图 5-10a 来表示。此时转子上受到一个与其旋转方向相反的制动性质的电磁转矩的作用，为使转子能以同步转速持续旋转，转子必须从原动机输入拖动转矩，于是机械能从转子输入并转换成电能，由电枢绕组向负载输出电功率。

在负载恒定时，同步发电机处于稳定运行状态，该功率角 θ 大小不变，发电机产生恒定的电磁转矩并输出恒定的有功功率和无功功率。

如果负载逐渐减轻，功率角 θ 和电磁转矩将随之逐渐减小；当电枢开路即负载为零时，功率角和电磁转矩将等于零，即 θ = 0°，如图 5-10b 所示。此时转子主磁场与气隙合成磁场的轴线重合，电机内没有有功功率的转换，电机处于空载状态。

如果转轴不是与驱动性质的原动机连接，而是连接了被驱动的机械负载，在负载阻转矩

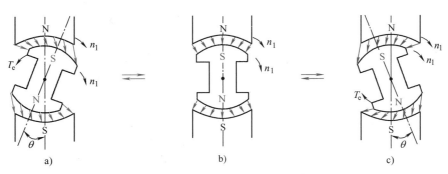

图 5-10　同步发电机的运行状态

a）发电机运行　b）空载状态（补偿机运行）　c）电动机运行

的作用下，将使转子主磁场滞后于气隙合成磁场一个功率角 θ，如图 5-10c 所示。此时转子上受到一个方向与其旋转方向相同的拖动性质的电磁转矩的作用；与此相应，电枢将从电网吸收电功率，转换为电磁功率和电磁转矩，并从转子上输出机械功率，使同步电机运行于电动机状态。机械负载的阻转矩（负载转矩）越大，功率角 θ 越大，输出的机械功率就越大。反之，如果负载转矩逐渐减小，输出的机械功率就随之减小，功率角 θ 也将逐渐减小。当轴上空载即输出机械功率为零时，功率角也近似降为零。此时，同步电机与电网之间基本上只有无功功率交换，这种状态称为补偿机运行状态，可用于电网的无功补偿（参见 5.7.4节）。补偿机状态仍可用图 5-10b 表示。

由此可见，同步电机有发电机、电动机和补偿机等三种运行状态。改变同步电机的工作条件，同步电机的运行状态可以从发电机状态过渡到空载状态，进而过渡到电动机状态；也可以使同步电机的运行状态从电动机状态过渡到补偿机状态，进而过渡到发电机状态。

综上所述，同步电机究竟运行于何种状态，主要取决于转子主极磁场与气隙合成磁场的相对位置，所转换的功率大小则取决于功率角 θ 的大小。因此，功率角 θ 是一个能表征同步电机运行状态的基本物理量。

5.3　三相同步发电机的稳态分析

本节将对同步发电机的稳态对称运行进行定量分析。如同前面各章的分析思路，在定性分析电机的工作原理和电磁关系的基础上，就可以列写出电路方程对电机进行定量分析了，进而可以画出等效电路和相量图，为深入分析电机的性能打下基础。

由于隐极同步电机的气隙基本是均匀的，气隙各处的磁阻相同，电枢磁动势无论作用在空间什么位置，所产生的电枢磁场是不变的；而凸极同步电机的气隙是不均匀的，气隙各处的磁阻是变化的，因此，电枢磁动势作用在空间不同的位置，所产生的电枢磁场就是完全不同的。正因为隐极和凸极同步电机这种磁路结构上的明显区别，导致了要采用不同的分析方法。本节先分析较为简单的隐极同步发电机，然后分析凸极同步发电机。

5.3.1　隐极同步发电机的稳态分析

1. 电枢电路电压方程和等效电路

根据前一节的分析，同步发电机在负载运行时，气隙磁场是由励磁磁动势和电枢磁动势共同建立的。如果不考虑磁路饱和的影响，即认为磁路是线性的，则可以应用叠加定理，分别单独考虑励磁磁动势和电枢磁动势在磁路和电路中的作用，再把它们产生的分量叠加起来。按照这样的分析思路，可以列写出隐极同步发电机的电磁关系如下：

$$U_f \longrightarrow I_f \longrightarrow \boldsymbol{F}_0 \longrightarrow \dot{\boldsymbol{\Phi}}_0 \longrightarrow \dot{E}_0 \qquad\qquad \searrow$$
$$\dot{U}_1 \longrightarrow \dot{I}_1 \longrightarrow \boldsymbol{F}_a \longrightarrow \dot{\boldsymbol{\Phi}}_a \longrightarrow \dot{E}_a \qquad\qquad \dot{E}_1$$
$$\longrightarrow \dot{\boldsymbol{\Phi}}_\sigma \longrightarrow \dot{E}_\sigma$$
$$\longrightarrow R_1 \dot{I}_1$$

在上面的图示中，U_1 和 I_1 分别是三相电枢绕组中任一相的相电压和相电流（在对称运行时，只需求出一相的相电压和相电流）；Φ_a 和 E_a 分别是由电枢磁动势 $\boldsymbol{F}_a$ 产生的电枢反应磁通和电枢反应电动势；Φ_σ 和 E_σ 分别是电枢绕组的漏磁通和漏磁感应电动势；R_1 是电枢每相绕组的电阻；E_1 是气隙中合成的旋转磁场产生的电枢合成电动势，即

$$\dot{E}_1 = \dot{E}_0 + \dot{E}_a$$

如果各个电量的参考方向采用发电机惯例，则可得电枢一相的电压方程为

$$\dot{U}_1 = \dot{E}_0 + \dot{E}_a + \dot{E}_\sigma - R_1 \dot{I}_1 \tag{5-4}$$

由于电枢反应电动势 E_a 正比于电枢反应磁通 Φ_a，而且在忽略磁路饱和的影响时，电枢反应磁通 Φ_a 又正比于电枢磁动势 F_a 和电枢电流 I_1，因此，电枢反应电动势 E_a 正比于电枢电流 I_1。另一方面，电枢反应电动势 $\dot{E}_a$ 在相位上滞后于产生它的磁通 $\dot{\Phi}_a$ 90°，若忽略定子铁损耗，$\dot{\Phi}_a$ 与 $\dot{I}_1$ 同相位。因此，$\dot{E}_a$ 在相位上滞后于 $\dot{I}_1$ 90°，于是 $\dot{E}_a$ 可以写成电抗电压，即

$$\dot{E}_a = -\mathrm{j} X_a \dot{I}_1 \tag{5-5}$$

式（5-5）中，X_a 是与电枢反应磁通 Φ_a 相对应的电抗，称之为电枢反应电抗，其大小正比于 Φ_a 所经过磁路的磁导，也等于单位电枢电流所产生的电枢反应电动势。因三相电枢绕组对称，故电枢每一相具有相等的电枢反应电抗。同步电机的电枢反应电抗 X_a 与异步电机的励磁电抗 X_m 性质相似，它们对应的都是三相对称电流产生的旋转磁场。但同步电机的气隙一般大于异步电机的气隙，故在数值上，X_a 要小于 X_m。

将式（5-5）以及漏磁感应电动势的关系 $\dot{E}_\sigma = -\mathrm{j} X_\sigma \dot{I}_1$ 代入式（5-4），经过整理，可得

$$\dot{U}_1 = \dot{E}_0 - [R_1 + \mathrm{j}(X_a + X_\sigma)]\dot{I}_1 = \dot{E}_0 - (R_1 + \mathrm{j} X_s)\dot{I}_1 \tag{5-6}$$

式中　X_s——隐极同步电机的同步电抗（电枢每一相的值），$X_s = X_a + X_\sigma$。

同步电抗 X_s 是表征隐极同步电机稳态对称运行时电枢反应和电枢漏磁这两个效应的一个综合参数。而漏电抗 X_σ 的数值很小，因此，同步电抗 X_s 的数值主要取决于电枢反应电抗的大小。考虑到电枢每相的等效电阻 R_1 一般远小于 X_s，故可以忽略 R_1，于是得到电枢一相的简化电压方程式

$$\dot{U}_1 = \dot{E}_0 - \mathrm{j} X_s \dot{I}_1 \tag{5-7}$$

如果要考虑磁路饱和的影响，可以对 X_s 的值进行修正，上述公式仍然适用。

根据电枢一相的电压方程式，可以得到隐极同步发电机的等效电路，如图 5-11 所示。

值得注意的是，以上分析过程没有考虑转子励磁绕组。这是因为，同步发电机在稳态对

称运行时，转子主极磁场与电枢反应磁场始终是以同步转速旋转的，与转子没有相对运动，因而不会在转子绕组中产生感应电动势和感应电流。从电路的观点看，转子绕组与电枢绕组没有耦合，故同步发电机的等效电路远没有变压器和异步电机的等效电路那样复杂。

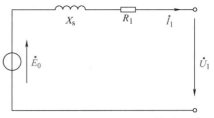

图 5-11 隐极同步发电机的等效电路

2. 相量图

相量图能直观地反映出各个物理量之间的大小和相位关系。根据式（5-6），选取电枢相电压为参考相量，即 $\dot{U}_1 = U_1 \angle 0°$，并设发电机带电感性负载，则可得到如图 5-12a 所示的相量图。如果忽略电枢电阻，可得到图 5-12b 所示的简化相量图。发电机带电感性负载符合绝大多数负载的情况，对于纯电阻性负载和电容性负载时的相量图，请读者自行尝试画出。注意，对于同步发电机来说，无论负载性质如何，励磁电动势始终是超前电枢相电压的。

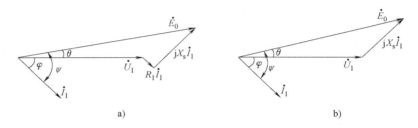

a)　　　　　　　　　　　　　　b)

图 5-12 隐极同步发电机的相量图（电感性负载）

在图 5-12 中，电枢电压 $\dot{U}_1$ 与电枢电流 $\dot{I}_1$ 的相位差 φ 是负载的功率因数角；励磁电动势 $\dot{E}_0$ 与电枢电流 $\dot{I}_1$ 的相位差 ψ 是内功率因数角；而电枢电压 $\dot{U}_1$ 与励磁电动势 $\dot{E}_0$ 的相位差为什么是功率角 θ 呢？回顾在 5.2 节中曾经定义功率角 θ 为气隙合成磁动势 $\boldsymbol{F}$ 与励磁磁动势 $\boldsymbol{F}_0$ 的空间角度差，也就是气隙合成磁场与主极磁场轴线的空间角度差。由于电枢合成电动势 $\dot{E}_1$ 是由气隙合成磁场产生的，而励磁电动势 $\dot{E}_0$ 是由主极磁场产生的，故 $\dot{E}_1$ 与 $\dot{E}_0$ 在时间上的相位差也等于功率角 θ；再根据式（5-4）可知，如果忽略漏阻抗压降（$\dot{E}_\sigma - R_1 \dot{I}_1$），则有 $\dot{U}_1 \approx \dot{E}_0 + \dot{E}_a = \dot{E}_1$，因此，电枢电压 $\dot{U}_1$ 与励磁电动势 $\dot{E}_0$ 的相位差可以近似认为是功率角 θ。

分析图 5-12 中的几何关系，可以得出在电感性负载时，功率角 θ、功率因数角 φ 与内功率因数角 ψ 以及各个电量之间有如下的数量关系：

$$\psi = \theta + \varphi \tag{5-8}$$

$$\tan\psi = \frac{U_1\sin\varphi + X_s I_1}{U_1\cos\varphi + R_1 I_1} \tag{5-9}$$

$$E_0 = U_1\cos\theta + X_s I_1\sin\psi \tag{5-10}$$

采用上组式子计算时，各个角度值取绝对值。合理应用上述关系式，将给同步电机的分析计算带来较大的方便。值得注意的是，式（5-9）和式（5-10）可以直接换成标幺值进行计算。

对于电容性负载的情况，因相量图与图 5-12 有所不同，相应的关系式亦有所不同，请读者自行推导。

【例 5-1】　一台星形联结的三相汽轮发电机，已知额定功率为 $P_N = 25000\text{kW}$，额定电压为 $U_N = 10.5\text{kV}$，同步电抗为 $X_s = 7.5\Omega$，额定功率因数为 $\cos\varphi_N = 0.8$（电感性），每相励磁电动势为 $E_0 = 7.5\text{kV}$，电枢电阻 R_1 可忽略不计。试计算该发电机在每相负载为下述几种情况时的电枢电流和内功率因数角，并说明电枢反应的性质。（1）纯电阻性负载，$R_L = 7.5\Omega$；（2）纯电感性负载，$X_L = 7.5\Omega$；（3）电容性负载，$Z_L = (6 - j12)\Omega$。

解：设励磁电动势为参考相量，即 $\dot{E}_0 = 7.5 \times 10^3 \angle 0° \text{V}$。

（1）纯电阻性负载时

$$\dot{I}_1 = \frac{\dot{E}_0}{R_L + jX_s} = \frac{7.5 \times 10^3 \angle 0°}{7.5 + j7.5} \text{A} = 707 \angle -45° \text{A}$$

即电枢电流为 $I_1 = 707\text{A}$，内功率因数角为 $\psi = 45°$。故此时的电枢反应有交轴和直轴两种电枢反应，且直轴电枢反应起去磁的作用。

（2）纯电感性负载时

$$\dot{I}_1 = \frac{\dot{E}_0}{jX_L + jX_s} = \frac{7.5 \times 10^3 \angle 0°}{j7.5 + j7.5} \text{A} = 500 \angle -90° \text{A}$$

即电枢电流为 $I_1 = 500\text{A}$，内功率因数角为 $\psi = 90°$。故此时的电枢反应只有直轴去磁作用。由于 $\dot{U}_1$ 与 $\dot{I}_1$ 正交，输出有功功率为零。

（3）电容性负载时

$$\dot{I}_1 = \frac{\dot{E}_0}{(R_L - jX_L) + jX_s} = \frac{7.5 \times 10^3 \angle 0°}{6 - j12 + j7.5} \text{A} = 1000 \angle 36.87° \text{A}$$

即电枢电流为 $I_1 = 1000\text{A}$，内功率因数角为 $\psi = -36.87°$。故此时的电枢反应有交轴和直轴两种电枢反应，且直轴电枢反应起增磁的作用。

5.3.2　凸极同步发电机的稳态分析

1. 双反应理论

凸极同步发电机的气隙沿电枢圆周是不均匀的，极面下位置气隙小，磁阻小；两极之间气隙大，磁阻大。同样的电枢磁动势作用在气隙的不同位置，会产生明显不同的电枢反应磁通，所对应的电枢反应电抗也就不同。换句话说，因为很难定量求出气隙各处的磁阻，也就不能根据电枢磁动势波求出电枢磁通密度的分布，那么，电枢感应电动势也就不能求解出。这就是凸极同步发电机稳态分析所遇到的难题。

通常采用双反应理论来定量分析凸极同步发电机的电枢反应作用，其基本思想如下所述。

如果忽略磁路饱和的影响，可以应用叠加定理，分别计算电枢磁动势 $\boldsymbol{F}_a$ 的两个分量——直轴电枢磁动势 $\boldsymbol{F}_{ad}$ 和交轴电枢磁动势 $\boldsymbol{F}_{aq}$ 单独作用产生的电枢反应磁通以及相应的感应电动势，最后把相应的两个分量叠加起来。由图 5-9b 可得

$$\left.\begin{array}{l} F_{ad} = F_a \sin\psi \\ F_{aq} = F_a \cos\psi \end{array}\right\} \tag{5-11}$$

与电枢磁动势 $\boldsymbol{F}_\mathrm{a}$ 的交、直轴分量相对应的是电枢电流的交轴分量 I_q 和直轴分量 I_d，即 I_d 和 I_q 分别产生 $\boldsymbol{F}_\mathrm{ad}$ 和 $\boldsymbol{F}_\mathrm{aq}$，如图 5-13a、b 所示。图中，$\boldsymbol{\Phi}_\mathrm{ad}$ 和 $\boldsymbol{\Phi}_\mathrm{aq}$ 分别是由 $\boldsymbol{F}_\mathrm{ad}$ 和 $\boldsymbol{F}_\mathrm{aq}$ 产生的直轴电枢反应磁通和交轴电枢反应磁通。由图 5-9b 可得到图 5-13c，图中，ψ 是内功率因数角，主磁通相量的方位就是直轴的方位。由图 5-13c 可知

$$\dot{I}_1 = \dot{I}_\mathrm{d} + \dot{I}_\mathrm{q} \tag{5-12}$$

$$\left.\begin{array}{l} I_\mathrm{d} = I_1 \sin\psi \\ I_\mathrm{q} = I_1 \cos\psi \end{array}\right\} \tag{5-13}$$

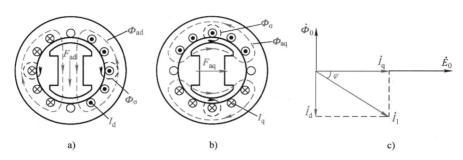

图 5-13 直轴与交轴磁路及其分量

a）直轴电枢磁通磁路　b）交轴电枢磁通磁路　c）电枢电流直轴和交轴分量分解

2. 基本方程式

根据上述双反应理论，可以列写出凸极同步发电机的电磁关系如下：

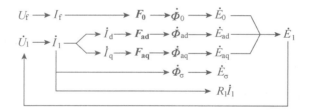

在上面的关系中，$\dot{I}_1$ 是三相电枢绕组的相电流；$\dot{E}_\mathrm{ad}$ 和 $\dot{E}_\mathrm{aq}$ 分别是由 $\dot{\Phi}_\mathrm{ad}$ 和 $\dot{\Phi}_\mathrm{aq}$ 产生的电枢反应电动势；$\dot{\Phi}_\sigma$ 和 $\dot{E}_\sigma$ 分别是电枢绕组的漏磁通和漏磁感应电动势；R_1 是电枢每相绕组的电阻；$\dot{E}_1$ 是合成的气隙旋转磁场产生的电枢合成电动势，即

$$\dot{E}_1 = \dot{E}_0 + \dot{E}_\mathrm{ad} + \dot{E}_\mathrm{aq} \tag{5-14}$$

如果各个电量的参考方向采用发电机惯例，则可得电枢一相的电压方程为

$$\dot{U}_1 = \dot{E}_0 + \dot{E}_\mathrm{ad} + \dot{E}_\mathrm{aq} + \dot{E}_\sigma - R_1 \dot{I}_1 \tag{5-15}$$

采取与隐极同步发电机一样的处理方法，在忽略磁路饱和的影响时，各个电枢反应电动势可以写成电抗压降的形式。其中，直轴电枢反应电动势 E_ad 正比于电枢电流的直轴分量 I_d，其比例系数称为直轴电枢反应电抗；交轴电枢反应电动势 E_aq 正比于电枢电流的交轴分量 I_q，其比例系数称为交轴电枢反应电抗。另一方面，若忽略定子铁损耗，$\dot{E}_\mathrm{ad}$ 和 $\dot{E}_\mathrm{aq}$ 在相位上分别滞后于 $\dot{I}_\mathrm{d}$ 和 $\dot{I}_\mathrm{q}$ 90°，于是可得写成电抗压降形式的电枢反应电动势，即

$$\left.\begin{array}{l} \dot{E}_{ad} = -jX_{ad}\dot{I}_d \\ \dot{E}_{aq} = -jX_{aq}\dot{I}_q \end{array}\right\} \tag{5-16}$$

式中　X_{ad}——直轴电枢反应电抗；

　　　X_{aq}——交轴电枢反应电抗。

将式（5-16）及 $\dot{E}_\sigma = -jX_\sigma\dot{I}_1$ 和 $\dot{I}_1 = \dot{I}_d + \dot{I}_q$ 两个关系式代入式（5-15），经过整理，可得

$$\dot{U}_1 = \dot{E}_0 - R_1\dot{I}_1 - jX_d\dot{I}_d - jX_q\dot{I}_q \tag{5-17}$$

式中　X_d——凸极同步电机的直轴同步电抗，$X_d = X_{ad} + X_\sigma$；

　　　X_q——凸极同步电机的交轴同步电抗，$X_q = X_{aq} + X_\sigma$。

直轴和交轴同步电抗表征了凸极同步发电机在对称稳态运行时，直轴和交轴电枢反应与电枢漏磁对电路作用的综合效应。因为直轴下的气隙小，而交轴处的气隙大，因此，直轴磁路的磁导大于交轴磁路的磁导，使得 $X_{ad} > X_{aq}$，故 $X_d > X_q$。

由于 R_1 远小于 X_d 和 X_q，可以忽略，则有

$$\dot{U}_1 = \dot{E}_0 - jX_d\dot{I}_d - jX_q\dot{I}_q \tag{5-18}$$

一般来说，交轴处的气隙大，磁阻大，可以近似认为交轴磁路不会饱和，而直轴磁路就应该考虑磁路饱和的影响，如果采用适当的饱和参数对 X_d 的值进行修正，上述公式仍然适用。

同步电抗是同步电机的重要参数，常用标幺值表示。一般，隐极同步发电机的同步电抗标幺值 $X_s^* = 0.9 \sim 2.5$；凸极同步发电机的直轴同步电抗标幺值 $X_d^* = 0.65 \sim 1.6$（不饱和值），交轴同步电抗标幺值 $X_q^* = 0.4 \sim 1.0$。另外，电枢漏电抗的标幺值 $X_\sigma^* = 0.07 \sim 0.45$。相对于 X_σ^*，电枢每相电阻的标幺值 R_1^* 要小约两个数量级，而且容量越大的同步发电机，R_1^* 与 X_σ^* 的差值越大。例如，一台 600MW 汽轮发电机的参数为 $X_s^* = 2.61$，$X_\sigma^* = 0.1964$，$R_1^* = 0.00256$。因此，在分析计算时常常忽略电枢绕组的电阻 R_1。

3. 等效电路

根据式（5-17）还不能直接画出凸极同步发电机的等效电路。因为，从该式中可以看出，R_1、X_d 和 X_q 三个电路参数既不是串联关系，也不是并联关系，必须通过适当的等效变换，才能画出等效电路。为此，假设一个虚拟电动势 $\dot{E}_Q$，令

$$\dot{E}_Q = \dot{E}_0 - j(X_d - X_q)\dot{I}_d \tag{5-19}$$

由图 5-13c 可知，$\dot{E}_0$ 与 $j\dot{I}_d$ 同相位或反相位（取决于内功率因数角的正负），而 $(X_d - X_q)I_d$ 一般都小于 E_0，因此，$\dot{E}_0$ 与 $\dot{E}_Q$ 同相位。对式（5-17）的右边同时加上和减去 $j(X_d - X_q)\dot{I}_d$，变换如下

$$\begin{aligned} \dot{U}_1 &= \dot{E}_0 - j(X_d - X_q)\dot{I}_d - R_1\dot{I}_1 - jX_d\dot{I}_d - jX_q\dot{I}_q + j(X_d - X_q)\dot{I}_d \\ &= \dot{E}_Q - R_1\dot{I}_1 - jX_q(\dot{I}_d + \dot{I}_q) \\ &= \dot{E}_Q - R_1\dot{I}_1 - jX_q\dot{I}_1 \end{aligned}$$

即

$$\dot{U}_1 = \dot{E}_Q - (R_1 + jX_q)\dot{I}_1 \tag{5-20}$$

由式（5-20）便可以画出凸极同步发电机的等效电路，如图 5-14 所示。

对照隐极和凸极同步发电机的电压方程和等效电路可知，隐极同步发电机可以看成是

$X_d = X_q = X_s$，$E_0 = E_Q$ 时凸极同步发电机的特例。

4. 相量图

凸极同步发电机的相量图也不能直接根据式（5-17）画出来，因为需要先找到励磁电动势的方位，才能分解出电枢电流的两个分量。首先，选取电枢相电压 $\dot{U}_1$ 为参考相量，假设负载为电感性负载，然后画出滞后的电枢电流 $\dot{I}_1$，由此画出 $R_1\dot{I}_1$ 和 $jX_q\dot{I}_1$；根据式（5-19）画出 $\dot{E}_Q$，由此便确定了与 $\dot{E}_Q$ 同相位的

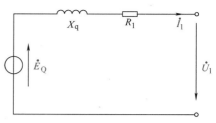

图 5-14 凸极同步发电机的等效电路

$\dot{E}_0$ 的方位；由 $\dot{E}_0$ 的方位确定直轴和交轴的方位（$\dot{E}_0$ 与交轴同方位），将 $\dot{I}_1$ 沿直轴和交轴分解出 $\dot{I}_d$ 和 $\dot{I}_q$；进而画出 $jX_d\dot{I}_d$ 和 $jX_q\dot{I}_q$，再根据式（5-17）最后确定出 $\dot{E}_0$。按照这一思路，可画出如图 5-15a 所示的相量图。如果忽略电枢电阻，则可将相量图简化为图 5-15b 所示的相量图。

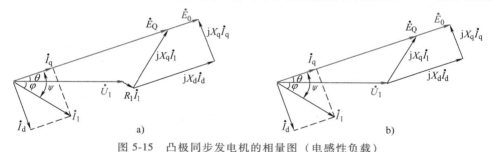

图 5-15 凸极同步发电机的相量图（电感性负载）

图中，$\dot{U}_1$ 和 $\dot{I}_1$ 的相位差角 φ 就是负载的功率因数角，$\dot{E}_0$ 和 $\dot{I}_1$ 的相位差角 ψ 是内功率因数角，$\dot{E}_0$ 和 $\dot{U}_1$ 的相位差角 θ 是功率角。根据图 5-15a 中的几何关系，可以推导出在电感性负载时，功率角 θ、功率因数角 φ 与内功率因数角 ψ 以及各个电量之间有如下的数量关系

$$\psi = \theta + \varphi \tag{5-21}$$

$$\tan\psi = \frac{U_1\sin\varphi + X_q I_1}{U_1\cos\varphi + R_1 I_1} \tag{5-22}$$

$$E_0 = U_1\cos\theta + X_d I_d \tag{5-23}$$

采用上组式子计算时，各个角度值取绝对值。显然，式（5-21）～式（5-23）与式（5-8）～式（5-10）是相似的。对于带纯电阻性负载和电容性负载时的相量图以及各个物理量的数量关系，请读者自行推导。

【例 5-2】 一台星形联结的水轮发电机，其额定值为 $P_N = 72500\text{kW}$，$U_N = 10.5\text{kV}$，$\cos\varphi_N = 0.8$（电感性），其直轴和交轴同步电抗的标幺值为 $X_d^* = 1.22$，$X_q^* = 0.68$，忽略电枢电阻 R_1。试计算该发电机在额定运行时的励磁电动势 E_0、功率角 θ 和内功率因数角 ψ。

解： 额定的电枢相电压、相电流和功率因数角分别为

$$U_1 = \frac{10500}{\sqrt{3}}\text{V} = 6062.2\text{V}$$

$$I_1 = \frac{P_N}{\sqrt{3}\,U_N\cos\varphi_N} = \frac{72500 \times 10^3}{\sqrt{3} \times 10.5 \times 10^3 \times 0.8}\text{A} = 4983.1\text{A}$$

$$\varphi_N = \arccos 0.8 = 36.87°$$

解法一：采用实际值计算。

因阻抗基值为

$$|Z_b| = \frac{U_1}{I_1} = \frac{6062.2}{4983.1}\Omega = 1.2166\Omega$$

故交轴、直轴同步电抗分别为

$$X_d = X_d^* |Z_b| = 1.22 \times 1.2166\Omega = 1.484\Omega$$

$$X_q = X_q^* |Z_b| = 0.68 \times 1.2166\Omega = 0.827\Omega$$

根据相量图可得

$$\tan\psi = \frac{U_1 \sin\varphi + X_q I_1}{U_1 \cos\varphi + R_1 I_1} = \frac{6062.2 \times \sin 36.87° + 0.827 \times 4983.1}{6062.2 \times 0.8} = 1.6$$

即内功率因数角和功率角分别为

$$\psi_N = \arctan 1.6 = 58°$$

$$\theta_N = \psi_N - \varphi_N = 58° - 36.87° = 21.13°$$

由式（5-19）可得

$$\begin{aligned}
E_0 &= U_1 \cos\theta + X_d I_d = U_1 \cos\theta + X_d I_1 \sin\psi_N \\
&= (6062.2 \times \cos 21.13° + 1.484 \times 4983.1 \times \sin 58°)V \\
&= 11925.86V
\end{aligned}$$

解法二：采用标幺值计算方法之一。

$$\tan\psi = \frac{U_1^* \sin\varphi + X_q^* I_1^*}{U_1^* \cos\varphi + R_1^* I_1^*} = \frac{1 \times \sin 36.87° + 0.68 \times 1}{1 \times 0.8} = 1.6$$

$$\psi_N = \arctan 1.6 = 58°$$

$$\theta_N = \psi_N - \varphi_N = 58° - 36.87° = 21.13°$$

$$E_0^* = U_1^* \cos\theta + X_d^* I_1^* \sin\psi_N = 1 \times \cos 21.13° + 1.22 \times 1 \times \sin 58° = 1.9674$$

$$E_0 = E_0^* U_1 = 1.9674 \times \frac{10.5}{\sqrt{3}}kV = 11.927kV$$

解法三：采用标幺值计算方法之二。

因为是额定运行状态，若设相电压为参考相量 $\dot{U}_1^* = 1 \underline{/0°}$，则 $\dot{I}_1^* = 1 \underline{/-36.87°}$，因此，虚拟电动势为

$$\dot{E}_Q^* = \dot{U}_1^* + jX_q^* \dot{I}_1^* = 1\underline{/0°} + j0.68 \times 1 \underline{/-36.87°} = 1.51 \underline{/21.125°}$$

即 $\theta_N = 21.125°$，可得

$$\psi_N = \theta_N + \varphi_N = 21.125° + 36.87° = 58°$$

电枢电流的直轴分量为

$$I_d^* = I_1^* \sin\psi_N = 1 \times \sin 58° = 0.848$$

根据式（5-19）或图 5-15 可得

$$E_0^* = E_Q^* + (X_d^* - X_q^*)I_d^* = 1.51 + (1.22 - 0.68) \times 0.848 = 1.968$$

换算为实际值

$$E_0 = E_0^* U_1 = 1.968 \times \frac{10.5}{\sqrt{3}}kV = 11.93kV$$

综合分析以上三种计算方法可知：采用标幺值计算时，计算过程中各个量的数值较小，计算简便；采用电压方程的标幺值形式计算，物理概念清楚，且各个复数的模都在 0~1 之间，运算量大为减小。

5.4 三相同步发电机的功率和转矩

5.4.1 功率平衡方程

在研究同步电机的功率问题时，往往不考虑励磁电源供给的功率，因此，同步发电机的输入功率只有转子从原动机输入的机械功率 P_1，即

$$P_1 = T_1 \Omega_1 = \frac{2\pi}{60} T_1 n_1 \tag{5-24}$$

式中 T_1——原动机的输入转矩；

Ω_1 和 n_1——转子的角速度和转速（即旋转磁场的同步转速）。

输入的机械功率首先要克服空载损耗 P_0，然后才是通过电磁感应作用转换到电枢的电磁功率 P_e，即

$$P_e = P_1 - P_0 \tag{5-25}$$

其中，空载损耗 P_0 包括机械损耗 P_{fw}、附加损耗 P_{ad} 和电枢铁耗 P_{Fe}，即

$$P_0 = P_{fw} + P_{ad} + P_{Fe} \tag{5-26}$$

式中，机械损耗 P_{fw} 包括通风损耗、轴承摩擦损耗和电刷摩擦损耗等。附加损耗（亦称杂散损耗）P_{ad} 包括电枢漏磁通在电枢绕组和其他金属结构部件中引起的涡流损耗，以及高次谐波磁场在定子、转子表面引起的表面损耗等。附加损耗 P_{ad} 的情况比较复杂，难以定量计算，一般通过实验的方法确定。

再从电磁功率 P_e 中减去电枢铜耗 P_{Cu} 后，便是输出的有功功率 P_2，即

$$P_2 = P_e - P_{Cu} = P_e - 3R_1 I_1^2 \tag{5-27}$$

或

$$P_2 = 3U_1 I_1 \cos\varphi \tag{5-28}$$

于是可得同步发电机的功率平衡方程为

$$P_1 = P_{fw} + P_{ad} + P_{Fe} + P_{Cu} + P_2 \tag{5-29}$$

上述功率的转换过程可以通过图 5-16 所示的功率流程图来表示。

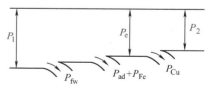

图 5-16 三相同步发电机的功率流程图

5.4.2 电磁功率与功角特性

由式（5-27）和式（5-28）可知，同步发电机的电磁功率 P_e 为

$$\begin{aligned}
P_e &= P_2 + P_{Cu} \\
&= 3U_1 I_1 \cos\varphi + 3R_1 I_1^2 \\
&= 3(U_1 \cos\varphi + R_1 I_1) I_1
\end{aligned}$$

1. 隐极同步发电机的电磁功率和功角特性

对于隐极同步发电机，由图 5-12a 中的几何关系可知，$E_0 \cos\psi = U_1 \cos\varphi + R_1 I_1$，故隐极同步发电机的电磁功率可表示为

$$P_e = 3E_0 I_1 \cos\psi \tag{5-30}$$

忽略电枢电阻 R_1 时，由图 5-12b 中的几何关系，可知

$$U_1 \sin\theta = X_s I_1 \cos\psi$$

将上式代入式（5-30）中，可得

$$P_e = 3\frac{E_0 U_1}{X_s}\sin\theta \tag{5-31}$$

在保持转速、励磁电流和电枢电压为常数（如同步发电机并网运行）时，同步发电机的电磁功率 P_e 与功率角 θ 之间的关系 $P_e = f(\theta)$ 称为同步发电机的功角特性。由式（5-31）可知，隐极同步发电机的电磁功率是功率角的正弦函数，如图 5-17a 所示。如果考虑电枢电阻的影响，隐极同步发电机的功角特性与上述结论略有差别。

当功率角在 0°~90° 范围内时，功率角越大，电磁功率就越大，当功率角达到 90° 时，电磁功率达到最大值，即

$$P_{em} = 3\frac{E_0 U_1}{X_s} \tag{5-32}$$

需要再次指出，功率角 θ 越大，说明交轴电枢反应越强，电枢电流与励磁电动势同相位的分量 $I_1 \cos\psi$ 即有功分量就越大（参考图 5-12），产生的电磁功率也就越大。这里进一步明确了交轴电枢反应在能量转换过程中所起的关键性作用。

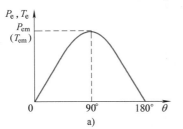 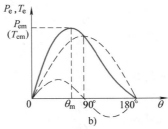

图 5-17　三相同步发电机的功角特性和矩角特性

a）三相隐极同步发电机　b）三相凸极同步发电机

2. 凸极同步发电机的电磁功率和功角特性

对于凸极同步发电机，由图 5-15a 中的几何关系可知 $E_Q \cos\psi = U_1 \cos\varphi + R_1 I_1$，故凸极同步发电机的电磁功率可表示为

$$P_e = 3E_Q I_1 \cos\psi \tag{5-33}$$

根据式（5-13）及图 5-13c 可知，$I_1 \cos\psi$ 是与励磁电动势同相位的电枢电流交轴分量 I_q，因此，凸极同步发电机的电磁功率的公式还可以进一步写成

$$P_e = 3E_Q I_q \tag{5-34}$$

忽略电枢电阻 R_1 时，由图 5-15b 中的几何关系可知

$$U_1 \sin\theta = X_q I_1 \cos\psi$$

$$X_d I_d = E_0 - U_1 \cos\theta$$

$$E_Q = E_0 - (X_d - X_q) I_d$$

将上述关系式代入式（5-33）中，经整理可得凸极同步发电机的功角特性为

$$P_e = 3\frac{E_0 U_1}{X_d}\sin\theta + 3\frac{U_1^2}{2}\left(\frac{1}{X_q} - \frac{1}{X_d}\right)\sin 2\theta \tag{5-35}$$

由此可见，凸极同步发电机的电磁功率由两个分量组成：$P_e = P_{e1} + P_{e2}$。其中第一个分量

$$P_{e1} = 3 \frac{E_0 U_1}{X_d} \sin\theta$$

称为基本电磁功率。该分量正比于励磁电动势 E_0，即只有 $I_f \neq 0$ 时基本分量才能存在；第二个分量

$$P_{e2} = 3 \frac{U_1^2}{2} \left(\frac{1}{X_q} - \frac{1}{X_d} \right) \sin 2\theta$$

称为附加电磁功率。该分量与励磁电动势 E_0 无关，只要 $X_d \neq X_q$，附加电磁功率就存在。这种因凸极效应而存在的分量又称为磁阻功率。显然，当 $X_d = X_q = X_s$ 时，磁阻功率消失，凸极同步发电机的功角特性就变成了隐极同步发电机的功角特性。

根据式（5-35）可以画出凸极同步发电机的功角特性如图 5-17b 所示。与图 5-17a 比较可知，磁阻功率使最大电磁功率 P_{em} 的值增大了，而产生 P_{em} 的功率角 $\theta_m < 90°$。

5.4.3　电磁转矩与矩角特性

把功率方程式（5-25）两边除以同步角速度 Ω_1，可得同步发电机的转矩平衡方程

$$T_e = T_1 - T_0 \tag{5-36}$$

式中　T_e——电磁转矩，$T_e = \dfrac{P_e}{\Omega_1}$；

$\quad\quad T_1$——输入转矩，$T_1 = \dfrac{P_1}{\Omega_1}$；

$\quad\quad T_0$——空载转矩，$T_0 = \dfrac{P_0}{\Omega_1}$。

空载转矩是同步发电机空载运行时，为了克服空载损耗原动机输入的转矩。

在保持转速、励磁电流和电枢电压为常数时，发电机的电磁转矩 T_e 与功率角 θ 之间的关系 $T_e = f(\theta)$ 称为同步发电机的矩角特性。如果将式（5-31）和式（5-35）两边同除以同步角速度 Ω_1，则得到隐极和凸极同步发电机的矩角特性，即

$$T_e = 3 \frac{E_0 U_1}{X_s \Omega_1} \sin\theta \tag{5-37}$$

$$T_e = 3 \frac{E_0 U_1}{X_d \Omega_1} \sin\theta + 3 \frac{U_1^2}{2\Omega_1} \left(\frac{1}{X_q} - \frac{1}{X_d} \right) \sin 2\theta \tag{5-38}$$

显然，凸极同步发电机电磁转矩的组成与其电磁功率的组成相同，仍然由两个分量合成：$T_e = T_{e1} + T_{e2}$。其中，第一个分量为基本分量，$T_{e1} = 3 \dfrac{E_0 U_1}{X_d \Omega_1} \sin\theta$；第二个分量是由凸极效应产生的磁阻转矩，$T_{e2} = \dfrac{3 U_1^2}{2\Omega_1} \left(\dfrac{1}{X_q} - \dfrac{1}{X_d} \right) \sin 2\theta$。

因为电磁转矩正比于电磁功率，故同步发电机的矩角特性曲线与功角特性曲线的变化规律相同，只要改变图 5-17 的纵轴比例即得到同步发电机的电磁转矩与功率角的关系曲线。

下面，通过图 5-18 来进一步说明电磁转矩（或电磁功率）的附加分量产生的原理。图 5-18a 和 b 示出了转子没有励磁时，空载状态（$\theta=0$）和负载状态（$\theta \neq 0$）两种情况下，经过凸极转子的磁力线。相对 $\theta=0$ 时，$\theta \neq 0$ 时的磁力线被扭曲拉伸了，由于磁通具有力图通过磁阻最小路径的特点，故图 5-18b 的磁力线像拉伸的橡皮筋，于是产生了逆时针方向的电磁转矩 T_{e2}。对于隐极转子，如图 5-18c 所示，无论功率角有多大，磁力线始终不会被扭曲拉伸，如果没有转子主磁极励磁，就不会产生电磁转矩 T_{e1}（即隐极同步发电机的电磁转矩 T_e）。

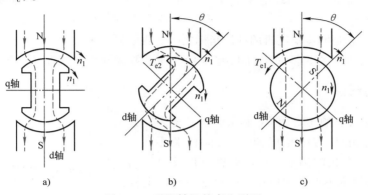

图 5-18　磁阻转矩的产生原理

a）凸极转子（$\theta=0$）　b）凸极转子（$\theta \neq 0$）　c）隐极转子（$T_{e2}=0$）

5.5　三相同步发电机的运行特性

三相同步发电机的运行特性包括外特性、调整特性和效率特性。根据这些特性可以确定同步发电机的运行性能参数。

5.5.1　外特性

当发电机的转速为同步转速 n_1，励磁电流 I_f 和负载功率因数 $\cos\varphi$ 保持不变时，发电机输出的线电压与电枢线电流之间的关系 $U_{1L}=f(I_{1L})$ 称为同步发电机的外特性。

外特性反映了同步发电机的电枢电压随电枢电流的变化规律。图 5-19 给出了带三种不同性质负载时同步发电机的外特性（对应三种不同的励磁电流）。由图可见，在电感性负载和纯电阻负载时，外特性是下降的，即发电机的输出电压随着负载的加重而下降。这是由于电枢反应的去磁作用和漏阻抗压降所引起的。在电容性负载且功率因数角 φ 大于内功率因数角 ψ 时，外特性是上升的，即发电机的输出电压随着负载的加重而升高。原因之一是电枢反应的增磁作用，原因之二是电容性电流所产生的漏抗压降使电枢电压增加。

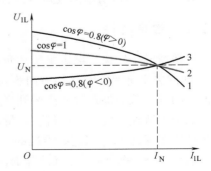

图 5-19　三相同步发电机的外特性

在额定转速和额定功率因数时，调节发电机的励磁电流，使电枢电流和电枢电压同时达到额定值，此时的励磁电流就称为同步发电机的额定励磁电流 I_{fN}。在额定转速 n_N、额定功率因数 $\cos\varphi_N$ 和额定励磁电流 I_{fN} 情况下，同步发电机从满载到空载时，电压的变化量与额定电压之比的百分数就称为同步发电机的电压调整率，即

$$V_R = \frac{E_0 - U_{NP}}{U_{NP}} \times 100\% \qquad (5\text{-}39)$$

式中　U_{NP}——电枢的额定相电压。

电压调整率 V_R 也可以用线电压来计算，将式（5-39）的分子与分母同乘以 $\sqrt{3}$，便是用线电压计算的公式。

电压调整率 V_R 是同步发电机的性能指标之一。由于同步发电机的同步电抗值较大，故电压调整率较大。一般凸极同步发电机 $V_R = 18\% \sim 30\%$，隐极同步发电机 $V_R = 30\% \sim 48\%$。

5.5.2　调整特性

在额定转速 n_N、额定电压 U_N 和负载的功率因数为常数时，励磁电流 I_f 与电枢电流 I_1 之间的关系 $I_f = f(I_1)$ 称为同步发电机的调整特性。调整特性反映了同步发电机要保持额定不变的端电压时，励磁电流随电枢电流的变化规律。

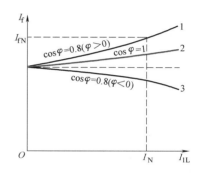

图 5-20　三相同步发电机的调整特性

图 5-20 给出了带三种不同性质负载时同步发电机的调整特性。由图 5-19 可知，在不变的励磁电流作用下，同步发电机的端电压将随着电枢电流的变化而变化，为了在负载变化时保持同步发电机的端电压不变，只有通过调节励磁电流来补偿。对于电感性负载和纯电阻负载，为了补偿电枢电流所产生的去磁性电枢反应和漏阻抗压降，随着电枢电流的增加，必须相应地增加励磁电流，故此时的调整特性是上升的；对于电容性负载，在功率因数较小时，调整特性可能是下降的。

如果发电机的额定功率因数为 $\cos\varphi_N = 0.8$（电感性），则图 5-20 中曲线 1 上与额定电枢电流 I_N 对应的励磁电流就是额定励磁电流 I_{fN}。实际运行中，发电机的功率因数控制在 $0.8 \sim 0.95$。采用恒功率因数运行时，要求其端电压的偏差不得超过 $\pm 5\%$。

5.5.3　效率特性

在保持额定转速、额定电压和负载的功率因数为常数时，发电机的效率 η 与输出功率 P_2 之间的关系 $\eta = f(P_2)$ 称为同步发电机的效率特性。效率特性曲线非线性，轻载时效率较低，随着负载的加重效率逐渐升高，但满载时的效率并不是最高。

如前节所述，同步发电机在能量的转换过程中是有损耗的，除此之外，在计算效率时还应包括励磁损耗 P_f，但这些损耗的总和一般来说是不大的。现代空气冷却的大型水轮发电机，$\eta_N = 96\% \sim 98.5\%$；空气冷却的汽轮发电机，$\eta_N = 94\% \sim 97.8\%$，若采用水内冷或氢气冷却，$\eta_N$ 大约可提高近 1 个百分点。例如，一台 30MW 空冷汽轮发电机的额定效率为 97.8%；一台 110MW 双水内冷汽轮发电机的额定效率为 98.54%；一台 200MW 水氢氢冷却汽轮发电机的额定效率为 98.66%。相同冷却方式，容量越大，额定效率越高。

额定效率亦是同步发电机重要的性能指标之一。

5.6　同步发电机与电网的并联运行

现代电力系统（电网）都是由火力发电、水力发电、风力发电和原子能发电等许多发电厂并联组成，每个发电厂内又安装了多台发电机并联运行。这样做的目的是为了高质量、高效率、高可靠性地发电和供电。首先，当很多的发电机组并联运行时，电网的容量就变得非常大，个别负载的变动对整个电网的电压和频率影响甚微，从而保证了供电的质量；其次，电负荷在 24h 之内有峰值和低谷的巨大差别，即在个别时间段，发电机将轻载运行，此时可以切除一些发电机组，使运行的机组始终接近满载运行，从而提高发电系统的效率；第三，发电设备需要定期检修，加之偶发性的设备故障等原因，只有当很多发电机组并联运行时，才能保证供电的可靠性。最后，并联运行可以更合理地利用资源和发电设备。例如，在夏季的丰水期，水力发电厂应该尽量满载运行，火力发电厂则可以少投入发电机组，而在冬季的枯水期，则应反过来调配。

5.6.1　并联运行的条件

发电机投入并联运行的示意图如图 5-21 所示。左边联结成星形的三相绕组代表电网，右边联结成星形的三相绕组代表准备投入并联运行的发电机。

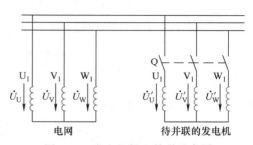

同步发电机投入电网并联时，必须避免在发电机和电网组成的回路中产生冲击电流以及由此在发电机转轴上产生的冲击转矩。为此，待投入并联的发电机应当满足以下三个条件。

图 5-21　发电机投入并联示意图

1. 发电机的相序与电网相序一致

如果发电机的相序与电网的相序不同，如图 5-22 所示。设待并联发电机的 U 相与电网的 U 相相连，而发电机的 V 相和 W 相与电网的 V 相和 W 相正好错位，使得开关 Q 在合闸前两端承受的电压分别为：$\Delta \dot{U}_U = 0$，$\Delta \dot{U}_V = \dot{U}_V - \dot{U}'_W$，$\Delta \dot{U}_W = \dot{U}_W - \dot{U}'_V$。此时相当于在电网端点上加上一组负序电压，这是一种严重的故障情况，电流和转矩的冲击都很大，必须避免。

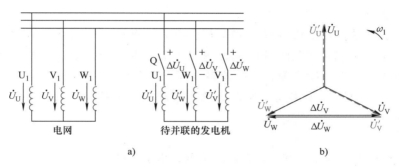

a)　　　　　　　　　　　　b)

图 5-22　相序不同的示意图

2. 发电机的频率与电网频率相同

如果发电机的相序与电网的相序相同但频率不相等，则会出现如图 5-23 所示的情况。除了图 5-23a 所示个别瞬间发电机的三相电压与电网的三相电压相等外，其他任何时刻，三相对应电压均不相等，两边对应相量之间的相位差将在 0°~360°之间变化，其差值不断地在 $0 \sim 2U_1$ 之间变化。频率相差越大，这个变化的速度就越快，若 Q 合闸，必定要产生冲击电流和冲击转矩。

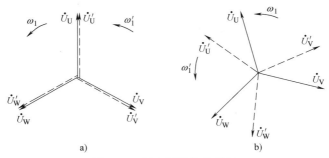

图 5-23 频率不同的示意图

3. 发电机的端电压与电网电压相等

电压相等包括相位相同和有效值相等，即相量相等。如果 $\dot{U}_U \neq \dot{U}'_U$，$\dot{U}_V \neq \dot{U}'_V$，$\dot{U}_W \neq \dot{U}'_W$，在开关 Q 的两端有电压，若合闸，必定要产生冲击电流和冲击转矩。严重时，冲击电流可达额定电流的 5~8 倍。

5.6.2 并联运行的方法

如果不满足上述三个条件，必须进行相应的调节。为了将发电机投入电网并联所进行的调节和操作过程，称为整步过程。

关于相序，一般大型同步发电机的转向和相序在出厂以前都已标定。对于没有标明转向和相序的电机，可以利用相序指示器来确定。而调节原动机的转速和发电机的励磁电流就可以调节频率的高低和电压的大小。再通过调节发电机的瞬时速度可以调整电压的相位。

上述三个并联的条件中，第一个条件是必须满足的，其他两个条件允许稍有出入。根据对这三个条件满足的程度，投入并联运行的方法有下述两种。

1. 准确整步法

准确整步法就是把发电机调整到完全符合投入并联的条件时才投入电网的方法。一般采用同步指示器来判断并联的条件是否达到。这种方法的优点是，投入瞬间电网和发电机几乎没有冲击，但手续繁琐，费时较多（几十分钟以上），若电网出现故障，急需紧急投入新的发电机组时，采用此法就很难达到要求。为了把发电机迅速投入电网，可以采用自整步法。

2. 自整步法

自整步法的投入步骤是：首先检查好发电机的相序，将励磁绕组接一个限流电阻，再由原动机按照规定的转向把发电机拖动到接近于同步转速，然后把发电机投入电网，并立即切除限流电阻、加上直流励磁电流。此时依靠电磁转矩就会把转子自动牵入同步。这种方法的优点是手续简单，投入迅速，不需增添复杂的装置，缺点是投入时会产生一定的冲击电流和冲击转矩。

5.6.3　有功功率的调节与稳定问题

发电机并联运行的目的，就是要向电网输出有功功率和无功功率。而发电机并联运行时，输出的有功功率和无功功率与单机运行时完全不同。在单机运行时，发电机输出的有功功率和无功功率完全取决于负载的轻重，也就是说，若负载的功率一定，发电机不可能输出比负载功率更大的功率。那么，发电机并联运行时输出的有功功率和无功功率又取决于什么因素呢？

现代电力系统的容量都很大，而且一般还装有调压、调频装置。因此，可以认为电网的频率和电压基本不受负载变化或其他扰动的影响而保持为常值。通常将这种恒频、恒压的交流电网称为无穷大电网。同步发电机并联到无穷大电网之后，其频率和端电压将受到电网的约束而与电网一致，这是并联运行的一大特点。但是，不要认为无穷大电网就能提供无穷大的功率，当负载增减时，必须马上调节发电量，要么调节正在运行的发电机的输出功率，要么增减投入并联运行的发电机的台数。

同步发电机待并入电网前处于空载运行状态，即 $\dot{U}_1 = \dot{E}_0$，该电压要等于电网电压，当发电机并联后，如果不做任何调整，将保持 $\dot{U}_1 = \dot{E}_0$，也就是说，发电机仍将是空载运行的（$I_1 = 0$）。下面以隐极同步发电机为例，说明如何调节并联在电网上的发电机的输出。

1. 有功功率的调节

并联在电网上运行的同步发电机能够调节的量只有两个，一个是从原动机输入的拖动转矩 T_1，另一个是主磁极的励磁电流 I_f。调节从原动机输入的拖动转矩 T_1，就是调节了输入的机械功率 P_1，根据能量守恒定律，发电机的输出功率 P_2 就能得到调节。

要增加原动机的驱动转矩 T_1，是通过把汽轮机的汽门、水轮机的水门或内燃机的油门开大来实现的。图 5-24 反映了同步发电机有功功率的调节过程。在空载时，$n = n_1$，$\theta = 0$，如图 5-24a 所示，转子主磁极磁场与气隙磁场"并肩"旋转，$T_1 = T_0$；当驱动转矩 T_1 增加后，原来的转矩平衡关系被打破，使 $T_1 > T_0$，发电机的转子瞬间就要加速，$n > n_1$，主磁极磁场就会超前气隙磁场，θ 随之增大，使 $\dot{E}_0$ 超前于 $\dot{U}_1$，于是产生了电枢电流 I_1 和电磁功率 P_e，如图 5-24b 所示；同时转子上将受到一个制动性质的电磁转矩 T_e 的作用，且 T_e 随着 θ 的增大而增大，最终拖动转矩 T_1 和制动转矩（$T_0 + T_e$）会重新取得平衡，转子转速经过一个调节过程，稳定在同步转速，此时发电机已处于负载运行状态，如图 5-24c 所示，工作点位于 a 点。

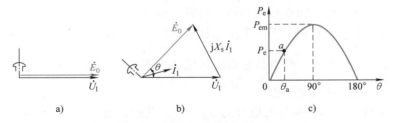

图 5-24　同步发电机有功功率的调节过程

a）$\theta = 0$ 时的相量图　b）$\theta \neq 0$ 时的相量图　c）稳定工作点

根据功角特性，当 θ 在 $0°\sim90°$ 范围内时，θ 角越大，电磁功率 P_e 和输出的有功功率 P_2 就越大。由此可见，要增加发电机输出的有功功率，必须增加原动机的输入功率，使功率角增大，电磁功率和输出功率便会相应增加。但是，功率角不能超过 $90°$。一旦功率角超过 $90°$，就超过了同步发电机的最大负载能力，同步发电机将失去稳定运行状态。

2. 静态稳定

同步电机的稳定运行状态是指与电网并联运行时，电压 U_1、频率 f_1、励磁电流 I_f、输入功率 P_1 和输出功率 P_2 都为恒定值的状态。

静态稳定问题是研究与电网并联稳定运行的同步发电机，当受到外界干扰（由电网或原动机引起）并在干扰消失后，发电机能否恢复到干扰发生前的稳定运行状态的问题。如果能恢复，则是静态稳定的；否则，就是不稳定的。

下面通过隐极同步发电机的功角特性来分析同步发电机的静态稳定问题。

如图 5-25 所示，当同步发电机稳定工作在 a 点时，由于原动机方面的某种因素，输入转矩增大为 $(T_1+\Delta T_1)$，发电机瞬时加速，使功率角增大为 $(\theta_a+\Delta\theta)$，相应的电磁功率也增大到 $(P_e+\Delta P_e)$，而制动性质的电磁转矩也随之增大 $(T_e+\Delta T_e)$，抑制了功率角的进一步增大。当外界干扰消失 $(\Delta T_1=0)$ 后，电磁转矩就大于输入转矩了，从而使机组瞬时减速，功率角减小，电磁功率和电磁转矩也随之减小，最后恢复到原平衡状态 $(T_1=T_0+T_e)$ 运行，即工作点回到 a 点。因此，a 点是稳定运行点。

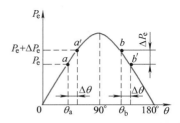

图 5-25 同步发电机
静态稳定分析

假设同步发电机稳定工作在功角特性下降部分的 b 点，由于原动机方面的某种因素，输入转矩增大为 $(T_1+\Delta T_1)$，发电机瞬时加速，使功率角增大为 $(\theta_b+\Delta\theta)$，但相应的电磁功率却减小到 $(P_e-|\Delta P_e|)$，那么，制动性质的电磁转矩也随之减小为 $(T_e-|\Delta T_e|)$，加大了拖动转矩和制动转矩的差值，发电机继续加速，使功率角进一步增大，结果必将导致发电机与电网失去同步。当外界干扰消失 $(\Delta T_1=0)$ 后，机组的状态是不可恢复的。因此，b 点是不稳定运行点。

综上所述，同步发电机只有工作在功角特性的上升段才能稳定运行，用数学公式表示的稳定运行条件为

$$\frac{dP_e}{d\theta}>0 \tag{5-40}$$

也就是说，功率角在 $0°<\theta<90°$ 范围内运行时，隐极同步发电机是稳定的。并且，功率角越小，稳定裕度越大。因为，在功角特性的起始段，功角特性的变化率较大，较小的功率角变化量将产生较大的电磁功率和电磁转矩增量，而该电磁转矩是制动性质的，较大的电磁转矩会迅速抑制功率角的变化。而功率角越接近 $90°$，稳定裕度越小。如果 $\theta=90°$，任何微小的干扰，都可能使机组的工作点越过稳定区域进入不稳定的 $90°<\theta<180°$ 区域。因此，$\frac{dP_e}{d\theta}$ 的大小反映了同步电机的稳定能力。

观察图 5-17 可知，凸极同步发电机的 $\theta_m<90°$，其稳定范围小于隐极同步发电机的稳定范围，但是，凸极同步发电机的 $\frac{dP_e}{d\theta}$ 大于隐极同步发电机的 $\frac{dP_e}{d\theta}$，故凸极同步发电机的稳定

性较好。

为使同步发电机能够稳定地运行，对于隐极同步发电机，其额定功率角一般设计为 $\theta_N = 30° \sim 40°$；对于凸极同步发电机，其额定功率角设计为 $\theta_N = 20° \sim 30°$。

提高同步电机的最大电磁功率 P_{em}，也会增大 $\dfrac{dP_e}{d\theta}$，从而提高同步电机的稳定能力。由式（5-32）可知，增加励磁或减小同步电抗均可以提高同步电机的 P_{em}。发电机的最大电磁功率与额定功率之比，称为过载能力，用 k_m 表示，即

$$k_m = \frac{P_{em}}{P_{eN}} = \frac{T_{em}}{T_{eN}} \tag{5-41}$$

对于隐极电机，$k_m = \dfrac{1}{\sin\theta_N} = 1.56 \sim 2$。

【例 5-3】　某星形联结的汽轮发电机并联在无穷大电网上运行，已知其额定参数为 $S_N = 31250 \text{kV} \cdot \text{A}$，$U_N = 10.5 \text{kV}$，$\cos\varphi_N = 0.8$（电感性），$X_s = 7\Omega$。若忽略电枢电阻，试求：（1）发电机额定运行时的电磁功率 P_{eN}、功率角 θ_N、励磁电动势 E_0 和无功功率 Q_{2N} 以及过载能力 k_m；（2）若励磁电流不变，输出的有功功率为额定功率的一半时，功率角 θ、功率因数 $\cos\varphi$ 和无功功率 Q_2 将变为多少？

解：额定相电压、相电流和功率因数角分别为

$$U_1 = \frac{U_N}{\sqrt{3}} = \frac{10.5 \times 10^3}{\sqrt{3}} \text{V} = 6062.2 \text{V}$$

$$I_1 = I_N = \frac{S_N}{\sqrt{3}\, U_N} = \frac{31250 \times 10^3}{\sqrt{3} \times 10.5 \times 10^3} \text{A} = 1718.3 \text{A}$$

$$\varphi_N = \arccos 0.8 = 36.87°$$

（1）因为电枢电阻可忽略不计，故 $P_2 = P_e$。发电机额定运行时

$$P_{eN} = P_{2N} = S_N \cos\varphi_N = (31250 \times 0.8) \text{kW} = 25000 \text{kW}$$

$$Q_{2N} = S_N \sin\varphi_N = (31250 \times \sin 36.87°) \text{kvar} = 18750 \text{kvar}$$

设 $\dot{U}_1 = 6062.2 \underline{/0°} \text{V}$，则 $\dot{I}_1 = 1718.3 \underline{/-36.87°} \text{A}$，则

$$\dot{E}_0 = \dot{U}_1 + jX_s \dot{I}_1 = (6062.2 \underline{/0°} + j7 \times 1718.3 \underline{/-36.87°}) \text{V} = 16398.95 \underline{/35.93°} \text{V}$$

即 $E_0 = 16398.95 \text{V}$，$\theta_N = 35.93°$。

E_0 和 θ_N 也可以用相量图的几何关系计算

$$\tan\psi = \frac{U_1 \sin\varphi + X_s I_1}{U_1 \cos\varphi} = \frac{6062.2 \times \sin 36.87° + 7 \times 1718.3}{6062.2 \times 0.8} = 3.23$$

$$\psi = \arctan 3.23 = 72.8°$$

$$\theta_N = \psi - \varphi_N = 72.8° - 36.87° = 35.93°$$

$$E_0 = \frac{U_1 \cos\varphi}{\cos\psi} = \frac{6062.2 \times \cos 36.87°}{\cos 72.8°} \text{V} = 16398.95 \text{V}$$

过载能力 k_m

$$k_m = \frac{1}{\sin\theta_N} = \frac{1}{\sin 35.93°} = 1.7$$

（2） 发电机输出额定功率的一半时

$$P_e = P_2 = 0.5 P_{2N} = 0.5 \times 25000 \text{kW} = 12500 \text{kW}$$

因为 I_f 不变，E_0 就不变，即最大电磁功率不变，于是有

$$\frac{1}{2} \frac{3 E_0 U_1}{X_s} \sin\theta_N = \frac{3 E_0 U_1}{X_s} \sin\theta$$

即

$$\sin\theta = \frac{1}{2} \sin\theta_N = \frac{1}{2} \times \sin 35.93° = 0.2934$$

$$\theta = 17.06°$$

则 $\dot{E}_0 = 16398.95 \angle 17.06° \text{V}$。再由电压方程可得

$$j X_s \dot{I}_1 = \dot{E}_0 - \dot{U}_1 = (16398.95 \angle 17.06° - 6062.2 \angle 0°) \text{V} = 10751.61 \angle 26.58° \text{V}$$

因此电枢电流为

$$\dot{I}_1 = \frac{\dot{E}_0 - \dot{U}_1}{j X_s} = \frac{10751.61 \angle 26.58°}{j7} \text{A} = 1535.94 \angle -63.42° \text{A}$$

则功率因数 $\cos\varphi$ 为

$$\cos\varphi = \cos 63.42° = 0.4474$$

或

$$\cos\varphi = \frac{P_2/3}{U_1 I_1} = \frac{12500 \times 10^3}{3 \times 6062.02 \times 1535.94} = 0.4475$$

无功功率 Q_2 为

$$Q_2 = 3 U_1 I_1 \sin\varphi = (3 \times 6062.2 \times 1535.94 \times \sin 63.42°) \times 10^{-3} \text{kvar} = 24981.25 \text{kvar}$$

可见，在不调节励磁的情况下，输出有功功率的变化，会使输出的无功功率跟随变化。当有功功率减小时，无功功率会增大，功率因数相应降低。但是，调节无功功率不是通过调节有功功率来被动实现的。

5.6.4 无功功率的调节与 V 形曲线

1. 无功功率的调节

接在电网上的负载，绝大多数都是电感性负载，它们除了需要有功功率之外，还需要一定的无功功率。例如，工厂大量使用的交流异步电动机所需要的无功功率就很多。因此，并联运行的各台同步发电机，不仅要向电网输出有功功率，而且还要输出无功功率。

并联运行的同步发电机除了输入的机械功率或转矩可以调节外，还可以调节它的励磁电流。下面仍以隐极同步发电机为例，讨论在调节励磁电流时，各个物理量的变化情况。为了简化问题的分析，忽略电枢电阻、不计磁路饱和的影响，并假定调节励磁时原动机输入的有功功率保持不变。

根据功率平衡关系，如果发电机的输入功率 P_1 不变，则电磁功率 P_e 和输出有功功率 P_2 均应近似保持不变，由公式 $P_2 = 3 U_1 I_1 \cos\varphi$ 和 $P_e = 3 \frac{E_0 U_1}{X_s} \sin\theta$ 可知，无论励磁电流怎样调节，始终有下述关系成立：

$$\left. \begin{array}{l} I_1 \cos\varphi = 常数 \\ E_0 \sin\theta = 常数 \end{array} \right\} \tag{5-42}$$

　　显然，由于输出的有功功率不变，输出电枢电流的有功分量 $I_1\cos\varphi$ 就不会改变；如果调节励磁电流 I_f，励磁电动势 E_0 随之正比地变化；而电枢电流将受电压方程 $\dot{U}_1 = \dot{E}_0 - jX_s\dot{I}_1$ 的约束而产生相应的改变。据此，若设相电压为参考相量，即 $\dot{U}_1 = U_1\angle 0°$，可以画出如图 5-26 所示的相量图。下面按励磁电流的大小分析该相量图。

　　（1）正常励磁　调节励磁电流 I_f，使电枢电流 $\dot{I}_1$ 达到与电枢电压 $\dot{U}_1$ 同相位，即 $\varphi = 0$，则电压三角形为直角三角形。此时的励磁电流记为 I_{f0}，励磁电动势为 $\dot{E}_0$，该励磁状态称为正常励磁。也就是说，在 $I_f = I_{f0}$ 的正常励磁状态下，电枢电流只有有功分量 $I_1\cos\varphi$、没有无功分量（$I_1\sin\varphi = 0$），因此，只输出有功功率 P_2，输出的无功功率为零（$Q_2 = 0$）。

　　（2）过励磁　调节励磁电流 I_f，使励磁电流大于正常励磁电流，此时的励磁状态称为过励磁。当 $I_f > I_{f0}$ 时，相应的励磁电动势将大于正常励磁状态下的励磁电动势，即 $E_0' > E_0$；因 $E_0\sin\theta =$ 常数，则 $E_0'\sin\theta' = E_0\sin\theta$，故相量 $\dot{E}_0'$ 的末端只能落在水平虚线 AB 上；连接 $\dot{U}_1$ 末端与 $\dot{E}_0'$ 末端的有向线段就是同步电抗压降 $jX_s\dot{I}_1'$；据此，可确定电流相量 $\dot{I}_1'$ 的方位（滞后 $jX_s\dot{I}_1'$ 90°）。又因 $I_1\cos\varphi =$ 常数，则 $I_1'\cos\varphi' = I_1\cos\varphi$，故相量 $\dot{I}_1'$ 的末端只能落在纵向虚线 CD 上。由图 5-26 可见，在过励磁状态下，电枢电流 $\dot{I}_1'$ 滞后于电枢电压 $\dot{U}_1$，$\varphi > 0$，因此，发电机输出有功功率的同时，还输出电感性的无功功率。而且，随着励磁电流的继续增大，功率因数角和电枢电流都将随之增加，使输出的电感性无功功率相应增大。显然，过励磁状态下的电枢电流大于正常励磁状态时的电枢电流。这是因为，电枢电流的有功分量虽然不变，但其无功分量是随着励磁电流的增加而增大的。

　　（3）欠励磁　调节励磁电流 I_f，使励磁电流小于正常励磁电流，此时的励磁状态称为欠励磁。当 $I_f < I_{f0}$ 时，相应的励磁电动势将小于正常励磁状态下的励磁电动势，即 $E_0'' < E_0$；因 $E_0\sin\theta =$ 常数，则 $E_0''\sin\theta'' = E_0\sin\theta$，故相量 $\dot{E}_0''$ 的末端同样只能落在水平虚线 AB 上；连接 $\dot{U}_1$ 末端与 $\dot{E}_0''$ 末端的有向线段就是同步电抗压降 $jX_s\dot{I}_1''$；据此，就确定了电流相量 $\dot{I}_1''$ 的方位。又因 $I_1\cos\varphi =$ 常数，则 $I_1''\cos\varphi'' = I_1\cos\varphi$，故相量 $\dot{I}_1''$ 的末端也只能落在纵向虚线 CD 上。由图 5-26 可见，在欠励磁状态下，电枢电流 $\dot{I}_1''$ 超前于电枢电压 $\dot{U}_1$，$\varphi'' < 0$，因此，发电机输出有功功率的同时，也输出电容性的无功功率。而且，随着励磁电流的继续减小，功率因数角和电枢电流亦都将随之增加，使输出的电容性无功功率相应增大。显然，欠励磁状态下的电枢电流大于正常励磁状态时的电枢电流。其原因与过励磁时相同。

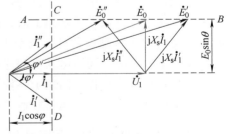

图 5-26　同步发电机无功功率的调节

　　综上所述，同步发电机有欠励磁、正常励磁和过励磁三种励磁状态。调节励磁电流的大小，就能够改变电枢电流的大小和相位，从而调节了输出无功功率的大小和性质。

　　关于上述结论，还可以用磁动势平衡关系来解释。发电机与无穷大电网并联时，其电枢电压恒定不变，与此相应的气隙合成磁场的磁通以及磁动势（$|\boldsymbol{F}_0 + \boldsymbol{F}_a|$）就必须保持不变。因此，当调节励磁电流使励磁磁动势 $\boldsymbol{F}_0$ 变化时，电枢电流必须相应变化，即使电枢磁动势 $\boldsymbol{F}_a$ 相应改变，以保持合成磁通始终不变。具体地说，在过励磁时，$\boldsymbol{F}_0$ 增强，主磁通增多，

为了维持合成磁通不变，发电机应输出滞后的电枢电流，使去磁性的电枢反应增强，以补偿过多的主磁通。而在欠励磁时，F_0 减弱，主磁通减少，为了维持合成磁通不变，发电机必须输出超前的电枢电流，以减少去磁性的电枢反应（$\dot{I}_1$ 滞后于 $\dot{E}_0$ 时），甚至使电枢反应变为增磁性（$\dot{I}_1$ 超前于 $\dot{E}_0$ 时），以补偿主磁通的不足、维持气隙合成磁通恒定。所以说，调节励磁电流就可以调节发电机输出的无功功率。

2. V 形曲线

同步发电机运行时，希望知道电枢电流与励磁电流的关系，以便控制发电机的运行状态。根据上述分析，可以画出在不同负载下的电枢电流与励磁电流的关系曲线，如图 5-27 所示。从图中看出，曲线的形状像英文字母 V，故称为 V 形曲线。

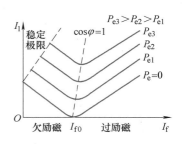

图 5-27 同步发电机的 V 形曲线

V 形曲线的最低点对应着正常励磁状态，也就是说，当输出只有有功功率时，电枢电流最小。当输出功率增大时，V 形曲线上移。将所有曲线的最低点连接起来的线称为 $\cos\varphi = 1$ 的线（等功率因数线），此线略微向右倾，说明当只输出有功功率时，随着输出的增大，必须相应地增加一些励磁电流，或者说，输出不同的有功功率时，对应着不同的正常励磁电流。

由图 5-27 看出，在欠励磁状态下，存在稳定运行的极限点，说明励磁电流不能降得太低。这是因为，过分地减小励磁电流，易使功率角增大到接近稳定运行的极限，甚至超过稳定运行区；同时，发电机的过载能力也随着励磁电流的减小而降低，同样会导致发电机出现不稳定运行而失步。

5.7 三相同步电动机与同步补偿机

在现代工业生产中，一些机械设备的功率越来越大，也就要求其拖动电动机具有更大的功率。当功率达到数千千瓦以上时，选用同步电动机比选用异步电动机更为合适。一是因为同步电动机的功率因数是可以调节的，这对节约能源意义重大；二是对大功率的低速电动机，在功率一定时，同步电动机的体积小于异步电动机。

同步补偿机是一种专门用于补偿电网无功功率、改善功率因数的同步电机。本节在讨论同步电动机的工作原理和运行特性之后，简单说明同步补偿机的工作原理。

5.7.1 同步电动机的运行分析

同步电动机是同步发电机的可逆运行，前面由同步发电机得到的各种方程略加变形后就是同步电动机的方程。同步电动机也分为隐极式和凸极式两种，由于隐极同步电动机是凸极同步电动机的特例，因此，本节以凸极同步电动机为例进行讨论。

1. 同步电动机的电磁关系和电压方程

如 5.2 节所述，同步电动机的转子由直流电源励磁，产生励磁磁动势 F_0，形成转子主磁极磁通 Φ_0；同时，电枢三相绕组接到三相对称电源上，产生对称三相电流，形成电枢旋

转磁动势 F_a。F_0 与 F_a 共同产生了气隙合成磁动势 F 和旋转磁场 Φ，Φ_0 与 Φ 相互作用，使转子受到一个拖动性质的电磁转矩的作用而恒速旋转。考虑到凸极转子带来的气隙的不均匀性，与凸极同步发电机一样，采用双反应理论，将电枢磁动势和电枢电流分解为直轴分量 $F_{ad}(I_d)$ 和交轴分量 $F_{aq}(I_q)$ 来处理。

凸极同步电动机的电磁关系可以简单地用下面的图示来表示。

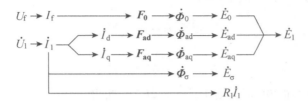

在电动机中，各电量的参考方向按照负载惯例选取，即电枢电流的参考方向与端电压相同。因此，电枢电流的参考方向与发电机运行时相反，但始终与感应电动势方向相同。由此得到同步电动机电枢每相的电压方程为

$$\dot{U}_1 = -\dot{E}_0 - \dot{E}_{ad} - \dot{E}_{aq} - \dot{E}_\sigma + R_1 \dot{I}_1 \tag{5-43}$$

在忽略磁路饱和的影响时，根据式（5-16），式（5-43）可以写成

$$\dot{U}_1 = -\dot{E}_0 + R_1 \dot{I}_1 + jX_d \dot{I}_d + jX_q \dot{I}_q \tag{5-44}$$

式（5-44）中，X_d 和 X_q 是同步电动机的直轴同步电抗和交轴同步电抗，其定义与同步发电机完全相同，分别由直轴和交轴电枢反应电抗与漏电抗组成，即 $X_d = X_{ad} + X_\sigma$，$X_q = X_{aq} + X_\sigma$。一般，直轴同步电抗的标幺值约为 1.5 ~ 2.2（不饱和值），交轴同步电抗的标幺值约为 0.95 ~ 1.4。

如果引进式（5-19）的虚拟电动势，则式（5-44）还可以进一步写成

$$\dot{U}_1 = -\dot{E}_Q + (R_1 + jX_q) \dot{I}_1 \tag{5-45}$$

2. 同步电动机的等效电路和相量图

由式（5-45）可以画出同步电动机的等效电路，如图 5-28 所示。

由式（5-44）和式（5-45）可以画出同步电动机呈电容性时的相量图，如图 5-29 所示。该相量图的具体画法，参考图 5-15。需要注意的是，电动机运行时的内功率因数角 ψ 是励磁电动势 $(-\dot{E}_0)$ 与电枢电流 $\dot{I}_1$ 的相位差角，功率角 θ 是相电压 $\dot{U}_1$ 与励磁电动势 $(-\dot{E}_0)$ 的相位差角；而无论电动机对电网呈现何种性质的负载，在相量图中 $(-\dot{E}_0)$ 始终滞后于 $\dot{U}_1$。

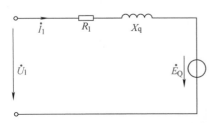

图 5-28　凸极同步电动机的等效电路

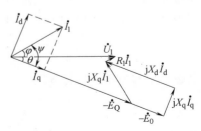

图 5-29　凸极同步电动机的相量图

【例 5-4】 一台隐极同步电动机接在额定电压的无穷大电网上运行，其额定功率因数为 1，同步电抗的标幺值为 $X_s^* = 1.2$。忽略电枢电阻和空载损耗，不计磁路饱和的影响。（1）求额定运行时的励磁电动势 E_0^* 和功率角 θ；（2）若保持输出功率不变，当励磁电流增加 20% 时，电枢电流 I_1^* 和功率因数将变为多少？电动机对电网呈现的是什么性质的负载？

解：（1）设 $\dot{U}_1^* = 1 \angle 0°$，则 $\dot{I}_1^* = 1 \angle 0°$。

$$-\dot{E}_0^* = \dot{U}_1^* - jX_s^* \dot{I}_1^* = 1 \angle 0° - j1 \times 1 \angle 0° = 1.414 \angle -45°$$

即

$$E_0^* = 1.414, \quad \theta = 45°$$

（2）当励磁电流增加 20% 时，有 $E_0'^* = 1.2E_0^*$；输出功率不变，忽略损耗时，有电磁功率保持不变，即当励磁电流增加时有下面的关系成立

$$P_e^* = \frac{E_0'^* U_1^*}{X_s^*}\sin\theta' = \frac{E_0^* U_1^*}{X_s^*}\sin\theta$$

因此

$$\sin\theta' = \frac{1}{1.2}\sin\theta, \quad \theta' = 36.1°$$

故

$$-\dot{E}_0'^* = -1.2E_0^* \angle -36.1°$$

$$\dot{I}_1'^* = \frac{\dot{U}_1^* - (-\dot{E}_0'^*)}{jX_s^*} = \frac{1 \angle 0° - 1.2 \times 1.414 \angle -36.1°}{j1} = 1.067 \angle 20.355°$$

即

$$I_1'^* = 1.067, \quad \varphi' = -20.355°, \quad \cos\varphi' = \cos(-20.355°) = 0.9376$$

由于电枢电流超前于电枢电压，故该运行状态时，电动机呈电容性。还可以从另外一个角度分析，由于额定状态的功率因数为 1，电动机处于正常励磁状态，因此当励磁电流增加后，属于过励状态，电动机对电网呈电容性。

5.7.2 同步电动机的功率和转矩

1. 功率平衡方程

不考虑励磁电源的功率，同步电动机电枢绕组从三相交流电源输入三相功率 P_1，扣除电枢铜损耗 P_{Cu} 以后，就是经气隙传递到转子上的电磁功率 P_e，电磁功率再减去空载损耗 P_0，就得到了输出的机械功率 P_2，即

$$P_e = P_1 - P_{Cu} \tag{5-46}$$

$$P_2 = P_e - P_0 \tag{5-47}$$

电磁功率和电枢铜损耗分别为

$$P_e = 3E_Q I_1 \cos\psi$$

或

$$P_e = 3\frac{E_0 U_1}{X_d}\sin\theta + 3\frac{U_1^2}{2}\left(\frac{1}{X_q} - \frac{1}{X_d}\right)\sin2\theta$$

$$P_{\mathrm{Cu}} = 3R_1 I_1^2$$

空载损耗包括电枢铁损耗、机械损耗和附加损耗，即

$$P_0 = P_{\mathrm{Fe}} + P_{\mathrm{fw}} + P_{\mathrm{ad}}$$

于是可得同步电动机的功率平衡方程

$$P_2 = P_1 - P_{\mathrm{Cu}} - P_{\mathrm{Fe}} - P_{\mathrm{fw}} - P_{\mathrm{ad}} \tag{5-48}$$

同步电动机的最大电磁功率 P_{em} 与额定功率 P_{eN} 之比，称为过载能力。与发电机一样，增大电动机的励磁，可以提高最大电磁功率，从而提高其过载能力。这也是同步电动机的特点之一。

2. 转矩平衡方程

将式（5-47）的两边同除以旋转角速度 Ω_1，可得同步电动机的转矩平衡方程

$$T_2 = T_e - T_0 \tag{5-49}$$

式中　　T_2——与输出功率 P_2 对应的输出转矩，$T_2 = \dfrac{P_2}{\Omega_1}$；

T_0——与空载损耗 P_0 对应的空载转矩，$T_0 = \dfrac{P_0}{\Omega_1}$；

T_e——与电磁功率 P_e 对应的电磁转矩，$T_e = 3\dfrac{E_0 U_1}{X_d \Omega_1}\sin\theta + 3\dfrac{U_1^2}{2\Omega_1}\left(\dfrac{1}{X_q} - \dfrac{1}{X_d}\right)\sin2\theta$。

【例 5-5】　一台星形联结的 6 极同步电动机接在无穷大电网上运行，已知 $P_N = 2000\mathrm{kW}$，$U_N = 3\mathrm{kV}$，$f_N = 50\mathrm{Hz}$，$\cos\varphi_N = 0.85$（电容性），$\eta_N = 95\%$，电枢每相的电阻为 0.1Ω。当电动机额定运行时，试求：（1）输入功率和电枢电流；（2）电磁功率和电磁转矩。

解：（1）额定输入功率和电枢电流

$$P_{1N} = \frac{P_N}{\eta_N} = \frac{2000}{0.95}\mathrm{kW} = 2105.3\mathrm{kW}$$

$$I_N = \frac{P_{1N}}{\sqrt{3}\,U_N\cos\varphi_N} = \frac{2105.3\times10^3}{\sqrt{3}\times3000\times0.85}\mathrm{A} = 476.7\mathrm{A}$$

（2）额定电磁功率和电磁转矩

$$P_{eN} = P_{1N} - 3R_1 I_N^2 = (2105.3\times10^3 - 3\times0.1\times476.7^2)\times10^{-3}\mathrm{kW} = 2037.1\mathrm{kW}$$

同步角速度为

$$\Omega_N = \frac{2\pi f}{p} = \frac{2\pi\times50}{3}\mathrm{rad/s} = 104.67\mathrm{rad/s}$$

$$T_{eN} = \frac{P_{eN}}{\Omega_N} = \frac{2037.1\times10^3}{104.67}\mathrm{N\cdot m} = 19462.1\mathrm{N\cdot m}$$

5.7.3　同步电动机的运行特性

1. 同步电动机的工作特性

同步电动机的工作特性是指在额定电枢电压 U_N 和额定励磁电流 I_{fN} 时，电磁转矩、电枢电流、效率以及功率因数与输出功率之间的关系，即 $T_e = f(P_2)$、$I_1 = f(P_2)$、$\eta = f(P_2)$ 及 $\cos\varphi = f(P_2)$。它们的变化规律如图 5-30 所示。

空载时，$P_2 = 0$，电枢电流和电磁转矩分别为空载电流 I_0 和空载转矩 T_0，数值都较小；

随着负载的增大，因稳态转速为常数，故电磁转矩将正比增大，转矩特性是一条直线；电枢电流亦会随着负载的增加而增加，但电流特性近似为一条直线。空载时的效率为零，随着负载的增加，效率逐渐增大，增大到某个数值后又有所降低，效率特性与其他电机基本相同。功率因数特性是一条向右下倾斜的曲线，调节励磁电流，该曲线将上下移动。

2. 同步电动机功率因数的调节

三相同步发电机通过调节励磁电流可以调节向电网输出无功功率的大小和性质（电感性或电容性无功），同理，三相同步电动机也可以通过调节励磁电流调节从电网输入的无功功率的大小和性质，也就是调节了自身的功率因数。以隐极同步电动机为例，在电动机的 U_1、f_1 和 T_L 都不改变的情况下，调节其励磁电流 I_f。忽略 R_1 和 T_0，则 P_1 和 T_e 也都不改变，即 $I_1\cos\varphi =$ 常数，$E_0\cos\theta =$ 常数。显然，这组关系与同步发电机的式（5-42）完全相同。根据隐极同步电动机的电压方程 $\dot{U}_1 = -\dot{E}_0 + jX_s\dot{I}_1$，可以画出隐极同步电动机调节励磁电流时的相量图，如图5-31所示。

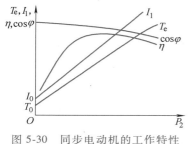

图 5-30　同步电动机的工作特性

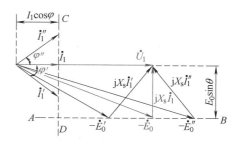

图 5-31　同步电动机功率因数的调节

与同步发电机一样，同步电动机也有三种励磁状态。

（1）**正常励磁**　调节 I_f，当 $I_f = I_{f0}$ 时，励磁电动势为 E_0，电枢电流 $\dot{I}_1$ 与电枢电压 $\dot{U}_1$ 同相位，$\cos\varphi = 1$，此时的励磁状态称为正常励磁。在正常励磁时，电动机呈现电阻性。

（2）**欠励磁**　当 $I_f < I_{f0}$ 时，励磁电动势减小到 E_0'，电枢电流 $\dot{I}_1'$ 滞后于电枢电压 $\dot{U}_1$，$\varphi' > 0$，此时的励磁状态称为欠励磁。在欠励磁时，电动机呈现电感性，即从电网输入电感性的无功功率。对电网而言，电动机等效为三相对称电感性负载。

（3）**过励磁**　当 $I_f > I_{f0}$ 时，励磁电动势增大为 E_0''，电枢电流 $\dot{I}_1''$ 超前于电枢电压 $\dot{U}_1$，$\varphi'' < 0$，此时的励磁状态称为过励磁。在过励磁时，电动机呈现电容性，即从电网输入电容性的无功功率（或说向电网输出电感性的无功功率）。对电网而言，电动机等效为三相对称电容性负载。

由此可见，改变励磁电流，可使同步电动机在任一特定负载下的功率因数达到1，也可以是滞后或超前的功率因数。这种在一定的负载（有功功率）下，调节励磁电流而使同步电动机对电网呈现不同性质负载的规律，也可以换为电枢电流与励磁电流的关系曲线来描述。比较图5-31与图5-26两个相量图，可知同步电动机的 $I_1 = f(I_f)$ 关系曲线应与同步发电机的 $I_1 = f(I_f)$ 关系曲线具有一样的变化规律，即呈现 V 形曲线的变化趋势，如图5-27所示。

同步电动机一般都工作在过励磁状态，目的是在驱动机械负载的同时提高电网等效负载的功率因数。

【例 5-6】 某工厂的电源容量为 1600kV·A，原有负载为 800kW，功率因数为 0.65（电感性），现在需要增加一台电动机来拖动 400kW 的新机械负载。问：（1）能否选用 400kW、功率因数为 0.85、效率为 88% 的三相异步电动机？（2）能否选用 400kW、功率因数为 0.85（电容性）效率为 88% 的三相同步电动机？

解：原有负载的无功功率为

$$Q_1 = P_1 \tan(\arccos 0.65) = 800 \times \tan 49.46° \, \text{kvar} = 935.3 \, \text{kvar}$$

（1）选用异步电动机时，所需功率为

$$P_{1M} = \frac{400}{0.88} \text{kW} = 454.55 \text{kW}$$

$$Q_{1M} = P_{1M} \tan(\arccos 0.85) = 454.55 \times \tan 31.79° \, \text{kvar} = 281.7 \, \text{kvar}$$

则负载的总视在功率为

$$S = \sqrt{(P_1 + P_{1M})^2 + (Q_1 + Q_{1M})^2} = \sqrt{(800 + 454.55)^2 + (935.3 + 281.7)^2} \, \text{kV·A} = 1748 \text{kV·A}$$

由于负载的视在功率超过了电源的容量，因此，不能选用该异步电动机来拖动新的机械负载。

（2）选用同步电动机时，所需功率为

$$P_{1M} = \frac{400}{0.88} \text{kW} = 454.55 \text{kW}$$

$$Q_{1M} = P_{1M} \tan(-\arccos 0.85) = -454.55 \times \tan 31.79° \, \text{kvar} = -281.7 \, \text{kvar}$$

则负载的总视在功率为

$$S = \sqrt{(P_1 + P_{1M})^2 + (Q_1 + Q_{1M})^2} = \sqrt{(800 + 454.55)^2 + (935.3 - 281.7)^2} \, \text{kV·A} = 1414.6 \text{kV·A}$$

由于负载的视在功率小于电源的容量，因此，可以选用该同步电动机来拖动新的机械负载。

5.7.4 同步补偿机

所谓同步补偿机就是一种专门用于改善电网功率因数、不带任何机械负载的同步电动机，也称为同步调相机。

由于电力系统中包含大量变压器，而大部分负载为异步电动机，它们都要从电网中吸取一定的无功电流来建立其磁场，导致整个电网的功率因数降低。电网中运行的所有同步电动机均可以使其工作在过励状态，而产生电容性无功，以补偿过多的电感性无功，但仅此还远远不够，往往还需要在供电线路的不同地方设置专门的同步补偿机来提高电网的功率因数。

从原理上来讲，同步补偿机可以看成是空载运行的同步电动机。在正常励磁时，补偿机的电枢电流极小，接近于零。过励时，补偿机呈电容性，等效于一组电容器；欠励时，补偿机对电网呈现电感性，等效于一组电感器。补偿机的 V 形曲线 $I_1 = f(I_f)$，相当于图 5-27 中电磁功率为零时的那条曲线。

同步补偿机的使用有两种方法：一是将同步补偿机装设在电网的受电端（配电变压器的二次侧），使其工作于过励状态，直接供给大量电感性负载所需的无功电流，避免了无功电流的远程输送，减小了线路损耗。二是将同步补偿机装设在供电线路的中间段进行补偿，其目的是进一步提高输电的稳定性。

*5.8 同步发电机的三相突然短路

在电力系统中，当发生短路故障时，由于短路保护装置跳闸需要一定的时间，故同步发电机会被突然短路，各绕组中会产生很大的冲击电流，其峰值可达额定电流的 10 ～ 20 倍，由此，在电机内产生很大的电磁力和电磁转矩，可能对电枢绕组的端部或转轴等造成损伤，还会危及与发电机相联的其他电气装置，并破坏电网的稳定运行。

同步发电机的突然短路是一个瞬态过程，该过程维持的时间很短，一般经过几秒钟，瞬态冲击电流就衰减为零，而进入稳定短路状态。尽管突然短路的瞬态过程很短，但因其可能带来的严重后果，使设计者和使用者都必须给予充分的重视。

5.8.1 同步发电机突然短路的物理过程

同步发电机在正常运行和三相稳态短路时，电枢绕组中流过的是三相对称电流，该三相对称电流产生的电枢磁动势是一个恒幅、以同步转速旋转的磁动势，与转子相对静止，电枢反应磁通不会在转子绕组中产生感应电动势。而同步发电机突然短路时，电枢电流和相应的电枢反应磁通会发生突然变化，电枢绕组与转子绕组之间就有了变压器的感应关系，转子绕组中将会产生感应电动势和感应电流，此电流又会反过来影响电枢绕组的电流。因此，突然短路过程要比稳态短路和正常运行时的电磁关系复杂许多。

1. 瞬态分析的理论基础

在图 5-32 所示电路中，开关长期闭合在 a 位置，电感为 L 的绕组中流过稳定的直流电流 I_0，其磁通链为 $\psi_0 = LI_0$。设在 $t=0$ 时刻将开关由 a 点切换到 b 点，若绕组的等效电阻为 R，则切换后绕组回路的电压方程式为

$$Ri + \frac{d\psi}{dt} = 0 \tag{5-50}$$

对于理想电感线圈，$R=0$，则式（5-50）变为

$$\frac{d\psi}{dt} = 0 \tag{5-51}$$

式（5-51）的一般解为 $\psi=$ 常数。显然，换路时刻的初始值 $\psi(0_+) = \psi_0$ 是式（5-51）的一个特解，即

$$\psi = \psi_0 \tag{5-52}$$

式（5-52）说明，图 5-32 所示的闭合绕组（右网孔）的磁链将永远保持换路初瞬的数值不变，换句话说，在没有电阻的闭合绕组回路中，磁链将保持不变。这个结论是在理想电感线圈或说忽略绕组电阻的情况下得到的，而实际的电感线圈（绕组），总是存在电阻的，因电阻的影响，磁链 ψ 将随着电感电流的衰减而衰减。但是，在换路初瞬，磁链 ψ 不能跃变，其大小由电路换路时刻的初始条件确定。

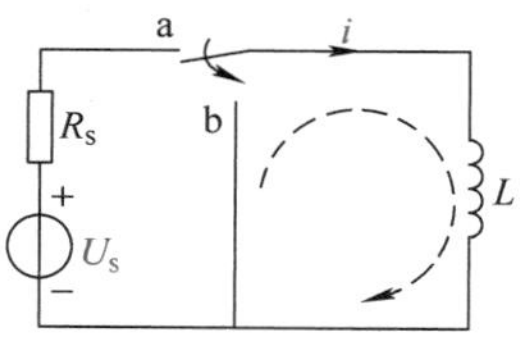

根据磁链不能跃变的原理能够清楚地解释为什么同步发电机发生三相突然短路时会产生很大的冲击电流。为了简化分析，现

图 5-32 电感电路的换路

做如下假设:

1) 在短路的瞬态过程中,转子转速保持同步转速。

2) 忽略磁路饱和的影响,可以利用叠加定理来分析线性磁路的问题。

3) 在发生突然短路前,发电机是空载运行状态。

另外,同步发电机的阻尼绕组对其突然短路过程有较大影响,下面先分析无阻尼绕组时的突然短路过程,然后再进一步分析有阻尼绕组时的突然短路过程。

2. 电枢绕组的磁链和电流

同步发电机空载时,转子旋转磁场将在各电枢绕组中形成随时间按正弦规律变化的磁链 ψ_{fU}、ψ_{fV} 和 ψ_{fW},这些磁链是在相位上互差 120° 的对称磁链。由于电枢绕组开路,故电枢绕组中只有励磁电动势 E_0,没有电流,不产生电枢反应磁场。励磁绕组也只与主磁通 Φ_0 交链。

若在 $t = 0$ 时刻,发电机端点三相突然短路,设此瞬间电枢绕组的磁链分别为 ψ_{0U}、ψ_{0V} 和 ψ_{0W},如忽略电枢电阻 R_1,由于时间常数 $\tau_1 = L_1/R_1 \to \infty$,则短路以后各绕组的磁链将分别保持为常数,$\psi_{0U}$、$\psi_{0V}$ 和 ψ_{0W} 不再随时间变化,如图 5-33 所示。但是,此时将有以下两个方面的因素企图改变电枢绕组的磁链。

一方面,电枢突然短路后,由于转子转速继续保持同步转速,转子磁场仍将在电枢绕组中形成随时间按正弦规律变化的磁链 ψ_{fU}、ψ_{fV} 和 ψ_{fW};另一方面,电枢三相绕组短路时,将产生对称的三相短路电流,这组对称三相短路电流会形成电枢旋转磁动势,并产生相应的电枢反应磁通,

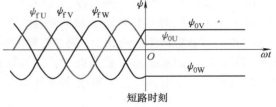

图 5-33　三相突然短路时电枢绕组的磁链

从而与电枢绕组交链的磁链又增加了一个随时间按正弦规律变化的磁链分量:ψ_{aU}、ψ_{aV} 和 ψ_{aW}。为了使电枢磁链维持在短路瞬间的数值,必定存在下述关系:$\psi_{aU} = -\psi_{fU}$、$\psi_{aV} = -\psi_{fV}$ 和 $\psi_{aW} = -\psi_{fW}$,这样一来,与电枢绕组交链的磁链就没有了变化分量。

不仅如此,电枢绕组中还必须存在一组大小不等的直流电流分量:I_U、I_V 和 I_W,以维持恒定不变的磁链:ψ_{0U}、ψ_{0V} 和 ψ_{0W}。因此,短路初瞬,电枢绕组中的短路电流是由一组对称的交流电流分量和一组大小不等的直流电流分量组成的。由于发生短路前电枢为空载状态,因此,电枢短路电流交流电流分量的初始值与直流电流分量的初始值之和应等于零。

3. 励磁绕组的磁链和电流

同步发电机空载运行时,转子励磁电流 I_f 已经建立了与励磁绕组交链的磁链 ψ_{ff}。若忽略励磁绕组的电阻,由磁链不变的原则可知,在发电机突然短路后,励磁绕组的磁链应该保持 ψ_{ff} 不变。但是,发电机突然短路后所出现的电枢电流,将产生与励磁绕组相交链的磁链,为了维持励磁绕组的磁链 ψ_{ff} 不变,在励磁绕组中必定要感应出相应的电流,产生与自身相交链的磁链,以抵消电枢短路电流所产生的磁链。

由于电枢电阻远远小于电枢电抗,在短路时,电枢电路近似为纯电感电路,故电枢短路电流的交流电流分量所产生的电枢反应为纯直轴去磁性的电枢反应。在稳态短路时,三相对称短路电流所产生的电枢磁动势是一个恒幅、同步旋转的磁动势,该磁动势与转子同步旋转,二者相对静止,其交链励磁绕组的磁链 ψ_{af1} 大小不变,不会在转子励磁绕组中产生感应

电流。而电枢突然短路时，突然出现的直轴去磁性的电枢反应磁通将在励磁绕组中产生感应电流 ΔI_f；显然，磁链 ψ_{af1} 是在电枢突然短路瞬间与励磁绕组交链的，由于励磁绕组的磁链不能跃变，故由 ΔI_f 产生的与励磁绕组交链的磁链应与电枢绕组所产生的直轴去磁性磁链 ψ_{af1} 相抵消。由此可见，ΔI_f 是由去磁性电枢反应产生的，其作用是抵消电枢反应的作用，以维持励磁绕组的磁链不变。

电枢短路电流的直流电流分量将合成一个空间位置固定不动的直流磁场，转子以同步转速旋转时，该直流磁场交链励磁绕组的磁链 ψ_{af2} 随时间改变，于是励磁绕组中还将感应出频率为 50Hz 的交流电流 i_f，以产生相应的磁链来抵消 ψ_{af2}。因此，短路初瞬，为了维持励磁绕组中的磁链恒定，励磁绕组中的电流除了原有的直流电流 I_f 外，还感应出了一个直流电流分量 ΔI_f 和一个交流电流分量 i_f，即短路初瞬的励磁电流为 $(I_f + \Delta I_f + i_f)$。

综上所述，短路初瞬，由于励磁电流从原来的 I_f 增大为 $(I_f + \Delta I_f + i_f)$，相应的主磁通 Φ_0 和励磁电动势 E_0 都要按相同的倍数增大，使电枢瞬态短路电流的初始值 I'_{SCm} 比稳态短路电流的幅值 I_{SCm} 增大许多。瞬态短路电流与稳态短路电流之差即为短路电流的瞬态分量，差值 $(I'_{SCm} - I_{SCm})$ 为短路电流瞬态分量的最大值。

由于电枢电路和励磁电路都存在电阻，而电枢短路电流的瞬态分量和相应励磁电流的瞬态分量不是由系统的外部激励引起的响应，属于无源的自由分量（为了抵抗突然出现的电枢反应磁通而感应产生的电流），故必将随着时间的推移，同时按指数规律衰减。当它们衰减为零时，短路的瞬态过程就结束了，进入到稳定短路状态，此时的励磁电流恢复到电枢短路前的数值 I_f，而电枢稳态短路电流应由 5.3 节稳态分析得到的等效电路求得，即

$$I_{SC} = \frac{E_0}{\sqrt{R_1^2 + X_s^2}} \tag{5-53}$$

同步发电机的稳态短路电流只有额定电流的几倍。

5.8.2　同步发电机的瞬态电抗

由磁路欧姆定律可知，一个绕组要产生相同的磁通，磁路的磁阻越大，所需的励磁电流就会越大。与此相应，绕组等效电路中的电抗值就越小。下面将进一步分析电枢三相突然短路时，各种磁通所经过的路径问题，据此说明在电枢三相突然短路时，同步发电机具有与稳态时完全不同的电抗参数。

如图 5-34a 所示，在三相同步发电机正常空载时，发电机内只有主磁通 Φ_0。电枢三相

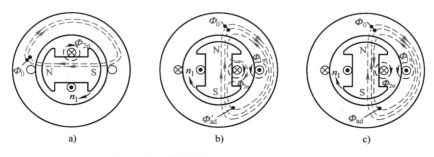

图 5-34　无阻尼绕组的同步发电机突然短路时电枢磁通的路径

a）短路初瞬（$\psi_U = 0$）　　b）短路后转子转过 90°时　　c）稳态短路时

绕组突然短路时，根据磁链不能跃变的原则，转子绕组所交链的磁通不能跃变，短路初瞬所产生的直轴去磁性的电枢反应磁通 Φ'_{ad} 不能经过转子铁心形成闭路，而只能按照如图 5-34b 所示的路径形成闭路。即 Φ'_{ad} 被排挤到转子绕组外侧的漏磁路中去了。于是，定子短路电流所产生的磁通 Φ'_{ad} 所经过路径的磁阻大大增加，这就意味着，此时限制电枢电流的电抗将大为减小，由此导致了短路初瞬有很大的短路电流产生。这个限制电枢电流的电抗称为直轴瞬态电抗，用 X'_{d} 表示，其值远小于 X_{d}。

当发电机从突然短路状态过渡到了稳定短路状态后，电枢反应磁通 Φ_{ad} 将穿过转子铁心而闭合，其路径如图 5-34c 所示。该路径所遇到的磁阻较小，电枢电路的等效电抗就是稳态分析时得到的同步电抗 X_{d}。也就是说，最后短路电流为 X_{d} 所限制，使稳态短路电流大大小于短路初瞬的电流。

说明：图 5-34 中 $\Phi_{1\sigma}$ 和 $\Phi_{2\sigma}$ 分别为电枢绕组和转子励磁绕组的漏磁通；为了作图清晰，电枢绕组只画了一相，左右或上下对称的磁通也只画出一半。

5.8.3　同步发电机的超瞬态电抗

当转子上除励磁绕组外还装有阻尼绕组时，在短路初瞬，由于去磁性电枢反应磁通的突然出现，将在励磁绕组和直轴阻尼绕组中同时产生感应电流，它们共同励磁的结果，将使主磁通和励磁电动势激增，从而使电枢突然短路电流的瞬态分量比转子上只有励磁绕组时的瞬态分量更大，其增量称为超瞬态分量。

从电抗的观点来分析，由于阻尼绕组也是闭合回路，它的磁链也不能跃变。故在电枢短路初瞬，电枢反应磁通 Φ''_{ad} 将被排挤在阻尼绕组以外（这也是直轴阻尼绕组中的感应电流对 Φ''_{ad} 抵制的结果），如图 5-35 所示。即电枢反应磁通 Φ''_{ad} 将依次经过空气隙、阻尼绕组的漏磁路和励磁绕组的漏磁路而闭合，显然，此时磁路的磁阻比图 5-34b 所示磁路的磁阻更大，这就意味着，此时限制电枢电流的电枢电路等效电抗 X''_{d} 将更小，使得短路初瞬的短路电流比无阻尼绕组时更大。X''_{d} 被称为直轴超瞬态电抗。

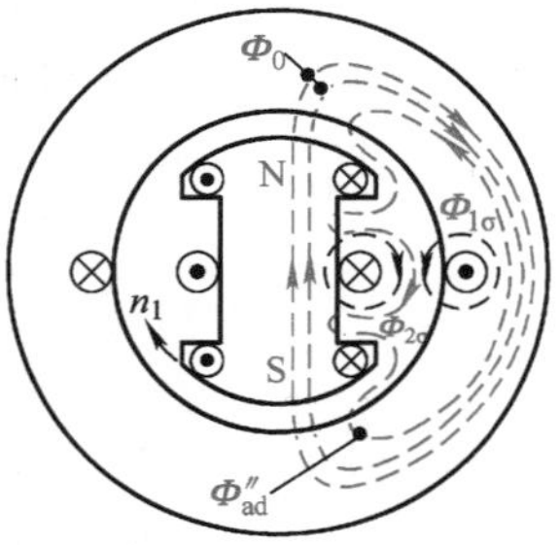

图 5-35　有阻尼绕组的
同步发电机突然短路
时电枢磁通的路径

阻尼绕组的电阻很小，其上感应电流最先衰减为零，然后励磁绕组中的感应电流和电枢电流瞬态分量同时衰减并最终消失，短路进入稳定状态，电枢电流只被 X_{d} 所限制。

假设同步发电机三相突然短路时，U 相的初始磁链为零，即 $\psi_{0\mathrm{U}}=0$，则可推导得到如图 5-36 所示的 U 相电枢电流的变化规律（推导从略）。图中，τ'_{d} 称为直轴瞬态时间常数，τ''_{d} 称为直轴超瞬态时间常数。其中，τ'_{d} 是短路初瞬出现的电枢电流交流分量的瞬态分量衰减的时间常数，也是励磁电流的直流增量 ΔI_{f} 衰减的时间常数。τ''_{d} 是当转子上有阻尼绕组时，电枢短路初瞬出现的电枢电流交流分量的超瞬态分量衰减的时间常数。

如果同步发电机的短路电流所产生的电枢反应磁通不仅有直轴分量，还有交轴分量，则对于凸极同步发电机，在突然短路时所表现出的直轴和交轴瞬态电抗也不同于稳态时的交轴同步电抗。

如果转子上没有阻尼绕组，在突然短路初瞬，沿着交轴的电抗 X'_{q} 称为交轴瞬态电抗。

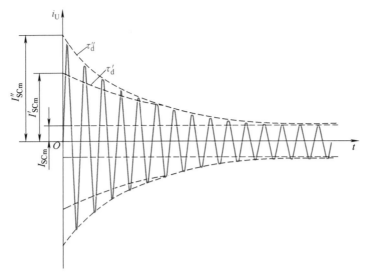

图 5-36 三相突然短路时的 U 相电枢电流的变化规律

因为同步发电机在交轴上没有励磁绕组，故交轴瞬态电抗 X'_q 与稳态时的交轴同步电抗 X_q 相等。

如果转子上有阻尼绕组，在突然短路初瞬，沿着交轴的电抗 X''_q 称为交轴超瞬态电抗。由于阻尼绕组为非对称绕组，它在交轴方向所起的阻尼作用与在直轴方向所起的阻尼作用不同。一般来说，阻尼绕组的直轴阻尼作用大于交轴阻尼作用，故交轴超瞬态电抗 X''_q 的值大于直轴超瞬态电抗 X''_d 的值。

X''_d、X''_q、X'_d 和 X_d 的大小关系为：$X''_q < X''_d < X'_d < X_d$。

思考题与习题

5-1 简述汽轮发电机和水轮发电机结构上的区别。为什么同步电机转速高，磁极对数少，而转速低，则磁极对数多？

5-2 什么是同步电机的电枢反应？电枢反应的影响是什么？同步发电机电枢反应的性质取决于什么因素？

5-3 简述交轴和直轴电枢反应对同步发电机中能量转换和运行性能的影响。

5-4 同步电机有几种运行状态？如何区分其运行状态？能否像直流电机一样，根据电枢感应电动势与端电压的相对大小来判断同步电机的运行状态？

5-5 试述各种电抗 X_σ、X_a、X_s、X_{ad}、X_{aq}、X_d 和 X_q 的物理意义，并对同一台电机的参数比较大小。

5-6 试画出隐极同步发电机在纯电阻负载时的相量图，并说明这种情况下电枢反应的性质。

5-7 为什么分析凸极同步电机和隐极同步电机的方法不同？什么是双反应理论？

5-8 同步发电机的功角特性和矩角特性分别是指什么特性？

5-9 为什么同步发电机的功角特性只画出了功率角在 0°~180° 的部分？当功率角超过 180° 后，同步发电机将处于什么状态？

5-10 三相同步发电机与电网并联运行的条件是什么？如果有一个条件不满足而并网，会产生什么后果？当并网的条件不满足时应该怎样调节使之满足？

5-11 并联运行的三相同步发电机怎样调节其输出的有功功率和无功功率？调节有功功率时，无功功率是否随之改变？调节无功功率时，有功功率是否随之改变？

5-12　并联在无穷大电网上的同步发电机在保持输入功率不变时调节励磁电流，使其从欠励磁逐渐过渡到正常励磁，再过渡到过励磁时，其电枢电流、功率角和无功功率是怎样变化的？

5-13　并联在无穷大电网上的隐极同步发电机，在保持励磁电流不变而调节输出的有功功率时，试通过相量图分析电枢电流和励磁电动势的变化规律（分析时可忽略电枢电阻）。

5-14　并联在无穷大电网上的隐极同步发电机，在调节输出的有功功率时若要保持输出的无功功率不变，应该怎样调节？电枢电流和励磁电动势怎样变化（分析时可忽略电枢电阻）？

5-15　以隐极同步发电机为例，说明为什么 V 形曲线的最低点的连线会随着电磁功率的增大而向右上方倾斜？

5-16　比照同步发电机的电枢反应，分析同步电动机的电枢反应，并说明同步电动机电枢反应的性质取决于什么因素（提示：在同步电动机的等效电路中，电压与电流的参考方向是按照负载惯例选取的，内功率因数角 ψ 是励磁电动势 $-\dot{E}_0$ 与电枢电流 $\dot{I}_1$ 的相位差角）？

5-17　试比较隐极同步电动机与凸极同步发电机的电压方程和相量图的异同，两者相量图的最大差别是什么？

5-18　试比较三相同步发电机与三相同步电动机在欠励和过励状态下运行时所发出或吸收的无功功率的性质。

5-19　隐极同步电动机与凸极同步电动机在失去励磁时，能否继续运行？

5-20　在同步电动机电枢电流滞后于电枢电压的情况下，若逐渐增大励磁电流，则电动机的功率因数将怎样变化？

5-21　与异步电动机比较，同步电动机有什么优缺点？

5-22　并联在电网上运行的同步电机，其工作状态由电动机状态转变为发电机状态时，其功率角、电磁转矩、电枢电流是怎样变化的？

5-23　什么是同步补偿机？简述其工作原理。

5-24　某水电站为远距离用户供电，现添置一台同步补偿机以改善系统的功率因数。试问该补偿机应该安装在水电站内，还是安装在用户的变电所内？为什么？

5-25　额定频率为 50Hz 的同步发电机，若磁极对数 $p=2$，其额定转速 n_N 为多少？若额定转速为 $n_N = 100\text{r/min}$，其磁极对数 p 为多少？若额定容量为 $S_N = 16500\text{kV·A}$，额定电压为 $U_N = 6.6\text{kV}$，额定功率因数为 $\cos\varphi_N = 0.8$，则其额定电流和额定运行时输出的有功功率和无功功率分别为多少？

5-26　一台星形联结的三相隐极同步发电机，空载时使线电压为 6300V 所需的励磁电流为 165A，当发电机接上每相 1.5Ω 的三相星形对称纯电阻负载时，若要保持 6300V 的线电压，所需的励磁电流为 234A，忽略电枢电阻。试计算该发电机的同步电抗为多少？

5-27　一台星形联结的三相水轮发电机，并联在额定电压的交流电网上运行，其额定功率因数为 0.8（电感性），交、直轴同步电抗的标幺值分别为 $X_d^* = 1$，$X_q^* = 0.554$，电枢电阻可忽略不计。试计算该发电机额定运行时的励磁电动势 E_0^*、功率角 θ_N 和内功率因数角 Ψ_N。

5-28　一台星形联结的三相水轮发电机，其额定值为 $P_N = 10\text{MW}$，$U_N = 10.5\text{kV}$，功率因数 $\cos\varphi_N = 0.8$（电感性），$f_N = 50\text{Hz}$，$X_d = 10.58\Omega$，$X_q = 7.5\Omega$，忽略电枢电阻。试求：（1）交、直轴同步电抗的标幺值；（2）额定运行时的励磁电动势和功率角。

5-29　一台三相凸极同步发电机与大电网并联运行，电网电压 $U_N = 13.8\text{kV}$，发电机采用星形联结。已知 $I_{1L} = 2615\text{A}$，$\cos\varphi = 0.8$（电感性）时，$E_0 = 15.2\text{kV}$，$\psi = 58.4°$。电枢电阻可忽略不计，试求交、直轴同步电抗 X_q 和 X_d。

5-30　某星形联结的三相凸极同步发电机，其额定值为 $S_N = 16500\text{kV·A}$，$U_N = 6.6\text{kV}$，$I_{fN} = 55\text{A}$，$E_{0N} = 7304\text{V}$，$\cos\varphi_N = 0.85$（电感性）。已知 $X_d = 3.18\Omega$，$X_q = 2.1\Omega$，忽略电枢电阻，并不计磁路饱和的影

响。试问当发电机输出电流为 1200A，且功率因数不变时，若要保持端电压仍为额定值，励磁电流应该调到多少？

5-31 一台两极三相汽轮发电机，其额定值为 $S_N = 15MV \cdot A$，$U_N = 6.3kV$，$\cos\varphi_N = 0.8$（电感性），$\eta_N = 97.5\%$，$f_N = 50\ Hz$，$X_s = 5\Omega$，$R_1 = 0.02\Omega$。试求额定运行时的输入功率、输入转矩、电磁功率和电磁转矩。

5-32 一台三相汽轮发电机与大电网并联运行，电网电压 $U_N = 20kV$，同步电抗 $X_s = 2.33\Omega$，忽略电枢电阻，发电机为星形联结。当电枢输出电流为 10kA 时，励磁电动势为 31kV，$\cos\varphi = 0.85$。试求：（1） 发电机输出的有功功率、无功功率和功率角；（2） 若保持励磁电流不变，原输出的有功功率减小一半，此时的功率角和输出无功功率是多少？

5-33 某三相水轮发电机并联运行于无穷大电网上，其额定值为 $P_N = 550MW$，$U_N = 18kV$，$\cos\varphi_N = 0.9$（电感性），采用星形联结。已知 $R_1 \approx 0$，$X_d = 0.52\Omega$，$X_q = 0.36\Omega$。试求：（1） 当负载为 100MW、$\cos\varphi = 0.8$（电感性）时，发电机的功率角为多少？（2） 若保持输入的有功功率不变，当发电机失去励磁时，功率角为多少？此时发电机还能否稳定运行？其电枢电流为多少？

5-34 一台三相汽轮发电机与无穷大电网并联运行，其额定值为 $P_N = 200MW$，$U_N = 18kV$，$\cos\varphi_N = 0.85$（电感性），采用星形联结。已知 $X_s = 1.85\Omega$，忽略电枢电阻和磁路饱和的影响。试求：（1） 额定运行时的功率角和过载能力；（2） 若额定运行时将励磁电流增大为额定励磁电流的 1.1 倍，功率角和过载能力变为多大？电枢电流等于多少？

5-35 一台星形联结的三相隐极同步电动机，已知额定电压 $U_N = 380\ V$，同步电抗 $X_s = 6.1\Omega$，忽略电枢电阻。当电动机的输入功率 $P_1 = 10kW$ 时，试求下述三种情况下的励磁电动势 E_0、功率角 θ 和内功率因数角 ψ：（1） 功率因数为 0.8（电感性）；（2） 功率因数为 1；（3） 功率因数为 0.8（电容性）。

5-36 某星形联结的三相凸极同步电动机，已知 $U_N = 400V$，$2p = 6$，$f_N = 50Hz$，$R_1 \approx 0$，$X_d = 2\Omega$，$X_q = 1.4\Omega$。（1） 当电动机的输入有功功率为 64kW、$\cos\varphi = 0.8$（电容性）时，求电动机的励磁电动势、功率角和电磁转矩；（2） 当 $T_L = 170N \cdot m$ 时，若电动机失去励磁，能否继续稳定运行？

5-37 某三相凸极同步电动机接在额定电压的无穷大电网上运行，已知额定功率因数为 1，直轴和交轴同步电抗的标幺值分别为 $X_d^* = 0.8$、$X_q^* = 0.5$，忽略电枢电阻、空载损耗和磁路饱和的影响。（1） 求该机在额定运行时的励磁电动势 E_0^* 和功角特性；（2） 若保持额定负载转矩不变，当励磁电流增加 20% 时，电枢电流 I_1^* 和功率因数将变为多少？（3） 若保持额定负载转矩不变，当励磁电流减小 20% 时，电枢电流 I_1^* 和功率因数将变为多少？

5-38 一台三相凸极同步电动机接在额定电压的无穷大电网上运行，已知额定功率因数为 0.8（电容性），交、直轴同步电抗的关系为 $X_q = 0.6X_d$，电枢电阻忽略不计。失去励磁时，能产生的最大电磁功率为额定输入视在功率的 37%。试求额定运行时的励磁电动势 E_0^* 和功率角 θ。

5-39 某车间电力设备所消耗的总有功功率为 4800kW，$\cos\varphi = 0.8$（电感性），今欲增加一台功率为 400\ kW 的电动机。现有 400kW、$\cos\varphi_N = 0.85$（电感性） 的三相感应电动机和 400kW、$\cos\varphi_N = 0.9$（电容性） 的三相同步电动机可供选用。试问在这两种情况下，该车间的总视在功率和功率因数各为多少？选用哪一台电动机较合适 （不计电动机损耗）？

5-40 一个 2000kW、$\cos\varphi = 0.6$ 的电感性负载要由一台同步发电机单独供电，需要多大容量的发电机？如果在负载端并联一台同步补偿机以提高发电机的功率因数，试求下述两种情况时发电机和补偿机的容量：（1） 将发电机的功率因数提高到 0.8；（2） 将发电机的功率因数提高到 1。

自 测 题

1. 三相同步发电机在过励状态下运行时，输出的无功功率为 （   ）。

A. 电感性无功功率 　　　　　　　　　　　　B. 零

　　C. 电容性无功功率　　　　　　　　　　　　D. 取决于负载的性质

　　2. 并联在无穷大电网上运行的三相同步发电机，在输出电感性无功功率时，若增大有功功率输出，而保持励磁电流 I_f 不变时，其功率角 θ 和无功功率 Q_2 的变化是（　　　）。

　　A. θ 增大，Q_2 减小　　　　　　　　　　B. θ 增大，Q_2 不变

　　C. θ 减小，Q_2 增大　　　　　　　　　　D. θ 不变，Q_2 增大

　　3. 并联在无穷大电网上运行的同步发电机，在保持输入的有功功率不变时调节励磁电流，使其从欠励磁逐渐过渡到正常励磁，其电枢电流和功率角的变化为（　　　）。

　　A. 电枢电流减小、功率角变大　　　　　　　B. 电枢电流增大、功率角变大

　　C. 电枢电流减小、功率角减小　　　　　　　D. 电枢电流增大、功率角不变

　　4. 三相汽轮发电机并联在无穷大电网上运行，调节其输出有功功率大小的方法是（　　　）。

　　A. 调节汽轮机的进气量　　　　　　　　　　B. 调节电机的励磁电流

　　C. 调节电机的转速　　　　　　　　　　　　D. 同时调节汽轮机的进气量和电机的励磁电流

　　5. 并联在无穷大电网上运行的同步电机，从电动机状态逐渐转变为发电机状态时，电磁转矩 T_e 和电枢电流 I_1 的变化规律是（　　　）。

　　A. T_e 和 I_1 都逐渐增大到最大值后，再逐渐减小，直到稳定运行

　　B. T_e 和 I_1 都逐渐减小到零后，再随负载增加而反向逐渐增大

　　C. T_e 逐渐增大到稳定值，I_1 逐渐减小到稳定值

　　D. T_e 逐渐减小到稳定值，I_1 逐渐增大到稳定值

　　6. 某隐极同步电动机驱动恒功率负载在额定状态下运行时，功率角为 θ_N。如果保持励磁电流恒定，当电网电压不变而频率升高为 $1.05f_N$ 时，功率角 θ 将（　　　）（忽略 R_1 和 T_0）。

　　A. 小于 θ_N　　　　B. 等于 θ_N　　　　C. 大于 θ_N　　　　D. 不能确定

　　7. 三相同步电动机在过励状态下运行时，对电网呈现为（　　　）。

　　A. 三相对称电感性负载　　　　　　　　　　B. 三相对称电容性负载

　　C. 不能确定性质，取决于机械负载的轻重　　D. 三相对称电阻性负载

　　8. 三相凸极同步电动机在轻载状态下运行时，如果失去励磁，该电动机（　　　）。

　　A. 必将停止运行　　　　　　　　　　　　　B. 在比原来高的转速下继续运行

　　C. 在比原来低的转速下继续运行　　　　　　D. 可能继续运行

　　9. 同步补偿机是（　　　）。

　　A. 空载运行的发电机

　　B. 轻载运行的发电机，一般输出电容性无功功率

　　C. 轻载运行的电动机，一般呈电感性

　　D. 空载运行的电动机，一般呈电容性

　　10. 某并网运行的隐极同步电动机在额定状态下运行时 $\theta_N = 28°$，$n_N = 1500\text{r/min}$。如果保持励磁电流和输出功率不变，当电网频率下降 10% 时，功率角 θ 和转速 n 将分别变为（　　　）。

　　A. 26.74°，1650r/min　　　　　　　　　　B. 28°，1500r/min

　　C. 28°，1350r/min　　　　　　　　　　　　D. 33.75°，1500r/min

第6章 控制电机

控制电机主要用于自动控制系统中作为检测、比较、放大和执行元件。其主要任务是转换和传递控制信号。对控制电机的要求是：高精度、高灵敏度、高稳定性、体积小、质量轻、耗电量少等。从原理上看，控制电机与一般电机是一样的，只是由于它们的应用场合不同，而决定了其功率比较小。控制电机已成为现代工业自动化系统、现代科学技术和现代军事装备中必不可少的重要元件，应用非常广泛。例如，在国防上，控制电机用于雷达装置自动跟踪、火炮自动瞄准、飞机和军舰的自动导航；在工业上，用于机床仿形加工、程序控制、轧钢机和炼钢炉设备的自动控制以及各种自动仪表、计算机外围设备、工业机器人等。目前，控制电机数量不断增加，品种规格繁多。如一座$1500m^3$的高炉要用40多台控制电机。控制电机还是办公设备、家用电器的心脏，复印机、打印机、绘图机、录音机、吸尘器等无一不需要控制电机。

本章将介绍几种常用的控制电机：伺服电动机、步进电动机、测速发电机、自整角机、旋转变压器和感应同步器。

6.1 伺服电动机

伺服驱动系统（Servo System）是一种以机械位置或角度作为控制对象的自动控制系统，如数控机床等。使用在伺服系统中的驱动电动机称为伺服电动机（Servo Motor），对它们的基本要求是可控性好、响应速度快、定位准确、调速范围宽等。此外，还有一些其他要求，如在航空领域使用的伺服电动机还要求其质量轻、体积小；有些场合希望伺服电动机的转动惯量小，以得到极高的响应速度。

按使用的电源性质不同，伺服电动机可分为直流伺服电动机和交流伺服电动机两大类。

伺服电动机的发展经历了以下三个主要发展阶段：在 20 世纪 60 年代以前，伺服系统是以步进电动机驱动为中心的时代，伺服系统的控制为开环系统。在 20 世纪 60 至 70 年代，直流伺服电动机得到长足发展，由于其优良的调速性能，很多高性能伺服系统都采用了直流电动机；同时，伺服系统的控制也由开环系统发展成为闭环系统。不过，直流伺服电动机存在机械结构复杂、维护工作量大等缺点，机械换向器成为制约其发展的瓶颈。进入 20 世纪 80 年代以后，随着材料技术、电力电子技术、控制理论技术、计算机技术和微电子技术的快速发展以及电动机制造工艺水平的逐步提高，出现了无刷直流伺服电动机、永磁同步伺服电动机等新型交流伺服电动机，以永磁化、无刷化、数字化、智能化、机电一体化及小型化为主要特点。目前，高性能交流伺服电动机已成为伺服系统的主流。

本节主要介绍直流伺服电动机和传统的交流伺服电动机——两相交流异步电动机。

6.1.1 交流伺服电动机

1. 两相交流伺服电动机的基本结构

两相交流伺服电动机是一种小型两相异步电动机，其基本结构与单相交流电动机相类似，主要分为定子和转子两大部分。

两相交流伺服电动机的定子与三相异步电动机的定子相似，所不同的是在交流伺服电动机的定子铁心中安放着空间互成 90°电角度的两相定子绕组，其中一相称为励磁绕组，另外一相称为控制绕组。运行时，励磁绕组始终接在交流电源上，而控制绕组则加上大小、相位均可能变化的同频率的交流控制信号。

两相交流伺服电动机的转子结构通常有两种形式，一种和普通的三相笼型转子异步电动机转子相同，但转子做得细长，转子导体采用高电阻率的材料，尽量使临界转差率 $s_m > 1$；另一种是杯形转子，如图 6-1 所示。杯形转子电动机的定子分为内定子和外定子（皆用电工钢片制成），在外定子中安放两相绕组；内定子上没有绕组，只是充当杯形转子的铁心，作为磁路的一部分。杯形转子是由高电阻率的导电材料（如铝或钢）制成的一个薄壁圆筒（称为空心杯），杯底固定在转轴上，杯壁厚一般只有 0.2~0.8mm，使之轻而薄，因而具有较大的转子电阻和很小的转动惯量，快速性好。

杯形转子可看成笼型转子的一种特殊形式，从本质上讲两者没有什么区别，在电机中所起的作用也是完全一样的。因此在以后分析时，只以笼型转子为例，但分析结果对两者均适用。

2. 两相交流伺服电动机的工作原理

两相交流伺服电动机的励磁绕组 W_f 和控制绕组 W_c 在空间上互相垂直，如图 6-2 所示。若通过两绕组的电流在时间存在相位差，则可产生旋转磁场。转子绕组导体切割旋转磁场就会产生感应电动势和电流，转子电流与气隙磁场相互作用，便会产生电磁转矩，使转子转动。

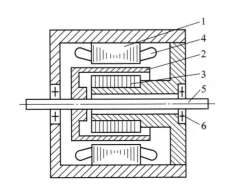

图 6-1 杯形转子交流伺服电动机结构图
1—外定子铁心 2—杯型转子 3—内定子铁心
4—定子绕组 5—转轴 6—轴承

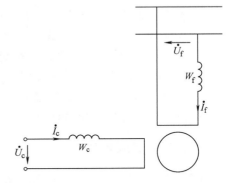

图 6-2 交流伺服电动机的原理图

当控制绕组 W_c 没有控制信号时，励磁绕组 W_f 所产生的磁场是脉振磁场，电动机不会产生起动转矩，转子静止不动。当控制绕组加上控制电压时，气隙合成磁场是一个旋转磁场，电动机产生驱动转矩，使转子转动起来。当控制电压的大小变化时，转子转速随着变化。当控制电压反相时，旋转磁场和转子转向则都反向。其原因是，交流伺服电动机的转向与定子绕组产生的旋转磁场方向一致，将由电流超前相的绕组轴线转向滞后相的绕组轴线。

在运行时，如果控制电压消失，两相伺服电动机将变成一台单相异步电动机。一般的单相电动机会继续旋转，因为这时仍有与转子同转向的电磁转矩 T_e 存在，如图 6-3 所示。这显然不符合自动控制的要求。在自动控制系统中，要求控制信号消失时，电动机能自动立即停转，称为自制动。

为了使两相交流伺服电动机能够自制动，设计电动机时，必须增大电动机的转子电阻，使发生最大电磁转矩的转差率 $s_m > 1$，如图 6-4 所示。这时伺服电动机单相运行时产生的合成电磁转矩 T_e 的方向与转子的转向相反，因而起制动作用，使电动机实现自制动。转子电阻加大后，还可以扩展稳定运行的范围（$0 < s < 1$），有利于转速的调节，同时提高了起动转矩。

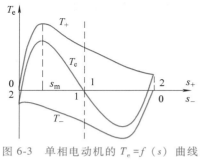

图 6-3 单相电动机的 $T_e = f(s)$ 曲线
（转子电阻很小，$s_m < 1$）

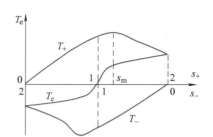

图 6-4 两相伺服电动机单相运行时的
$T_e = f(s)$ 曲线（转子电阻很大，$s_m > 1$）

两相交流伺服电动机功率较小，一般在 100W 以下，多应用于各种自动化记录仪表的伺服机构中，带动自动记录表笔或指针，将输入的电信号转为机械转角或线位移输出。

3. 两相交流伺服电动机的控制方式

作为控制系统执行元件的交流伺服电动机，在运行中转速通常不是恒定不变的，而是随着控制电压的改变不断变化的。两相交流伺服电动机的运行由控制电压的大小和相位来控制。因此其控制方式有幅值控制、相位控制和幅相控制三种。幅值控制是保持两相电压相位差为 90°，通过调节控制电压的幅值实现控制；相位控制则是保持控制电压的幅值不变，通过调节其相位实现控制；幅相控制则是同时调节控制电压幅值和相位实现控制。

6.1.2 直流伺服电动机

直流伺服电动机的基本结构与一般的直流电动机相同，只是有些直流伺服电动机为了减小转动惯量而做得细长一些。按励磁方式可分为永磁式和电磁式两类，依据伺服电动机的工作特点，电磁式直流伺服电动机只采用他励方式。

直流伺服电动机工作原理与普通直流电动机相同，电磁转矩公式为 $T_e = C_T \Phi I_a$。由此可见，直流伺服电动机在电枢电流 $I_a = 0$ 或 $\Phi = 0$ 时，$T_e = 0$，因此它没有自转现象，这是直流伺服电动机的一个优点。

只要改变励磁电流方向或电枢电流方向即可改变直流电动机的转向，而改变磁通或电枢电流的大小可改变转速的大小，故直流伺服电动机的控制方式有电枢控制方式和磁场控制方式两种（永磁直流伺服电动机只有电枢控制方式）。由于电枢控制的性能优于磁场控制，所以实际应用中大多采用电枢控制方法。

直流伺服电动机电枢控制的工作原理如图 6-5 所示。励磁绕组接在直流电源 U_f 上。电枢绕组接到控制电压 U_c 上，作为控制绕组。改变控制电压 U_c 的数值，直流伺服电动机则处于改变电枢电压的调速状态，它的机械特性方程为

$$n = \frac{U_c}{C_e \Phi} - \frac{R_a}{C_e C_T \Phi^2} T_e$$

式中　Φ——气隙磁通；

$\quad C_e$，C_T——电动机的电动势常数和转矩常数；

$\qquad R_a$——电枢绕组电阻；

$\qquad T_e$——电磁转矩。

直流伺服电动机的机械特性是一簇平行直线，如图 6-6 所示。由图可见，转矩一定时，直流伺服电动机的转速与控制电压成直线关系。改变控制电压的极性，则转向改变。

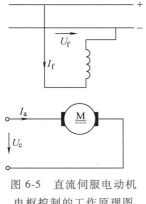

图 6-5　直流伺服电动机
电枢控制的工作原理图

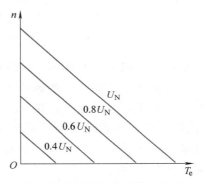

图 6-6　直流伺服电动机的机械
特性——$n = f(T_e)$ 曲线

6.2　步进电动机

步进电动机（Stepping Motor）是一种用电脉冲信号进行控制，将电脉冲信号转换成相应的角位移或线位移的电动机，因此又被称为脉冲电动机。它常用作数字控制系统中的执行元件。给一个电脉冲信号，电动机就转过一个角度，即前进一步，其角位移量或线位移量与脉冲数成正比。这些关系在电动机负载能力范围内不因电源电压、负载大小、环境条件的波动而变化。步进电动机可通过改变脉冲频率来实现调速、快速起停、正反转及制动的控制。如在数控机床、打印机、绘图仪、机器人控制、石英钟表等场合都有应用。

步进电动机的驱动系统由脉冲信号源、脉冲分配器、功率放大器三个基本环节构成，图 6-7 为步进电动机驱动系统框图。

图 6-7　步进电动机驱动系统框图

步进电动机的类型很多，按结构分步进电动机有反应式、永磁式和永磁感应式三种，本节重点介绍反应式步进电动机的原理与应用。

6.2.1 基本工作原理

图 6-8 为一台最简单的三相反应式步进电动机单拍运行时的工作原理图。定子有六个磁极，相对的两个磁极上绕有一相绕组，三相绕组联结成星形。转子上有四个磁极，转子上没有绕组，定子、转子磁极宽度相同。

图 6-8　三相反应式步进电动机单拍运行时工作原理图

a）U 相通电　b）V 相通电　c）W 相通电

当 U 相绕组通电，V 和 W 两相绕组不通电时，由于磁通具有力图通过磁阻最小路径的特点，使转子 1 和 3 齿的轴线与定子 U 相磁极轴线对齐，如图 6-8a 所示。当 U 相绕组断电，V 相绕组通电时，在 V 相绕组所建立的磁场作用下，转子逆时针方向转过 30°，使转子 2 和 4 齿轴线与 V 相磁极轴线对齐，如图 6-8b 所示。当 V 相绕组断电，W 相绕组通电，转子又逆时针方向转过 30°，使转子 1 和 3 齿的轴线与 W 相磁极的轴线对齐，如图 6-8c 所示。

由此可见，按 U→V→W→U 顺序不断地使各相绕组通电和断电，转子就会按逆时针方向一步一步地转动下去。每一步转过的角度称为步距角，用 θ_b 表示。若按 U→W→V→U 顺序通电、断电，转子则按顺时针方向转动。

步进电动机工作时，由一种通电状态转换到另一种通电状态称为一拍。每一拍转子转过一个步距角。对于图 6-8 中按 U→V→W→U 或 U→W→V→U 顺序通电的步进电动机，其运行方式为三相单三拍。"三相"是指步进电动机具有三相定子绕组；"单"是每一个通电状态只有一相绕组通电；"三拍"是指经过三次切换绕组的通电状态为一个循环，第四次通电时又重复第一次的通电状态。在这种运行方式下，步距角 $\theta_b = 30°$。

若按 U→UV→V→VW→W→WU→U 顺序轮流通电，即一相与两相间隔地轮流通电，六次通电状态完成一个循环，这种运行方式称为三相六拍运行方式。当 U 相单独通电时，这种状态与单三拍 U 相通电的情况完全相同，反应转矩最后将使转子齿 1 和 3 的轴线与定子 U 极轴线对齐，如图 6-9a 所示。当 UV 两相绕组同时通电时，转子的齿既不与 U 相磁极轴线对齐，也不与 V 相磁极轴线对齐。UV 两相磁极轴线分别与转子齿轴线错开 15°，转子两个齿与磁极作用的磁拉力大小相等，方向相反，转子处于平衡位置，如图 6-9b 所示。这种运行方式的步距角为三相单三拍运行方式时的一半，即 $\theta_b = 15°$。

若按 UV→VW→WU→UV 顺序通电和断电，即每次有两相绕组同时通电，三次通电状态为一循环，这种运行方式称为三相双三拍运行方式。其步距角与三相单三拍运行方式相同。

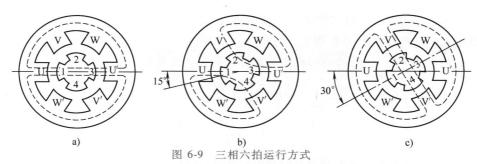

图 6-9　三相六拍运行方式

a）U 相通电方式　b）UV 两相同时通电方式　c）V 相通电方式

6.2.2　反应式步进电动机

以上介绍的反应式步进电动机，每一步转过的角度为 30°或 15°，步距角较大，如在数控机床中应用根本不能满足加工精度的要求。因此，实际应用的步进电动机是小步距角步进电动机。

一台三相反应式步进电动机的典型结构如图 6-10 所示。它的定子、转子铁心用硅钢片叠装或用其他软磁材料制成。定子有六个磁极，每个磁极极靴上有五个小齿。相对的两个磁极上的绕组正向串联成为一相，三相绕组为星形联结。转子上没有绕组，圆周上均匀地分布着 40 个小齿。根据工作原理要求，定子、转子上的小齿齿距必须相等，且它们的齿数要符合一定的要求。一是齿距、齿宽要相同，二是通电相定子齿与转子齿对齐时，不通电相定子齿与转子齿要相互错开 1/m 齿距，m 为步进电动机的相数。

图 6-10 所示的反应式步进电动机定子、转子齿展开图如图 6-11 所示。该图表示 U 相通电时，定子、转子齿对齐，而 V、W 两相定子磁极轴线与通电时对应对齐的齿所错开的角度分别为 $\theta_{\rm t}/3$ 和 $2\theta_{\rm t}/3$，$\theta_{\rm t}$ 为齿距。因转子齿数为 40，三相六极，每一极距占有 $6\frac{2}{3}$ 个齿。

在三相单三拍运行时，每一步转过 1/3 个齿距，每一个循环转过一个齿距；三相六拍运行时，每一步转过 1/6 个齿距，每一个循环转过一个齿距。

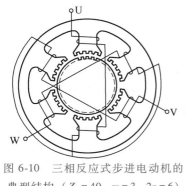

图 6-10　三相反应式步进电动机的
典型结构（$Z_{\rm r}=40$，$m=3$，$2p=6$）

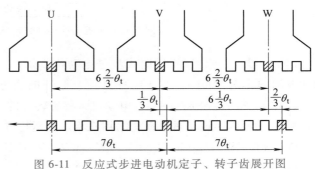

图 6-11　反应式步进电动机定子、转子齿展开图

因此，若用 $Z_{\rm r}$ 表示转子的齿数，用 N 表示每个通电循环的运行拍数，则步距角 $\theta_{\rm b}$ 的大小与转子齿数 $Z_{\rm r}$ 和拍数 N 之间的关系为

$$\theta_{\rm b}=\frac{\theta_{\rm t}}{N}=\frac{360°}{mk_{\rm z}Z_{\rm r}}\tag{6-1}$$

式中 k_z——状态系数，对单三拍或双三拍运行方式，$k_z = 1$；六拍运行方式，$k_z = 2$。

步进电动机在电脉冲信号作用下，每来一个脉冲转过一个角度。如脉冲的频率为 f，每分钟转过的角度为 $60f\theta_b$。步进电动机转速和脉冲频率 f 的关系为

$$n = \frac{60f\theta_b}{360°} = \frac{f\theta_b}{6°}$$

或

$$n = \frac{f}{6°}\theta_b = \frac{f}{6°} \times \frac{360°}{Z_r N} = \frac{60f}{Z_r N} \tag{6-2}$$

由式（6-2）可知，步进电动机的转速与脉冲电源的频率成正比。因此在恒频脉冲电源作用下，步进电动机可作为同步电动机使用，也可在脉冲电源控制下很方便地实现速度调节。此外，步进电动机转过的角度 θ 与脉冲个数 N_i 成正比，即

$$\theta = N_i \theta_b (\text{机械角度}) \tag{6-3}$$

这个特点在许多工程实践中是很有用的，如在一个自动控制系统中，利用步进电动机带动管道阀门便可实现对角度的精确控制。

步进电动机不仅可以像同步电动机一样，在一定负载范围内同步进行，而且可以像直流伺服电动机一样进行速度控制，又可以进行角度控制，实现精确定位。图 6-12 给出了采用步进电动机在数控铣床中的应用，三台步进电动机分别驱动 X、Y、Z 坐标方向的伺服机构，利用两个或三个坐标轴联动，就能加工出一定的几何形状。

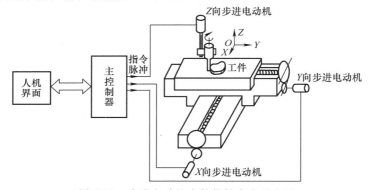

图 6-12　步进电动机在数控铣床中的应用

【例 6-1】　一台三相反应式步进电动机，采用三相六拍运行方式，转子齿数 $Z_r = 40$，脉冲电源频率为 800Hz。（1）写出一个循环的通电顺序；（2）求电动机的步矩角 θ_b；（3）求电动机的转速 n；（4）求电动机每秒钟转过的机械角度 θ。

解：（1）因为该步进电动机采用三相六拍运行方式，完成一个循环的通电顺序为：$U \to UV \to V \to VW \to W \to WU$ 或 $U \to UW \to W \to WV \to V \to VU$

（2）三相六拍运行方式时，$N = 6$，故

$$\theta_b = \frac{360°}{Z_r N} = \frac{360°}{40 \times 6} = 1.5°$$

（3）电动机的转速

$$n = \frac{f\theta_b}{6°} = \frac{800 \times 1.5°}{6°} \text{r/min} = 200 \text{r/min}$$

（4）每秒钟转过的机械角度为

$$\theta = N_i \theta_b = 800 \times 1.5° = 1200°$$

或

$$\theta = 360° \times n/60 = 360° \times 200/60 = 1200°$$

6.3 测速发电机

测速发电机是一种把转速信号转换成电压信号的测量元件。对测速发电机的要求是：输出电压与转速成严格的线性关系，且斜率要大，以保证有较高的精度和灵敏度。

测速发电机分为直流测速发电机和交流测速发电机两大类。

6.3.1 直流测速发电机

直流测速发电机按励磁方式分为他励式和永磁式两种。从原理上看，直流测速发电机与一般的他励直流发电机相同。

1. 直流测速发电机工作原理

根据他励直流发电机的电压方程可知

$$U = E - R_a I_a = R_L I_a \qquad (6-4)$$

式中　E——电动势，$E = C_E \Phi n$；

　　R_L——负载电阻。

由此解出其端电压为

$$U = \frac{E}{1 + \dfrac{R_a}{R_L}} = \frac{C_E \Phi n}{1 + \dfrac{R_a}{R_L}} \qquad (6-5)$$

可见，当磁通 Φ、电枢电阻 R_a 和负载电阻 R_L 不变时，输出电压 U 与转速 n 成正比，如图 6-13 所示。负载电阻不同，$U = f(n)$ 的斜率不同，R_L 下降，$U = f(n)$ 的斜率也下降。为获得较高斜率的输出特性，负载电阻要比较大。

2. 直流测速发电机的误差分析

直流测速发电机输出特性 $U = f(n)$ 呈线性关系的条件是磁通 Φ、电枢电阻 R_a、负载电阻 R_L 保持不变。实际上，直流测速发电机在运行时，许多因素会引起 Φ、R_a 和 R_L 的变化，因而对其输出特性产生影响，使线性关系受到一定的破坏而产生所谓线性误差。这些因素主要是：

1）周围环境温度的变化，使发电机内部电阻发生变化。特别是励磁绕组的电阻变化，将引起励磁电流及其所产生磁通的变化，从而产生线性误差。

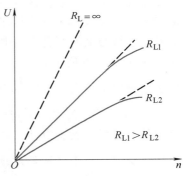

图 6-13　直流测速发电机的输出特性

2）带负载运行时，电枢电流 I_a 产生的电枢反应磁场对主磁场有去磁作用，使气隙磁通下降，电压下降，出现线性误差，如图 6-13 中曲线的弯曲处所示。此处转速升高，电压增加不多，特性不再按直线规律变化。

3）电枢电阻包括电刷与换向器的接触电阻，而接触电阻随着负载电流的变化而变化。

转速低、电流小时，接触电阻较大，这时虽有输入信号（转速），但输出电压却很低，输出特性的线性关系也受到一定的影响。

为了减少电枢电流产生电枢磁场的去磁作用对输出电压的影响，负载电阻要比较大且转速应在合理的范围内；为了防止温度变化引起励磁绕组电阻的变化，可在励磁回路串联一个温度系数较低的康铜或锰铜材料绕制而成的电阻，以限制励磁电流的变化。设计时使磁路较为饱和，即使励磁电流波动较大，气隙磁通变化也不大。

图 6-14 给出了直流电动机的转速、电流双闭环调速系统原理图，其中测速发电机 TG 与直流电动机同轴连接，其输出电压作为电动机转速的反馈值，与转速给定（电压值）之差作为转速调节器的输入，转速调节器对转速误差进行运算后，输出电流给定值。电流给定与电流反馈值之差作为电流调节器的输入，通过电流调节器控制电力电子变换器，从而调节直流电动机的端电压大小，实现转速、电流双闭环控制。

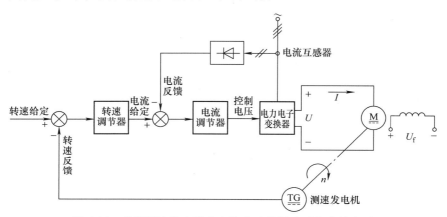

图 6-14　直流测速发电机在直流电动机调速系统中的应用

6.3.2　交流异步测速发电机

交流异步测速发电机在结构上与两相交流伺服电动机一样，实际上是两相交流伺服电动机的逆运行。交流测速发电机多采用杯形转子结构，杯形转子可以看成由无数导条并联而成。外定子铁心上的两套绕组中一套接单相交流电源作为励磁绕组，另一套作为输出绕组，工作原理如图 6-15 所示。

当励磁绕组接上电源电压 $\dot{U}_1$，励磁绕组便通过电流 $\dot{I}_1$，在气隙中产生一个与励磁绕组轴线（d 轴）重合的脉振磁场，磁通为 Φ_j。在转子不动时，Φ_j 与杯形转子交链，产生变压器电动势 $\dot{E}_r$，杯形转子中有电流 $\dot{I}_r$ 通过，并产生沿 d 方向的脉振磁通，该磁通将阻碍 Φ_j 的变化，二者在 d 轴上产生合成磁通 Φ_d。Φ_d 是沿 d 轴方向脉振的，它与输出绕组轴线互相垂直，不会在输出绕组感应电动势，故输出电压 $U_2 = 0$。

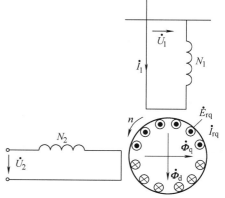

图 6-15　交流异步测速发电机的工作原理

转子转动时，转子导体切割磁通 Φ_d 而产生旋转电动势 $\dot{E}_{rq}$，设转子沿逆时针方向旋转，用右手定则可确定 E_{rq} 的方向，如图 6-15 所示。忽略杯形转子的漏电抗，则 $\dot{E}_{rq}$ 在杯形转子中产生与其同相位的电流 $\dot{I}_{rq}$。此电流产生磁通 Φ_q，方向可用右手定则确定，如图 6-15 所示。由图可见，磁通 Φ_q 的轴线与输出绕组轴线重合，在输出绕组感应变压器电动势 $\dot{E}_2$，其频率为电源频率 f。$\dot{E}_2$ 的有效值为

$$E_2 = 4.44 f k_{W2} N_2 \Phi_q \tag{6-6}$$

旋转电动势 $E_{rq} \propto \Phi_d n$；由于杯形转子的磁路不饱和，故 $\Phi_q \propto I_{rq}$。因此

$$E_2 \propto \Phi_q \propto I_{rq} \propto E_{rq} \propto \Phi_d n$$

所以，在不考虑输出绕组的内阻抗，且 Φ_d 为常数时，输出电压可写成

$$U_2 \approx E_2 = Cn \tag{6-7}$$

式中　C——比例常数。即输出电压 U_2 与转速成正比。

6.4　自整角机

自整角机（Selsyn）是一种能对角位移或角速度的偏差自动整步的一种控制电机。它广泛应用于角度、位置等指示系统和随动系统中，实现角度的传输、变换和指示，使机械上互不相连的两根或多根轴同步偏转或旋转。例如，电梯提升高度的位置显示；雷达天线、舰船自动舵的角度指示；闸门或阀门开度控制等。

在自动控制系统中，自整角机是成对使用的，其中一个装于主令轴用于发送角度指令称为发送机，另一个（或多个）装于从动轴上的称为接收机。发送机仅一个，而接收机可以多个，以实现多点显示。如舰船自动操舵系统中，发出偏舵指令的发送机安装在驾驶台上，而指示舵偏转角的舵角指示器既安装在驾驶台上，也安装于舵机舱等地方。

自整角机是靠失调角工作的。所谓失调角是指发送机转角与接收机转角之差。发送机是不能自行转动的，故只要存在失调角，接收机就转动，直至失调角为零方停止转动。

自整角机依据输出量的不同，可分为：力矩式和控制式两种。力矩式自整角机因其输出力矩不大，故通常只用于角度指示系统中带动仪表的指针指示角度，如舵角指示器等。控制式自整角机（接收机）输出一个与失调角成一定关系的电压，该电压经相敏放大器放大后，作为伺服电动机控制绕组的控制信号电压，使伺服电动机转动。因自整角接收机与伺服电动机同轴旋转，当其转到与发送机转角相等位置时，失调角为零，伺服电动机停止转动。生产机械就转到所要求的位置或角度。

6.4.1　自整角机的结构

自整角机的基本结构如图 6-16 所示。定子铁心内嵌放着空间互差 120° 电角度的三相绕组，转子铁心为凸极式或隐极式，转子绕组可以是分布绕组也可以是集中绕组。为增大输出转矩，力矩式自整角机的转子铁心多为凸极式结构，控制式自整角机的转子多为隐极式以提高精度。

6.4.2 力矩式自整角机

1. 接线方式

力矩式自整角机的接线方式是：接收机和发送机的转子绕组接于同一交流电源，均作为励磁绕组。定子三相对称同步绕组的对应端相连接，如图 6-17 所示。

2. 工作原理

（1）初始状态 发送机 F 和接收机 J 的转子绕组接于单相交流电源，在各自的气隙中产生脉

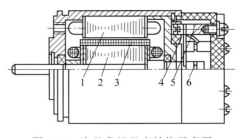

图 6-16 自整角机基本结构示意图
1—定子 2—转子
3—阻尼绕组 4—电刷 5—接线柱 6—集电环

振磁场，该磁场在各自的定子三相绕组中感应变压器电动势 E_{f1}、E_{f2}、E_{f3} 和 E_{j1}、E_{j2}、E_{j3}。当发送机和接收机对应相的轴线（如 D_1 相）与脉振磁场的轴线重合时，发送机和接收机对应相绕组的感应电动势分别相等，即各对应端为等电位点，定子绕组间没有电流流过，发送机和接收机的转子不转。此时失调角 $\theta = 0$。

（2）发送机转子逆时针转过一个角度 θ_1 发送机与接收机同时励磁，且发送机转子逆时针转过一个 θ_1 角瞬间，接收机转子不会立即跟着转动。两机转子绕组产生的脉振磁场在各自的定子绕组中产生的变压器电动势不再相等。而它们的定子绕组对应连接，在各对应相绕组中便产生电流，该电流流过接收机各相绕组，使接收机转子跟随发送机转子同方向旋转。其原因是，如果发送机转子在外力作用下逆时针转过角 θ_1，它所产生的转矩力使转子顺时针旋转，以减小失调角，但转子与主令轴相接，不会转动。此时接收机所产生的转矩使其转子逆时针转动，使失调角逐

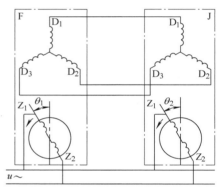

图 6-17 力矩式自整角机接线图

渐减小至零，系统进入新的协调位置，从而实现转角的传输。

6.4.3 控制式自整角机

如果将图 6-17 所示的力矩式自整角机的接收机转子绕组不接电源，并将它预先转过 90°电角度，使发送机与接收机转子绕组相互垂直作为协调位置，如图 6-18 所示，就组成了控制式自整角机。当发送机转子由主令轴转过 θ_1 角，接收机转子绕组即输出一个与失调角 θ 具有一定函数关系的电压信号 U_2，经放大后作为伺服电动机的控制信号，使伺服电动机转动，伺服电动机又带动接收机转子旋转，当接收机转子转过的角度与发送机转角相等时，转子输出电压为零，伺服电动机停转。在这种情况下，接收机是在变压器状态下运行，故亦称自整角变压器。

在理论上可以推导出接收机转子单相绕组的输出电压 U_2 的大小与失调角 $\theta = \theta_1 - \theta_2$ 之间的关系，为

$$U_2 = U_m \sin\theta$$

式中　U_m——输出电压最大值。

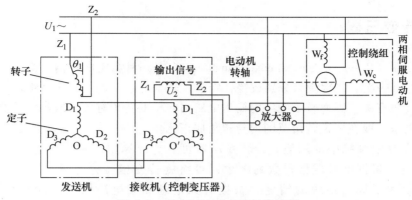

图 6-18 控制式自整角机的接线图

图 6-19 是舵角指示装置示意图，舵角发送器就是自整角发送机，它跟随舵一起转动。舵角指示器就是力矩式自整角接收机，根据需要可有几个，可以分别安装在舵机房、驾驶台、机舱等多处。当驾驶台操纵舵偏转某一角度时，舵角发送器随舵一起偏转，由于同步跟随作用，接收机转子便带动指针转过同一角度，因而在舵角指示器上就指示出舵的实际偏转角度。

图 6-20 所示的火炮跟踪系统是控制式自整角机的一个典型应用。该系统的任务是使火炮的转角 θ_2 与由指挥系统给出的指令 θ_1 相等。当 $\theta_2 \neq \theta_1$ 时，测角装置（自整角机系统）就输出一个失调角（$\theta = \theta_1 - \theta_2$）成正比的信号 U_1，此电压经放大器放大后，驱动直流伺服电动机，带动炮身向着减小失调角的方向移动，直到 $\theta_1 = \theta_2$，$U_1 = 0$ 时，电动机停止转动，火炮对准射击目标。同时，火炮要准确地跟踪射击目标，必须减小在跟踪过程中由风阻等原因引起的速

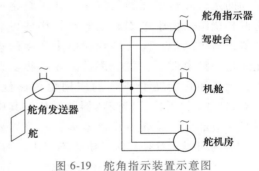

图 6-19 舵角指示装置示意图

度变化，系统中测速发电机检测火炮速度，控制系统通过转速负反馈调节，起到稳定转速的作用。

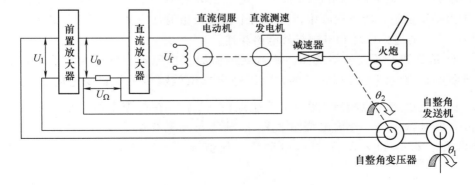

图 6-20 火炮跟踪系统原理图

6.5 旋转变压器

旋转变压器（Resolver 或 Rotational Transformer）是一种精密的控制电机，它是一种能转动的变压器，其一次、二次绕组分别放置在定子、转子上。一次、二次绕组之间的电磁耦合程度与转子转角有关，因而转子绕组的输出电压与转子的转角有关，或与转子的转角成正弦和余弦函数关系，或在一定转角范围内与转角成正比。

根据其在控制系统中的用途，旋转变压器可分为计算用旋转变压器和数据传输用旋转变压器两类。根据电机磁极对数的多少，可将旋转变压器分为单极对和多极对两种，采用多极对是为了提高系统的精度。根据有无电刷和集电环间的滑动接触，旋转变压器可分为接触式和无接触式两种。在无接触式中又可再细分为有限转角和无限转角两种。

接触式旋转变压器的结构与绕线异步电动机相似，定子和转子铁心由高导磁材料制成，铁心中嵌入定子绕组和转子绕组，转子绕组通过集电环和电刷引出。与异步电动机不同的是，旋转变压器的定子、转子绕组都是两相绕组。由于电刷和集电环结构的可靠性差，需要维护，同时接触导电中产生的火花还是一种电磁干扰源，因此，在工程实践中，无接触式旋转变压器的应用更为广泛。

图 6-21 为无接触式旋转变压器的结构，其中虚线左边部分是旋转变压器本体，与绕线异

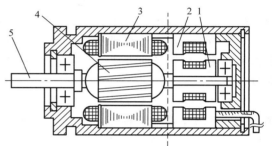

图 6-21 无接触式旋转变压器
1—环形变压器的转子 2—环形变压器的定子
3—旋转变压器本体定子 4—旋转变压器本体转子
5—转轴

步电动机相似，只是其转子绕组不引出。右边部分是一个环形变压器，其内磁环和绕在内磁环上的环形绕组构成环形变压器的转子，与旋转变压器的转子同轴旋转；外磁环及外磁环上的环形绕组构成环形变压器的定子。将旋转变压器的转子绕组接到环形变压器的转子绕组上，通过电磁耦合，由环形变压器的定子绕组将旋转变压器的转子信号传出。

下面以接触式旋转变压器为例，说明旋转变压器的工作原理。

图 6-22 是旋转变压器的结构示意图，定子上装有两个轴线互相垂直的绕组 D_1D_2 和 D_3D_4，作为励磁绕组。转子铁心中也装有两个轴线互相垂直的绕组 Z_1Z_2 和 Z_3Z_4，作为输出绕组。转子绕组通过集电环和电刷与外电路相连。

图 6-23 是旋转变压器的接线图。旋转变压器的工作原理与普通变压器相似。但由于旋转变压器的输出绕组是可以转动的，所以输出电压就随转子位置变化而变化。当 D_3D_4 开路时，在绕组上加交流励磁电压 $\dot{U}_D$ 产生电流 $\dot{I}_D$ 后，在气隙中便产生一个沿圆周按正弦规律分布的脉振磁场。若输出绕组 Z_1Z_2 的轴线与励磁绕组 D_1D_2 的轴线之间的夹角为 θ，则输出绕组 Z_1Z_2 和 Z_3Z_4 的感应电动势有效值分别与转角 θ 的余弦和正弦函数成正比，即

$$E_A \propto \cos\theta, E_B \propto \sin\theta \tag{6-8}$$

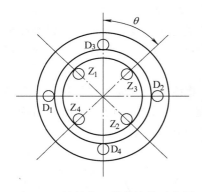

图 6-22　旋转变压器的结构示意图

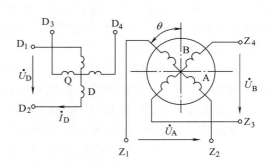

图 6-23　旋转变压器的接线图

这样，就可将转子位置的变化转变为输出电压大小的变化。

当输出绕组接有负载时，就有电流通过输出绕组。它也产生一个磁场，使气隙中的磁场发生畸变，因而使输出电压有了误差。为了减小这种误差，旋转变压器在工作时，要把绕组 D_3D_4 短路，或在两个输出绕组上接上对称负载。

当输入电压不变时，转子绕组输出的空载电压与转角 θ 呈严格的正、余弦关系，这种旋转变压器叫作正余弦旋转变压器。

当转子转角 θ 以弧度为单位，且 θ 很小时，$\sin\theta \approx \theta$，因此，正余弦旋转变压器也可以作为线性旋转变压器来使用。为获得更大转角范围内的线性输出特性，可将旋转变压器的定子电励磁绕组 D_1D_2 与转子的余弦绕组 Z_1Z_2 串联后接到交流电源，定子的 D_3D_4 绕组直接短路作为补偿，转子正弦绕组接负载阻抗。此时，在线性误差不超过 0.1% 时，转角 θ 的范围最大可扩大到 ±60°。

旋转变压器主要用于机电式解算装置和精密机械测角。在机电式解算装置中，用旋转变压器进行三角函数运算、直角坐标转换、矢量合成等。随着计算机技术的发展和普及，上述功能现已完全由计算机来完成，其转换精度和运算速度均优于旋转变压器。因此，目前旋转变压器的主要用途是测角和角度数据传输。如在永磁同步伺服系统中用于检测转子位置（见图 6-24）。

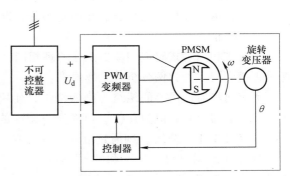

图 6-24　旋转变压器在永磁同步伺服系统中的应用

6.6　感应同步器

感应同步器又称为平面变压器，是一种将角位移或直线位移转换为电压信号的测量元件。感应同步器广泛用于数控机床和高精度随动系统中作为位置检测元件。

感应同步器按其运动方式和结构形式可分为圆盘式（或称旋转式）和直线式两种。工作原理类似于多极旋转变压器。

感应同步器的特点是：磁极对数多，达几百甚至上千对，故精度比一般旋转变压器高的多；结构简单、工作可靠、维护简便、成本低、寿命长、受温度和湿度影响小；交流励磁电压的频率为 1~10kHz，电压为几伏到几十伏，输出电压一般为几毫伏，是输入电压的几百分之一至千分之一左右。

感应同步器的结构形式不同，其应用范围也有所不同。直线式感应同步器多用于大型精密机床的自动定位、位移数字显示器和数控系统。圆盘式感应同步器多用于机床的精密转台、回转伺服系统、导弹制导、陀螺平台、雷达天线、射击控制等。

圆盘式感应同步器分为定子和转子两部分。定子、转子之间有 0.2~0.3mm 的气隙，它们都没有铁心。定子绕组是在金属或玻璃制的圆盘上，用绝缘相隔的铜箔制成单匝多极印制绕组（导片），且将导片分为若干组，相邻两组互差 90° 电度角，分别串联成正弦绕组和余弦绕组。转子绕组是许多辐射状导片串联而成的均匀分布的单相绕组，如图 6-25 所示。

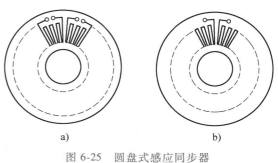

图 6-25 圆盘式感应同步器
a）定子 b）转子

直线式感应同步器有定尺和滑尺两部分。两尺之间有 0.25mm 的间隙，以便滑尺移动。定尺、滑尺上的绕组均为在金属板上制作的印制绕组。定尺上为单相连续绕组，标准型为相邻两导片中心距 $\tau=1mm$。定尺长约 250mm，宽约 40mm。测量长度超过 250mm 时可用几块定尺连接使用。滑尺上有正弦绕组和余弦绕组，两绕组的导片在空间相隔 $\tau/2$（90° 电角度），按一定的规律串联而成，如图 6-26 所示。使用时用滑尺表面敷一层防静电感应的铝箔，安装在运动部分，定尺安装在固定部分，定尺表面涂保护漆以防腐蚀。整体装保护罩，以保证工作正常。

直线式和圆盘式感应同步器工作原理相同，仅是结构形式及运动方式有所不同。下面以直线式感应同步器为例分析其工作原理。

感应同步器定尺上的绕组为励磁绕组，使用时在该绕组上加上有效值为几伏、频率为 10kHz 的交流电，定尺导片（绕组）则通过电流，电流方向如图 6-27 中小圆圈内的 "·" 和 "×" 表示。图中虚线圆圈及箭头表示电流所产生的磁力线和其方向。因为加在定尺上的励磁电压为正弦电压，其电流通过导片产生一个轴线在空间位置不变，大小随时间成正弦变化的脉振磁场，该磁场与滑尺上的绕组交链而在滑尺导片中产生感应电动势，感应电动势的幅值的大小取决于两尺间的电磁耦合程度。图 6-27a~e 表示滑尺导片位移不同时电磁耦合的情况。对应的感应电动势与位移 x 的关系曲线如图 6-28 所示。

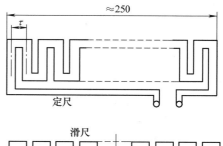

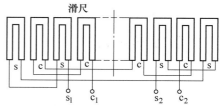

图 6-26 直线式感应同步器定尺、
滑尺的印制绕组

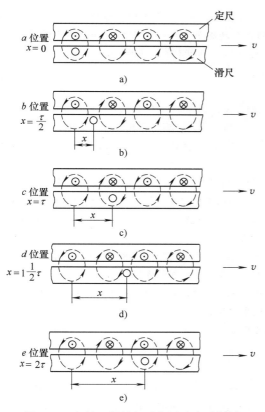

图 6-27 定尺、滑尺相对位置改变时滑尺
导片所匝链磁通的变化

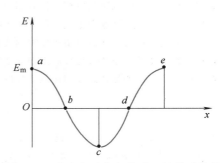

图 6-28 感应电动势与位移 x 的关系曲线

滑尺相对于定尺的位移为 x 时的电角度 $\theta = \dfrac{360°}{2\tau}x$，滑尺导片上的感应电动势为

$$E = E_{1m}\cos\theta = E_{1m}\cos\left(\frac{360°}{2\tau}x\right) \tag{6-9}$$

式中　E_{1m}——一个导片的感应电动势幅值。

若滑尺上的余弦绕组是由 N 个导片串联，则总的感应电动势为一片时的 N 倍，即

$$E_c = NE = E_m\cos\left(\frac{360°}{2\tau}x\right) \tag{6-10}$$

式中　E_m——余弦绕组相电动势幅值。

正弦绕组与余弦绕组在空间相差 $\tau/2$，即 $90°$ 电角度，故正弦绕组的感应电动势为

$$E_s = E_m\cos\left(\frac{360°}{2\tau}x + 90°\right) = -E_m\sin\left(\frac{180°}{\tau}x\right) \tag{6-11}$$

思考题与习题

6-1　两相交流伺服电动机的理想空载转速为何总是低于同步转速？控制电压变化时，电动机的转速为何能发生变化？

6-2　什么是两相交流伺服电动机的自转现象？克服该现象的条件是什么？

6-3 保持直流伺服电动机的励磁电压一定。（1）当电枢电压 $U_2 = 50V$ 时，理想空载转速 $n_0 = 3000r/min$；当 $U_2 = 100V$ 时，n_0 等于多少？（2）已知电动机的阻转矩 $T_L = T_0 + T_2 = 150g \cdot cm$，且不随转速大小而变。当电枢电压 $U_2 = 50V$ 时，转速 $n = 1500r/min$，试问当 $U_2 = 100V$ 时，n 等于多少？

6-4 什么是步进电机的拍？单拍制和双拍制有什么区别？

6-5 如何控制步进电机的角位移和转速？

6-6 步进电动机技术数据中的步距角一般都给出两个值，如 $1.5°/3.0°$，为什么？

6-7 何谓步进电动机的静态、静态转矩、静态特性，最大静态转矩与哪些因素有关？

6-8 一台三相反式步进电动机，采用双拍运行方式，已知其转速 $n = 1200r/min$，转子表面有 24 个齿，试计算：（1）脉冲信号源的频率；（2）步距角。

6-9 何谓直流测速发电机的输出特性？理想输出特性和实际输出特性有何区别？为什么？

6-10 为什么直流测速发电机的转速不得高于规定的最高工作转速？负载电阻不能小于给定值？

6-11 以恒速旋转的永磁式直流测速发电机，内阻为 $R_a = 940\Omega$，若外接负载电阻为 $R_L = 2000\Omega$，端电压为 50V。若负载电阻变为 $R_L = 4000\Omega$，端电压为多少伏？

6-12 在分析交流测速发电机工作原理中，哪些与直流测速发电机相同，哪些与变压器相同？

6-13 什么是交流测速发电机的剩余电压？产生的原因是什么？如何降低？

6-14 分别简述力矩式自整角机和控制式自整角机的工作原理，并说明二者在使用上的区别。

6-15 旋转变压器带负载运行后出现什么现象？应采取什么措施消除？

6-16 感应同步器的特点及用途是怎样的？工作原理如何？

自 测 题

1. 一台三相反应式步进电动机，已知在采用 A—AB—B—BC—C—CA—A 运行方式时，电动机顺时针方向旋转，步距角 $\theta = 0.75°$。如果采用 A—C—B—A 运行方式，则该步进电动机的旋转方向和步距角为（　　）。

A. 逆时针方向、$1.5°$　　B. 顺时针方向、$3°$　　C. 逆时针方向、$3°$　　D. 顺时针方向、$1.5°$

2. 如要使机械上互不连接的两根轴同步偏转一定角度，则应该选用（　　）。

A. 伺服电动机　　B. 旋转变压器　　C. 感应同步器　　D. 自整角机

3. 一交流测速发电机，在 $n = 1000r/min$ 时，输出电压为 50Hz、100V，当转速 $n = 500r/min$ 时，输出电压为（　　）。

A. 25Hz、100V　　B. 50Hz、100V　　C. 25Hz、50V　　D. 50Hz、50V

第7章　电力拖动基础

电力拖动又称电气传动，是以电动机作为原动机驱动生产机械的总称。它主要研究如何合理地使用电动机，通过对电动机的控制，使被拖动的机械按照某种预定的要求远行。"电机与拖动"课程主要着眼于从电动机的特性出发，研究电动机的起动、调速和制动方法。

本章是研究电力拖动系统的基础，主要介绍电力拖动系统的组成、电力拖动系统的动力学基础、电力拖动系统的负载特性及其稳定运行条件。

7.1　电力拖动系统的组成与分类

在工农业生产和交通运输等领域，许多设备都以电动机为动力来完成对物体的加工、输送、压缩与分离等工作，如工矿企业中各种机床、轧钢机、卷扬机、纺织机、造纸机、搅拌机、鼓风机等生产机械。这种以电动机为动力拖动各种生产机械的工作方式称为电力拖动。

电力拖动系统通常由电动机、工作机构、传动机构、控制设备以及电源五部分组成，如图 7-1 所示。电动机把电能转换为机械动力，通过传动机构去拖动生产机械的某个工作机构；传动机构改变电动机输出的速度或运动方式，把电动机和负载连接起来。控制设备由各种控制电机、电器、自动化元件及工业控制计算机等组成，用以控制电动机的运动，从而实现对工作机构的自动控制。

按照电源和电动机的种类不同，电力拖动系统分为交流电动机电力拖动系统和直流电动机电力拖动系统两类。交流电动

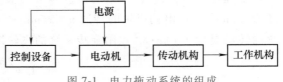

图 7-1　电力拖动系统的组成

机具有结构简单、运行可靠、价格低、维护方便等一系列优点，因此，随着电力电子技术和交流调速技术的日益成熟，交流电力拖动逐渐成为电力拖动的主流。

简单的生产机械，如风机、水泵等，只需一台电动机拖动。而大型的、复杂的生产机械，如各种大型机床，需要多台电动机分别拖动它们的各个工作机构。因此，电力拖动系统还可分为单电动机拖动系统和多电动机拖动系统。

电力拖动系统尚有单轴系统和多轴系统之分。有些情况下，电动机可以与工作机构采用同轴连接，这种系统称为单轴电力拖动系统；而在许多情况下，电动机与工作机构并不同轴，中间需要增设传动机构，如齿轮箱、涡轮、蜗杆等，这种系统称为多轴电力拖动系统。

7.2　电力拖动系统的运动方程式

7.2.1　单轴电力拖动系统的运动方程式

图 7-2 所示为单轴电力拖动系统，由动力学定律可以写出这个旋转系统的运动方程，即

$$T_e - T_L = J \frac{\mathrm{d}\Omega}{\mathrm{d}t} \tag{7-1}$$

式中　T_e——电动机的电磁转矩（N·m），其正方向与转速 n 的正方向相同；

　　　T_L——负载转矩（N·m），又称为阻转矩，其正方向与转速 n 的正方向相反；

　　　J——拖动系统的转动惯量（kg·m²）；

　　　Ω——电动机的机械角速度（rad/s）；

$J\dfrac{\mathrm{d}\Omega}{\mathrm{d}t}$——拖动系统的惯性转矩（N·m）。

在图 7-2 中，我们根据电动机惯例画出了转速 n、电磁转矩 T_e 和负载转矩 T_L 的正方向，运动方程正是根据这一正方向规定写出的。事实上，随着电动机运行状态的变化以及生产机械负载性质的不同，各物理量的实际方向与规定正方向不一定相同。为此，可以首先选定转速的参考方向，即规定某旋转方向为正，拖动转矩和负载转矩的参考方向也随之确定。然后，将运动方程中各物理量的真实方向与它的参考方向进行比较，方向相同者取正值，方向相反取负值。

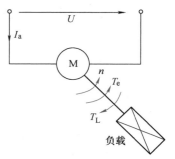

此外，总负载转矩 T_L 中包括了电动机的空载阻转矩 T_0，但由于 T_0 很小，在电力拖动系统的分析中一般忽略不计。因此，以后除非特别说明，一般认为 $T_L = T_2$，T_2 为电动机的输出转矩，其大小等于电动机稳定运行时负载的制动转矩。

图 7-2　单轴电力拖动系统

在工程计算中，式（7-1）的单位体系不很实用，常将角速度 Ω（rad/s）用电动机轴的转速 n（r/min）来代替，旋转系统的转动惯量 J（kg·m²）用旋转系统的飞轮矩 GD^2（N·m²）替代，即

$$\Omega = \frac{2\pi n}{60} \tag{7-2}$$

$$J = m\rho^2 = \frac{GD^2}{4g} \tag{7-3}$$

式中　g——重力加速度，$g = 9.81\mathrm{m/s^2}$；

　　　m——系统转动部分的质量；

　　　G——系统转动部分的重量；

　　　ρ——转动部分的回转半径；

　　　D——转动部分的回转直径。

注意：回转半径（直径）与物体的几何半径（直径）是不同的，所谓回转半径是将绕某一旋转轴旋转的物体质量集中到离旋转轴距离为 ρ 的一点，如果其转动惯量与该物体的转动惯量 J 相等，那么 ρ 为该物体对指定旋转轴的回转半径。

将式（7-2）和式（7-3）代入式（7-1），得到拖动系统运动方程的实用表达式为

$$T_e - T_L = \frac{GD^2}{375} \frac{\mathrm{d}n}{\mathrm{d}t} \tag{7-4}$$

称（$T_e - T_L$）为动转矩。当动转矩等于零时，系统处于恒转速运行的稳态；当动转矩大于零时，系统处于加速运动的过渡过程；当动转矩小于零时，系统处于减速运动的过渡过程。

7.2.2 多轴电力拖动系统的折算

实际的电力拖动系统大多是电动机通过传动机构与工作机构相连,拖动系统的轴不止一根,如图 7-3 所示。在不同轴上各有其本身的转动惯量及转速,也有反映电动机拖动的转矩和反映工作机构的阻转矩。这种系统显然比单轴系统复杂得多。

为了简化多轴系统的分析计算,通常把传动机构和工作机构看作一个整体,且等效为一个负载,把负载转矩和系统的飞轮矩折算到电动机轴上来,变多轴系统为单轴系统。折算的原则是保持传递的功率不变和系统储存的动能不变。

下面介绍典型电力拖动系统的折算方法。

1. 多轴旋转运动系统

(1) 转矩的折算 以图 7-3 所示的多轴旋转系统为例,令 T_L 为工作机构折算到电动机轴上的转矩,T_g 为工作机构的实际负载转矩,Ω 为电动机轴的角速度,Ω_g 为工作机构转轴的角速度,n 为电动机转轴的转速,n_g 为工作机构转轴的转速,如不考虑传动机构的损耗,工作机构折算到电动机轴上的功率应等于工作机构的功率,即

$$T_L\Omega = T_g\Omega_g$$

$$T_L = \frac{T_g\Omega_g}{\Omega} = \frac{T_g n_g}{n} = \frac{T_g}{j} \tag{7-5}$$

式中,传动机构的总速比 j 与各级速比 j_1、j_2 之间的关系为

$$j = \frac{n}{n_g} = \frac{n}{n_1} \cdot \frac{n_1}{n_g} = j_1 \cdot j_2 \tag{7-6}$$

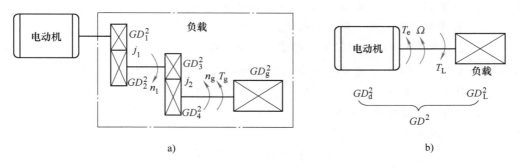

图 7-3 多轴电力拖动系统的折算

a) 实际多轴系统 b) 等效单轴系统

若考虑传动机构的传动效率,则

$$T_L\Omega = \frac{T_g\Omega_g}{\eta_c}$$

$$T_L = \frac{T_g\Omega_g}{\eta_c\Omega} = \frac{T_g n_g}{\eta_c n} = \frac{T_g}{\eta_c j} \tag{7-7}$$

式中 η_c——传动机构的传动效率,它是各级传动效率的乘积。

(2) 飞轮矩的折算 在多轴拖动系统中,传动机构为电动机负载的一部分,因此,折算到电动机轴上的负载飞轮矩包括工作机构的飞轮矩和传动机构的飞轮矩,它与电动机转子的

飞轮矩之和就是等效单轴系统的总飞轮矩。

负载飞轮矩折算的原则是折算前后的动能不变。因为旋转物体的动能为

$$\frac{1}{2}J\Omega^2 = \frac{1}{2}\frac{GD^2}{4g}\left(\frac{2\pi n}{60}\right)^2 = \frac{GD^2 n^2}{7149} \tag{7-8}$$

因此传动机构和工作机构折算到电动机轴后的动能计算公式为

$$\frac{GD_L^2 n^2}{7149} = \frac{GD_1^2 n^2}{7149} + \frac{GD_2^2 + GD_3^2}{7149} \cdot \frac{n^2}{j_1^2} + \frac{GD_4^2 + GD_g^2}{7149} \cdot \frac{n^2}{j_1^2 j_2^2}$$

所以图 7-3 所示系统的等效单轴系统的总飞轮矩为

$$GD^2 = GD_d^2 + GD_L^2 = GD_d^2 + GD_1^2 + \frac{GD_2^2 + GD_3^2}{j_1^2} + \frac{GD_4^2 + GD_g^2}{j_1^2 j_2^2} \tag{7-9}$$

式中　GD_d^2——电动机本身的飞轮矩；

$GD_1^2 \sim GD_4^2$——分别为各个齿轮的飞轮矩；

GD_g^2——工作机构的飞轮矩。

可见，折算到电动机轴上的飞轮矩应为各级飞轮矩除以电动机转速与该级转速比的二次方。顺便指出，拖动系统中各轴的飞轮矩已包含在上述电动机、传动机构及工作机构的飞轮矩中。

由于传动机构和工作机构的转速通常低于电动机转速，而飞轮矩的折算值与转速比二次方成反比。因此，传动机构和工作机构飞轮矩的折算值在总的飞轮矩中所占的比例较小。在实际工作中，为了简化计算，常采用适当加大电动机飞轮矩的方法来估算总飞轮矩，即

$$GD^2 = (1+\delta)GD_d^2 \tag{7-10}$$

式中　δ——估算系数，一般取 $\delta = 0.2 \sim 0.3$，如果电动机轴上还有其他大飞轮矩部件，如机械抱闸的闸轮等，则 δ 的取值适当加大。

【例 7-1】 图 7-3 所示的三轴拖动系统，已知工作机构的转矩 $T_g = 236\text{N} \cdot \text{m}$，转速为 $n_g = 128\text{r/min}$；速比为 $j_1 = 2.4$，$j_2 = 3.2$；各级传动效率均为 0.9；飞轮矩 $GD_d^2 = 6.5\text{N} \cdot \text{m}^2$，$GD_1^2 = 1.4\text{N} \cdot \text{m}^2$，$GD_2^2 = 2.8\text{N} \cdot \text{m}^2$，$GD_3^2 = 1.6\text{N} \cdot \text{m}^2$，$GD_4^2 = 3.1\text{N} \cdot \text{m}^2$，$GD_g^2 = 25\text{N} \cdot \text{m}^2$，求折算到电动机轴上的负载转矩和总飞轮矩。

解：总传动效率为

$$\eta_c = \eta_1 \cdot \eta_2 = 0.9^2 = 0.81$$

总速比为

$$j = j_1 \cdot j_2 = 2.4 \times 3.2 = 7.68$$

折算到电动机轴上的负载转矩为

$$T_L = \frac{T_g}{\eta_c j} = \frac{236}{0.81 \times 7.68}\text{N} \cdot \text{m} = 37.94\text{N} \cdot \text{m}$$

折算到电动机轴上的负载飞轮矩为

$$GD_L^2 = GD_1^2 + \frac{GD_2^2 + GD_3^2}{j_1^2} + \frac{GD_4^2 + GD_g^2}{j^2}$$

$$= \left(1.4 + \frac{2.8 + 1.6}{2.4^2} + \frac{3.1 + 25}{7.68^2}\right)\text{N} \cdot \text{m}^2 = 2.64\text{N} \cdot \text{m}^2$$

总飞轮矩为

$$GD^2 = GD_d^2 + GD_L^2 = (6.5 + 2.64)\,\mathrm{N \cdot m^2} = 9.14\,\mathrm{N \cdot m^2}$$

2. 平移运动系统

某些生产机械的工作机构是做平移运动的，如刨床的工作台。将这种拖动系统等效成单轴系统，需要将平移作用力折算成等效单轴系统的负载转矩，将平移运动部件的质量折算成等效单轴系统的飞轮矩。

下面以图 7-4 所示的刨床拖动系统为例来说明这种系统的折算方法。图中，电动机轴与齿轮 1 直接相连，经过齿轮 2~7 依次传动到齿轮 8，齿轮 8 与工作台 G_1 的齿条啮合。

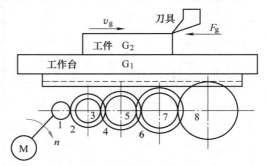

图 7-4 刨床拖动系统示意图

（1）转矩的折算 设工作机构的平移速度为 v_g，工作机构做平移运动时所克服的阻力（等于切削力）为 F_g，则工作机构的切削功率为

$$P_g = F_g v_g$$

若传动机构的效率为 η_c，根据折算前后功率不变的原则，折算到电动机轴上的功率为

$$T_L \Omega = \frac{F_g v_g}{\eta_c}$$

所以，折算到电动机轴上的负载转矩为

$$T_L = \frac{F_g v_g}{\eta_c \Omega} = \frac{F_g v_g}{\eta_c \dfrac{2\pi n}{60}} = 9.55 \frac{F_g v_g}{\eta_c n} \tag{7-11}$$

（2）飞轮矩的折算 若工作机构平移运动部分的质量和重量分别为 m_g 和 G_g，则它产生的动能为

$$\frac{1}{2} m_g v_g^2 = \frac{1}{2} \frac{G_g}{g} v_g^2$$

将平移运动部分的质量折算成电动机轴上的飞轮矩 GD_{Lg}^2，折算前后动能相等，即

$$\frac{1}{2} \frac{G_g}{g} v_g^2 = \frac{1}{2} \frac{GD_{Lg}^2}{4g} \left(\frac{2\pi n}{60}\right)^2$$

整理可得

$$GD_{Lg}^2 = 365 \frac{G_g v_g^2}{n^2} \tag{7-12}$$

传动部分其他轴上的折算方法与旋转运动系统相同。

【例 7-2】 龙门刨床的拖动系统如图 7-4 所示，各级传动齿轮及运动体的数据见表 7-1，已知电动机的转速 $n = 558\,\mathrm{r/min}$，工件的切削力 $F_g = 20000\,\mathrm{N}$，切削速度 $v_g = 0.167\,\mathrm{m/s}$，工作台与导轨的摩擦系数 $\mu = 0.1$，传动机构的效率为 $\eta_c = 0.8$，由垂直方向切削力所引起的工作台与导轨间的摩擦损失可略去不计。试求折算到电动机轴上的总飞轮矩和负载转矩。

表 7-1 龙门刨床各级传动齿轮及运动体的数据

代 号	名 称	速 比	$GD^2/\text{N·m}^2$	重量/N	转速/(r/min)
1	齿轮	3.13	3.1		
2	齿轮		15.2		
3	齿轮	2.64	8		
4	齿轮		24		
5	齿轮	3.22	14		
6	齿轮		38		
7	齿轮	3.29	26		
8	齿轮		42		
G_1	工作台			30000	
G_2	工件			7000	
M	电动机		240		558

解：传动机构的速比为

$$j = j_1 \cdot j_2 \cdot j_3 \cdot j_4 = 3.13 \times 2.64 \times 3.22 \times 3.29 = 87.54$$

旋转部分的飞轮矩为

$$GD_a^2 = (GD_d^2 + GD_1^2) + \frac{GD_2^2 + GD_3^2}{j_1^2} + \frac{GD_4^2 + GD_5^2}{j_1^2 \cdot j_2^2} + \frac{GD_6^2 + GD_7^2}{j_1^2 \cdot j_2^2 \cdot j_3^2} + \frac{GD_8^2}{j^2}$$

$$= \left[240 + 3.1 + \frac{15.2 + 8}{3.1333^2} + \frac{24 + 14}{(3.13 \times 2.64)^2} + \frac{38 + 26}{(3.13 \times 2.64 \times 3.22)^2} + \frac{42}{87.54^2} \right] \text{N·m}^2$$

$$= 246.12 \text{N·m}^2$$

平移运动部分的重量为

$$G_g = G_1 + G_2 = (30000 + 7000)\text{N} = 37000\text{N}$$

平移运动部分折算到电动机轴上的飞轮矩为

$$GD_{Lg}^2 = 365 \frac{G_g v_g^2}{n^2} = 365 \times \frac{37000 \times 0.167^2}{558^2} \text{N·m}^2 = 1.21 \text{N·m}^2$$

折算到电动机轴上的总飞轮矩为

$$GD^2 = GD_a^2 + GD_{Lg}^2 = (246.12 + 1.21)\text{N·m}^2 = 247.33\text{N·m}^2$$

工作台与导轨的摩擦力为

$$f = \mu G_g = 0.1 \times 37000\text{N} = 3700\text{N}$$

折算到电动机轴上的总负载转矩为

$$T_L = 9.55 \frac{(F_g + f)v_g}{\eta_c n} = 9.55 \times \frac{(20000 + 3700) \times 0.167}{0.8 \times 558} \text{N·m} = 84.67\text{N·m}$$

3. 升降运动系统

一些生产机械的工作机构是做升降运动的，如卷扬机、电梯、提升机等。将这种拖动系统等效成单轴系统，需要将升降的重力折算成等效单轴系统的负载转矩，将运动部件的重量折算成等效单轴系统的飞轮矩。

下面以图 7-5 所示的起重机系统为例来说明这种系统的折算方法。图中，电动机通过传动机构拖动卷筒，卷筒上的钢丝绳悬挂一个重量为 G_g 的重物，其运动速度为 v_g。

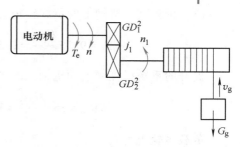

显然，重物上升和下降时功率的传递方向不同，其折算方法也不尽相同，下面分别进行讨论。

（1）提升运动的转矩折算　提升重物时，工作机构的机械功率为 $G_g v_g$，由于提升重物时传动机构的损耗由电动机负担，若提升重物时的传动效率为 η_c，则电动机的实际负载功率为 $G_g v_g / \eta_c$。

图 7-5　起重机拖动系统示意图

等效单轴系统的负载功率为 $T_L \Omega$，根据折算前后功率不变的原则，折算到电动机轴上的负载转矩为

$$T_L = \frac{G_g v_g}{\eta_c \Omega} = 9.55 \frac{G_g v_g}{\eta_c n} \qquad (7\text{-}13)$$

（2）下降运动的转矩折算　下放重物时，工作机构的机械功率仍为 $G_g v_g$，但由于下放重物时传动机构的损耗不是由电动机负担，而是由重物负担，若下放重物时的传动效率为 η_c'，则电动机的实际负载功率为 $G_g v_g \eta_c'$，因此，折算到电动机轴上的负载转矩为

$$T_L = \frac{G_g v_g \eta_c'}{\Omega} = 9.55 \frac{G_g v_g}{n} \eta_c' \qquad (7\text{-}14)$$

可见，对同一重物，在提升和下放时折算到电动机轴上的负载转矩是不同的。但同一重物在提升和下放时传动机构损耗可认为不变，因为提升重物时，传动机构损耗等于电动机功率减去负载功率；而下放重物时，该损耗等于负载功率减去电动机功率，因此

$$G_g v_g - G_g v_g \eta_c' = \frac{G_g v_g}{\eta_c} - G_g v_g$$

由此可导出提升传动效率 η_c 与下放传动效率 η_c' 之间的关系为

$$\eta_c' = 2 - \frac{1}{\eta_c} \qquad (7\text{-}15)$$

由式（7-15）可知，当 $\eta_c < 0.5$ 时，$\eta_c' < 0$，η_c' 出现负值是因为当重物很轻或者仅有吊钩，由之产生的负载功率不足以克服传动机构的损耗，因此还需要电动机产生一个下放方向的转矩才能完成下放动作。

在生产实际中，η_c' 为负值是有益的，它起到了安全保护作用。这样的提升系统在轻载的情况下，如果没有电动机做下放方向的推动，重物是掉不下来的，这称之为提升机构的自锁作用，它对于像电梯这类涉及人身安全的提升机械尤为重要。要使 η_c' 为负，必须采用低提升效率的传动机构，如蜗轮蜗杆传动，其提升效率仅为 0.3~0.5。

（3）飞轮矩的折算　升降运动的飞轮矩折算与平移运动相同，故升降部分折算到电动机轴上的飞轮矩为

$$GD_{Lg}^2 = 365 \frac{G_g v_g^2}{n^2}$$

【例 7-3】　起重机的拖动系统如图 7-5 所示，已知重物 $G_g = 1500N$，齿轮速比为 $j = 8$，提升重物时的效率 $\eta_c = 0.92$，提升重物的速度 $v_g = 0.8 m/s$，电动机转速 $n = 150 r/min$，电动机飞轮矩 $GD_d^2 = 58N \cdot m^2$，齿轮飞轮矩 $GD_1^2 = 3.4N \cdot m^2$，$GD_2^2 = 17.8N \cdot m^2$，卷筒飞轮矩 $GD_3^2 = 41.6N \cdot m^2$。求折算到电动机轴上的负载转矩和总飞轮矩。

解：折算到电机轴上的负载转矩为

$$T_L = 9.55 \frac{G_g v_g}{n \eta_c} = 9.55 \times \frac{1500}{150 \times 0.92} \times 0.8 \text{N} \cdot \text{m} = 83.04 \text{N} \cdot \text{m}$$

提升的重物折算到电动机轴上的飞轮矩为

$$GD_{Lg}^2 = 365 \frac{G_g v_g^2}{n^2} = 365 \times \frac{1500 \times 0.8^2}{150^2} \text{N} \cdot \text{m}^2 = 15.57 \text{N} \cdot \text{m}^2$$

负载飞轮矩为

$$GD_L^2 = GD_{Lg}^2 + GD_1^2 + \frac{GD_2^2 + GD_3^2}{j^2}$$

$$= \left(15.57 + 3.4 + \frac{17.8 + 41.6}{8^2} \right) \text{N} \cdot \text{m}^2 = 19.90 \text{N} \cdot \text{m}^2$$

总飞轮矩为

$$GD^2 = GD_d^2 + GD_L^2 = (58 + 19.90) \text{N} \cdot \text{m}^2 = 77.90 \text{N} \cdot \text{m}^2$$

7.3 电力拖动系统的负载特性

生产机械的负载转矩 T_L 与转速 n 的关系定义为生产机械的负载转矩特性，简称为负载特性。根据负载性质，电力拖动系统中的生产机械可大致分成恒转矩负载、恒功率负载和通风机、泵类负载三类。

7.3.1 恒转矩负载

恒转矩负载的特点是负载转矩 T_L 与转速 n 无关，为一恒定值，即 $T_L = C$。根据负载转矩与转速的方向是否一致，恒转矩负载又可分为反抗性恒转矩负载和位能性运转矩负载。

1. 反抗性恒转矩负载

摩擦类负载，如机床的平移机构、轧钢机等，都属于反抗性恒转矩负载，其负载特性曲线如图7-6所示。反抗性恒转矩负载特性曲线处在坐标系的第Ⅰ、第Ⅲ象限内。注意，这里若以某一指定的转向作为参考方向，则转速与参考方向一致时为正，反之为负；而负载转矩 T_L 则是与参考方向相反时为正（因为是阻转矩），一致时为负。

2. 位能性恒转矩负载

位能性恒转矩负载是由起重机械中某些具有位能的部件（如挂钩、重物等）造成的。其特点是负载转矩方向不随转速方向改变，负载特性如图7-7所示。由图可知，负载特性处在坐标平面的第Ⅰ、第Ⅳ象限。

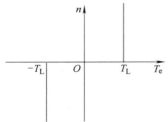

图7-6 反抗性恒转矩负载特性

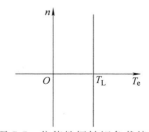

图7-7 位能性恒转矩负载特性

在某些特殊情况下，例如，电力机车下坡时，机车的位能对电动机起加速作用。根据前面对转矩和转速方向的规定，这时的负载转矩应取负值、而转速应取正值。电动机处于这种运行状态时，负载转矩特性处在第Ⅱ象限内。

7.3.2　恒功率负载

某些机床（如车床、刨床等）在进行粗加工时，切削量大，切削阻力矩大，主轴以低速运转；在进行精加工时，切削量小，切削阻力也小，主轴则以高速运转。不同转速下的负载转矩基本上与转速成反比，负载功率基本为常数，即 $T_L = \dfrac{k}{n}$，其中 k 为比例系数。此时，负载功率为

$$P_L = T_L \Omega = T_L \frac{2\pi n}{60} = \frac{k}{9.55} = 常数 \tag{7-16}$$

由于负载功率为常数，负载转矩 T_L 与转速 n 成反比，负载机械特性是一条双曲线，如图 7-8 所示。

7.3.3　通风机与泵类负载

通风机、泵类负载的共同特点是负载转矩与转速的二次方成正比，理想的通风机负载特性可用下式表示：

$$T_L = kn^2 \tag{7-17}$$

负载特性如图 7-9 中的曲线 1 所示。

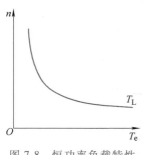

图 7-8　恒功率负载特性

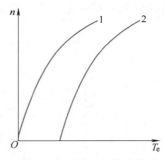

图 7-9　通风机负载特性

事实上，上述三种负载转矩特性是经过理想化处理的，实际的负载转矩特性往往是由这三种典型特性中的两种或三种组合而成的。以实际的鼓风机为例，如果考虑轴上的摩擦转矩（其为恒转矩负载），转矩表达式将为

$$T_L = T_0 + kn^2 \tag{7-18}$$

实际转矩特性如图 7-9 中曲线 2 所示。这条曲线即可看成由恒转矩负载特性相通风机负载特性叠加而成。

7.4　电力拖动系统的稳定运行条件

从 7.2 节的分析可知，任何电力拖动系统都可以简化成一个由电动机与负载两部分组成的单

轴拖动系统。本节先假设电动机的机械特性为已知，进而讨论电力拖动系统的稳定运行问题。

设一个电力拖动系统，原来处于某一转速下运行，由于受到外界某种扰动，如负载的变化或电网电压的波动等，导致系统的转速发生变化而离开了原来的平衡状态，如果系统能在新的条件下达到新的平衡状态，或者当外界扰动消失后能自动恢复到原来的转速下继续运行，就称该系统是稳定的；如果当外界扰动消失后，系统的转速或是无限制地上升，或是一直下降到零，则称该系统是不稳定的。

图 7-10 给出了恒转矩负载特性和电动机的两种不同机械特性的配合情况。下面以该图为例，分析电力拖动系统稳定运行的条件。

由电力拖动系统运动方程式（7-1）可得，系统稳定运行的必要条件是动态转矩为 0，因而转速恒定（n 为常数）。所以图 7-10 中，电动机机械特性和负载转矩特性的交点 a 或 b 是系统运行的工作点。在 a 或 b 点处，均满足 $T_e = T_L$，且均具有恒定的转速 n_a 或 n_b，但是，当出现扰动时，它们的运行情况是不同的。

当系统在 a 点运行时，若扰动使转速获得一个微小的增量 Δn，转速由 n_a 上升到 n_a'，此时电磁转矩小于负载转矩，所以当扰动消失后，系统将减速，直到回到 a 点运行。若扰动使转速 n_a 下降到 n_a''，此时电磁转矩大于负载转矩，所以当扰动消失后，系统将加速，直到回到 a 运行，可见 a 点是系统的稳定运行点。

当系统在 b 点运行时，若扰动使转速获得一个微小的增量 Δn，转速由 n_b 上升到 n_b'，这时电磁转矩大于负载转矩，即使扰动消失了，系统也将一直加速，不可能回到 b 点运行。若扰动使转速由 n_b 下降到 n_b''，则电磁转矩小于负载转矩，扰动消失后，系统将一直减速，也不可能回到 b 点运行，因此 b 点是不稳定运行点。

通过以上分析可见，电力拖动系统稳定运行的充分必要条件是

$$T_e = T_L, \text{且} \frac{\mathrm{d}T_e}{\mathrm{d}n} < \frac{\mathrm{d}T_L}{\mathrm{d}n} \tag{7-19}$$

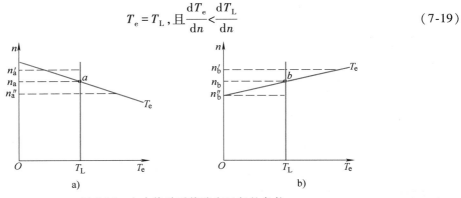

图 7-10　电力拖动系统稳定运行的条件
a）稳定运行　b）不稳定运行

7.5　电力拖动系统的调速

7.5.1　调速的基本概念

电力拖动系统中的许多生产机械，如各种机床、轧钢机、起重设备、车辆等，都有调速

的要求，电动机调速是指在电力拖动系统中，人为地或自动地改变电动机的转速，以满足工作机械对不同转速的要求。电动机的调速一般有以下几种分类方法。

1. 无级调速和有级调速

无级调速是指电动机的转速可以平滑地调节。无级调速的转速变化均匀，适应性强，而且容易实现调速自动化，因此被广泛采用。异步电动机变频调速系统、直流发电机-电动机调速系统、晶闸管整流器-直流电动机调速系统等，都属于无级调速。

有级调速是指电动机的转速只有有限的几种，如双速、三速、四速等。有级调速方法简单方便，但转速范围有限，且不易实现调速自动化。异步电动机变极调速、直流电动机电枢电路串电阻调速等，都属于有级调速。

2. 恒转矩调速和恒功率调速

每台电动机都有一个确定的输出功率，即电动机的额定功率。它主要受到发热的限制，即主要受到额定电流的限制。电动机在调速过程中，其允许的工作电流是不变的，但是电动机所允许的输出转矩和输出功率却不是固定的。电动机在不同转速下满载运行时，如果其允许输出的转矩相同，则这种调速方法称为恒转矩调速；如果其允许输出的功率相同，则这种调速方法称为恒功率调速。

电动机输出功率的大小由负载决定，选择恒转矩调速或恒功率调速，均属负载的要求。例如，切削机床，精加工时，切削量小，工件转速高；粗加工时，切削量大，工件转速低，因此要求电动机具有恒功率调速特性。而起重机、卷扬机等则要求电动机具有恒转矩调速特性。

在选择调速方法时，应注意调速方法与负载匹配。当负载为恒功率性质时采用恒功率调速方法，当负载为恒转矩性质时采用恒转矩调速方法，这样既能满足生产机械的要求，又能使电动机容量得到充分利用。

3. 向上调速和向下调速

按调速的方向性，可以分为向上调速和向下调速。

电动机未做调速时固有的转速，通常即为电动机额定负载时的额定转速，称为基本转速或基速。向高于基速方向的调速叫向上调速，如直流电动机弱磁通调速；向低于基速方向上的调速称为向下调速，如直流电动机电枢串电阻调速。在某些机械上既要求向上调速，又要求向下调速，称之为双向调速，如异步电动机变频调速等。

7.5.2 调速系统的主要性能指标

电动机调速系统的主要性能指标包括调速范围、静差率、调速平滑性、调速的经济性等。

1. 调速范围

调速范围用 D 表示，是指电动机带额定负载调速时，其最高转速 n_{max} 与最低转速 n_{min} 之比，即

$$D = \frac{n_{max}}{n_{min}} \tag{7-20}$$

不同生产机械要求不同的调速范围不同，一般车床的 D 从几到几十，精密机床则可达几百，甚至高达几千，而风机、水泵类的 D 只需 $2 \sim 3$。不同类型的电动机及调速方案所能

达列的 D 值也不同。为满足不同生产机械对调速的需要，调速系统的调速范围必须大于生产机械所需要的调速范围。

2. 静差率

当负载转矩变化时，电动机的转速会发生相应的变化。通常用静差率 δ 来表示速度的变化程度，其定义为：当电动机在某一机械特性上工作时，负载转矩由空载增加到额定负载时的转速降 Δn_N 与对应的空载转速 n_0 的比值，即

$$\delta = \frac{n_0 - n_N}{n_0} \times \% = \frac{\Delta n_N}{n_0} \times \% \tag{7-21}$$

式中　n_0——电动机的理想空载转速；

　　　n_N——电动机的额定转速；

　　　Δn_N——电动机的转速降。

静差率越小，电动机的相对稳定性就越高。不同生产机械对静差率要求不同，一般生产机械要求 $\delta < 30\% \sim 40\%$，精度高的生产机械要求 $\delta < 0.1\%$。

必须注意，在不同转速时，静差率 δ 是不同的。例如，图 7-11 所示的平行调速特性，由于在高速时空载转速 n_0 比低速空载转速 n_0' 大，虽然在高速、低速时的转速降相同，但低速时的静差率 δ 比高速时大。由此可见，要求的调速范围 D 越大，就越不容易满足静差率 δ 的要求。因此，对于需要调速的生产机械，必须同时给出调速范围和静差率这两项指标，以便选择适当的调速方法。

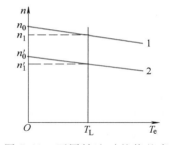

图 7-11　不同转速时的静差率

3. 调速平滑性

电动机在调速范围内所得到的调速级数越多，调速越平滑。调速的平滑性用平滑系数 φ 来描述，其定义为相邻两级转速之比，即

$$\varphi = \frac{n_i}{n_{i-1}} \tag{7-22}$$

式中　n_i——电动机在 i 级时的转速；

　　　n_{i-1}——电动机在 $i-1$ 级时的转速。

φ 值越接近 1，调速的平滑性就越好。$\varphi = 1$ 时为无级调速，调速的平滑性最好。

4. 调速的经济性

调速的经济性主要用调速系统的设备投资、调速运行中的能量损耗及设备维修费用等来衡量。

思考题与习题

7-1　什么叫电力拖动系统，试举例说明。

7-2　负载机械特性与电动机机械特性的交点的物理意义是什么？

7-3　从运动方程式怎样看出系统处于加速、减速、稳定、静止各种工作状态？

7-4　一台三相异步电动机带额定负载起动，已知电动机的额定功率 $P_N = 7.5kW$，额定转速 $n_N = 1435r/min$，起动转矩倍数 $k_{st} = 1.6$，系统的转动惯量 $J = 120kg \cdot m^2$，求起动瞬间的角加速度。

7-5　试定性地画出电车正常行驶和下坡时的负载转矩特性。

7-6　图 7-12 为一些电力拖动系统的机械特性图，试判断哪些系统是稳定的，哪些是不稳定的。

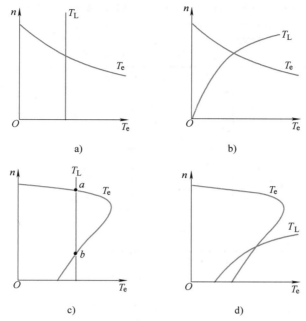

图 7-12 拖动系统机械特性

7-7 图 7-3 所示的三轴拖动系统，已知电动机轴上 $GD_d^2 + GD_1^2 = 981 \mathrm{N \cdot m^2}$，$n = 900 \mathrm{r/min}$，中间传动轴上 $GD_2^2 + GD_3^2 = 784.8 \mathrm{N \cdot m^2}$，$n_1 = 300 \mathrm{r/min}$；生产机械轴上 $GD_4^2 + GD_g^2 = 6278.4 \mathrm{N \cdot m^2}$，$n_g = 60 \mathrm{r/min}$。试求折算到电动机轴上的等效飞轮矩。

7-8 一刨床传动机构如图 7-13 所示，各级传动齿轮及运动体的数据见表 7-2，已知电动机的转速 $n = 318 \mathrm{r/min}$，刨床的切削力 $F_g = 10000 \mathrm{N}$，切削速度 $v_g = 0.67 \mathrm{m/s}$，工作台与导轨的摩擦系数 $\mu = 0.1$，传动机构的效率为 $\eta_c = 0.8$，由垂直方向切削力所引起的工作台与导轨间的摩擦损失可略去不计。试计算：（1）折算到电动机轴上的总飞轮矩和负载转矩；（2）切削时电动机的输出功率。

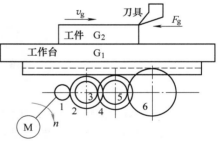

图 7-13 刨床传动机构

表 7-2 各级传动齿轮及运动体的数据

代 号	名 称	齿 数	$GD^2 / (\mathrm{N \cdot m^2})$	重量/N	转速/(r/min)
1	齿轮	28	8.25		
2	齿轮	55	40.20		
3	齿轮	38	19.80		
4	齿轮	64	56.80		
5	齿轮	30	37.30		
6	齿轮	78	137.2		
G_1	工作台			15000	
G_2	工件			8800	
M	电动机		240		318

7-9 某起重机的传动机构如图 7-14 所示，图中各部件的数据见表 7-3。已知吊起重物的速度 v_g = 0.2m/s，传动机构的效率为 $\eta_c = 0.75$，试求折算到电动机轴上的总飞轮矩和负载转矩。

表 7-3 起重机传动机构各部件的数据

代 号	名 称	速度/(r/min)	$GD^2/N \cdot m^2$	重量/N
1	电动机	975	8.25	
2	涡杆	975	0.98	
3	涡轮	65	17.06	
4	齿轮	65	3.00	
5	齿轮	15	296.30	
6	卷筒	15	98.20	
7	导轮	5	3.93	
8	重物			21000

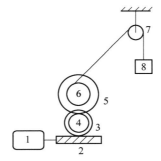

图 7-14 某起重机传动机构

7-10 一台他励直流电动机有如图 7-11 所示的平行调速特性，已知额定转速 $n_N = 2000$r/min，Δn = 130r/min，要求静差率 $\delta < 30\%$，求其允许的调速范围 D。

7-11 有一种电动机特性测试系统，不需要转矩传感器，只需检测电机的加速、减速过程，就可以测得电机的转矩特性。说明这种测试系统的工作原理，分析其优缺点。

自 测 题

1. 他励直流电动机带动恒定转矩负载运行，已知空载转速 $n_0 = 2120$r/min，额定转速 $n_N = 2000$r/min，当电枢电压降低到额定电压一半时，调速系统的静差率为 （　　）。

A. 0.12　　　　B. 0.06　　　　C. 0.013　　　　D. 0.057

2. 他励直流电动机额定转速 $n_N = 2000$r/min，额定转速降落 $\Delta n_N = 130$r/min。选用降低电枢电压调速，且要求静差率小于 30%，则允许的调速范围为 （　　）。

A. 0.065　　　　B. 0.061　　　　C. 6.6

3. 电动机的转矩特性可以不通过转矩传感器测得 （　　）。

A. 正确　　　　B. 错误　　　　C. 不确定

4. 如不考虑损耗，电动机带风机与泵类负载时，其输出功率与转速的 （　　）成正比。

A. 一次方　　　　B. 二次方　　　　C. 三次方

第8章　他励直流电动机的电力拖动

8.1　他励直流电动机的机械特性

他励直流电动机的机械特性是指在电枢电压、励磁电流和电枢回路总电阻一定的条件下，电动机转速与电磁转矩的关系，即 $n=f(T_e)$。机械特性是电动机机械性能的主要表现，它与运动方程式相联系，将决定拖动系统稳定运行及过渡过程的工作情况。

根据图 8-1 所示的他励直流电机电路图，其电压平衡方程为

$$U=E+(R_a+R_c)I_a \tag{8-1}$$

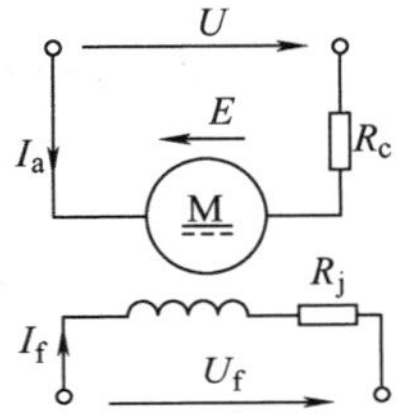

将 $E=C_E\Phi n$、$T_e=C_T\Phi I_a$ 代入式（8-1），得他励直流电动机的机械特性方程为

$$n=\frac{U}{C_E\Phi}-\frac{R_a+R_c}{C_EC_T\Phi^2}T_e=n_0-\beta T_e \tag{8-2}$$

图 8-1　他励直流
电动机电路图

式中　R_c——电枢回路的串联电阻；

　　　n_0——电动机的理想空载转速，$n_0=\dfrac{U}{C_E\Phi}$；

　　　β——机械特性的斜率，$\beta=\dfrac{R_a+R_c}{C_EC_T\Phi^2}$。

当 U、I_f、R_a+R_c 为常值时，忽略电枢反应的影响，Φ 也为常数，电动机的机械特性是一条向下倾斜的直线，如图 8-2 所示。这说明加大电动机的负载会使转速下降。机械特性的斜率 β 反映了转速随电磁转矩增加而减小的程度，即机械特性的软硬程度，β 越小，机械特性就越硬；反之，β 越大，机械特性越软。

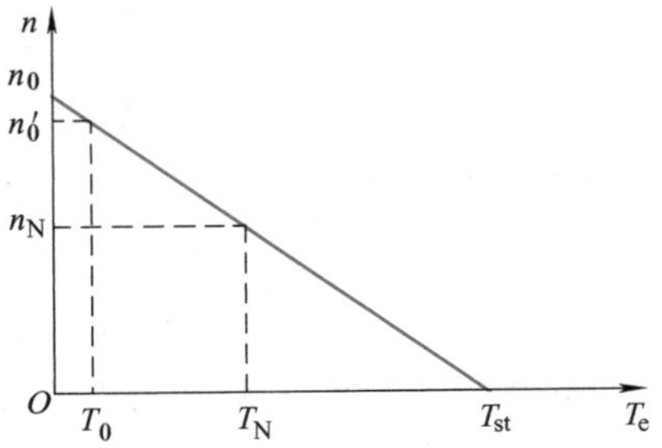

8.1.1　固有机械特性

当他励直流电动机的电枢电压和磁通为额定值、电枢回路没有串接电阻时，即当 $U=U_N$、$\Phi=\Phi_N$、$R_c=0$ 时，电动机的机械特性称为固有机械特性，其方程式为

图 8-2　他励直流电动机的机械特性曲线

$$n=\frac{U_N}{C_E\Phi_N}-\frac{R_a}{C_EC_T\Phi_N^2}T_e \tag{8-3}$$

他励直流电动机的固有机械特性曲线如图 8-3 所示，它具有以下特点：

1）由于电枢绕组的电阻 R_a 很小，所以他励直流电动机的固有机械特性很硬。其静差率只有 3%~8%。

2）n_0 是电动机的理想空载转速，实际上电动机即使不带负载，也会存在空载转矩 T_0，

对应的电动机转速 n_0' 称为实际空载转速，即

$$n_0' = \frac{U_N}{C_E \Phi} - \frac{R_a}{C_E C_T \Phi^2} T_0 \qquad (8\text{-}4)$$

3）当转速 $n = 0$ 时，电动机处于堵转状态。根据电压平衡方程式，其堵转电流为

$$I_{st} = \frac{U_N}{R_a} \qquad (8\text{-}5)$$

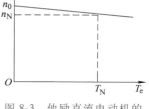

图 8-3 他励直流电动机的
固有机械特性曲线

对应的堵转转矩为

$$T_{st} = C_T \Phi I_{st} = C_T \Phi \frac{U_N}{R_a} \qquad (8\text{-}6)$$

由于电枢电阻很小，因此，堵转电流很大，可达额定电流的 10～20 倍。

8.1.2 人为机械特性

人为地改变直流电动机的电枢电压 U、磁通 Φ 和外串电阻 R_c 时，电动机的机械特性就会发生变化，此时的机械特性称为人为机械特性。

1. 电枢回路串电阻的人为机械特性

保持 $U = U_N$，$\Phi = \Phi_N$，改变电枢回路所串电阻 R_c 时，人为机械特性的表达式为

$$n = \frac{U_N}{C_E \Phi_N} - \frac{R_a + R_c}{C_E C_T \Phi_N^2} T_e = n_0 - \beta' T_e \qquad (8\text{-}7)$$

与固有机械特性相比，由于电枢电压和主磁通保持额定值不变，所以人为机械特性的理想空载转速 n_0 不变；但由于外串电阻 R_c，人为特性的斜率增大，特性变软，且 R_c 越大，特性越软。串联不同电阻 R_c 时的人为机械特性是经过理想空载点，但斜率不同的一簇直线，如图 8-4 所示。

2. 降低电压的人为机械特性

当 $\Phi = \Phi_N$，$R_c = 0$ 时，降低电枢电压 U 的人为机械特性为

$$n = \frac{U}{C_E \Phi_N} - \frac{R_a}{C_E C_T \Phi_N^2} T_e \qquad (8\text{-}8)$$

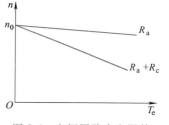

图 8-4 电枢回路串电阻的
人为机械特性曲线

与固有机械特性相比，人为机械特性的理想空载转速与电压成比例地变化，但斜率未变，因此改变电枢电压 U 时的人为机械特性是一组平行直线，如图 8-5 所示。受电动机耐压等级的限制，一般他励直流电动机的工作电压不应超过电动机的额定电压，所以改变电枢电压实际上是降低电枢电压，即电动机的电枢电压 U 只能从额定电压 U_N 向下调。

3. 减弱励磁磁通的人为机械特性

一般他励直流电动机在额定励磁状态时，磁路已接近饱和，所以改变磁通实际上是减弱励磁磁通。当 $U = U_N$，$R_c = 0$ 时，减弱励磁磁通 Φ 时的人为机械特性表达式为

$$n = \frac{U_N}{C_E \Phi} - \frac{R_a}{C_E C_T \Phi^2} T_e \qquad (8\text{-}9)$$

与固有机械特性相比，减弱励磁磁通时，不仅理想空载转速升高，而且人为机械特性的

斜率增大，特性变软，如图 8-6 所示。

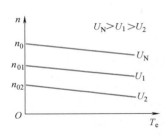

图 8-5　改变电枢电压的
人为机械特性曲线

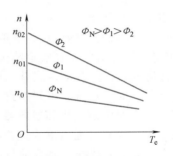

图 8-6　他励直流电动机减弱励磁磁通的
人为机械特性曲线

【例 8-1】　一台他励直流电动机 $P_N = 22kW$，$U_N = 220V$，$I_N = 115A$，$n_N = 1500r/min$，$R_a = 0.125\Omega$。如保持负载转矩为额定值不变，试求下列情况下的电枢电流和电动机的稳定转速：（1）电枢回路串入 $R_c = 0.75\Omega$ 的电阻；（2）电枢电压降为 $U = 100V$；（3）弱磁 $\Phi = 0.85\Phi_N$。

解：（1）电枢回路串入电阻不影响电动机的主磁通，因此，当负载转矩为额定值不变时，电磁转矩 $T_e = T_N + T_0$ 保持不变，根据 $T_e = C_T \Phi I_a$ 可知，电枢回路串入电阻稳定后，电枢电流保持为额定值不变，即 $I_a = I_N = 115A$。

$$C_E \Phi_N = \frac{U_N - R_a I_N}{n_N} = \frac{220 - 0.125 \times 115}{1500} V \cdot (min/r)^{-1} = 0.137V \cdot (min/r)^{-1}$$

稳定转速为

$$n = \frac{U_N - (R_a + R_c) I_N}{C_E \Phi_N} = \frac{220 - (0.125 + 0.75) \times 115}{0.137} r/min = 871.4r/min$$

（2）降低电枢电压也不影响他励直流电动机的主磁通，因此，如负载转矩保持为额定值不变，电磁转矩 $T_e = T_N + T_0$ 也保持不变，根据 $T_e = C_T \Phi I_a$ 可知，稳定后，电枢电流保持为额定值不变，即 $I_a = I_N = 115A$。

电动机的稳定转速为

$$n = \frac{U - R_a I_N}{C_E \Phi_N} = \frac{100 - 0.125 \times 115}{0.137} r/min = 625r/min$$

（3）当弱磁 $\Phi = 0.85\Phi_N$ 时，因负载转矩保持为额定值不变，电磁转矩也保持额定值不变，由转矩公式 $T_e = C_T \Phi I_a$ 得

$$I_a = \frac{C_T \Phi_N I_N}{C_T \Phi} = \frac{\Phi_N I_N}{0.85\Phi_N} = \frac{115}{0.85} A = 135.3A$$

电动机的稳定转速为

$$n = \frac{U_N - R_a I_a}{C_E \Phi} = \frac{220 - 0.125 \times 135.3}{0.85 \times 0.137} r/min = 1744r/min$$

8.2　他励直流电动机的起动和反转

电动机转速从零达到稳定转速的过程称为起动。他励直流电动机起动时，必须先给励磁

回路通入额定励磁电流，在电动机中建立磁场，然后再给电枢回路通电。电动机在起动时，必须满足以下两个要求：

1）应有足够大的起动转矩，一般要求 $T_{st}>1.1T_L$。

2）应将起动电流限制在安全范围内，一般要求 $I_{st}<(1.5\sim2.0)I_N$。

他励直流电动机的起动方法有三种：直接起动、减压起动和电枢回路串电阻起动。

在直接起动时，由式（8-5）可知，起动电流很大，一般为额定电流的 10～20 倍。这样大的电流不仅会对电枢绕组和换向器造成损坏，还会产生较强的冲击转矩，损坏传动机构。所以，除了容量为几百瓦以下的直流电动机可以在额定电压下直接起动外，一般直流电动机不允许直接起动，需选择下面两种起动方式以限制起动电流。

8.2.1　电枢回路串联电阻起动

在电枢回路中串联合适的起动电阻 R_{st}，可将起动电流 $I_{st}=\dfrac{U_N}{R_{st}+R_a}$ 限制在允许的范围内，如果起动电阻可以随着转速升高逐步减小，则可使电动机保持较大转矩平滑起动。但平滑地切除电阻实际上是不可能的，一般是将起动电阻分为若干段，逐段加以切除，即采用分级起动的方法。在分级起动时，每级的起始电流 I_1 和切换电流 I_2（切换部分电阻时的电流）都应大小相同，以使电动机有较均匀的加速度，改善电动机的换向情况，缓和转矩对传动机构和工作机械的有害冲击。通常取

$$I_1<(1.5\sim2)I_N，\quad I_2>(1.1\sim1.2)I_N$$

他励直流电动机串电阻起动线路图如图 8-7 所示，起动过程的机械特性如图 8-8 所示。起动过程如下：

起动时，将接触器触头 KM_1、KM_2 全部断开，电枢回路总起动电阻为 $R_2=R_a+R_{st1}+R_{st2}$，电动机的机械特性如图 8-8 中直线 1 所示。在起动点 a，起动电流为 I_1，起动转矩 $T_{s1}>T_L$，工作点沿机械特性曲线 1 从 a 点向 b 点移动，随着转速 n 增加，电枢电流下降，电磁转矩 T_e 同时下降；到 b 点时，电磁转矩变为 T_{s2}，此时切除电阻 R_{st2}，起动电阻变为 $R_1=R_a+R_{st1}$，电动机的机械特性变为直线 2，由于机械惯性的影响，电动机转速不能突变，其工作点从 b 点水平过渡到 c 点；在 c 点，$T_e=T_{s1}$，工作点沿机械特性曲线 2 从 c 点向 d 点加速运行；在 d 点再切除电阻 R_{st1}，电动机的工作点平移到 e 点，并沿固有机械特性上升至 f 点，此时，$T_e=T_L$，起动结束。

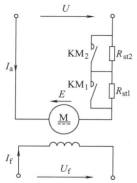

图 8-7　他励直流电动机串电阻起动线路图

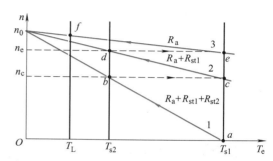

图 8-8　他励直流电动机串电阻起动时的机械特性

这种起动方法设备简单、操作方便，缺点是起动过程中能量损耗大，因此不适合频繁起动的大、中型电动机。

8.2.2　降低电枢电压起动

降低电枢电压可以降低起动电流。他励直流电动机减压起动过程中的机械特性如图 8-9 所示。在起动时，降低电源电压，使 $I_\text{st} = \dfrac{U}{R_\text{a}} \approx$ (1.5~2)I_N，电动机在不大的起动电流下顺利起动。随着转速上升，电枢电动势升高，电流下降，此时再逐步增大电枢电压，保持 $1.1T_\text{L} < T_\text{e} < (1.5 \sim 2)T_\text{N}$，直到 $U = U_\text{N}$，则起动完毕。

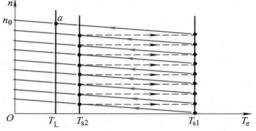

图 8-9　他励直流电动机减压起动过程的机械特性

在减压起动中可以采用自动调节方法，使电枢电流在整个起动过程中保持最大允许值，电动机以最大转矩加速，从而缩短起动时间。这种方法的优点是起动平滑、能量损耗小，缺点是设备投资高。

8.2.3　他励直流电动机的反转

电力拖动系统常常需要改变转动方向，即需要电动机反方向起动和运行，为此，需要改变电动机产生的电磁转矩方向。因为电磁转矩是由主磁极磁通与电枢电流相互作用产生的，根据左手定则，任意改变其中一个的方向，作用力方向就改变。所以，改变转向的方法有两种：一种方法是通过反接励磁绕组改变主磁极磁通 Φ 的方向，由于定子励磁绕组匝数较多，反接时会产生较大的电动势，反向磁场建立过程缓慢，不适合频繁正反转控制的场合；另一种方法是通过反接电枢绕组改变电枢电流的方向。

保持励磁磁通 Φ 为额定值 Φ_N，电源电压为额定值 U_N，仅将电枢绕组反接时，他励直流电动机的机械特性方程变为

$$n = \frac{-U_\text{N}}{C_\text{E}\Phi_\text{N}} - \frac{R_\text{a} + R_\text{c}}{C_\text{E}C_\text{T}\Phi_\text{N}^2}T_\text{e} \qquad (8\text{-}10)$$

电枢绕组反接时的机械特性如图 8-10 所示，机械特性位于第Ⅲ象限。

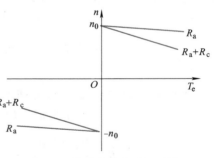

图 8-10　他励直流电动机反转运行时的机械特性

8.3　他励直流电动机的调速

大量的生产机械，如各种机床、轧钢机、造纸机、纺织机械等，需要在不同的情况下以不同的速度工作，这对驱动电动机提出了调速的要求。由式（8-2）可见，他励直流电动机可以采用在电枢回路串接电阻、降低电枢电压和减弱磁通的方法实现调速，以满足生产机械的需要。

8.3.1 电枢回路串联电阻调速

保持电枢电压和励磁磁通为额定值不变，在电枢回路中串联不同的调速电阻，即可调节电动机的转速。如图 8-11 所示，a 点为电动机在调速前的稳定工作点。当电枢回路串联调速电阻 R_c 后，电动机的机械特性立即变为直线 2，由于机械惯性的影响，电动机转速不能突变，其工作点平移到 b 点；在 b 点，电磁转矩 $T_e < T_L$，电动机减速，工作点沿特性曲线 2 向下移动，最后稳定于 c 点。

这种调速方法的特点为：

1）串联电阻调速属于向下调速方式，串联电阻 R_c 越大，机械特性越软，新的稳定工作点速度越低。

2）串联电阻的实质是利用电阻耗能降速，调速时，转速 n 越低，效率 η 越低。简要说明见下式

$$\eta = \frac{P_2}{P_1} = \frac{P_e - P_0}{P_1} \approx \frac{P_e}{P_1} = \frac{C_E \Phi_N n I_a}{C_E \Phi_N n_0 I_a} = \frac{n}{n_0} \tag{8-11}$$

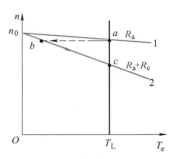

图 8-11 电枢串电阻调速的机械特性

3）由于串联电阻很难做到平滑切除，因此这种方法一般为有级调速。

4）由于串联电阻后特性软，静差率增大，所以这种调速方法稳定性较差。

5）调速时允许负载为恒转矩负载。

6）串联电阻调速易于实现，初期投资小，但运行中损耗大，效率低。

【例 8-2】 一台他励直流电动机参数为：$P_N = 22 \text{kW}$，$U_N = 220 \text{V}$，$I_N = 115 \text{A}$，$n_N = 1500 \text{r/min}$，$R_a = 0.125 \Omega$，现拖动恒转矩负载在额定工作点稳定运行，要使电动机转速降为 1000r/min，需在电枢电路中串联多大的调速电阻？

解：

$$C_E \Phi_N = \frac{U_N - R_a I_N}{n_N} = \frac{220 - 0.125 \times 115}{1500} \text{V} \cdot (\text{min/r})^{-1} = 0.137 \text{V} \cdot (\text{min/r})^{-1}$$

由于拖动恒转矩负载，且磁通不变，根据 $T_e = C_T \Phi I_a = T_L = C$ 可知，调速前后电枢电流不变，故转速降为 1000r/min 时，应串联的电阻值为

$$R_c = \frac{U_N - C_E \Phi_N n}{I_N} - R_a = \left(\frac{220 - 0.137 \times 1000}{115} - 0.125\right) \Omega = 0.6 \Omega$$

8.3.2 降低电枢电压调速

保持励磁磁通为额定值不变，电枢回路不串联电阻，当改变电枢电压时，他励直流电动机的机械特性是一组斜率相同的平行线，如图 8-12 所示，调速前，拖动系统的工作点为 a，降低电枢电压的瞬间，电动机的机械特性立即变为曲线 2，工作点由 a 点平移到 b 点；在 b 点，因电磁转矩 $T_e < T_L$，电动机减速，工作点沿特性曲线 2 下移，最后稳定运行于 c 点。显然，电枢电压越小，电动机的转速越低。

降低电枢电压调速的特点为：

1）降压调速的机械特性较硬，转速稳定性较好。

2）调压时，只能从额定电压下调，属于向下调速。

3）降压调速属无级调速，调速平滑性好，调速范围宽。

4）调速过程中，在保持 $I_a = I_N$ 不变的前提下，电动机的电磁转矩 T_e 保持不变，因此，调速时允许负载为恒转矩负载。

5）降压调速的初期投资费用大，但运行效率高、损耗小。

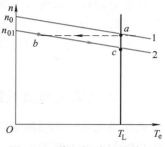

图 8-12　降压调速机械特性

【例 8-3】　例 8-2 的电动机拖动恒转矩负载运行于额定状态，要使电动机转速降为 1000r/min，电枢电压应降到多少伏？

解：由于拖动恒转矩负载，且磁通不变，根据 $T_e = C_T \Phi I_a = C$ 可知，调速前后电枢电流不变，故转速降为 1000r/min 时，电枢电压为

$$U_1 = C_E \Phi_N n + R_a I_N = (0.137 \times 1000 + 0.125 \times 115)\text{V} = 151\text{V}$$

8.3.3　减弱磁通调速

保持电动机电源电压为额定值不变，电枢回路不串调速电阻，通过在励磁回路中串入调节电阻或降低励磁电压减弱励磁磁通，可调节电动机转速。如图 8-13 所示，弱磁时，不仅人为机械特性的理想空载转速升高，机械特性也变软，因此电动机的机械特性上移，转速上升。

减弱磁通调速的特点为：

1）减弱磁通调速属于向上调速，但是转速受到电枢反应去磁作用、换向能力和机械强度的限制，最高转速 $n_{max} = (1.2 \sim 1.5)n_N$，所以调速范围不大。

2）由于励磁调节电阻容量很小，控制很方便，可以连续调节电阻值，实现无级调速。

3）调速稳定性好，虽然减弱磁通时机械特性的硬度变软，但因理想空载转速升高，静差率不变。

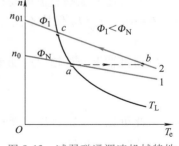

图 8-13　减弱磁通调速机械特性

4）减弱磁通调速的经济性好。减弱磁通调速是在电流较小的励磁回路中进行调节的，而励磁电流通常只有额定电流的 2%～5%，因此调速时初期投资少、能量损耗小。

5）调速过程中，在保持 $I_a = I_N$ 不变的前提下，电动机的电磁功率 P_e 保持不变，因此，减弱磁通调速时允许的负载为恒功率负载。

在实际的他励直流电动机调速系统中，常常把降低电枢电压和减弱磁通这两种基本调速方法配合起来使用，从而在极宽广的范围内实现无级调速和双向调速。

【例 8-4】　例 8-2 的电动机，拖动恒转矩负载运行于额定状态，当磁通降为 $\Phi = 0.8\Phi_N$ 时，电动机转速为多少？电动机能否长期运行于减弱磁通状态？

解：由于负载为恒转矩性质，由转矩平衡方程式可得，$C_T \Phi_N I_N = C_T(0.8\Phi_N)I_a$，所以

$$I_a = 1.25 I_N = 1.25 \times 115\text{A} = 143.75\text{A}$$

由于电动机在减弱磁通状态下的电枢电流是额定值的 1.25 倍，故不能长期使用。此时电动机的转速为

$$n = \frac{U_N - I_a R_a}{C_E(0.8\Phi_N)} = \frac{220 - 0.125 \times 142.75}{0.8 \times 0.137} \text{r/min} = 1843\text{r/min}$$

8.3.4 调速方式与负载类型的配合

调速系统运行必须满足以下两条准则：①在整个调速范围内电动机不能过热，否则，电动机会因为温升太高而损坏其绕组或绝缘。为确保直流电动机不过热，调速过程中的电枢电流不能超过额定电枢电流，即 $I_a \le I_N$；②在整个调速范围内要尽可能充分利用电动机的负载能力。所谓负载能力是指在确保 $I_a \le I_N$ 的条件下，电动机长期运行所能输出的最大转矩或功率，称为允许输出的转矩或允许输出的功率。也就是说，负载能力并不是电动机实际输出的转矩或功率，而是反映了其输出的允许值或极限值。

为满足上述两条准则，即电动机不过热，同时负载能力又能充分发挥，在整个调速范围内电动机的实际电枢电流 I_a 应尽可能等于或接近其额定值 I_N。下面对不同调速方式和不同调速方式适合的负载类型分别加以讨论。

1. 调速方式分类

按照允许负载不同，电力拖动系统的调速方式主要分为恒转矩调速方式和恒功率调速方式两大类。

在调速过程中，如保持 $I_a = I_N$ 不变，电动机的电磁转矩保持不变，这种调速方式属于恒转矩调速方式。

如前所述的他励直流电动机电枢回路串电阻调速和降低电枢电压调速，由于在调速过程中，$\Phi = \Phi_N$，$I_a = I_N$ 保持不变，故允许输出的电磁转矩为

$$T_{e\max} = C_T \Phi_N I_N = T_N = 常数$$

电动机轴上允许输出的功率为

$$P_{e\max} = T_{e\max}\Omega = T_{e\max}\left(\frac{2\pi n}{60}\right) \propto n$$

由此可见，他励直流电动机电枢回路串电阻调速和降低电枢电压调速均属于恒转矩调速方式，且允许输出的功率与转速成正比。

在调速过程中，如保持 $I_a = I_N$ 不变，电动机的电磁功率保持不变，则这种调速就属于恒功率调速方式。

如前所述的他励直流电动机的弱磁调速，在调速过程中，$I_a = I_N$ 保持不变，则

$$\Phi = \frac{U_N - R_a I_N}{C_E n} = \frac{K}{n}$$

将上式代入电磁转矩的表达式，得到允许输出的电磁转矩为

$$T_{e\max} = C_T \Phi I_N = C_T \frac{K}{n} I_N = \frac{K'}{n}$$

于是轴上允许输出的功率为

$$P_{e\max} = T_{e\max}\Omega = \frac{K'}{n}\frac{2\pi n}{60} = \frac{K'}{9.55} = 常数$$

由此可见，减弱磁通调速属于恒功率调速方式，且允许输出的转矩与转速成反比。

上述分析表明，基速以下，他励直流电动机采用恒转矩调速方式，而基速以上，则采用恒功率调速方式。图 8-14 给出了他励直流电动机在整个调速过程中的负载能力曲线。

2. 调速方式与负载的匹配

为确保电动机在不过热的前提下充分发挥其负载能力，恒转矩负载应尽可能选择具有恒转矩性质的调速方式，且所选择电动机的额定转矩应略大于或等于负载转矩的值；恒功率负载应尽可能选择具有恒功率性质的调速方式，且所选择电动机的额定功率应略大于或等于负载功率的值。否则，会造成不必要的转矩和功率的浪费。

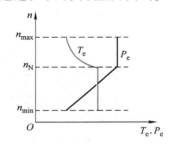

图 8-14　他励直流电动机调速过程中
允许输出的转矩和功率

对于风机、泵类负载，由于它们既非恒转矩负载也非恒功率负载，所以无论采用恒转矩调速方式还是恒功率调速方式，均不可能做到调速方式和负载类型的最佳配合。对于他励直流电动机而言，可以通过恒转矩与恒功率调速方式的配合，获得最佳的调速性能。

【例 8-5】　一台他励直流电动机的额定数据为：$P_N = 17\text{kW}$，$U_N = 220\text{V}$，$I_N = 90\text{A}$，$n = 1500\text{r/min}$，$R_a = 0.146\Omega$。该电动机在额定电枢电压、额定磁通时拖动某负载运行的转速为 $n = 1530\text{r/min}$。当负载向下调速时，要求最低转速 $n_{\min} = 700\text{r/min}$。现采用降低电枢电压或电枢回路串电阻调速方式，计算下面两种情况下电枢电流的变化范围。（1）该负载为恒转矩负载；（2）该负载为恒功率负载。

解：由额定数据求得

$$C_E\Phi_N = \frac{U_N - R_a I_N}{n_N} = \frac{220 - 0.146 \times 90}{1500}\text{V} \cdot (\text{min/r})^{-1} = 0.138\text{V} \cdot (\text{min/r})^{-1}$$

电动机转速 $n = 1530\text{r/min}$ 时：

电枢的感应电动势为

$$E_a = C_E\Phi_N n = 0.138 \times 1530\text{V} = 211.14\text{V}$$

电枢电流为

$$I_a = \frac{U_N - E_a}{R_a} = \frac{220 - 211.14}{0.146}\text{A} = 60.69\text{A}$$

电动机转速 $n = 700\text{r/min}$ 时：

（1）当负载为恒转矩负载

降低电枢电压调速时，$\Phi = \Phi_N$，$T_e = T_L = C_T\Phi_N I_a = $ 常数，因此电枢电流保持不变，即

$$I_a' = I_a = 60.69\text{A}$$

（2）当负载为恒功率负载

调速前后 $\Phi = \Phi_N$，且输出功率相等。

调速前的功率为

$$P = T_L\Omega = 9.55 C_E\Phi_N I_a \frac{2\pi n}{60}$$

调速后的功率为

$$P' = T'_L \Omega = 9.55 C_E \Phi_N I'_a \frac{2\pi n_{min}}{60}$$

比较两式，可得

调速后的电枢电流为

$$I'_a = \frac{n}{n_{min}} I_a = \frac{1530}{700} \times 60.69A = 132.65A$$

因此，电枢电流的变化范围是 60.69 ~ 132.65A。但低速时电枢电流超过了额定电枢电流，所以不能在低速时长期运行，说明降低电枢电压或电枢回路串电阻的调速方法不适合对恒功率负载进行调速。

【例 8-6】 例 8-5 中的电动机拖动负载，要求采用减弱磁通调速的方法把转速升高到 $n_{max} = 1900r/min$。计算下面两种情况下电枢电流的变化范围。（1）该负载为恒转矩负载；（2）该负载为恒功率负载。

解：（1）当负载为恒转矩负载时，调速前后负载转矩保持不变。

调速前的负载转矩 $T_L = C_T \Phi_N I_a$，调速后的负载转矩 $T'_L = C_T \Phi' I'_a$，则有

$$\frac{\Phi'}{\Phi_N} = \frac{I_a}{I'_a}$$

又因调速后的电枢电流为

$$I'_a = \frac{U_N - E'_a}{R_a} = \frac{U_N - C_E \Phi' n_{max}}{R_a}$$

整理上述两式，可得

$$0.146 I'^2_a - 220 I'_a + 15913 = 0$$

解方程可得 $I'_{a1} = 76.20A$，$I'_{a2} = 1430.67A$（不合理，舍去）

因此，电流的变化范围为 60.69 ~ 76.20A。

（2）当负载为恒功率负载时，由于 $P_e = E_N I_N = E_a I_a$ 常数，当电枢电压为额定值不变时，只有电枢电流保持不变才能实现恒功率。因此，调速前后电枢电流保持不变，即

$$I'_a = I_a = 60.69A$$

可见，如果负载为恒转矩负载，减弱磁通后转速升高，电枢电流增大；如果负载为恒功率负载，减弱磁通后转速升高，电枢电流不变，因此，减弱磁通调速适合拖动恒功率负载。

8.4 他励直流电动机的制动

在电力拖动系统中，为了使电动机很快地减速或停车（如可逆轧机），或为了设备与人身安全而限制电动机转速的升高（如电车下坡），需要进行制动。

制动方法有两类：机械制动（用机械抱闸等）和电气制动。电气制动是通过使电动机产生与旋转方向相反的电气转矩实现的，其优点是制动转矩大，制动强度容易控制。在电力拖动系统中多采用电气制动，或者与机械制动配合使用。

电气制动有能耗制动、反接制动和回馈制动（又称再生发电制动）三种方式。下面分

别进行介绍。

8.4.1 能耗制动

能耗制动前后的原理图如图 8-15a 所示。他励直流电动机制动时，须保持励磁电流为额定值不变，以产生足够的电磁转矩。因此，制动前后，励磁电路保持不变。为简明起见，本节的他励直流电动机的电路原理图一律不画出励磁电路；同时，为了清楚地指明电动机的运行状态，图中还画出坐标轴以表示电动机运行时其机械特性所处的象限。以后不再专门说明。

图 8-15a 中第 Ⅱ 部分表明，制动时，将电枢绕组从电源断开，接到一个制动电阻 R_b 两端，系统由于惯性继续旋转，其转速 n 方向不变。又由于磁场未变，电动势 E 方向不变；因电枢外加电压 $U=0$，所以电枢电流变为

$$I_a = \frac{U-E}{R_a+R_b} = -\frac{E}{R_a+R_b}$$

式中的负号说明电枢电流方向与电动机运行状态时的电流方向相反。因此，电磁转矩 T_e 与电动机运行状态时的方向相反，变为制动转矩，使电动机很快减速至停转。

电机在能耗制动过程中，已转变为发电机运行。和正常发电机不同的是电机依靠系统本身的动能发电，把动能转变成电能，消耗在电枢回路的电阻上。

由于 $U=0$，且电枢回路串联制动电阻 R_b，他励直流电动机的机械特性方程变为

$$n = -\frac{R_a+R_b}{C_E C_T \Phi^2} T_e \tag{8-12}$$

能耗制动时的机械特性为一条经过原点的直线，如图 8-15b 中直线 2 所示；图中还同时画出了两种恒转矩负载特性，其中，直线 3 和直线 4 合起来表示反抗性恒转矩负载，直线 3 和 5 合起来表示位能性恒转矩负载。

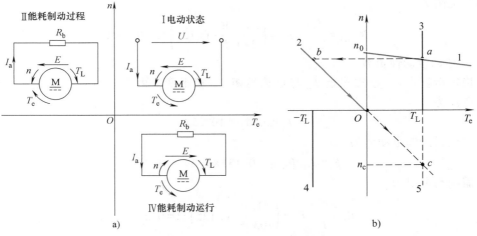

图 8-15 他励直流电动机能耗制动
a）原理图 b）机械特性

下面结合机械特性说明能耗制动过程。

制动前，电机工作在电动机状态，稳定运行于固有特性曲线上的 a 点。开始制动时，n

来不及改变，工作点过渡到能耗制动特性曲线上的 b 点。在电磁制动转矩 T_e 及负载制动转矩 T_L 共同作用下，电动机很快减速。当转速 n 下降时，电动势 E、电枢电流 I_a 和电磁制动转矩 T_e 也随之减小，当转速减小至零时，电动势、电流和电磁制动转矩也减小至零。此时，随电动机所拖动的负载性质不同，会出现下面两种情况：

1）如果负载为反抗性负载（如皮带运输机等），则旋转系统停机，制动过程结束。

2）如果负载为位能性负载（如起重机、卷扬机等），则在位能转矩的作用下，电动机被拖动反向旋转，此时 n、E、I_a 及 T_e 的方向均与图 8-15a 中第 II 部分所示的方向相反，如图中第 IV 部分所示，电动机的机械特性延伸到第 IV 象限，工作点从 O 点下移到 c 点，电动机以速度 n_c 稳定运行于能耗制动状态下，匀速下放重物。

能耗制动运行的效果与制动电阻 R_b 的大小有关。R_b 越大，则特性曲线 2 的斜率越大，电动机能耗制动运行的转速就越高。

【例 8-7】 一台他励直流电动机额定数据为：$U_N = 220\text{V}$，$I_N = 115\text{A}$，$n_N = 1500\text{r/min}$，$R_a = 0.125\Omega$。最大允许电流 $I_{amax} < 2I_N$，负载转矩 $T_L = 0.9T_N$。试求：（1）当拖动反抗性负载时，采用能耗制动实现停机，电枢电路中应串入多大的制动电阻？（2）如拖动位能性负载，采用能耗制动下放重物，要求电动机以 $n = -300\text{r/min}$ 恒速下放重物，电枢回路应串入多大的制动电阻？

解：由额定数据求得

$$C_E \Phi_N = \frac{U_N - R_a I_N}{n_N} = \frac{220 - 0.125 \times 115}{1500}\text{V} \cdot (\text{min/r})^{-1} = 0.137\text{V} \cdot (\text{min/r})^{-1}$$

由于负载转矩 $T_L = 0.9T_N$，由 $T_e = C_T \Phi I_a$ 可知，稳定运行时电枢电流为

$$I_a = 0.9 I_N = 0.9 \times 115\text{A} = 103.5\text{A}$$

（1）拖动反抗性负载

制动开始时，转速来不及变化，故制动瞬间的电动势为

$$E_b = E_a = U_N - R_a I_a = (220 - 0.125 \times 103.5)\text{V} = 207.06\text{V}$$

制动电阻为

$$R_{bmin} = \frac{E_b}{I_{amax}} - R_a = \left(\frac{207.06}{2 \times 115} - 0.125\right)\Omega = 0.78\Omega$$

（2）拖动位能性负载

在稳定运行点 c，电磁转矩 T_e 与负载转矩 T_L 相平衡，由于为恒转矩负载 $T_L = 0.9T_N$，故电枢电流为

$$I_a = 0.9 I_N = 103.5\text{A}$$

稳定运行点的电动势为

$$E_c = C_E \Phi_N n_c = 0.137 \times 300\text{V} = 41.1\text{V}$$

所需制动电阻为

$$R_b = \frac{E_c}{I_a} - R_a = \left(\frac{41.1}{103.5} - 0.125\right)\Omega = 0.272\Omega$$

8.4.2　反接制动

能耗制动形成的电磁转矩较小，电动机制动时间较长。反接制动就是使电源电压与电动机电动势方向一致，共同产生电枢电流 I_a，形成阻碍运动的反向电磁转矩。反接制动分电压

反向反接制动和电动势反向反接制动两种。

1. 电压反向反接制动

电压反向反接制动前后的电路原理图如图 8-16a 所示。制动时，将电枢电压反向，并在电枢回路串联一个制动电阻 R_b，这时外加电压 U 的方向与电动势 E 的方向相同，使电枢电流 I_a 的方向与电动机状态时相反，电磁转矩 T_e 方向也就随之改变，成为制动转矩，使转速迅速下降。

电压反接时他励直流电动机的机械特性表达式为

$$n = \frac{-U}{C_E \Phi} - \frac{R_a + R_b}{C_E C_T \Phi^2} T_e \tag{8-13}$$

机械特性曲线如图 8-16b 中直线 2 所示，由于电枢串联限流电阻 R_b，机械特性变得较软。

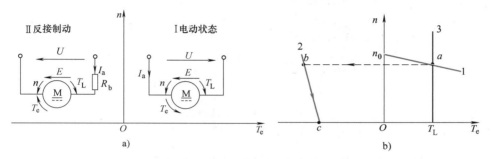

图 8-16　电压反向反接制动

a) 原理图　b) 机械特性

制动开始前，电动机稳定运行在固有特性曲线 1 与负载特性曲线 3 的交点 a 上。制动瞬间，工作点由 a 点平移到反接制动特性曲线 2 上的 b 点，电动机的电磁转矩 T_e 变为制动转矩，开始反接制动，工作点下移，直到 c 点，$n=0$，制动过程结束。但是，此时如不及时切断电源，电动机会反向起动。为了防止电动机反转，在制动到快停车时，应切除电源，并使用机械制动装置将电动机止住。

2. 电动势反向反接制动

他励直流电动机在拖动位能性负载工作时，如果在电枢回路串联一个制动电阻，使电动机的起动转矩 $T_{st} < T_L$，则在位能性负载转矩的作用下，电动机逆电磁转矩的方向转动，电动机便处于倒拉反接制动状态。由于此时电动势方向与电动机状态时方向相反，故倒拉反接制动也称为电动势反向反接制动。

倒拉反接制动前后的原理图如图 8-17a 所示，制动时，电枢电压不变，在电枢回路串入制动电阻 R_b，由于电动势反向，电动机的电压平衡方程式变为

$$U + |E| = I_a (R_a + R_b) \tag{8-14}$$

电动机的机械特性方程式变为

$$n = \frac{U}{C_E \Phi} - \frac{R_a + R_b}{C_E C_T \Phi^2} T_e \tag{8-15}$$

机械特性曲线如图 8-17b 所示。制动前，电动机运行于固有特性曲线 1 与负载特性曲线 3 的交点 a 处。制动瞬间，工作点由 a 点平移到制动特性曲线 2 上的 b 点，由于 B 点电磁转

矩 $T_e<T_L$，电动机减速，其工作点沿特性曲线2向下移动；到 c 点时，$n=0$，但 c 点电磁转矩 $T_e<T_L$，电动机在负载作用下反向起动，直到 d 点，$T_e=T_L$，制动结束，电动机以稳定速度 n_d 下放重物。

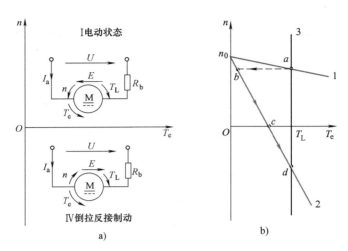

图 8-17 倒拉反接制动

a）原理图 b）机械特性

倒拉反接制动时，直流电源仍然向电动机供给电能，而下放重物的位能也变为电能，这两部分电能都消耗在电枢电阻 R_a 和制动电阻 R_b 上。可见，倒拉反接制动在电能利用方面很不经济。

倒拉反接制动运行的效果与制动电阻 R_b 的大小有关。R_b 越大，则特性曲线2的斜率越大，电动机倒拉反接制动运行的转速就越高。

【例 8-8】 例 8-7 的电动机最大允许电流为 $I_{amax}<2I_N$，负载转矩 $T_L=0.9T_N$。试求：
（1）当拖动反抗性负载时，采用电压反接制动，电路中最小应串入多大的制动电阻？
（2）当拖动位能性负载时，采用电动势反向反接制动恒速下放重物，要求 $n=-1000\text{r/min}$，试求电枢回路应串入的制动电阻值。

解：由额定数据求得

$$C_E\Phi_N=\frac{U_N-R_aI_a}{n_N}=\frac{220-0.125\times115}{1500}\text{V}\cdot(\text{min/r})^{-1}=0.137\text{V}\cdot(\text{min/r})^{-1}$$

由于载转矩 $T_L=0.9T_N$，由 $T_e=C_T\Phi I_a$ 可知，稳定运行时电枢电流为

$$I_a=0.9I_N=0.9\times115\text{A}=103.5\text{A}$$

（1）求电压反向反接制动时的制动电阻

反接制动瞬间，由于转速未变，电动势未变，故电动势为

$$E_b=U_N-R_aI_a=(220-0.125\times103.5)\text{V}=207.06\text{V}$$

制动电阻为

$$R_{bmin}=\frac{U_N+E_b}{I_{amax}}-R_a=\left(\frac{220+207.06}{2\times115}-0.125\right)\Omega=1.735\Omega$$

（2）求电动势反向反接制动时的制动电阻

电动势反向反接制动运行时，由于负载转矩未变，电枢电流未变，注意此时电动势方向

与电动机状态相反，由电动机的电压平衡方程式 $U-E=I_a(R_a+R_b)$ 得

$$R_b=\frac{U_N-C_E\Phi_N n_c}{I_a}-R_a=\left[\frac{220-0.137\times(-1000)}{103.5}-0.125\right]\Omega=3.32\Omega$$

8.4.3 回馈制动

回馈制动就是在电动机制动同时，设法把拖动系统的动能转换成电能回馈给电网。当电动机的转速大于理想空载转速时，即可实现回馈制动。这时电动机的电动势大于电网电压，即 $E>U$，电机处于发电机运行状态，将电能回馈电网。同时，由于电枢电流 $I_a=\dfrac{U-E}{R_a}<0$，所以 $T_e<0$ 为制动转矩。回馈制动分以下两种情况。

1. 正向回馈制动

正向回馈制动出现在下列两种情况：一是在电车下坡时，负载转矩成为使电动机加速的拖动转矩，使电动机的转速超过理想空载转速，电机就会在回馈制动状态下运行；二是在电机调速时，若调速后电动机的理想空载转速低于电机的实际转速，电机便会在调速过程的某一阶段处于回馈制动状态。

下面以降低电枢电压调速为例，说明正向回馈制动的原理。

正向回馈制动前后的原理图和机械特性如图 8-18 所示，电动机在固有特性（图 8-18 中直线 1）上 a 点稳定运行时，突然将电枢电压从 U_N 降低至 U_1，其机械特性平行下移（图 8-18 中直线 2），工作点平移至 b 点，由于 $T_e<T_L$，电动机沿特性曲线 2 减速运行，工作点由 b 到 c，再到 d 点，$T_e=T_L$，电动机以稳定速度 n_d 运行。

在 $b\sim c$ 段，因为电动机转速 n 大于降压后人为机械特性的理想空载转速 n_{01}，所以 $E>U_1$，电动机处于回馈制动状态。在 c 点，$n=n_{01}$，$E=U_1$，回馈制动过程结束。在回馈制动过程中，由于电动机的电枢电压与电动机状态时方向相同，故称为正向回馈制动。

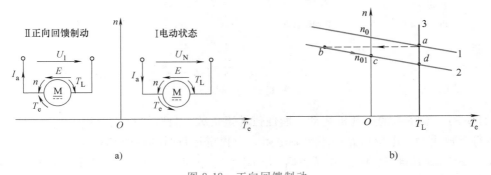

图 8-18   正向回馈制动

a）原理图   b）机械特性

2. 反向回馈制动

拖动位能性负载的他励直流电动机，采用电压反向的反接制动时，如果电动机的转速降到零时未切断电源，那么电动机就会反向起动，在负载转矩和电磁转矩的拖动下，电动机不断加速，使其转速大于电动机的理想空载转速，最后进入反向回馈制动状态。

反向回馈制动前后的原理图和机械特性如图 8-19 所示。制动时，将电枢电压反向，并在电枢回路串联一个制动电阻 R_b，其工作点从 a 点移动到 e 点，制动过程如下：

（1）反接制动减速 制动开始时与电压反向反接制动一样，制动瞬间，工作点由固有特性曲线1上a点平移到人为机械特性曲线2上的b点，由于$T_e < T_L$，电动机沿特性2减速，其工作点由b点下移到c点，$n = 0$。

（2）反向电动加速 在c点，$n = 0$，电动机在位能性负载转矩的作用下反向起动，在$c \sim d$段，T_e与T_L同向，带动电动机反向加速，T_e属拖动转矩，电动机处于反向电动状态。

（3）反向回馈制动 在d点，$n = -n_{01}$，电动机在负载转矩T_L作用下继续升速，使$|n| > n_{01}$，电动机处于回馈制动状态。在$d \sim e$段，因电枢电流$I_a = \dfrac{-U - C_E \Phi \ (-n)}{R_a + R_c} > 0$，电磁转矩$T_e > 0$，而$n < 0$，故电磁转矩$T_e$变为制动性质，但$T_L > T_e$，故电动机的转速继续反向升高，直到$e$点，$T_L = T_e$，电动机以稳定速度$n_e$运行于回馈制动状态。

反向回馈制动的机械特性公式同式（8-13），不过，此时机械特性位于第Ⅳ象限。由机械特性可见，反向回馈制动效果与制动电阻R_b的大小有关。R_b越大，则人为机械特性的斜率越大，电动机回馈制动运行的转速就越高。反向回馈制动运行时，电动机的转速已超过了理想空载转速，应注意转速不得超过电动机的允许转速。

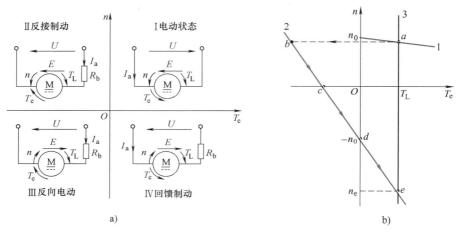

图 8-19 反向回馈制动

a）原理图 b）机械特性

【例 8-9】 例 8-7 的电动机拖动位能性恒转矩负载，负载转矩$T_L = T_N$，如采用反向回馈制动运行下放重物，电枢回路中不串联电阻，求稳定运行时的转速是多少？

解：由于拖动恒转矩负载，由$T_e = C_T \Phi I_a = T_L = T_N$可知，下放重物时电枢电流保持为额定值不变。由于采用反向回馈制动，电枢电压与电动机状态时方向相反，故下放重物时的速度为

$$n = \frac{-U_N - R_a I_a}{C_E \Phi} = \frac{-220 - 0.125 \times 115}{0.137} \text{r/min} = -1710.8 \text{r/min}$$

负号表示电动机的转速与电动机状态时方向相反。

8.5 他励直流电动机的四象限运行

他励直流电动机的机械特性为

$$n = \frac{U}{C_E \Phi} - \frac{R_a + R_c}{C_E C_T \Phi^2} T_e = n_0 - \beta T_e$$

当改变电气参数 U、R_c、Φ 时，其机械特性曲线将位于 $n = f(T_e)$ 直角坐标系的四个象限中。在第Ⅰ、Ⅲ象限中为电动状态，在第Ⅱ、Ⅳ象限中为制动状态。他励直流电动机的各种运动状态如图 8-20 所示。

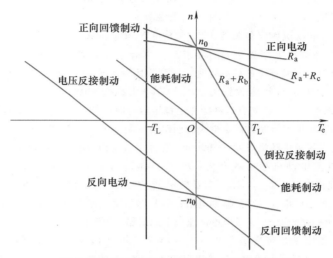

图 8-20　他励直流电动机的各种运动状态

思考题与习题

8-1　他励直流电动机保持电枢电压和主磁通为额定值，负载转矩不变，如在电枢回路中串入电阻，对理想空载转速有何影响？对起动电流有何影响？对稳定电流有何影响？

8-2　直流电动机有几种起动方法？各有什么优缺点？

8-3　他励直流电动机如果在励磁回路中串有调节电阻，在起动时为什么必须将其短接？

8-4　他励直流电动机起动时，如果励磁绕组断线，在下列两种情况下会有什么后果：（1）空载起动，（2）带额定负载起动。

8-5　他励直流电动机有哪几种调速方法？当要求的静差率一定时，调压调速和电枢回路串电阻调速相比，哪种调速方法的调速范围较大？

8-6　如果一台电动机处于制动状态，是不是一定会减速停车？电动机在减速过程中，是否一定处于制动状态？

8-7　试分析他励直流电动机三种制动状态下的能量转换情况。

8-8　某起重机由一台他励直流电动机拖动，如果制动电阻和负载转矩相同，采用哪种制动方法下放重物时转速最低？

8-9　一台拖动起重机的他励直流电动机额定数据为：$U_N = 160\text{V}$，$I_N = 24\text{A}$，$n_N = 1540\text{r/min}$，电枢回路总电阻 $R_a = 0.785\Omega$，忽略电枢反应和空载转矩的影响，试求：（1）当电动机将额定负载起吊至离地面 3m 高时，为使重物悬停在空中，应在电枢回路中串入多大的电阻？此时电动机处于什么状态？（2）接（1），如要以 20r/min 的转速下放重物，电枢回路应串入多大的电阻？此时电动机处于什么状态？（3）如采用降低电枢电压的方法，使重物悬停在空中，应将电枢电压降为多大？此时电动机处于什么状态？（4）接（3），如要以 20 r/min 的转速下放重物，电枢电压应降为多大？此时电动机处于什么状态？

8-10 一台他励直流电动机额定数据为：$P_N = 75kW$，$U_N = 440V$，$I_N = 185A$，$n_N = 3000r/min$，电枢电阻 $R_a = 0.0555\Omega$。如保持负载转矩为额定值不变，试求下列情况下电枢电流和转速的瞬时值和稳定值：（1）电枢回路串入 $R_c = 0.015\Omega$ 的电阻；（2）电枢电压降为 $U = 420V$；（3）主磁通减弱为 $\Phi = 0.95\Phi_N$。

8-11 一台他励直流电动机拖动恒转矩负载运行在额定工作状态，其额定数据为：$P_N = 67kW$，$U_N = 400V$，$I_N = 185A$，$n_N = 3000r/min$，电枢电阻 $R_a = 0.0555\Omega$。试求：（1）要使电动机转速降为 $2500r/min$，需在电枢电路中串联多大的调速电阻；（2）要使电动机转速降为 $2750r/min$，电枢电压应降为多少伏？（3）要使电动机转速升高到 $3400r/min$，应如何调节励磁？

8-12 一台他励直流电动机额定数据为：$P_N = 18.5kW$，$U_N = 440V$，$I_N = 50.5A$，$n_N = 1000r/min$，$R_a = 0.862\Omega$，$T_L = T_N$。如采用调压和弱磁调速，要求最高理想空载转速 $n_{0max} = 1500r/min$，低速区静差率 $\delta = 24\%$。试求：（1）计算额定负载下的最高转速 n_{max} 和最低转速 n_{min}；（2）求高速区静差率 δ。

8-13 一台他励直流电动机额定数据为：$P_N = 37kW$，$U_N = 440V$，$I_N = 97A$，$n_N = 1000r/min$，$R_a = 0.332\Omega$，$T_L = 0.8T_N$，试求：（1）在固有机械特性上稳定运行时的转速；（2）在固有机械特性上稳定运行时进行能耗制动，制动初始电流限制为额定电流的两倍时，制动电阻应为多大？（3）如拖动位能性负载，采用能耗制动下放重物，要求电动机以 $n = -300r/min$ 恒速下放重物，电枢回路应串入多大的制动电阻？

8-14 一台他励直流电动机额定数据为：$P_N = 33kW$，$U_N = 400V$，$I_N = 97A$，$n_N = 900r/min$，$R_a = 0.332\Omega$，电动机最大允许电流为 $I_{amax} = 2I_N$，负载转矩 $T_L = 0.9T_N$。试求：（1）当拖动反抗性负载时，采用电压反接制动，电路中最小应串入多大的制动电阻；（2）当拖动位能性负载时，采用电动势反向反接制动恒速下放重物，要求 $n = -600r/min$，试求电枢回路应串入的制动电阻值。

8-15 一台他励直流电动机额定数据为：$P_N = 15kW$，$U_N = 400V$，$\eta = 81.2\%$，$n_N = 1360r/min$，$R_a = 0.811\Omega$，试求：（1）如电动机提升重物，负载转矩 $T_L = 0.5T_N$ 时的转速；（2）若电动机带额定转矩的位能性负载采用反向回馈制动下放重物，试计算其最低下放速度。

8-16 一台他励直流电动机额定数据如下：$P_N = 15kW$，$U_N = 440V$，$\eta = 83.4\%$，$n_N = 1510r/min$，$R_a = 0.811\Omega$，负载转矩 $T_L = 0.8T_N$。试求：（1）若要以 $1000r/min$ 的转速提升重物，电枢回路应串多大电阻；（2）若要求以 $300r/min$ 的转速下放重物，电枢回路应串多大电阻；（3）在固有机械特性上稳定运行时进行能耗制动，制动初始电流为 $2I_N$，电枢回路应串多大电阻？

自 测 题

1. 一台并励直流电动机，在驱动恒转矩负载时，发现电枢电流超过其额定值，即 $I_a > I_{aN}$，则应当（ ）来减小电枢电流，以使电枢电流限制在额定值范围内。

A. 在电枢回路串联限流电阻   B. 增大励磁回路的电阻

C. 降低电枢电压   D. 减小负载转矩

2. 当直流电动机保持额定电枢电压 $U_a = U_{aN}$ 和额定负载转矩 $T_L = T_N$ 时，若励磁电流 $I_f = 0.5I_{fN}$，不计磁路饱和及空载转矩，则电枢电流和转速的变化为（ ）。

A. $I_a = 2I_{aN}$，$n = 0.5n_N$ B. $I_a = 2I_{aN}$，$n_N < n < 2n_N$

C. $I_a = 0.5I_{aN}$，$n = 2n_N$ D. $I_a = 0.5I_{aN}$，$0.5n_N < n < n_N$

3. 一台并励直流电动机，电枢电压 U_a 和励磁电流 I_f 保持不变，在驱动恒转矩负载时，如果在电枢电路串入电阻 R_C，稳定运行后，（ ）（忽略电枢反应）。

A. n 降低，I_a 增大   B. n 降低，I_a 不变

C. n 提高，I_a 减小   D. n 提高，I_a 不变

4. 他励直流电动机当电枢电压和负载转矩不变，励磁电流减小，则转速 n，电枢电流 I_a 和反电动势 E 的变化应是（ ）。

A. n 下降，I_a 变大，E 降低   B. n 上升，I_a 减小，E 增大

C. n 不变，I_a 变小，E 不变　　　　　　D. n 上升，I_a 增大，E 减小

5. 一台直流电动机在额定电压下空载起动，和在额定电压下半载起动，两种情况下的合闸瞬时起动电流关系为（　　）。

A. 前者小于后者　　　　　　　　　B. 两者相等

C. 后者小于前者　　　　　　　　　D. 不确定

6. 一台他励直流电动机，在稳态运行时，电枢绕组的反电动势为 E_A，如果负载转矩为常数，外加电压和电枢回路的电阻均不变，减弱磁场使转速上升到新的稳态后，电枢绕组的反电动势将（　　）。

A. 大于 E_A　　　　B. 小于 E_A　　　　C. 等于 E_A　　　　D. 不确定

7. 他励直流电动机拖动额定位能性恒转矩负载运行在额定转速 n_N 上，若要使其转速变为 $-n_N$，应采用的方法是（　　）。

A. 减小励磁回路电阻，以增加每极磁通

B. 改变电源电压的方向

C. 电枢回路串入适当的电阻

D. 电源电压为零

8. 在他励直流电动机的电枢回路串入附加电阻时，如果负载转矩不变，则此电动机的（　　）。

A. 输出功率 P_2 不变　　　　　　　B. 输入功率 P_1 不变

C. 电磁功率 P_e 不变　　　　　　　D. 以上均不正确

9. 保持他励直流电动机的励磁电流和负载转矩不变，降低电源电压，电动机的转速将（　　）。

A. 上升　　　　　B. 不变　　　　　C. 下降　　　　　D. 不确定

第9章　异步电动机的电力拖动

与直流电动机相比，异步电动机具有结构简单、运行可靠、价格低、维护方便等一系列优点。随着电力电子技术的发展和交流调速技术的日益成熟，异步电动机的调速性能完全可与直流电动机相媲美。因此，异步电动机是目前电力拖动的主流。

本章首先讨论三相异步电动机的机械特性，然后研究三相异步电动机的起动、调速和制动等问题，并简要介绍异步电动机的一些现代控制方法。

9.1　三相异步电动机的机械特性

三相异步电动机的机械特性是指在电源电压 U_1、电源频率 f_1 及电动机参数一定的条件下，电动机转速 n 与电磁转矩 T_e 之间的关系，即 $n=f(T_e)$。

由于异步电动机的转速 n 与转差率 s 之间存在固定关系 $n=(1-s)n_1$，把 T_e-s 曲线的横、纵坐标对调，并把转差率 s 转换为对应的转速 n，就可以得到异步电动机的机械特性曲线。

由于三相异步电动机的机械特性为非单调关系，选转速 n（或转差率 s）作为自变量，电磁转矩 T_e 为因变量，更为方便。因此，式（4-71）表示的转矩-转差率关系也就是机械特性的表达式。

机械特性分固有机械特性和人为机械特性两种，下面分别进行介绍。

9.1.1　固有机械特性

如果电源电压和电源频率均为额定值，且定子、转子回路中不串入任何电路元件，这时的机械特性就是三相异步电动机的固有机械特性，否则就是人为机械特性。

三相异步电动机的固有机械特性如图 9-1 所示。异步电动机的固有机械特性曲线上有三个特殊点：

1）同步点：$n=n_1$，$s=0$，$T_e=0$。这是三相异步电动机的理想空载工作点。

2）起动点：$s=1$，$n=0$，$T_e=T_{st}$。起动转矩 T_{st} 可由式（4-77）计算。

3）临界工作点：$s=s_m$，$n=(1-s_m)n_1$，$T_e=T_{em}$。临界点也是最大转矩点，T_{em} 和 s_m 分别由式（4-74）和式（4-75）计算。临界工作点把机械特性分成两部分：在同步点至临界点（最大转矩点）之间，即在 $(1-s_m)n_1<n<n_1$ 范围内，随着电磁转矩 T_e 的增加，转速 n 略微降低，机械特性是下降的；在临界点至起动点之间，即在 $0<n<(1-s_m)n_1$ 范围内，随着转矩增大，转速升高，机械特性是上升的。

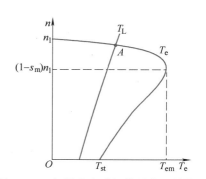

图 9-1　三相异步电动机的固有机械特性

1. 稳定运行区域

把负载机械特性 $n=f(T_L)$ 和电动机的机械特性 $n=f(T_e)$ 画在一起，在两曲线的交点 A 处，$T_e=T_L$，电动机的电磁转矩与负载转矩相平衡。但电动机是否能稳定运行，取决于两曲线在 A 点处的变化率，即还必须满足 $\dfrac{\mathrm{d}T_e}{\mathrm{d}n}<\dfrac{\mathrm{d}T_L}{\mathrm{d}n}$ 的条件时，电动机方能稳定运行。

当三相异步电动机拖动恒转矩负载时，由于 T_L 不随转速变化，因此只要电动机的机械特性是下降的，该电力拖动系统就能稳定运行。于是，由图 9-1 可见，异步电动机的稳定运行区是从同步点至临界点部分，即在 $0<s<s_m$ 或 $(1-s_m)\,n_1<n<n_1$ 范围内。

当三相异步电动机拖动风机泵类负载时，只要满足 $T_e=T_L$ 和 $\dfrac{\mathrm{d}T_e}{\mathrm{d}n}<\dfrac{\mathrm{d}T_L}{\mathrm{d}n}$ 的条件，电动机就能稳定运行。不过，如果运行在 $s_m<s<1$，即 $0<n<(1-s_m)\,n_1$ 范围时，由于这时转速低，转差率大，造成转子电流、定子电流均很大，因此不能长期运行。

2. 固有机械特性的实用表达式

在工程实践中，经常需要现场计算异步电动机的机械特性，由于在铭牌数据和产品目录中查不到电动机参数，因此用参数表达式计算很不方便。下面推导机械特性的实用公式，以便利用产品目录中给出的过载能力 k_m、额定转速 n_N 和额定功率 P_N 来求取电磁转矩与转差率的近似关系式。

忽略定子电阻 R_1 的影响，则由式 (4-71)、式 (4-74) 和式 (4-75) 可知，电磁转矩 T_e、最大转矩 T_{em} 和临界转差率 s_m 分别变为

$$T_e=\frac{m_1pU_1^2\dfrac{R_2'}{s}}{2\pi f_1\left[\left(\dfrac{R_2'}{s}\right)^2+(X_{1\sigma}'+X_{2\sigma}')^2\right]}$$

$$T_{em}=\frac{m_1pU_1^2}{4\pi f_1(X_{1\sigma}'+X_{2\sigma}')}$$

$$s_m=\frac{R_2'}{X_{1\sigma}+X_{2\sigma}'}$$

将 T_e 与 T_{em} 相除得

$$\frac{T_e}{T_{em}}=\frac{2\dfrac{R_2'}{s}(X_{1\sigma}'+X_{2\sigma}')}{\left(\dfrac{R_2'}{s}\right)^2+(X_{1\sigma}'+X_{2\sigma}')^2}=\frac{2}{\dfrac{s_m}{s}+\dfrac{s}{s_m}} \tag{9-1}$$

或

$$T_e=\frac{2T_{em}}{\dfrac{s_m}{s}+\dfrac{s}{s_m}} \tag{9-2}$$

这就是电磁转矩的实用公式。忽略异步电动机的空载转矩 T_0，则在额定负载时 $T_e=T_N$，$s=s_N$，把它们代入式 (9-2)，并考虑到 $T_{em}=k_mT_N$，则可求得

$$s_m=s_N(k_m+\sqrt{k_m^2-1}) \tag{9-3}$$

这样，只要利用 $T_N = 9.55\dfrac{P_N}{n_N}$ 和 $T_{em} = k_m T_N$ 求得 T_{em}，再求得 s_m，通过式（9-2）就可求取异步电动机的实用机械特性。

实用公式计算简单、使用方便，但有一定的适用范围。受磁路饱和程度变化和趋肤效应的影响，三相异步电动机的等效电路参数实际上是变化的，如在转差率较大时，由于趋肤效应的影响，转子电阻增大；在定子电流很大时，磁路饱和程度加重，定子、转子漏抗减小（见【例4-7】）。因此，实用公式在 $0 < s < s_m$ 范围内，计算精度可满足工程要求，但如果用它计算三相异步电动机的起动转矩，则误差很大。

【例9-1】 Y280M-4型三相异步电动机，额定功率 $P_N = 90\text{kW}$，额定频率 $f_N = 50\text{Hz}$，额定转速 $n_N = 1480\text{r/min}$，最大转矩倍数 $k_m = 2.2$。试求：（1）该电动机的电磁转矩实用公式；（2）当转速 $n = 1487\text{r/min}$ 时的电磁转矩；（3）当负载转矩 $T_L = 450\text{N} \cdot \text{m}$ 时的转速。

解：（1）额定转差率为

$$s_N = \frac{n_1 - n}{n_1} = \frac{1500 - 1480}{1500} = 0.0133$$

额定转矩为

$$T_N = 9.55\frac{P_N}{n_N} = 9.55 \times \frac{90000}{1480}\text{N} \cdot \text{m} = 580.7\text{N} \cdot \text{m}$$

最大转矩为

$$T_{em} = k_m T_N = 2.2 \times 580.7 \text{ N} \cdot \text{m} = 1277.54\text{N} \cdot \text{m}$$

临界转差率为

$$s_m = s_N\left(k_m + \sqrt{k_m^2 - 1}\right) = 0.0133 \times \left(2.2 + \sqrt{2.2^2 - 1}\right) = 0.0553$$

所以，该电动机的实用电磁转矩公式为

$$T_e = \frac{2T_{em}}{\dfrac{s_m}{s} + \dfrac{s}{s_m}} = \frac{2555}{\dfrac{0.0553}{s} + \dfrac{s}{0.0553}}$$

（2）当转速 $n = 1487\text{r/min}$ 时转差率为

$$s = \frac{n_1 - n}{n_1} = \frac{1500 - 1487}{1500} = 0.0087$$

此时电磁转矩为

$$T_e = \frac{2555}{\dfrac{0.0553}{0.0087} + \dfrac{0.0087}{0.0553}}\text{N} \cdot \text{m} = 392.3\text{N} \cdot \text{m}$$

（3）由电磁转矩的实用公式得

$$\frac{s_m}{s} + \frac{s}{s_m} = \frac{2T_{em}}{T_e}$$

上式可变为关于 s 的一元二次方程，利用求根公式可得

$$s = s_m\left[\frac{T_{em}}{T_e} \pm \sqrt{\left(\frac{T_{em}}{T_e}\right)^2 - 1}\right]$$

由于 $s > s_m$ 不合理，故上式只能取"-"号。把 $T_e = T_L = 450\text{N}\cdot\text{m}$ 代入可得

$$s = s_m\left[\frac{T_{em}}{T_e} - \sqrt{\left(\frac{T_{em}}{T_e}\right)^2 - 1}\right] = 0.0553 \times \left[\frac{1277.5}{450} - \sqrt{\left(\frac{1277.5}{450}\right)^2 - 1}\right] = 0.0101$$

电动机的转速为

$$n = n_1(1-s) = 1500 \times (1-0.0101)\text{r/min} = 1485\text{r/min}$$

9.1.2 人为机械特性

1. 降低定子端电压的人为机械特性

当其他参数保持额定值不变，仅降低定子端电压 U_1 时，异步电动机的人为机械特性如图 9-2 所示，其特点如下：

1）因为同步转速 n_1 与电压 U_1 无关，因此，不同 U_1 时的人为机械特性都通过固有特性的同步转速点。

2）由于电磁转矩 T_e 与 U_1 的二次方成正比，因此最大转矩 T_{em} 以及堵转转矩 T_{st} 都随 U_1 的降低而按二次方规律减小。

3）因为临界转差率 s_m 与 U_1 无关，因此不论 U_1 降为多少，最大转矩对应的转差率 s_m 都保持不变。

由图 9-2 可见，当定子电压降低后，稳定运行段的特性变软了，且电动机的起动能力和过载能力显著降低。

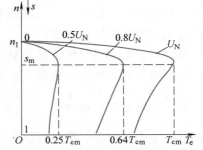

图 9-2 降低定子电压时的人为机械特性

【例 9-2】 Y315S-6 型三相异步电动机的额定功率 $P_N = 75\text{kW}$，额定转速 $n_N = 990\text{r/min}$，起动转矩倍数 $k_{st} = 1.6$，过载能力 $k_m = 2.0$。求：（1）在额定电压下起动转矩和最大转矩；（2）当电网电压降为额定电压的 80% 时，该电动机的起动转矩和最大转矩。

解：（1）在额定电压下

额定转矩为

$$T_N = 9.55\frac{P_N}{n_N} = 9.55 \times \frac{75000}{990}\text{N}\cdot\text{m} = 723.5\text{N}\cdot\text{m}$$

最大转矩为

$$T_{em} = k_m T_N = 2.0 \times 723.5\text{N}\cdot\text{m} = 1447.0\text{N}\cdot\text{m}$$

起动转矩为

$$T_{st} = k_{st} T_N = 1.6 \times 723.5\text{N}\cdot\text{m} = 1157.6\text{N}\cdot\text{m}$$

（2）当电网电压降为额定电压的 80% 时，起动转矩和最大转矩都随电压的降低按二次方规律减小，故最大转矩变为

$$T'_{em} = 0.8^2 T_{em} = 0.64 \times 1447.0\text{N}\cdot\text{m} = 926.1\text{N}\cdot\text{m}$$

起动转矩变为

$$T'_{st} = 0.8^2 T_{st} = 0.64 \times 1157.6\text{N}\cdot\text{m} = 740.9\text{N}\cdot\text{m}$$

2. 转子回路串对称电阻的人为机械特性

绕线转子三相异步电动机的转子回路串入电阻 R_s（要求三相串接的电阻值相等）后的

人为机械特性如图 9-3 所示，其特点如下：

1）转子回路串电阻并不改变同步转速 n_1，因此转子串接不同电阻的人为机械特性都通过固有特性的同步转速点。

2）因为临界转差率 s_m 与转子电阻成正比，而最大转矩 T_{em} 与转子电阻无关，因此随着转子回路所串电阻 R_s 增大，临界转差率 s_m 也增大，但最大转矩 T_{em} 保持不变。

3）转子回路所串电阻 R_s 的增大，起动转矩 T_{st} 也增大。

由此可见，当转子回路串入的电阻 R_s 合适时，可使

$$s_m = \frac{R_2' + R_s'}{X_{1\sigma} + X_{2\sigma}'} = 1, \quad T_{st} = T_{em}$$

即起动转矩 T_{st} 为最大电磁转矩 T_{em}，其中 R_s' 为所串电阻的折算值。但是，若所串的电阻再增加，则 $s_m > 1$，$T_{st} < T_{em}$。因此，转子回路串电阻增大起动转矩是有限度的。

【例 9-3】　一台绕线转子三相异步电动机带恒转矩负载运行，当转子回路不串电阻时，$n = 1440 \text{r/min}$，若在转子回路串入电阻使转子电路每相电阻增加一倍，试问这时电动机的转速是多少？

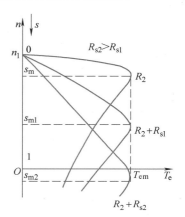

图 9-3　转子回路串入三相对称电阻的人为机械特性

解：由于电动机带恒转矩负载运行，所以在转子回路串电阻前后电动机的电磁转矩保持不变。根据电磁转矩计算公式可知，只有当 $\frac{R_2'}{s} = \frac{R_2' + R_s'}{s'} = $ 常数时，电磁转矩才能保持不变。所以，串电阻前后转差率之比为

$$\frac{s'}{s} = \frac{R_2' + R_s'}{R_2'} = 2$$

转子未串入电阻时电动机的转差率为

$$s = \frac{n_1 - n}{n_1} = \frac{1500 - 1440}{1500} = 0.04$$

转子串入电阻后电动机的转差率为

$$s' = 2s = 2 \times 0.04 = 0.08$$

电动机的转速变为

$$n' = n_1(1 - s') = 1500 \times (1 - 0.08) \text{r/min} = 1380 \text{r/min}$$

3. 定子回路串接三相对称电阻或电抗的人为机械特性

在电动机的定子回路接入对称的电阻 R_f 或电抗 X_f 后，相当于定子电阻 R_1 或漏电抗 $X_{1\sigma}$ 增大，由式（4-72）、式（4-73）和式（4-77）可知，异步电动机的最大转矩 T_{em}、临界转差率 s_m 和起动转矩 T_{st} 都随之降低，图 9-4 和图 9-5 分别为定子回路串接三相对称电阻或电抗时的人为机械特性，其特点如下：

1）定子回路串接不同电阻 R_f 或电抗 X_f 时的人为机械特性都通过固有特性的同步转速点。

2）最大转矩 T_{em} 和起动转矩 T_{st} 都随着外串电阻或电抗的增大而减小。

3）临界转差率 s_m 随着外串电阻或电抗的增大而减小，使最大转矩点上移。

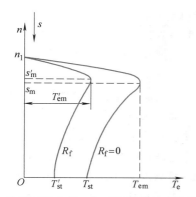
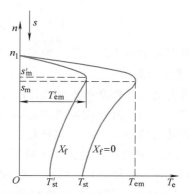

图 9-4　定子回路串接三相对称电阻的人为机械特性　图 9-5　定子回路串接三相对称电抗的人为机械特性

9.2　三相异步电动机的起动

异步电动机的起动性能包括下列几项：①起动电流倍数 $k_I = I_{st}/I_N$；②起动转矩倍数 $k_{st} = T_{st}/T_N$；③起动时间；④起动时绕组中消耗的能量和绕组的发热；⑤起动时的过渡过程；⑥起动设备的简单性和可靠性。其中最重要的是起动电流和起动转矩的大小。

9.2.1　笼型异步电动机的起动

笼型异步电动机的起动方法有直接起动、减压起动和软起动三种。

1. 直接起动

直接起动也称为全压起动，就是通过刀开关或接触器把电动机直接接到电压为额定值的电源上。异步电动机直接起动时面临的问题是起动电流很大，而起动转矩并不大。一般笼型异步电动机起动电流倍数 $k_I = 5 \sim 7$，起动转矩倍数 $k_{st} = 1 \sim 2$。

就电动机本身而言，笼型异步电动机都允许在额定电压下直接起动，因此电动机能否直接起动，主要取决于供电变压器容量的大小。

在正常运行条件下，变压器电流不超过额定值，其输出电压比较稳定，电压变化率在允许范围之内。当三相异步电动机起动时，变压器需提供较大的电流，会使变压器输出电压下降。若变压器的额定容量相对电动机额定功率很大时，短时较大的起动电流不会使变压器输出电压下降太多，因此没什么关系。若变压器额定容量相对电动机额定功率不算大时，起动电流会使变压器输出电压短时下降幅度较大，例如，$\Delta U > 10\%$ 或更多，这样一来，有以下两方面的影响：

1）对起动电动机本身来说，由于电压太低，堵转转矩下降很多（$T_{st} \propto U_1^2$），当负载较重时，可能无法起动。

2）影响由同一台变压器供电的其他负载正常运行，如电灯会变暗，数控设备可能失常，重载的其他异步电动机可能停转等。

因此，在供电变压器容量较大，电动机功率较小的前提下，三相笼型异步电动机可以直接起动。一般地说，功率在 7.5kW 以下的笼型异步电动机都可直接起动；如果功率大于 7.5kW，而电源容量较大，能符合下式要求者，电动机也可允许直接起动，即

$$k_I = \frac{I_{st}}{I_N} \le \frac{1}{4}\left[3 + \frac{电源总容量(kV \cdot A)}{电动机功率(kW)}\right] \qquad (9-4)$$

如果不能满足上式要求，则必须采用减压起动方法，把起动电流限制在允许的范围内。

2. 减压起动

减压起动就是用降低电动机端电压的方法来限制起动电流，待起动完毕后，再把电压恢复到额定值。由于异步电动机的起动转矩与端电压的二次方成正比，因此，减压起动时，起动转矩也随之减小。所以，这种起动方法只能适用于对起动转矩要求不高的场合。

（1）定子回路串接电抗器或电阻减压起动　定子回路串接电阻或电抗器减压起动原理电路分别如图 9-6 和图 9-7 所示。起动时，接触器 KM_2 的触点断开，把起动电阻 R_{st} 或电抗 X_{st} 串入定子电路，使电动机的起动电流减小。待转速接近稳定时，接触器 KM_2 的触点闭合，将 R_{st} 或 X_{st} 切除，电动机起动完毕。

由于串电阻起动时电能损耗较多，而串电抗器起动设备笨重、投资较大，目前已很少采用这两种起动方法。

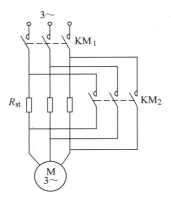

图 9-6　定子串电阻起动

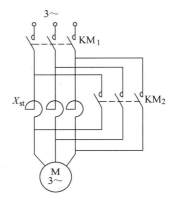

图 9-7　定子串电抗器起动

（2）自耦变压器减压起动　自耦变压器减压起动原理如图 9-8 所示。变压器的高压侧接到电网，低压侧接到电动机。起动时，接触器 KM_1 的主触点断开，接触器 KM_2 和 KM_3 的主触点闭合，电动机的定子绕组通过自耦变压器接到三相电源上减压起动。当转速升高到一定程度后，KM_2 和 KM_3 的主触点断开，同时接触器 KM_1 的主触点闭合，自耦变压器被切除，定子绕组直接接到电源上，电动机进入正常运行。

设电动机在额定电压 U_N 下直接起动时的起动电流为 I_{st}，自耦变压器的电压比为 k_a，于是经自耦变压器减压后加在电动机上的电压降低到 U_N/k_a，故电动机的起动电流减小为

$$I_{st(2)} = \frac{U_N/k_a}{U_N}I_{st} = \frac{I_{st}}{k_a}$$

由于 $I_{st(2)}$ 只是自耦变压器二次绕组的电流，自耦变压器一次绕组的电流 $I_{st(1)}$ 才是由电源提供的起动电流 I'_{st}，其值为

$$I'_{st} = I_{st(1)} = \frac{I_{st(2)}}{k_a} = \frac{I_{st}}{k_a^2} \qquad (9-5)$$

由于电动机端电压降为 U_N/k_a，所以经自耦变压器减压后的起动转矩 T'_{st} 为

$$T'_{st} = \left(\frac{U_N/k_a}{U_N} \right)^2 T_{st} = \frac{T_{st}}{k_a^2} \qquad (9\text{-}6)$$

所以，当采用自耦变压器减压起动时，电动机的端电压降为直接起动时的 $\frac{1}{k_a}$，但电网供给的起动电流和电动机的起动转矩则降低到直接起动时的 $\frac{1}{k_a^2}$。

起动用自耦变压器通常有 2 或 3 个抽头，使用时可根据允许的起动电流和所需要的起动转矩来选择。例如，QJ2 型起动用自耦变压器，有匝比 $N_2/N_1 = 55\%$、64%、73% 的三种抽头，即 $k_a = 1.82$、1.56、1.37；QJ3 型起动用自耦变压器，有匝比 $N_2/N_1 = 40\%$、60%、80% 的三种抽头，即 $k_a = 2.5$、1.67、1.25。

自耦变压器减压起动的优点是不受电动机定子绕组接法的限制，并且电压比 k_a 可以改变；缺点是自耦变压器体积大，价格高。这种方法常用于较大容量笼型异步电动机的起动。

（3）星形-三角形（Y-△）减压起动　对于运行时定子绕组为三角形联结的三相笼型异步电动机，可以采用星形-三角形（Y-△）减压起动方法，即起动时，定子绕组为星形联结，起动后换成三角形联结，其接线图如图 9-9 所示。起动时，接触器 KM$_1$ 和 KM$_3$ 的主触点闭合，定子绕组在星形联结下开始起动，延时几秒，电动机转速升高到接近正常转速时，KM$_3$ 断开，KM$_2$ 闭合，定子绕组变成三角形联结，在额定电压下运行。

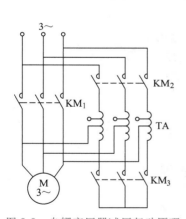

图 9-8　自耦变压器减压起动原理

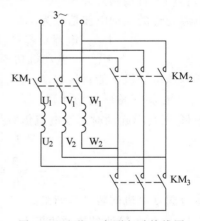

图 9-9　星形-三角形起动接线图

电动机直接起动时，定子绕组为三角形联结，如图 9-10a 所示，每相绕组电压 $U_1 = U_N$，设每相起动电流为 $I_{st\triangle}$，则电网供给的起动电流为 $I_{st} = \sqrt{3} I_{st\triangle}$。如图 9-10b 所示，采用星形联结起动时，每相绕组的电压为

$$U'_1 = \frac{U_N}{\sqrt{3}}$$

每相起动电流 I_{stY} 相应变为

$$I_{stY} = \frac{U'_1}{U_1} I_{st\triangle} = \frac{I_{st\triangle}}{\sqrt{3}}$$

I_{stY} 就是由电源提供的起动电流 I'_{st}，故

$$I'_{st} = I_{stY} = \frac{I_{st\triangle}}{\sqrt{3}} = \frac{I_{st}}{3} \qquad (9-7)$$

由于电动机端电压降为 $\frac{U_N}{\sqrt{3}}$，所以起动转矩 T'_{st} 变为

$$T'_{st} = \left(\frac{U'_1}{U_1}\right)^2 T_{st} = \frac{T_{st}}{3} \qquad (9-8)$$

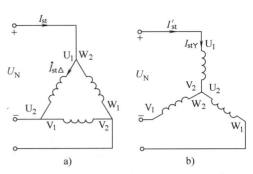

图 9-10　星形-三角形起动原理
a) 三角形联结　b) 星形联结

可见，采用星形-三角形减压起动，起动电流和起动转矩都降低到直接起动时的三分之一。

星形-三角形起动设备简单、价格低、维修方便，但它只能用于正常运行为三角形联结的三相笼型异步电动机。国内生产的 Y 系列、Y2 系列和 Y3 系列三相异步电动机，功率在 4kW 以上时，其绕组均为三角形联结，以便采用星形-三角形起动。

【例 9-4】 一台 Y280S-4 型三相异步电动机，额定容量 $P_N = 75kW$，三角形联结，全压起动电流倍数 $k_I = 7.0$，起动转矩倍数 $k_{st} = 1.9$，电源容量为 1250kV·A。若电动机带额定负载起动，试问应采用什么方法起动？

解：（1）直接起动计算

电源允许的起动电流倍数为

$$\frac{1}{4}\left[3 + \frac{电源总容量(kV\cdot A)}{电动机功率(kW)}\right] = \frac{1}{4}\times\left(3 + \frac{1250}{75}\right) = 4.92 < k_I$$

所以该电动机不能直接起动。

（2）星形-三角形起动计算

星形-三角形起动时起动电流倍数为

$$\frac{I'_{st}}{I_N} = \frac{\frac{I_{st}}{3}}{I_N} = \frac{1}{3}k_I = \frac{7.0}{3} = 2.33 < 4.92$$

所以起动电流倍数满足要求。

星形-三角形起动时起动转矩为

$$T'_{st} = \frac{T_{st}}{3} = \frac{k_{st}T_N}{3} = \frac{1.9}{3}T_N = 0.63T_N < T_N$$

可见起动转矩太小，无法带额定负载起动。

（3）自耦变压器起动计算

采用自耦变压器减压起动时，应选择合适的电压比 k_a，使起动电流不大于电源允许的起动电流，起动转矩大于额定转矩。因此

$$\frac{I'_{st}}{I_N} = \frac{I_{st}}{I_N k_a^2} = \frac{k_I}{k_a^2} = \frac{7.0}{k_a^2} \leqslant 4.92$$

$$\frac{T'_{st}}{T_N} = \frac{T_{st}}{T_N k_a^2} = \frac{k_{st}}{k_a^2} = \frac{1.9}{k_a^2} \geqslant 1$$

所以，$1.19 \leqslant k_a \leqslant 1.38$。如选用 QJ3 型自耦变压器，可选用 $k_a = 1.25$，即 80% 抽头。

3. 软起动

传统的笼型异步电动机减压起动方法，如星形-三角形起动、自耦减压起动、串电抗器起动等，都属于有级减压起动，存在明显缺点。其一，没有解决电动机起动瞬间存在的电流冲击问题。其次，在起动过程中需进行电压切换，导致出现二次冲击电流。此外，起动设备的触点多，故障率高，维护量大。

由于传统的减压起动方式技术落后，电子式软起动器正逐步取代传统的减压起动设备。

（1）软起动器的原理　软起动器实际上是一个晶闸管交流调压器，其主电路如图 9-11 所示。它把三个双向晶闸管模块串接在三相电路中，在电动机的起动过程中，通过控制晶闸管导通角的大小，改变加在电动机定子绕组上的端电压大小，使电动机的起动电流按照所设定的规律变化。

软起动与传统减压起动的不同之处是：

1）无冲击电流。软起动器在起动电动机时，通过逐渐增大晶闸管的导通角，使电动机的起动电流从零开始，平滑上升至设定值。

2）有软停车功能，即平滑减速，逐渐停机，可以克服瞬间断电停机的弊病，减轻对重载机械的冲击，避免设备损坏。

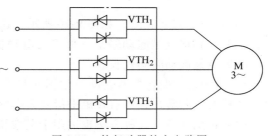

图 9-11　软起动器的主电路图

3）起动参数可根据不同负载进行调整，有很强的负载适应性。

4）具有轻载节能和多种保护功能。

（2）软起动方式　软起动器主要有以下几种起动方式：

1）斜坡升压软起动。如图 9-12 所示，这种起动方式是通过调整晶闸管的导通角，使起动电压以设定的速率上升，它把传统的减压起动从有级变成了无级，但由于起动过程中不限流，有时会产生较大的冲击电流使晶闸管损坏，实际中已很少采用。

2）斜坡恒流软起动。这种起动方式的电流特性如图 9-13 所示，在电动机起动的初始阶段，起动电流以设定的速率增加，当电流达到预先所设定的电流限值 I_s 后保持恒定，直至起动完毕。在起动过程中，电流上升的速率可以根据电动机负载来设定。电流上升速率大，则起动转矩大，起动时间短。这种起动方式适用于拖动风机、泵类负载的电动机起动。

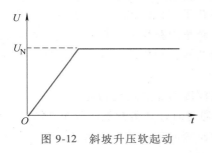

图 9-12　斜坡升压软起动

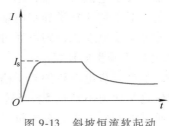

图 9-13　斜坡恒流软起动

3）阶跃恒流软起动。这种起动方式是使起动电流在极短的时间内达到设定值 I_s 并保持恒定，直到起动完毕，其电流特性如图 9-14 所示。起动电流设定值 I_s 越大，起动转矩越大，起动时间越小。脉冲起动阶段的电流幅值和脉冲维持时间可以设定，这种方式适用于拖动大惯性负载的电动机起动。

4）脉冲恒流软起动。这种起动方式的电流特性如图 9-15 所示，在起动开始阶段，产生一个较大的起动冲击电流，从而能产生较大的起动转矩以克服较大的静摩擦阻转矩；然后进入恒流起动，直至起动完毕。该起动方法适用于电动机重载并需克服较大静摩擦起动的场合。

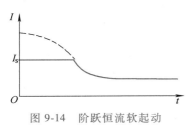

图 9-14　阶跃恒流软起动

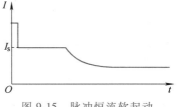

图 9-15　脉冲恒流软起动

5）转矩控制软起动。如图 9-16 所示，这种起动方式是控制电动机的起动转矩由小到大线性上升，其优点是起动平滑，可降低电动机起动时对电网的冲击，是较好的重载起动方式，其缺点是起动时间较长。

6）转矩加突跳控制软起动。如图 9-17 所示，这种起动方式是在起动瞬间用突跳转矩克服电动机的负载转矩，然后转矩平滑上升。突跳可以缩短起动时间，但会给电网带来冲击，应用时要特别注意。这种方法也适用于重载软起动。

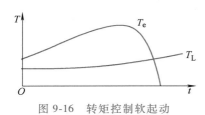

图 9-16　转矩控制软起动

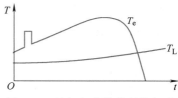

图 9-17　转矩加突跳控制软起动

7）电压控制软起动。这种方法是通过控制起动电压，保证电动机产生较大起动转矩，尽可能地缩短起动时间，是最优的轻载软起动方式。

9.2.2　高起动转矩的异步电动机

从异步电动机起动性能和运行性能的分析可知，起动时，为了减小起动电流和增大起动转矩，总希望转子电阻大一些；运行时，为了减小转子铜耗以提高电动机效率，又希望转子电阻小一些。对于绕线转子异步电动机，可通过在转子回路串入或切除电阻，来满足上述要求；对于笼型异步电动机，则可通过改变转子槽形结构，利用趋肤效应来达到上述要求。

1. 深槽转子异步电动机

深槽式笼型异步电动机的转子槽形深而窄，其深度与宽度之比约为 10~20，而普通笼型异步电动机这个比值不超过 5。当转子导条有电流通过时，其槽漏磁通分布如图 9-18a 所示，槽底部分匝链的漏磁通多，漏电抗较大；槽口部分匝链的漏磁通少，漏电抗小。由于槽形很深，槽底部分与槽口部分漏电抗相差甚远。

电动机刚起动时，转差率 $s=1$，转子电流频率 $f_2=f_1$，$X_{2\sigma s}=X_{2\sigma}$，因此转子漏电抗值大于其电阻值，转子电流的大小主要取决于转子漏电抗值，导致转子导条内的电流分布不均匀，槽底部分电抗大，电流小；槽口部分电抗小，电流大。起动时，导条内电流密度 J 沿槽深 h 的分布如图 9-18b 所示，电流主要集中在槽口部分，这种现象称为趋肤效应，其效果相当于减小了转子导体的截面积，如图 9-18c 所示。趋肤效应使转子电阻增大，故起动转矩增大，起动电流变小。

电动机正常运行时，转差率 s 很小，转子电流频率 $f_2 = sf_1$ 很低，仅为 $1\sim3\text{Hz}$，转子漏电抗 $X_{2\sigma s} = sX_{2\sigma}$ 很小，因此，转子电流主要由电阻决定，趋肤效应基本消失，使转子电流在导条内的分布趋向均匀，转子电阻变为正常值，电动机保持较好的工作性能。

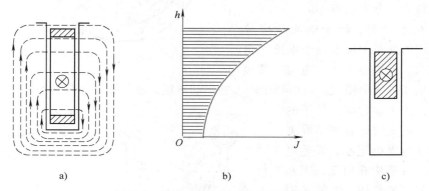

图 9-18 起动时深槽转子导条的趋肤效应

a) 转子槽漏磁通分布 b) 导条内电流密度 c) 导条的有效截面

图 9-19 所示为深槽式三相异步电动机的机械特性（曲线 2）与普通笼型异步电动机的机械特性（曲线 1）对比。深槽式三相异步电动机转子槽漏电抗较大，功率因数稍低，过载能力稍小。

国内生产的 Y2 系列三相笼型异步电动机，在大机座号电动机中较多采用图 9-20 所示的刀形槽和凸形槽，就是为了利用趋肤效应，使电动机兼有较好的起动性能和运行性能。

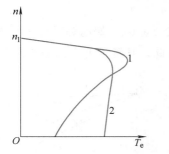

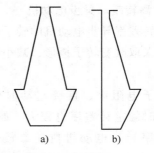

图 9-19 深槽式三相异步电动机的机械特性与普通
笼型异步电动机的机械特性对比

图 9-20 凸形槽和刀形槽

应当指出，转子电流的趋肤效应在普通笼型异步电动机中也是存在的，只是由于转子槽形不那么窄和深，影响不太显著而已。

2. 双笼型异步电动机

双笼型三相异步电动机的转子上有两套笼型绕组，如图 9-21 所示，外笼和内笼既可以相互独立，也可以有公共的端环。对于焊接铜转子，其槽形如图 9-22a 所示，外笼导条截面积小，用电阻率较高的黄铜制成，电阻较大；内笼导条截面积大，用电阻率较低的纯铜制成，电阻较小。对于铸铝转子，其槽形如图 9-22b 所示，外笼导条截面积小，电阻较大；内笼导条截面积大，电阻较小。当转子导条中有交流电流通过时，内笼交链的漏磁链多，漏电抗较大；外笼交链的漏磁链少，漏电抗较小。

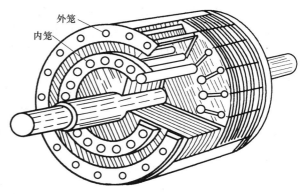

图 9-21 双笼转子结构

当电动机起动时，转子电流频率较高，转子电流的分布主要取决于电抗。由于内笼电抗大，外笼电抗小，电流主要集中在外笼。由于外笼电阻大，可以产生较大的起动转矩，故外笼又称为起动笼。

当电动机正常运行时，转子电流频率很低，电流的分布主要取决于电阻。由于内笼电阻小，外笼电阻大，电流主要集中在内笼，因此运行时内笼起主要作用，内笼又称为运行笼。

外笼、内笼各自的机械特性曲线分别如图 9-22c 中的曲线 1 和曲线 2 所示，两条曲线的合成即为双笼型三相异步电动机的机械特性（曲线 3）。

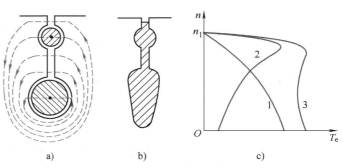

图 9-22 双笼型异步电动机的转子槽形和机械特性

a）焊接铜转子 b）铸铝转子 c）机械特性

双笼型异步电动机比普通异步电动机转子漏电抗大，功率因数稍低，但效率却差不多。

3. 高转差率异步电动机

高转差率异步电动机的转子导条采用电阻率较高的合金铝（如锰铝或硅铝）浇铸而成，同时还采取改变转子槽形，减小导条截面积等措施，因此，其转子电阻比一般笼型异步电动机的大。

转子电阻大，直接起动时的起动转矩就大，同时额定转差率也较大。如国产 YH 系列高转差率异步电动机典型参数为额定转差率 $s_N = 7\% \sim 14\%$，起动转矩倍数 $k_{st} = 2.4 \sim 2.7$，起动电流倍数 $k_1 = 4.5 \sim 5$。图 9-23 画出了 Y 系列、YH 系列和 YZ 系列异步电动机的机械特性，可见高转差率电动机的机械特性比较软。

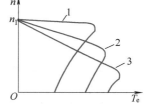

图 9-23 高转差率异步电动机的机械特性

1—Y 系列 2—YH 系列 3—YZ 系列

高转差率三相异步电动机具有起动转矩大、起动电流小、转差率高和机械特性较软的特点，适用于拖动飞轮转矩大和不均匀冲击负载以及正、反转次数多的工作场合。如锤击机、剪刀机、冲压机和锻冶机等机械设备。

9.2.3　绕线转子异步电动机的起动

在绕线转子三相异步电动机的转子回路中串入起动电阻，既可以减小起动电流，又可以增大起动转矩，而且当所串电阻合适时，还可以使电动机以最大转矩起动。绕线转子三相异步电动机主要有两种串电阻起动方法，下边分别加以介绍。

1. 转子串电阻起动

为了在整个起动过程中得到较大的加速转矩，并使起动过程平滑，应在转子回路中串入多级对称电阻。起动时，随着转速的升高，逐级切除起动电阻。电动机起动完毕后，转子绕组便被直接短路。图 9-24 为绕线转子异步电动机串三级对称电阻起动时的接线图和对应的机械特性。

下面以三级起动为例，分析绕线转子异步电动机的分级起动过程。

起动开始时，接触器 KM_1、KM_2、KM_3 全部断开，起动电阻全部串入转子回路，转子每相总电阻为 $R_{23}=R_2+R_{st1}+R_{st2}+R_{st3}$，对应的机械特性为图 9-24b 曲线 aA。在起动瞬间，电磁转矩 $T_e=T_{s1}$，因 T_{s1} 大于负载转矩 T_L，电动机从 a 点沿曲线 aA 升速，电磁转矩 T_e 逐渐减小。

当电动机转速上升到 b 点时，电磁转矩 $T_e=T_{s2}$，将 KM_3 闭合，切除 R_{st3}，转子每相总电阻变为 $R_{22}=R_2+R_{st1}+R_{st2}$，电动机的机械特性变为曲线 cA，由于转速来不及变化，运行点由 b 点变到 c 点，电磁转矩又上升到 $T_e=T_{s1}$，电动机沿曲线 cA 升速。

同理，当运行到 d 点时，闭合 KM_2，切除 R_{st2}，运行点切换到 e 点，电动机沿曲线 eA 升速；当运行到 f 点时，闭合 KM_1，切除 R_{st1}，运行点切换到固有机械特性曲线 gA 上的 g 点，电动机沿曲线 gA 加速到负载点 h 稳定运行，起动结束。

在起动过程中，逐级切换起动电阻，电磁转矩 T_e 就在最大起动转矩 T_{s1} 和最小起动转矩 T_{s2} 之间变化。T_{s2} 称为切换转矩，它的大小与起动电阻的级数有关，级数越小，T_{s2} 就越小，一般选择 $T_{s2}=(1.1\sim1.2)T_N$；而最大起动转矩一般限制在 $T_{s1}=(1.5\sim2.0)T_N$。

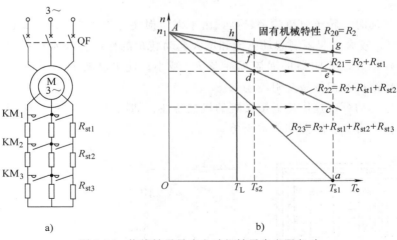

图 9-24　绕线转子异步电动机转子串电阻起动

a）接线图　b）机械特性

转子本身的每相电阻 R_2 可以根据铭牌数据近似求出。

假定绕线转子异步电动机转子绕组为星形联结，转子额定电压为 E_{2N}，转子额定电流为

I_{2N}，电动机额定运行的转差率为 s_N，则转子每相阻抗的模为

$$|Z_{2\sigma s}| = \frac{s_N E_{2N}}{\sqrt{3}\, I_{2N}} = \sqrt{R_2^2 + (s_N X_{2\sigma})^2}$$

由于 s_N 很小，可认为 $R_2 \gg s_N X_{2\sigma}$，因此

$$R_2 \approx \frac{s_N E_{2N}}{\sqrt{3}\, I_{2N}} \tag{9-9}$$

2. 转子串频敏变阻器起动

绕线转子异步电动机转子回路串电阻起动时，需要逐级切除起动电阻，控制设备复杂，故障率高。要想获得良好的起动性能，需要较多的起动级数，增加了设备投资。同时，每切除一段电阻，切换瞬间电动机的电流和转矩突然变大，会造成机械冲击。为了克服上述缺点，可以采用转子回路串接频敏变阻器起动的方法。

频敏变阻器的结构如图 9-25a 所示，它实际上是一个星形联结的三相铁心线圈，其铁心是由厚度为 30~50mm 的实心铁板或钢板叠压而成的。

频敏变阻器一相绕组的等效电路与变压器空载运行时的等效电路相同，如图 9-25b 所示，其中 R_1 为绕组电阻，X_m 为绕组的励磁电抗，R_m 为反映铁耗的励磁电阻。不过，因为铁心叠片厚，频敏变阻器中单位质量的铁心损耗比变压器中大几百倍，故 R_m 的值较大。同时，在设计频敏变阻器时，铁心中的磁通密度取得较高，磁路处于饱和状态，磁路的磁阻较大，而绕组的匝数又取得较少，因此 X_m 比较小。频敏变阻器的励磁阻抗有以下特点：

1）在频率较高时（如 50Hz），励磁电阻 R_m 远大于励磁电抗 X_m。

2）X_m 比变压器的励磁电抗小得多。

这样，把频敏变阻器串接在转子回路中，既限制了起动电流，又不至于使起动电流过小而减小起动转矩。

当电动机起动时，转子电流频率较高，由于涡流损耗与频率的二次方成正比，与铁耗相应的励磁电阻 R_m 较大，起限制起动电流和增大起动转矩的作用。随着转速的上升，转子电流频率不断下降，频敏变阻器的涡流损耗及 R_m 减小，使电动机起动平滑。起动过程结束后，应将集电环短接，把频敏变阻器切除。

频敏变阻器起动可以提供接近恒转矩的机械特性，如图 9-25c 所示，这相当于将起动电阻的级数增加到无穷大，线路却非常简单。

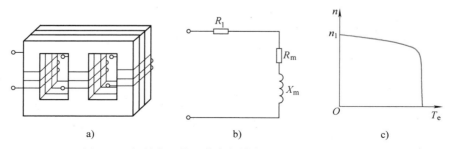

图 9-25 频敏变阻器及其串频敏变阻器起动的机械特性

a）结构 b）等效电路 c）串频敏变阻器起动机械特性

频敏变阻器起动有以下特点：

1）起动设备结构简单，低格低廉。

2）运行可靠，坚固耐用，使用维护方便。

3）控制系统简单，便于实现自动控制。

4）能获得接近恒转矩的机械特性，可减少起动中的机械和电流的冲击，实现电动机的平稳起动。

5）功率因数较低，一般为 $\cos\varphi = 0.5 \sim 0.75$，使起动转矩的增大受到限制。

6）频敏变阻器适用于需要频繁起动的生产机械，但对于要求起动转矩大的场合不宜采用。

9.3　三相异步电动机的调速

从异步电动机的转速公式

$$n = n_1(1-s) = \frac{60f_1}{p}(1-s) \tag{9-10}$$

可见，异步电动机有下列三种调速方法：

1）变极调速：改变电动机定子绕组的磁极对数 p。

2）变频调速：改变供电电源的频率 f_1。

3）变转差率调速：改变电动机的转差率 s。

前两种方法是通过改变电动机的同步转速来调速的，后一种方法是保持同步转速恒定，通过改变电动机的转差率来实现调速。改变转差率调速又分为下列几种方法：

1）调压调速：改变定子绕组的端电压 U_1。

2）转子串电阻调速：绕线转子异步电动机在转子回路串接外加电阻。

3）串级调速：绕线转子异步电动机在转子回路引入转差频率的外加电动势。

改变转差率调速方法的共同特点是：调速过程中均产生大量的转差功率（sP_e），除串级调速外，sP_e 都消耗在转子电路中，使转子发热，调速的经济性比较差。

此外，还有不属于上述基本调速方法的，如电磁调速电动机等。

下面将分别介绍异步电动机的各种调速方法。

9.3.1　变极调速

异步电动机正常运行时的转速 n 接近同步转速 n_1，由于 $n_1 = \dfrac{60f_1}{p}$，在电源频率一定的情况下，改变定子绕组的磁极对数 p，同步转速 n_1 就发生变化，电动机的转速 n 也随之变化。若磁极对数增加一倍，同步转速就减小一半，电动机转速也近似减小一半。显然，变极调速只能做到一级一级地变速，而不能平滑变速。

变极调速适用于笼型异步电动机，因为笼型转子的磁极对数能自动随定子磁场的磁极对数改变而改变，使定子、转子磁场保持相对静止而产生平均转矩。这样，只要改变定子绕组的接法，就能实现变极调速。

绕线转子异步电动机转子磁极对数不能自动随定子磁极对数变化，而同时改变定子、转子绕组的磁极对数又比较麻烦，因此，绕线转子异步电动机一般不采用变极调速。

改变定子绕组的磁极对数有两种方法：

1）双绕组变极：在定子槽内安放两套磁极对数不同的独立绕组，每次只使用其中一套。这种方法绕组利用率低，只在一些特殊场合采用。

2）单绕组变极：定子上只有一套绕组，通过改变定子绕组的接法，得到不同的磁极对数。目前，绝大多数变极电动机都采用这种方法。

为了实现单绕组变极，每相绕组在制造时都分成相等的两部分，每一部分称为一个半相绕组。因为三相定子绕组在接法上是相同的，可以只取其中一相来进行研究。下面以一相绕组来说明变极原理。

为简明起见，每个半相绕组用一个集中线圈来表示。若将两个半相绕组正向串联，则在气隙中形成四极磁场，如图9-26所示；若将两个半相绕组反向串联或反向并联，则在气隙中形成两极磁场，如图9-27所示。

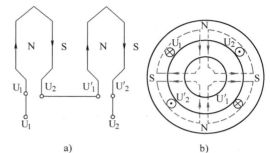

图9-26 绕组变极原理图（$2p = 4$）

a）正向串联 b）磁场分布图

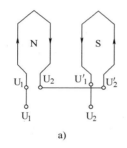 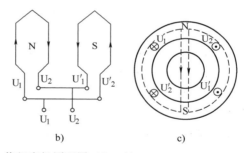

图9-27 绕组变极原理图（$2p = 2$）

a）反向串联 b）反向并联 c）磁场分布图

可见，对于由两个半相绕组构成的一相绕组，只要改变其中一个半相绕组的电流方向，就可将磁极对数增加一倍（正串）或减少一半（反串或反并），这就是单绕组变极原理。当然，实际电动机中三相绕组应同时换接。

采用上述变极方法的电动机都是双速电动机，且其磁极对数成倍地变化，如2/4极、4/8极等。还有更复杂的变极方法，可使一套绕组达到非倍极比变极或获得三种及三种以上磁极数。如国产YD250M-4/6/8/12型多速电动机，有4极、6极、8极、12极四种极数。

变极调速的特点是：

1）操作简单方便。

2）机械特性硬。

3）效率高。

4）可获得恒转矩和恒功率调速。

5）只能有级调速，且调速等级有限。

6）变极调速适用于不要求平滑调速的场合。星形变双星形联结应用于起重机、运输传送带等恒转矩负载的分级调速，三角形变双星形联结应用于如各种机床切削等恒功率负载的分级调速。

【例 9-5】 某国产 YD132S-6/4 型多速异步电动机，$P_N = 3.0/4.0\text{kW}$，$n_N = 970/1440\text{r/min}$，$k_m = 2.1/2.2$，求负载转矩 $T_L = 0.8T_N$ 时电动机的转速。

解：（1）$p = 3$ 时，$k_m = 2.1$

额定转差率为

$$s_N = \frac{n_1 - n}{n_1} = \frac{1000 - 970}{1000} = 0.03$$

临界转差率为

$$s_m = s_N(k_m + \sqrt{k_m^2 - 1}) = 0.03 \times (2.1 + \sqrt{2.1^2 - 1}) = 0.1184$$

忽略空载转矩，有 $T_e = T_L = 0.8T_N$，此时的转差率为

$$s = s_m\left(\frac{T_{em}}{T_e} - \sqrt{\left(\frac{T_{em}}{T_e}\right)^2 - 1}\right) = 0.1184 \times \left(2.1 \times \frac{1}{0.8} - \sqrt{\left(2.1 \times \frac{1}{0.8}\right)^2 - 1}\right) = 0.0234$$

转速为

$$n = n_1(1 - s) = 1000 \times (1 - 0.0234)\text{r/min} = 976\text{r/min}$$

（2）$p = 2$ 时，$k_m = 2.2$，额定转差率为

$$s_N = \frac{n_1 - n}{n_1} = \frac{1500 - 1470}{1500} = 0.02$$

临界转差率为

$$s_m = s_N(k_m + \sqrt{k_m^2 - 1}) = 0.02 \times (2.2 + \sqrt{2.2^2 - 1}) = 0.0832$$

$T_e = T_L = 0.8T_N$ 时的转差率为

$$s = s_m\left(\frac{T_{em}}{T_e} - \sqrt{\left(\frac{T_{em}}{T_e}\right)^2 - 1}\right) = 0.0832 \times \left(2.2 \times \frac{1}{0.8} - \sqrt{\left(2.2 \times \frac{1}{0.8}\right)^2 - 1}\right) = 0.0157$$

转速为

$$n = n_1(1 - s) = 1500 \times (1 - 0.0157)\text{r/min} = 1476.5\text{r/min}$$

9.3.2 变频调速

当改变供电电源频率 f_1 时，同步转速 $n_1 = \dfrac{60f_1}{p}$ 与频率成正比变化，电动机的转速 n 也随之变化。如连续改变电源频率，就可以平滑地调节异步电动机的转速。

三相异步电动机的额定频率称为基频，变频调速时，既可以从基频向下调，也可以向上调，两种情况下的控制方式是不同的。

1. 从基频向下调节

三相异步电动机定子相电压 U_1 为

$$U_1 \approx E_1 = 4.44 f_1 k_{W1} N \Phi_m$$

当 U_1 一定时，如果降低频率 f_1，则主磁通 Φ_m 将增大。由于在额定状态下，电动机的主

磁路已接近饱和，Φ_m 再增加势必引起主磁路过度饱和，导致励磁电流剧增，铁耗增加，功率因数下降。为此，在调频的同时，一定要调节电压，即变频调速实际上是变频变压调速。从基频向下调速时，主要采用恒电动势频率比和恒压频比两种控制方式，下面分别进行介绍。

（1）保持 $\dfrac{E_1}{f_1}$ 等于常数　降低 f_1 时，同时使定子感应电动势 E_1 减小，以保持 $\dfrac{E_1}{f_1}$ 为常数（恒电动势频率比）。这时 Φ_m 保持不变，属于恒磁通控制方式。电动机的电磁转矩为

$$T_\mathrm{e} = \frac{P_\mathrm{e}}{\Omega_1} = \frac{3I_2'^2 \dfrac{R_2'}{s}}{\dfrac{2\pi n_1}{60}} = \frac{3p}{2\pi f_1} \frac{E_2'^2 \dfrac{R_2'}{s}}{\left(\dfrac{R_2'}{s}\right)^2 + X_{2\sigma}'^2} = \frac{3p f_1}{2\pi}\left(\frac{E_1}{f_1}\right)^2 \frac{1}{\dfrac{R_2'}{s} + \dfrac{s X_{2\sigma}'^2}{R_2'}} \tag{9-11}$$

式（9-11）是保持磁通恒定时变频调速的机械特性。对上式进行求导，并令 $\dfrac{\mathrm{d}T_\mathrm{e}}{\mathrm{d}s} = 0$，可得到最大电磁转矩和相应的临界转差率分别为

$$T_\mathrm{em} = \frac{3p}{4\pi}\left(\frac{E_1}{f_1}\right)^2 \frac{f_1}{X_{2\sigma}'} = \frac{3p}{4\pi}\left(\frac{E_1}{f_1}\right)^2 \frac{1}{2\pi L_{2\sigma}'} \tag{9-12}$$

$$s_\mathrm{m} = \frac{R_2'}{X_{2\sigma}'} = \frac{R_2'}{2\pi L_{2\sigma}' f_1} \tag{9-13}$$

在不同频率下，产生最大转矩时的转速降落为

$$\Delta n_\mathrm{m} = s_\mathrm{m} n_1 = \frac{R_2'}{2\pi L_{2\sigma}' f_1} \frac{60 f_1}{p} = \frac{R_2'}{2\pi L_{2\sigma}'} \frac{60}{p} \tag{9-14}$$

从式（9-12）、式（9-13）和式（9-14）可以看出，从基频向下变频调速时，若保持 $\dfrac{E_1}{f_1}$ 等于常数，则最大转矩和产生最大转矩时的转速降落都是常数，与频率无关。因此，不同频率下的各条机械特性是平行的，如图 9-28 中的虚线所示。

可见，采用恒电动势频率比控制方式具有以下优点：

1）由于为恒磁通调速，电动机的机械特性硬、调速范围宽且稳定性好。

2）由于正常运行时转差率 s 较小，转差功率（即转子铜耗）小，电动机的运行效率高。

3）由于最大转矩不变，因此这种控制方式适合于带恒转矩负载调速。

（2）保持 $\dfrac{U_1}{f_1}$ 等于常数　因为定子感应电动势 E_1 难以直接测量和控制，所以实际变频调速系统常采用保持 $\dfrac{U_1}{f_1}$ 等于常数（恒压频比）的控制方式。此时电动机的电磁转矩为

$$T_\mathrm{e} = \frac{3p}{2\pi}\left(\frac{U_1}{f_1}\right)^2 \frac{f_1 \dfrac{R_2'}{s}}{\left(R_1 + \dfrac{R_2'}{s}\right)^2 + (X_{1\sigma} + X_{2\sigma}')^2} \tag{9-15}$$

式（9-15）为恒压频比调速时电动机的机械特性方程式。不同频率下的最大转矩和最大转矩对应的临界转差率分别为

$$T_{em} = \frac{3p}{4\pi} \left(\frac{U_1}{f_1} \right)^2 \frac{f_1}{R_1 + \sqrt{R_1^2 + (X_{1\sigma} + X_{2\sigma}')^2}} \qquad (9\text{-}16)$$

$$s_m = \frac{R_2'}{\sqrt{R_1^2 + (X_{1\sigma} + X_{2\sigma}')^2}} \qquad (9\text{-}17)$$

由式（9-16）可见，在基频以下采用恒压频比方式调速时，T_{em} 已不是常数，它随着频率降低而减小。当频率 f_1 接近额定频率 f_N 时，定子电阻 $R_1 \ll X_{1\sigma} + X_{2\sigma}'$，可以忽略。因此随着频率的下降，最大转矩下降不多；但当 f_1 较低时，$X_{1\sigma} + X_{2\sigma}'$ 变小，这时 R_1 相对较大，致使频率降低时，T_{em} 减小了。这种控制方式下电动机的机械特性曲线如图 9-28 中实线所示。

基频以下恒压频比调速近似为恒磁通控制方式，同样适用于恒转矩负载调速。不过，为了使电动机在低频时仍保持足够大的过载能力，通常可将 U_1 适当抬高一些，近似地补偿一些定子压降。

2. 从基频向上调节

由于电源电压不能高于电动机的额定电压，在频率 f_1 从基频往上调时，电动机电压只能保持为额定电压 U_{1N} 不变。因此在基频以上调速时，随着频率 f_1 升高，主磁通 Φ_m 成反比地降低，类似于直流电动机的减弱磁通调速的方法。

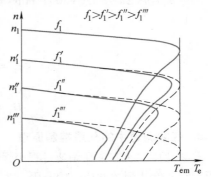

图 9-28 基频以下变频调速的机械特性

当保持定子电压 $U_1 = U_{1N}$（相电压为 U_{1Np}）时，电动机的电磁转矩为

$$T_e = \frac{3pU_{1Np}^2 \dfrac{R_2'}{s}}{2\pi f_1 \left[\left(R_1 + \dfrac{R_2'}{s} \right)^2 + (X_{1\sigma} + X_{2\sigma}')^2 \right]} \qquad (9\text{-}18)$$

由于当 $f_1 > f_N$ 时，定子电阻 $R_1 \ll X_{1\sigma} + X_{2\sigma}'$，可以忽略，此时最大转矩和最大转矩对应的临界转差率分别为

$$T_{em} = \frac{3pU_{1Np}^2}{4\pi f_1 (X_{1\sigma} + X_{2\sigma}')} = \frac{3pU_{1Np}^2}{8\pi^2 (L_{1\sigma} + L_{2\sigma}') f_1^2} \qquad (9\text{-}19)$$

$$s_m = \frac{R_2'}{X_{1\sigma} + X_{2\sigma}'} = \frac{R_2'}{2\pi (L_{1\sigma} + L_{2\sigma}') f_1} \qquad (9\text{-}20)$$

最大转矩时的转速降为

$$\Delta n_m = s_m n_1 = \frac{R_2'}{2\pi (L_{1\sigma} + L_{2\sigma}') f_1} \frac{60 f_1}{p} = \frac{R_2'}{2\pi (L_{1\sigma} + L_{2\sigma}')} \frac{60}{p} \qquad (9\text{-}21)$$

可见，当保持定子电压为额定值不变，在基频以上升频调速时，最大转矩 T_{em} 与频率 f_1 的二次方成反比，临界转差率 s_m 与频率成反比，而 Δn_m 保持不变，其机械特性如图 9-29 所示。

在基频以上调速时，由于磁通与频率成反比地降低，使得电动机转矩也与频率近似成反比变化，所以电动机近似做恒功率运行。

【例 9-6】 一台 YVF280S-4 型变频异步电动机，$P_N = 75\text{kW}$，$U_N = 380\text{V}$（三角形联结），$f_N = 50\text{Hz}$，$n_N = 1450\text{r/min}$，$k_m = 2.4$，如保持负载转矩为额定转矩不变，采用恒压频比变频

调速。当转速为550r/min时，应如何调节频率和电压？

解： 电动机的额定转差率为

$$s_N = \frac{n_1 - n_N}{n_1} = \frac{1500 - 1450}{1500} = 0.0333$$

在额定负载转矩下固有特性上的转速降为

$$\Delta n = sn_1 = (0.0333 \times 1500) \text{r/min} = 50 \text{r/min}$$

由于恒压频比变频调速时，人为机械特性的斜率不变，即转速降落值不变，所以变频后的同步转速为

$$n_1' = n + \Delta n = (550 + 50) \text{r/min} = 600 \text{r/min}$$

所以

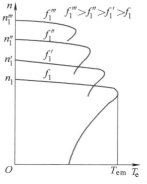

图 9-29 基频以上变频调速的机械特性

$$f_1' = \frac{pn_1'}{60} = \frac{2 \times 600}{60} \text{Hz} = 20 \text{Hz}$$

$$U_1' = \frac{f_1'}{f_N} U_N = \frac{20}{50} \times 380 \text{V} = 152 \text{V}$$

3. 变频调速中的矢量控制原理

变频变压调速方案在调速过程中保持电动机内的磁链恒定，并没有解除磁链和电流的耦合问题，它所能达到的调速范围有限。为了提高变频调速性能，目前普遍采用矢量控制方法。

电动机调速的关键是转矩控制，所有电动机的电磁转矩都是由主磁场和电枢磁场相互作用而产生的。因此，要弄清异步电动机的调速性能为什么不如直流电动机的原因，必须对异步电动机和直流电动机的电磁作用情况进行比较。

直流电动机的电磁转矩公式为 $T_e = C_T \Phi I_a$，当励磁电流不变时，转矩 T_e 与电枢电流 I_a 成正比。如不考虑磁路饱和的影响，并忽略电枢反应，则主磁通 Φ 只与励磁电流 I_f 成正比。由于电磁转矩中的两个控制变量 I_a 和 I_f 是相互独立的，所以转矩 T_e 可以快速响应 I_a 的变化，控制好电流 I_a 就等于控制好转矩 T_e。因此，直流电动机具有良好的动态性能。

三相异步电动机的电磁转矩与转子电流之间的关系为 $T_e = C_T \Phi_m I_2 \cos\varphi_2$。由于气隙磁通幅值 Φ_m、转子电流 I_2 和转子功率因数 $\cos\varphi_2$ 都是转差率 s 的函数，三者相互耦合，互不独立，都是难以直接控制的量。比较容易直接控制的是定子电流 I_1，但它却又是转子电流的折算值 I_2' 与磁化电流 I_m 的相量和。因此，要在动态过程中准确地控制异步电动机的转矩是比较困难的。

在异步电动机中，如果也能够对负载电流和励磁电流分别进行独立控制，并使它们的磁场在空间位置上也能互差90°电角度，那么，其调速性能就可以与直流电动机相媲美了。这就是交流电动机的矢量控制的基本思想，它是由德国的 Blaschke 等人于1971年首先提出的。

矢量控制的基本原理和实现方法如下：

（1）三相异步电动机的两相直流旋转绕组模型 为了模拟直流电动机的电枢磁动势与主极磁场垂直，且电枢磁动势的大小与主极磁场的强弱分别可调，可设想图9-30所示的三相异步电动机的两相直流旋转绕组模型。该模型有两个互相垂直的绕组：M绕组和T绕组，两绕组分别通以直流电流 i_M 和 i_T，且均以同步转速 n_1（角频率 ω）在空间旋转。i_M 对应定子电流中产生磁通的励磁电流分量，i_T 对应产生转矩的转矩电流分量，两分量互相垂直，

彼此独立，可分别进行调节。这样，交流电动机的转矩控
制，从原理和特性上就与直流电动机相似了。

（2）三相对称绕组与两相直流旋转绕组的变换　实际
上，三相异步电动机的定子三相绕组是嵌放在定子铁心槽
中固定不动的。但根据旋转磁动势理论，三相对称绕组可
以用在空间上静止、且互相垂直的两相 α、β 绕组代替。
三相绕组的电流 i_U、i_V、i_W 与 α、β 两相绕组的电流 i_α、
i_β 有固定的变换关系，这种把三相交流系统转换为两相交
流系统的变换称为 Clarke 变换，或称 3/2 变换。

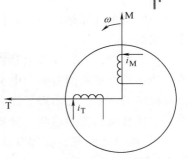

图 9-30　两相直流旋转绕组模型

通过坐标旋转变换，就能把静止的 α、β 坐标系中的电流 i_α、i_β 变换为旋转的 M、T 坐
标系中的电流 i_M、i_T。通常把两相交流系统向旋转直流系统的变换称为 Park 变换，或称交/
直变换。

（3）矢量控制的实现　通过以上讨论可见，可以将一个三相交流的磁场系统和一个旋
转体上的直流磁场系统，以两相系统为过渡，互相进行等效变换。所以，如果将变频器的给
定信号变换成类似于直流电动机磁场系统的励磁电流 i_M 和转矩电流 i_T，并且把 i_M 和 i_T 作为
基本控制信号，则通过等效变换，可以得到与基本控制信号 i_M 和 i_T 等效的三相交流控制信号
i_U、i_V、i_W，去控制逆变电路。对于电动机在运行过程中的三相交流系统的数据，又可以等效
变换成两个互相垂直的直流信号，反馈到给定控制部分，用以修正基本控制信号 i_M 和 i_T。

进行控制时，可以和直流电动机一样，使其中的磁场电流信号（i_M）不变，而控制其
转矩电流信号（i_T），从而获得与直流电动机类似的控制性能。

矢量控制的基本框图如图 9-31 所示，控制器经过运算将给定信号（速度信号）分解成
在两相旋转坐标系下互相垂直且独立的直流给定信号 i_M^* 和 i_T^*，然后经过 Park 逆变换（直/
交变换）将其分别转换成两相电流给定信号 i_α^*、i_β^*，再经 Clarke 逆变换，得到三相交流的
控制信号 i_U^*、i_V^*、i_W^*，进而去控制逆变器。

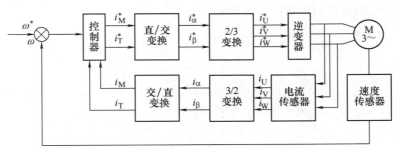

图 9-31　矢量控制的基本框图

电流反馈用于反映负载的状况，使直流信号中的转矩分量能随负载而变，从而模拟出类
似于直流电动机的工作情况。

速度反馈用于反映拖动系统的实际转速和给定值之间的差异，并使之以合适的速度进行
校正，从而提高系统的动态性能。

由于矢量控制不仅控制电流幅值的大小，而且考虑了方向（体现在 i_M 和 i_T 的分配比例
是确定的），这与以往的调速办法不同，如变频变压调速法是属于标量控制，必然要经过较

长时间的调节才能达到稳定运行。矢量控制的主要特点是动态响应快，使交流电动机调速性能有质的提高。

综上所述，三相异步电动机变频调速具有很好的调速性能，完全可以与直流调速相媲美。特别是近年来随着电力电子学与电子技术的发展，以及矢量控制、直接转矩控制等新型控制技术的应用，已出现了许多性能良好、工作可靠的变频调速装置，异步电动机变频调速大有取代直流调速的趋势。异步电动机变频调速具有以下特点：

1）调速范围宽，变频变压方式调速范围可达到 1：10，矢量控制方式调速范围可达到 1：200。

2）速度可在整个调速范围内连续控制，调速平滑性好，可实现无级调速。

3）机械特性硬，静差率小，转速稳定性好。

4）基频以下为恒转矩调速，基频以上为恒功率调速。

5）调速时转差率小，转差功率损耗小，运行效率高。

6）变频调速设备结构复杂，价格昂贵。

9.3.3 调压调速

异步电动机的最大转矩 T_{em} 与定子相电压 U_1 的二次方成正比，而临界转差率 s_m 和同步转速 n_1 与 U_1 无关，因此降低定子端电压，就使人为机械特性变软，电动机的工作点下移，从而达到调速的目的。笼型异步电动机改变定子端电压的人为机械特性如图9-32所示。由图可见，对于恒转矩负载（图中曲线 T_{L1}），由于 $s>s_m$ 时电力拖动系统不能稳定运行，因此调速范围很小。若为风机类负载（图中曲线 T_{L2}），由于 $s>s_m$ 时仍能稳定运行，其调速范围较大。

对于恒转矩负载，如能提高转子电阻（如采用高转差率的异步电动机或绕线转子异步电动机转子串接电阻），则改变定子电压可获得较宽的调速范围，其机械特性如图9-33所示。但是，由于机械特性变软，致使低速运行时稳定性变差，且低压时过载能力较低，负载稍有波动，电动机就有可能停转。因此，对恒转矩负载，如要求调速范围较大，往往采用带速度反馈的闭环控制来提高机械特性的硬度。

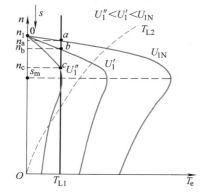

图9-32 异步电动机调压调速机械特性

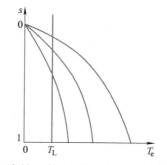

图9-33 高转差率异步电动机调压调速机械特性

带速度反馈的闭环控制调压调速原理如图9-34a所示，电源电压经晶闸管调压后加到定子绕组，如果实际转速小于给定转速，则比较器产生一个误差信号，该误差信号经放大器放大后控制触发器，使触发延迟角减小，从而使调压装置的输出电压增大，使电动机的转速近

似稳定不变。这样，通过转速闭环控制，得到一组硬度很高的机械特性曲线族，如图 9-34b
所示。

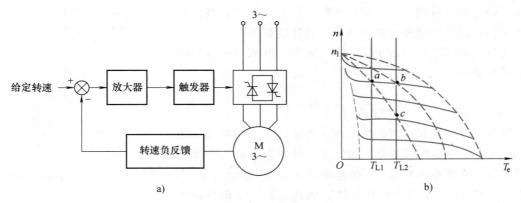

图 9-34　具有转速负反馈的调压调速

a）原理图　　b）机械特性

改变定子端电压调速是一种比较简便的调速方法，但低速时铜耗大，效率低，电动机散
热差，发热严重。对于恒转矩负载不宜长期在低速下工作，它比较适合于风机类负载的
调速。

【**例 9-7**】　一台 Y280S-4 型三相异步电动机，额定功率 $P_N = 75kW$，额定电压 $U_N = 380V$
（三角形联结），额定转速 $n_N = 1480r/min$，最大转矩倍数 $k_m = 2.2$，电动机带额定负载运行，
若采用调压调速，将定子电压调到 $U_{1L} = 0.8U_N$，求电动机的转速变为多少？

解：电动机的额定转差率为

$$s_N = \frac{n_1 - n_N}{n_1} = \frac{1500 - 1480}{1500} = 0.0133$$

临界转差率为

$$s_m = s_N(k_m + \sqrt{k_m^2 - 1}) = 0.0133 \times (2.2 + \sqrt{2.2^2 - 1}) = 0.0553$$

由于调压调速时最大转矩 T_{em} 与端电压二次方成正比变化，而临界转差率不变，因此，
当将定子电压调到 $U_{1L} = 0.8U_N$ 时，最大转矩和临界转差率分别变为

$$T'_{em} = \left(\frac{0.8U_N}{U_N}\right)^2 T_{em} = 0.64T_{em} = 0.64k_m T_N = 1.408T_N$$

$$s'_m = s_m = 0.0553$$

所以，调压后电动机的转差率变为

$$s = s'_m \left(\frac{T'_{em}}{T_N} - \sqrt{\left(\frac{T'_{em}}{T_N}\right)^2 - 1}\right) = 0.0553 \times (1.408 - \sqrt{1.408^2 - 1}) = 0.0230$$

转速变为

$$n = n_1(1-s) = 1500 \times (1 - 0.0230) r/min = 1465 r/min$$

9.3.4　绕线转子异步电动机转子串电阻调速

三相异步电动机的最大转矩 T_{em} 与转子电阻无关，而临界转差率 s_m 与转子电阻成正比，

因此增大转子回路的电阻，电动机的人为机械特性变软。根据图 9-35，如负载转矩不变，转子回路串入电阻 R_c 后，T_e-s 曲线下移，电动机的工作点随之下移，转差率增大，转速降低。显然，转子回路外串电阻越大，转速就越低。

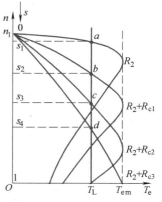

图 9-35 转子串电阻的机械特性

在恒转矩调速时，由于 $T_e = T_L =$ 常值，从式（4-71）可见，调速前后

$$\frac{R_2}{s} = \frac{R_2 + R_c}{s'} = 常数 \qquad (9-22)$$

因此，恒转矩调速时，转差率 s 将随转子回路的总电阻值（$R_2 + R_c$）成正比例变化，而定子、转子电流的大小和相位都不变，从而输入功率 P_1 和电磁功率 P_e 也都保持不变。由于 $P_e = P_m + P_{Cu2} = (1-s) P_e + sP_e$，因此，转速降低所减少的输出功率都消耗在调速电阻的铜耗上，转差率 s 越大，消耗在转子回路的转差功率越大，电动机的效率就越低。

绕线转子异步电动机转子串电阻调速有以下特点：

1）这种方法属于转差功率消耗型调速方法，调速效率低。由于低速运行时转子损耗大，故不宜长期低速运行。

2）由于转子串入较大电阻后，电动机的机械特性很软，低速运行时负载转矩稍有变化，转速波动就很大，致使低速运行时稳定性变差。调速范围也就不可能太宽，只能达到（2~3）：1。

3）由于转子需外串分级电阻，这种调速是有级的，平滑性差。

4）这种调速方法比较简单易行，初期投资少，其调速电阻还可兼作起动电阻和制动电阻使用，因而多用于对调速性能要求不高且断续工作的生产机械上，如桥式起重机、轧钢机的辅助机械等。

【例 9-8】 一台 YR280M-4 型异步电动机带额定负载恒转矩运行，已知 $P_N = 75\text{kW}$，$n_N = 1480\text{r/min}$，$U_{1N} = 380\text{V}$（三角形联结），$I_{1N} = 140\text{A}$，$E_{2N} = 354\text{V}$，$I_{2N} = 128\text{A}$，$k_m = 3.0$，试求：（1）当在转子回路串入 0.1Ω 电阻时，电动机的运行转速；（2）要求把转速降至 1000r/min，转子回路每相应串多大电阻？（3）如要求电动机以最大转矩起动，应在转子回路串入多大电阻？

解：（1）额定转差率为

$$s_N = \frac{n_1 - n_N}{n_1} = \frac{1500 - 1480}{1500} = 0.0133$$

转子每相电阻为

$$R_2 = \frac{s_N E_{2N}}{\sqrt{3} I_{2N}} = \frac{0.0133 \times 354}{\sqrt{3} \times 128}\Omega = 0.0212\Omega$$

由于转子串电阻调速时，如电动机带恒转矩负载运行，则转差率 s 将随转子回路的总电阻值（$R_2 + R_c$）成正比例变化，即 $\dfrac{R_2}{s_N} = \dfrac{R_2 + R_c}{s'} =$ 常数。所以，当串入电阻 $R_c = 0.1\Omega$ 时，电动

机的转差率为

$$s' = \frac{R_2 + R_c}{R_2} s_N = \frac{0.0212 + 0.1}{0.0212} \times 0.0133 = 0.0760$$

电动机的转速为

$$n = n_1(1 - s') = 1500 \times (1 - 0.0760) \, \text{r/min} = 1386 \, \text{r/min}$$

（2）当 $n' = 1000 \, \text{r/min}$ 时，转差率为

$$s = \frac{n_1 - n'}{n_1} = \frac{1500 - 1000}{1500} = 0.3333$$

转子每相应串电阻为

$$R_c = \left(\frac{s}{s_N} - 1\right) R_2 = \left(\frac{0.3333}{0.0133} - 1\right) \times 0.0212 \, \Omega = 0.5101 \, \Omega$$

（3）电动机在临界点，电磁转矩最大。临界转差率为

$$s_m = s_N(k_m + \sqrt{k_m^2 - 1}) = 0.0133 \times (3 + \sqrt{3^2 - 1}) = 0.0775$$

当电动机起动时，转速为 0，转差率为 $s = 1$，由于起动转矩最大，故有 $\dfrac{R_2 + R_{st}}{1} = \dfrac{R_2}{s_m}$。所串的电阻大小为

$$R_{st} = \left(\frac{1}{s_m} - 1\right) R_2 = \left(\frac{1}{0.0775} - 1\right) \times 0.0232 \, \Omega = 0.2523 \, \Omega$$

9.3.5 绕线转子异步电动机串级调速

为了克服绕线转子异步电动机转子串电阻调速的缺点，将消耗在外串电阻上的转差功率利用起来，可以采用串级调速的方法。

绕线异步电动机的串级调速就是在其转子电路中串入大小可调的电动势 $\dot{E}_{ad}$，以调节电动机的电磁转矩，从而达到调速的目的。

附加电动势 $\dot{E}_{ad}$ 既可以与转子感应电动势 $\dot{E}_{2s}$ 同相位，也可以与 $\dot{E}_{2s}$ 反相位。因此，串入 $\dot{E}_{ad}$ 后，转子电流变为

$$I_{2s} = \frac{E_{2s} \pm E_{ad}}{\sqrt{R_2^2 + (sX_{2\sigma})^2}} \tag{9-23}$$

设电动机在恒定负载下稳定运转，这时，电磁转矩等于负载转矩，$T_e = T_L$。当附加电动势 $\dot{E}_{ad}$ 与转子电动势 $\dot{E}_{2s}$ 同相位时，式（9-23）中 E_{2s} 与 E_{ad} 相加。在引入 E_{ad} 的瞬间，转速来不及变化，转子电流 I_{2s} 增大，电磁转矩 T_e 随之增大，从而使 T_e 大于负载转矩 T_L，引起转速上升。因为转子电路串入附加电动势不会使同步转速发生变化，所以转速上升使电动机的转差率 s 下降，从而引起 $E_{2s} = sE_2$ 减小。由式（9-23）可知，E_{2s} 减小使转子电流 I_2 回落，导致电磁转矩 T_e 重新减小，直到 $T_e = T_L$ 时，电动机在新的转速下稳定运行。串入的附加电动势的幅值越大，转速就越高。

同理，当附加电动势 $\dot{E}_{ad}$ 与转子电动势 $\dot{E}_{2s}$ 反相位时，式（9-23）中 E_{2s} 与 E_{ad} 相减，

使电动机转速下降。串入的附加电动势的幅值越大，转速就越低。

实现串级调速的关键是在转子回路中串入一个大小、相位可以自由调节，频率能自动跟随转速变化、且始终等于转子频率的附加电动势。

图 9-36 是晶闸管串级调速原理图，系统工作时把转子感应电动势 E_{2s} 整流成直流电压 U_d，然后由晶闸管逆变器把 U_β 变为工频交流，通过变压器将其回馈给电网，图中 L 为平波电抗器。这里的逆变器输入电压 U_β 可视为加在转子回路中的附加电动势 E_{ad}，改变逆变器触发脉冲的触发延迟角，就可以改变 U_β 的大小，从而实现电动机的串级调速。由于接在转子侧的是不可控整流桥，电流不可能逆向，所以该系统中转子回路总是单方向地把一部分功率（转差功率）通过接在电源侧的晶闸管逆变器送回电网，因而该线路只能在低于同步转速下调速。

如果把接在转子侧的整流桥改为晶闸管变流装置，且让它处在逆变状态，而让接在电源侧的变流装置处在整流状态，则会有一部分功率（转差功率）由交流电网通过整流和逆变送入转子，形成定子和转子所谓"双馈状态"，从而使电动机的转速可以超过同步转速。

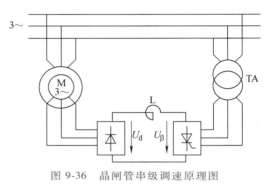

图 9-36　晶闸管串级调速原理图

串级调速的特点如下：

1）可以将转差功率回馈电网，因此调速系统运行效率高，节电效果显著。

2）机械特性硬，调速稳定性好。

3）可实现无级调速，调速平滑性好。

4）串级调速系统存在的主要问题是功率因数低，一般串级调速系统高速运行时功率因数为 0.6~0.65，在低速时下降到 0.4~0.5。

5）低速时过载能力较低。

6）串级调速系统中变流装置控制的只是电动机的转差功率，如电动机调速范围不大，最大转差率不高，则变流装置的容量比较小。例如，通常风机、水泵的调速范围一般只要 30%左右即可，晶闸管串级调速系统中变流装置的容量只有电动机容量的 30%左右，比较经济。因此，串级调速适用于调速范围不大的绕线转子异步电动机，如应用于水泵、风机的调速。

9.3.6　电磁调速电动机

电磁调速电动机又称为滑差电动机，它由笼型三相异步电动机、电磁转差离合器、测速发电动机和控制装置等组成，如图 9-37 所示。笼型三相异步电动机作为电磁调速电动机的驱动电动机，安装在电磁转差离合器的机座上，电动机本身并不调速，通过改变电磁转差离合器的励磁电流来实现调速。

电磁转差离合器是把电动机的转轴和生产机械的转轴做软性连接的电磁装置，它主要由电枢和磁极两部分组成，电枢和磁极之间有气隙，使两者能够各自独立旋转。电枢是一个由铁磁材料制成的圆筒，与异步电动机同轴连接，由异步电动机带动，因此电枢是电磁转差离合器的主动部分。磁极也是由铁磁材料制成的，装在电磁调速电动机的输出轴上，并与机械

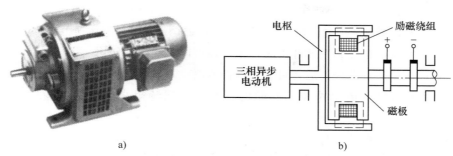

图 9-37　电磁调速电动机

a）实际结构　b）原理图

负载相联，因此磁极是电磁转差离合器的从动部分。在磁极上装有励磁绕组，绕组的引线接在集电环上，通过电刷与直流电源接通。

当异步电动机带动圆筒形电枢旋转时，电枢就会因切割磁力线而感应出涡流来，涡流再与磁极的磁场作用产生电磁力，由此电磁力所形成的转矩将使磁极跟随电枢同方向旋转，从而带动工作机械旋转。

显然，电磁离合器的工作原理和异步电动机相似，磁极和电枢的速度不能相同，否则，电枢就不会切割磁力线，也就不能产生带动生产机械旋转的转矩。

当励磁电流等于零时，磁极没有磁通，电枢不会产生涡流，也不能产生转矩，磁极也就不会转动，这就相当于生产机械被"离开"；一旦加上励磁电流，磁极即刻转动起来，这就相当于生产机械被"合上"，电磁转差离合器由此得名。

当负载一定时，如果减少励磁电流，将使磁通减少，磁极与电枢的转差被迫增大，这样才能产生比较大的涡流，以便获得同样大的转矩。所以通过调节励磁绕组的电流，就可以调节生产机械的转速。

由于笼型异步电动机在额定转矩范围内的转速变化不大，所以电磁调速电动机的机械特性取决于电磁转差离合器的机械特性，其特性曲线如图 9-38a 所示，图中，理想空载转速 n_0 为异步电动机的转速，随着负载转矩的增大，输出转速 n 下降较大，机械特性很软。为了得到比较硬的机械特性，实际的电磁调速系统都采用速度负反馈控制，组成闭环调速系统，其机械特性如图 9-38b 所示。

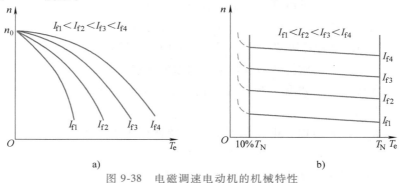

图 9-38　电磁调速电动机的机械特性

a）开环机械特性　b）闭环机械特性

电磁离合器调速系统的特点如下：

1）无级调速，调速范围宽。如国产 YCT 系列电磁调速电动机的调速范围可达到 10：1。

2）当负载或电动机受到突然冲击时，离合器可以起到缓冲作用。

3）结构简单、造价低廉、运行可靠、维护方便。

4）存在不可控区，由于摩擦和剩磁的存在，负载转矩小于额定转矩的 10% 时可能失控。

5）不宜长期处于低速运行。

6）适用于通风机负载和恒转矩负载，不适用于恒功率负载。

9.4　三相异步电动机的制动

制动是生产机械对电动机所提出的特殊要求。例如，有些生产机械在某个生产环节要求电动机自高速迅速降到低速，或在规定时间内迅速停机，或迅速反转运行以提高劳动生产率。所谓制动，就是在原有旋转方向上产生一个反方向的转矩。

为适应各种不同的生产机械所提出的不同要求，异步电动机有四种电气制动方法：回馈制动、反接制动、能耗制动以及软停车与软制动，现分别介绍如下。

9.4.1　回馈制动

1. 实现回馈制动的条件及电动机中的能量传送

当三相异步电动机运行时，如果由于外部因素，使电动机的转速 n 高于同步转速 n_1，电动机便处于回馈制动状态。这时，$n>n_1$，$s<0$，电动机变成一台与电网并联的异步发电机，电动机的电磁转矩 T_e 的方向与转子的旋转方向相反，起制动作用。不过，虽然此时它把机械能转变成电能并反馈回电网，但必须同时向电网吸收无功功率，以建立旋转磁场。

回馈制动是利用发电制动作用起到限制电动机转速的作用，若需要制动到停转状态，还需与其他制动方法配合使用。

2. 回馈制动的机械特性

异步电动机从电动状态过渡到回馈制动状态后，电动状态下的等效电路在回馈制动状态下仍然适用，因此，回馈制动状态下机械特性表达式与电动状态下表达式的形式完全一样，只是由于 $n>n_1$，$s<0$，电磁转矩 T_e 为"负"。所以回馈制动状态下异步电动机的机械特性曲线，实际上是电动状态下机械特性曲线在第 II 象限的延伸，其形状与电动状态时相似，有一个最大转矩和临界转差率，如图 9-39 所示。由于此时 $n>0$，电动机正转，故此时的回馈制动称为正向回馈制动。

当电动机反转，即 $n<0$ 时，电动状态的机械特性位于第 III 象限，回馈制动的机械特性位于第 IV 象限，此时的回馈制动称为反向回馈制动。

3. 异步电动机回馈制动的实现

（1）调速过程中的回馈制动　这种回馈制动发生在变极调速时磁极对数突然增多，或者变频调速时供电频率突然降低时。下面以变极调速为例，说明电动机突然降速时发生的回馈制动。

一台双速异步电动机，通过改变定子绕组的接线方式来获得两种速度，高速时联结成双星形，低速时联结成三角形。当由高速（少极数）换接到低速（多极数）时，机械特性由图 9-40 中的曲线 1 转换到曲线 2，同步转速由 n_1 降为 n_1'。设负载转矩为 T_L，电动机在原来在曲线 1 上的 a 点稳定运行。当磁极对数改变后，电动机转速因惯性来不及改变，所以由运行点立即转换到曲线 2 上的 b 点，这就造成 $n>n_1'$，使电磁转矩 T_e 与转速方向相反，起制动作用，转速沿着曲线 2 下降，最后稳定运行在 c 点。

在电动机降速的制动过程中，电动机将拖动系统储存的动能转换成电能馈送到电网，回馈制动起到缩短过渡过程的作用，这种制动属于"过渡过程运行状态"。

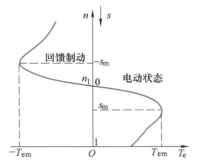

图 9-39 回馈制动状态下的机械特性

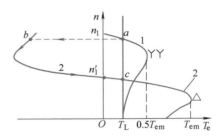

图 9-40 变极调速过程中的回馈制动

（2）起重机下放重物时的回馈制动 当起重机高速下放重物时，往往采用回馈制动。如电动机拖动重物上升的转速为正，则电动机下放重物时的转速为负，反向电动状态的机械特性在第Ⅲ象限，反向回馈制动状态的机械特性在第Ⅳ象限，利用回馈制动匀速下放重物的运行情况如图 9-41 所示。下放重物时，首先应将电动机按下降方向接通电源，电动机通电反转，在电磁转矩 T_e 和位能性负载转矩 T_L 的作用下，电动机的反转转速迅速升高，当 $n=-n_1$ 时，电动机的电磁转矩 $T_e=0$，但电动机在负载转矩 T_L 的作用下还要继续升速，这样电动机便被拖入回馈制动状态。进入回馈制动状态后，电磁转矩 T_e 改变了方向，变成阻止重物下降的制动转矩，当 $n=-n_a$ 时，电磁转矩 T_e 与负载转矩 T_L 大小相等，方向相反，系统在回馈制动状态下达到转矩平衡，电动机以 n_a 速度匀速下放重物。在重物下放过程中，重物储存的势能被电动机吸收并转换成电能送回电网，这种制动属于"稳定的制动运行状态"。

改变绕线转子异步电动机转子所串电阻 R_b 的大小，可以调节重物下降的速度。但是由于这时回馈制动状态下的机械特性是反转电动状态下机械特性在第Ⅳ象限的延伸，所以转子电阻越大，再生制动稳定运行的速度越高。如图 9-41 所示，a 点为固有特性下回馈制动的稳定运行点，b 点为转子串入电阻 R_b 后人为特性对应的回馈制动稳定运行点，显然 $n_b>n_a$。因此，回馈制动下放重物时，为避免转速过高而造成事故，转子回路所串电阻 R_b 不宜太大。

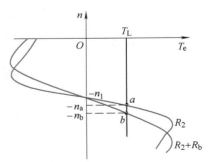

图 9-41 下放重物时的回馈制动

【例 9-9】 一台 YR280S-8 型绕线转子异步电动机，$P_N = 37kW$，$n_N = 735$ r/min，$E_{2N} = 281V$，$I_{2N} = 81.5A$，$k_m = 2.4$，电动机轴上的位能性负载转矩为 $T_L = 300N \cdot m$，假定电动机在下列两种情况下以回馈制动状态运行，求电动机的转速。（1）电动机运行在固有机械特性上下放重物。（2）转子回路串入 $R_b = 0.12\Omega$ 的制动电阻。

解：电动机的额定转差率为

$$s_N = \frac{n_1 - n_N}{n_1} = \frac{750 - 735}{750} = 0.02$$

固有特性的临界转差率为

$$s_m = s_N(k_m + \sqrt{k_m^2 - 1}) = 0.02 \times (2.4 + \sqrt{2.4^2 - 1}) = 0.0916$$

转子每相电阻为

$$R_2 = \frac{s_N E_{2N}}{\sqrt{3} I_{2N}} = \frac{0.02 \times 281}{\sqrt{3} \times 81.5}\Omega = 0.0398\Omega$$

电动机的额定转矩为

$$T_N = 9.55 \frac{P_N}{n_N} = 9.55 \times \frac{37000}{735}N \cdot m = 480.75N \cdot m$$

电动机的最大转矩为

$$T_{em} = k_m T_N = 2.4 \times 480.74N \cdot m = 1153.8N \cdot m$$

（1）由于电动机处于回馈制动状态，即发电状态，临界转差率 s'_m 为负值，其绝对值等于电动状态下的 s_m 值，电动机的机械特性实用公式同样适用。当电动机运行在固有机械特性上下放重物时，由于 $T_e = T_L = 300N \cdot m$，其转差率为

$$s' = s'_m \left(\frac{T_{em}}{T_L} - \sqrt{\left(\frac{T_{em}}{T_L} \right)^2 - 1} \right) = -0.0916 \times \left(\frac{1153.8}{300} - \sqrt{\left(\frac{1153.8}{300} \right)^2 - 1} \right) = -0.0121$$

电动机的转速为

$$n' = (-n_1)(1 - s') = -750 \times (1 + 0.0121) \text{r/min} = -759 \text{r/min}$$

式中负号表示电动机运行于反向回馈制动状态。

（2）当转子每相串入 0.12Ω 的电阻时，电动机的转差率为

$$s'' = \frac{R_2 + R_b}{R_2} s' = \frac{0.0398 + 0.12}{0.0398} \times (-0.0121) = -0.0486$$

电动机的转速为

$$n'' = (-n_1)(1 - s'') = -750 \times (1 + 0.0486) \text{r/min} = -786 \text{r/min}$$

9.4.2 反接制动

异步电动机反接制动有两种情况，一种是电源反接，使电磁转矩的方向与电动机的旋转方向相反，电动机处于制动状态；另一种是电源相序不变，在位能负载的作用下，电动机将被重物拉着反转，转子的旋转方向和旋转磁场的方向相反，电磁转矩实际起制动作用，称为倒拉反接制动。

1. 改变电源相序的反接制动

三相异步电动机反接制动接线原理图如图 9-42a 所示，反接制动前，接触器 KM₁ 闭合，

KM₂ 断开，异步电动机处于电动运行状态，稳定运行点在图 9-42b 中固有特性（曲线 1）上的 a 点。反接制动时，断开 KM₁，接通 KM₂，电动机定子绕组与电源的连接相序改变，定子绕组产生的旋转磁场随之反向，从而使转子绕组的感应电动势、电流和电磁转矩都改变方向，所以这时电动机的机械特性曲线应绕坐标原点旋转 180°，成为图 9-42b 中的曲线 2。在电源反接的瞬时，由于机械惯性的作用，转子转速来不及改变，因此电动机的运行点从 a 点平移到曲线 2 上的 b' 点，电动机进入反接制动状态，在电磁转矩 T_e 和负载转矩 T_L 的共同作用下，电动机的转速很快下降，到达 c' 点时，$n=0$，制动过程结束。

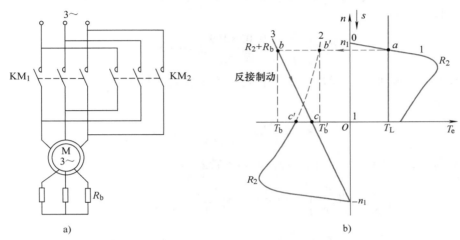

图 9-42 改变电源相序的反接制动
a）接线图 b）机械特性

由于 c' 点的电磁转矩就是电动机的反向起动转矩，因此，当转速降到接近于零时，应断开电源，否则电动机就可能反转。

反接制动过程中，相应的转差率 $s>1$，从异步电动机的等效电路可以看出，此时电动机的机械功率为

$$P_m = 3I_2'^2 \frac{1-s}{s}(R_2' + R_b') < 0$$

即负载向电动机输入机械功率。显然，负载提供的机械功率使转动部分的动能减少。转子回路的铜耗为

$$P_{Cu2} = 3(R_2' + R_b')I_2'^2 = P_e - P_m = P_e + |P_m|$$

因此，转子回路中消耗了从电源输入的电磁功率和负载送入的机械功率，数值很大。为了保护电动机不致由于过热而损坏，反接制动时，绕线转子异步电动机在转子回路必须串入较大的制动电阻（比起动电阻还要大），转子回路串电阻反接制动的机械特性如图 9-42b 中曲线 3 所示。由图可见，串入外接制动电阻还可以起到增大制动转矩的作用。由于笼型异步电动机的转子回路无法串电阻，因此反接制动不能过于频繁。

改变电源相序反接制动的制动效果好，适用于要求快速制动停车的场合，也用于频繁正反转的生产机械。缺点是能量损耗大，不易准确停车，需要有控制装置在转速接近零时切断电源。

【例 9-10】 一台 YR280M-8 型绕线转子异步电动机，$P_N = 45kW$，$n_N = 735r/min$，$E_{2N} =$

359V，$I_{2N} = 76A$，$k_m = 2.4$，如果电动机拖动额定负载运行时，采用反接制动停车，要求制动开始时最大制动转矩为 $2T_N$，求转子每相串入的制动电阻值。

解：电动机的额定转差率为

$$s_N = \frac{n_1 - n_N}{n_1} = \frac{750 - 735}{750} = 0.02$$

固有特性上的临界转差率为

$$s_m = s_N(k_m + \sqrt{k_m^2 - 1}) = 0.02 \times (2.4 + \sqrt{2.4^2 - 1}) = 0.0916$$

转子每相电阻为

$$R_2 = \frac{s_N E_{2N}}{\sqrt{3} I_{2N}} = \frac{0.02 \times 359}{\sqrt{3} \times 76}\Omega = 0.0545\Omega$$

在反接制动时瞬间，$T_e = 2T_N$，由于转速来不及变化，但旋转磁场的转向相反，所以，此时的转差率为

$$s = \frac{-n_1 - n_N}{-n_1} = \frac{-750 - 735}{-750} = 1.98$$

反接制动时转子串电阻人为机械特性的临界转差率为

$$s_m' = s\left(\frac{T_{em}}{T_L} - \sqrt{\left(\frac{T_{em}}{T_L}\right)^2 - 1}\right) = 1.98 \times \left(\frac{2.4}{2} - \sqrt{\left(\frac{2.4}{2}\right)^2 - 1}\right) = 1.0626$$

或　　　$$s_m'' = s\left(\frac{T_{em}}{T_L} + \sqrt{\left(\frac{T_{em}}{T_L}\right)^2 - 1}\right) = 1.98 \times \left(\frac{2.4}{2} + \sqrt{\left(\frac{2.4}{2}\right)^2 - 1}\right) = 3.6894$$

由于 $s_m' > s_m$，$s_m'' > s_m$，所以 s_m' 和 s_m'' 都是满足条件的解。如图 9-43 所示，当临界转差率为 s_m' 时，所串的电阻 R_{b1} 较小，人为机械特性为曲线 2；当临界转差率为 s_m' 时，所串的电阻 R_{b2} 较大，人为机械特性为曲线 3。在这两种情况下，转子每相应串电阻分别为

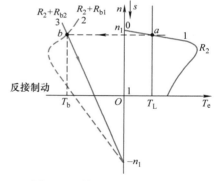

图 9-43　转子回路串不同电阻时使 $T_b = 2T_L$ 的反接制动机械特性

$$R_{b1} = \left(\frac{s_m'}{s_m} - 1\right)R_2 = \left(\frac{1.0626}{0.0916} - 1\right) \times 0.0545\Omega = 0.578\Omega$$

$$R_{b2} = \left(\frac{s_m''}{s_m} - 1\right)R_2 = \left(\frac{3.6894}{0.0916} - 1\right) \times 0.0545\Omega = 2.141\Omega$$

2. 倒拉反接制动

拖动位能性恒转矩负载的绕线转子异步电动机在运行时，若在转子回路中串入一定值的电阻，电动机的转速就会降低。如果所串电阻超过一定数值，电动机还会反转，这种状态叫倒拉反接制动，常用于起重机下放重物。

如图 9-44 所示，下放重物时，在绕线转子异步电动机转子电路中接入较大的电阻 R_b 的瞬时，电动机的转子电流和电磁转矩大为减小，电动机的工作点便由固有机械特性曲线上的稳定运行点 a 平移到人为特性曲线上的 b 点，由于此时电磁转矩 T_e 小于负载转矩 T_L，电动机将一直减速。当转速降至零时，电动机的电磁转矩仍小于负载转矩，则在负载转矩作用

下，电动机反转，直到电磁转矩重新等于负载转矩时，电动机便稳定运行于 c 点。这时负载转矩和转子转速 n 同方向，起着拖动转矩的作用，电磁转矩 T_e 与转速 n 反方向，起着制动转矩的作用。

改变转子回路外串电阻的大小，可以改变下放重物的速度。制动电阻越小，人为机械特性的斜率就越小，c 点越高，转速 n 越低，下放重物的速度越慢。但是串入的电阻必须使转速过零点的电磁转矩小于负载转矩，否则只能降低起重机的提升速度，而不能稳定下放重物。

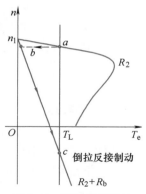

图 9-44　倒拉反接制动

【例 9-11】　某起重机由一台绕线转子三相异步电动机拖动，电动机的额定数据如下：$P_N = 30\mathrm{kW}$，$U_N = 380\mathrm{V}$（Y联结），$n_N = 730\mathrm{r/min}$，$E_{2N} = 390\mathrm{V}$，$I_{2N} = 50\mathrm{A}$，$k_m = 3.0$。电动机轴上的负载转矩 $T_L = 0.8T_N$。（1）如果电动机以 500r/min 的速度反接下放重物，求转子每相串入的电阻值。（2）如果转子每相串入 3.2Ω 的电阻，电动机的转速是多大，运行在什么状态？（3）如果转子每相串入 6.2Ω 的电阻，电动机的转速是多大，运行在什么状态？（4）如要使重物悬停在空中，求转子每相串入的电阻值。

解：电动机的额定转差率为

$$s_N = \frac{n_1 - n_N}{n_1} = \frac{750 - 730}{750} = 0.0266$$

固有特性上的临界转差率为

$$s_m = s_N \left(k_m + \sqrt{k_m^2 - 1} \right) = 0.0266 \times \left(3 + \sqrt{3^2 - 1} \right) = 0.155$$

转子每相电阻为

$$R_2 = \frac{s_N E_{2N}}{\sqrt{3} I_{2N}} = \frac{0.0266 \times 390}{\sqrt{3} \times 50}\Omega = 0.12\Omega$$

（1）当电动机运行在电动状态，其轴上的负载转矩 $T_L = 0.8T_N$ 时，$T_e = 0.8T_N$，转差率为

$$s = s_m \left(\frac{T_{em}}{0.8T_N} - \sqrt{\left(\frac{T_{em}}{0.8T_N} \right)^2 - 1} \right) = 0.155 \times \left(\frac{3}{0.8} - \sqrt{\left(\frac{3}{0.8} \right)^2 - 1} \right) = 0.021$$

当电动机以 500r/min 的速度反接下放重物时，转差率为

$$s_1 = \frac{n_1 + n}{n_1} = \frac{750 + 500}{750} = 1.6667$$

转子每相应串电阻为

$$R_{b1} = \left(\frac{s_1}{s} - 1 \right) R_2 = \left(\frac{1.6667}{0.0210} - 1 \right) \times 0.12\Omega = 9.4\Omega$$

（2）当转子每相串入 3.2Ω 的电阻时，电动机的转差率为

$$s_2 = \frac{R_2 + R_{b2}}{R_2} s = \frac{0.12 + 3.2}{0.12} \times 0.021 = 0.581$$

电动机的转速为

$$n_2 = n_1(1-s_2) = 750 \times (1-0.581)\,\mathrm{r/min} = 314\mathrm{r/min} > 0$$

所以电动机的工作点在第 I 象限，即电动机运行于电动状态（提升重物）。

（3）当转子每相串入 6.2Ω 的电阻时，电动机的转差率为

$$s_3 = \frac{R_2 + R_{b3}}{R_2}s = \frac{0.12+6.2}{0.12} \times 0.021 = 1.106$$

电动机的转速为

$$n_3 = n_1(1-s_3) = 750 \times (1-1.106)\,\mathrm{r/min} = -79.5\mathrm{r/min} < 0$$

所以电动机的工作点在第 IV 象限，即电动机运行于倒拉反接制动状态（下放重物）。

（4）当重物悬停空中时，电动机处于堵转状态，此时转差率 $s_4 = 1$，转子所串的电阻值为

$$R_{b4} = \left(\frac{s_4}{s}-1\right)R_2 = \left(\frac{1}{0.0210}-1\right) \times 0.12\Omega = 5.5943\Omega$$

9.4.3 能耗制动

1. 能耗制动的原理

能耗制动的原理如下：将运行中的三相异步电动机的定子绕组从电源断开，而在定子绕组中通入直流励磁电流，从而在气隙中建立一个静止磁场。于是，旋转的转子导体切割定子磁场感应出电流，产生与转子转向相反的电磁转矩，使电动机迅速停转。这种制动方法是把储存在转子中的动能变成电能消耗在转子上，故称为能耗制动。

能耗制动的接线原理图如图 9-45 所示。正常运行时，KM_1 闭合，KM_2 断开，电动机由三相交流电源供电。制动时，断开 KM_1，使定子三相绕组从交流电源断开，同时闭合 KM_2，使定子两相绕组串联，并由直流电源供电。改变定子直流回路中励磁调节电阻 R_f 的大小或改变转子回路所串入电阻的大小，就可达到调节制动转矩的目的。

2. 能耗制动的机械特性

三相异步电动机能耗制动的机械特性曲线如图 9-46 所示，它有以下特点：

1）能耗制动的机械特性曲线与异步发电机的机械特性曲线形状相似，也位于第 II 象限，同样存在最大转矩和临界转差率。

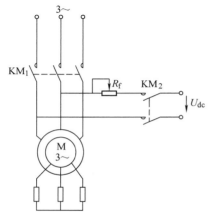

图 9-45　能耗制动接线图

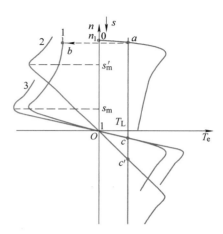

图 9-46　能耗制动的机械特性曲线

2）因为 $n=0$ 时转子与恒定磁场相对静止，转子没有感应电动势和电流，电动机的电磁转矩 $T_e=0$，故能耗制动的机械特性通过 T_e-n 坐标原点。

3）改变异步电动机的转子电阻，能耗制动机械特性的斜率随之改变，但最大转矩不变，如图中的曲线 2 所示。

4）改变直流励磁电流，转子感应电动势和电流随之改变，也就改变了最大电磁转矩，但临界转差率不变，如图中曲线 3 所示。

3. 能耗制动过程

下面以图 9-46 中的机械特性曲线 1 为例分析能耗制动的过程。如图 9-46 所示，设电动机原来稳定运行于固有机械特性上的 a 点，在切断交流电源、定子通入直流电流的瞬时，由于电动机的转速来不及变化，工作点由 a 点平移到能耗制动机械特性上的 b 点，这时电动机的电磁转矩与转速反向，起制动作用，使电动机沿曲线 1 减速，直到转速 $n=0$ 时，能耗制动结束。如果拖动的负载是反抗性负载，则电动机停转，实现了快速停车制动。

如果电动机拖动的负载是位能性恒转矩负载，当转速为零时，如要停车，则必须采用机械抱闸刹车，否则电动机会在位能性负载转矩 T_L 的作用下反转加速，直到 c 点，$T_e=T_L$，电动机处于稳定的能耗制动运行状态，使负载匀速下降。所以能耗制动也可以用于起重机下放重物，使重物匀速下降，转子回路外串电阻越大，重物下降速度越大。

9.4.4　软停车与软制动

软起动器可以实现异步电动机的软停车与软制动。

在有些场合，并不希望电动机突然停止，如皮带运输机、升降机等。所谓软停车就是电动机在接收停车指令后，端电压逐渐减小到零的停车方法。通过设置软停车的电压变化率，可调节转速下降斜坡时间。软停车的电压特性如图 9-47 所示。

软制动则是大多采用能耗制动控制方案，在制动过程中，控制直流励磁电压的大小，从而调节制动电流的变化率，使电动机由额定转速平稳地减速到停车。软制动的转速特性如图 9-48 所示。

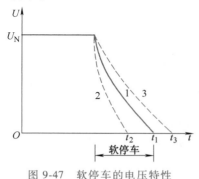

图 9-47　软停车的电压特性

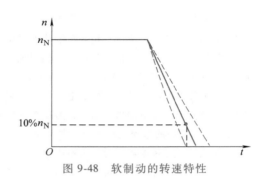

图 9-48　软制动的转速特性

9.5　异步电动机的各种运行状态

拖动不同负载的三相异步电动机，如果改变其电源电压的大小、频率与相序，或者改变其定子回路外串电抗或电阻的大小、改变其转子回路外串电阻的大小、改变其定子绕组的磁极数等，三相异步电动机就会运行在不同状态。

电动机的各种运行状态是通过电动机的机械特性与负载转矩特性在 T_e-n 坐标平面上四个象限中的交点变化来讨论的。与他励直流电动机相同，三相异步电动机按其电磁转矩 T_e 与转速 n 是同向还是反向，分为电动运行状态和制动运行状态，如图 9-49 所示。

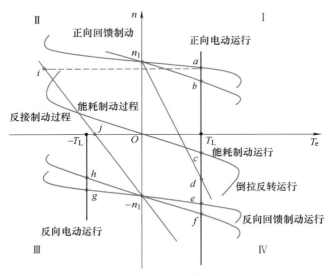

图 9-49　异步电动机的各种运行状态

由图 9-49 可见，在第 I 象限，T_e 为正，n 也为正，工作点 a、b 为正向电动运行点。在第 III 象限，T_e 为负，n 也为负，工作点 g、h 为反向电动运行点。在第 II 象限，T_e 为负，n 为正，ij 段为反接制动过程。在第 IV 象限，T_e 为正，n 为负，工作点 e、f 为反向回馈制动运行点，c 点能耗制动运行点，d 点是倒拉反转运行点。

思考题与习题

9-1　有人认为在三相异步电动机机械特性的 $0<n<(1-s_m)n_1$ 段，都是不稳定的，这种说法是否正确？

9-2　如何用实验方法测试三相异步电动机在 $0<n<(1-s_m)n_1$ 段的机械特性？

9-3　绕线转子异步电动机，若：（1）转子电阻增加；（2）漏电抗增大；（3）电源电压不变，但频率由 50Hz 变为 60Hz；试问这三种情况下最大转矩、起动转矩、起动电流会有什么变化？

9-4　普通笼型异步电动机在额定电压下起动时，为什么起动电流很大，而起动转矩并不大？

9-5　线绕转子异步电动机起动时，为什么在转子回路中串联电阻既能降低起动电流，又能增大起动转矩？串入转子回路中的起动电阻是否越大越好？在起动过程中，为什么起动电阻要逐级切除？

9-6　绕线转子异步电动机为什么不用减压起动？

9-7　在线绕转子异步电动机的转子回路中串接电抗器是否能改善起动特性？是否能用于调速？

9-8　在电源电压不变的情况下，如果三角形联结的电动机误接成星形联结，或者星形联结误接成三角形联结，其后果如何？

9-9　某三相异步电动机的铭牌上标注的额定电压为 380/220V，定子绕组接法为丫/△，试问：（1）如接到 380V 的交流电网上，能否采用丫-△起动？（2）如果接到 220V 的电网上呢？

9-10　如果一台异步电动机在修理时，将铜条转子改为铸铝转子，其起动性能、运行性能将如何变化？

9-11　异步电动机拖动额定负载运行时，若电源电压下降过多，会产生什么后果？

9-12　绕线转子异步电动机在转子回路串入电阻调速，保持负载转矩不变，待转速稳定后，其转子电流如何变化？

9-13　变频调速的异步电动机，在下列情况下应如何调速？（1）带恒转矩负载；（2）带恒功率负载；（3）负载转矩随转速二次方成正比变化的负载。

9-14　异步电动机在回馈制动时，将拖动系统的动能或位能转化为电能送回电网，在此过程中，是否需要从电网吸收无功功率？

9-15　一台 Y315M-4 型三相异步电动机，额定功率 $P_N = 132kW$，额定频率 $f_N = 50Hz$，额定转速 $n_N = 1490r/min$，最大转矩倍数 $k_m = 2.2$。试求：（1）该电动机的电磁转矩实用公式；（2）当转速 $n = 1480r/min$ 时的电磁转矩；（3）当负载转矩 $T_L = 0.6T_N$ 时的转速。

9-16　Y355L-6 型三相异步电动机的额定功率 $P_N = 250kW$，额定转速 $n_N = 990\ r/min$，起动转矩倍数 $k_{st} = 1.9$，过载能力 $k_m = 2.0$。求：（1）在额定电压下起动转矩和最大转矩；（2）当电网电压降为额定电压的 80% 时，该电动机的起动转矩和最大转矩。

9-17　一台绕线转子三相异步电动机带恒转矩负载运行，当转子回路不串电阻时，$n = 1445r/min$，若在转子回路中每相串入一个大小等于 $0.5R_2$ 的电阻，这时电动机的转速降为多少？

9-18　一台 Y280M-6 型三相异步电动机，额定功率 $P_N = 55kW$，三角形联结，全压起动电流倍数 $k_I = 7.0$，起动转矩倍数 $k_{st} = 1.9$，电源容量为 $915kV \cdot A$。若电动机带额定负载起动，试问应采用什么方法起动？

9-19　一台 YD132S-6/4 型多速异步电动机，$P_N = 3.0/4.0kW$，$n_N = 970/1440r/min$，$k_m = 2.0/2.2$，求负载转矩 $T_L = 0.9T_N$ 时电动机的转速。

9-20　一台 YVP315M-4 型变频异步电动机，$P_N = 110kW$，$U_N = 380V$（三角形联结），$f_N = 50Hz$，$n_N = 1490r/min$，$k_m = 2.4$，如保持负载转矩为额定转矩不变，采用恒压频比变频调速。当转速为 $550r/min$ 时，应如何调节频率和电压？

9-21　一台 Y280M-2 型三相异步电动机，额定功率 $P_N = 90kW$，额定电压 $U_N = 380V$（三角形联结），额定转速 $n_N = 2970r/min$，最大转矩倍数 $k_m = 2.2$，电动机带额定负载运行。（1）若将定子电压调到 $U_{1L} = 0.85U_N$，求电动机的转速变为多少。（2）若希望通过调压调速使转速降到 $1000r/min$，是否可行？

9-22　一台 YR630-8/1180 型高压异步电动机带额定负载恒转矩运行，已知 $P_N = 630kW$，$n_N = 740r/min$，$U_{1N} = 6kV$（三角形联结），$I_{1N} = 77A$，$E_{2N} = 678V$，$I_{2N} = 585A$，$k_m = 1.8$，试求：（1）当在转子回路串入 0.01Ω 电阻时，电动机的运行转速；（2）要把转速降至 $700r/min$，转子回路每相应串多大电阻？

9-23　一台 YR280S-4 型绕线转子异步电动机，$P_N = 55kW$，$n_N = 1480\ r/min$，$E_{2N} = 485V$，$I_{2N} = 70A$，$k_m = 3$，电动机轴上的位能性负载转矩为 $T_L = 300N \cdot m$，假定电动机在下列两种情况下以回馈制动方式运行，求电动机的转速。（1）电动机运行在固有机械特性上下放重物。（2）转子回路串入 $R_b = 0.12\Omega$ 的制动电阻。

9-24　一台 YR280M-6 绕线转子异步电动机，$P_N = 75kW$，$n_N = 985r/min$，$E_{2N} = 404V$，$I_{2N} = 113A$，$k_m = 2.8$，在电动机拖动额定负载运行时，采用反接制动停车，要求制动开始时最大制动转矩为 $2T_N$，求转子每相串入的制动电阻值。

9-25　某起重机由一台绕线转子三相异步电动机拖动，电动机的额定数据如下：$P_N = 37kW$，$U_N = 380V$（丫联结），$n_N = 1480/min$，$E_{2N} = 289V$，$I_{2N} = 79A$，$k_m = 3.0$。电动机轴上的负载转矩 $T_L = 0.8T_N$。（1）如果电动机以 $500r/min$ 的速度反接制动下放重物，求转子每相串入的电阻值。（2）如果转子每相串入 3.2Ω 的电阻，电动机的转速是多大，运行在什么状态？（3）如果转子每相串 1.2Ω 的电阻，电动机的转速是多大，运行在什么状态？

自 测 题

1. 一台起动转矩倍数为 2 的三相笼型异步电动机，在采用自耦变压器降压起动时，若 $U_{1L} = 0.6U_N$，则能起动的最大负载转矩应小于（　　）。

    A. $2T_N$ B. $0.6T_N$ C. $1.2T_N$ D. $0.72T_N$

  2. 笼型感应电动机减压起动与直接起动时相比，（　　）。

    A. 起动电流和起动转矩均减小   B. 起动电流减小，起动转矩增加

    C. 起动电流和起动转矩均增加   D. 起动电流增加，起动转矩减小

  3. 有一台两极绕线式感应电动机要想把转速调高 50%，采取下列哪一种调速方法是可行的（　　）。

    A. 变极调速   B. 转子中串入电阻

    C. 变频调速   D. 调高电源电压

  4. 某三相绕线转子异步电动机，在临界转差率 $s_m<1$ 的范围内增加转子电阻 R_2 时，起动电流 I_{st} 和起动转矩 T_{st} 的变化情况是（　　）。

    A. I_{st} 和 T_{st} 都增加   B. I_{st} 和 T_{st} 都减小

    C. I_{st} 增加，T_{st} 减小   D. I_{st} 减小，T_{st} 增加

  5. 一台起动转矩倍数为 1.8 的三相笼型异步电动机，在采用丫-△减压起动时，能起动的最大负载转矩应小于（　　）。

    A. $0.6T_N$ B. $1.8T_N$ C. $0.9T_N$ D. $0.3T_N$

  6. 异步电动机的最大转矩（　　）。

    A. 与短路电抗无关   B. 与电源电压无关

    C. 与电源频率无关   D. 与转子电阻无关

  7. 三相异步电动机负载增加时，会使（　　）。

    A. 转子转速降低   B. 转子电流产生的磁势对转子的转速减小

    C. 转子电流频率降低   D. 转子电流产生的磁势对定子的转速增加

  8. 绕线式异步电动机的转子绕组中串入调速电阻，当转速达到稳定后，如果负载转矩为恒转矩负载，调速前后转子电流将（　　）。

    A. 保持不变   B. 增加   C. 减小   D. 0

  9. 绕线式异步电动机起动时，在转子回路中接入适量三相电抗，则能减少起动电流，但此时产生的起动转矩（　　）

    A. 不变   B. 0   C. 增大   D. 减小

  10. 一台三相异步电动机拖动额定恒转矩负载运行时，若电源电压下降了 10%，这时电动机电磁转矩为（　　）。

    A. T_N B. $0.81T_N$ C. $0.1T_N$ D. $0.9T_N$

  11. 若要使起动转矩 T_{st} 等于最大转矩 T_{em} 应（　　）。

    A. 改变电压大小   B. 改变电源频率

    C. 增大转子回路电阻   D. 减小电机气隙

  12. 当绕线式异步电动机的电源频率和端电压不变，仅在转子回路中串入电阻时，最大转矩 T_{em} 和临界转差率 s_m 将（　　）。

    A. T_{em} 和 s_m 均保持不变   B. T_{em} 减小，s_m 不变

    C. T_{em} 不变，s_m 增大   D. T_{em} 和 s_m 均增大

第10章 同步电动机的电力拖动

同步电动机具有转速恒定、功率因数可调的优点，但在过去相当长的时期，由于它起动困难加之又不能调速，使其应用受到了极大的限制。近年来，随着计算机技术和电力电子技术的迅速发展，以各种半导体功率器件为核心的变频技术日趋成熟，解决了同步电动机的起动和调速问题，从而使同步电动机跨入了调速电机的行列。不仅如此，一些新型同步电动机也得到了迅速发展，它们无一例外是电机学与电力电子技术相互交叉和融合的结晶，开创了电机学科以及调速系统新的发展方向。

本章首先讨论同步电动机的起动和调速方法，然后简单介绍几种新型的同步电动机调速系统。

10.1 同步电动机的机械特性及稳定运行

10.1.1 同步电动机的机械特性

在电源频率 f_1 一定时，三相同步电动机的转速与电磁转矩的关系 $n=f(T_e)$ 称为机械特性。根据第 5 章的分析，同步电动机的转速为同步转速 $n_1=\dfrac{60f_1}{p}$，也就是说，f_1 一定时，转速 $n=n_1=$ 常数，与机械负载的轻重无关。机械特性曲线如图 10-1 所示。这是一种绝对的硬特性。

同步电动机不可能在非同步转速下异步运行。如果 $n\neq n_1$，就会出现如图 10-2 所示的情况，当转子磁极与气隙等效磁极的异极性靠近时，前后两个时刻，转子所受到的是相反方向的磁拉力；而当转子磁极与气隙等效磁极的同极性靠近时，前后两个时刻，转子同样受到相反方向的一推一拉的磁拉力。

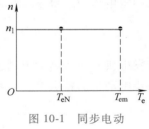

图 10-1 同步电动机的机械特性

因此，旋转磁场每转一圈，转子所受到的平均电磁转矩等于零。若要产生恒定的电磁转矩，转子磁极与气隙等效磁极不能有相对运动，即转子转速必须等于同步转速，使功率角恒定不变。

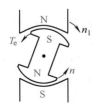 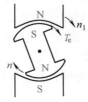 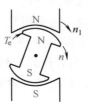 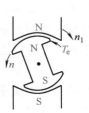

图 10-2 同步电动机异步运行时的电磁转矩

10.1.2 同步电动机的稳定运行

同步电动机以同步转速旋转属于同步电动机的稳定运行状态。当同步电动机的机械负载等因素发生变化时，同步电动机又是怎样调节使其在新的工作条件下重新保持同步运行的呢？下面从隐极同步电动机的矩角特性来分析这个问题。

观察图 10-3，如果电动机原来工作在 a 点，对应的功率角和电磁转矩为 θ_1 和 T_{e1}，$T_{e1} = T_L + T_0$。当负载突然增加 ΔT_L 时，要使 $T_{e1} < T_L + \Delta T_L + T_0$，电动机就要减速，导致功率角 θ 增大，电磁转矩 T_e 也相应增大；当 θ 增大到 θ_2 时，电磁转矩 T_e 相应增大到 T_{e2}，电磁转矩重新与负载转矩平衡，即 $T_{e2} = T_L + \Delta T_L + T_0$，电动机便在比原来大的功率角下重新以同步转速稳定运行于 b 点。

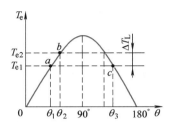

图 10-3 同步电动机稳定分析

如果电动机原来工作在 c 点，对应的功率角和电磁转矩为 θ_3 和 T_{e1}，$T_{e1} = T_L + T_0$。当负载突然增加 ΔT_L 时，要使 $T_{e1} < T_L + \Delta T_L + T_0$，电动机减速，功率角 θ 增大，但是，c 点位于矩角特性的下降段，功率角 θ 的增大，电磁转矩 T_e 反而减小，电动机减速；由此导致 θ 进一步增大，电磁转矩再进一步减小，如此进行下去，电动机的转速再也回不到同步转速而出现失步现象。

综上所述，同步电动机的稳定运行区间为 $0° < \theta < \theta_m$，即矩角特性的上升段（与同步发电机一样）。对于隐极同步电动机，$\theta_m = 90°$；对于凸极同步电动机，$\theta_m < 90°$。当 $\theta = \theta_m$ 时，电磁转矩达到最大值 T_{em}。

同步电动机的最大电磁转矩 T_{em} 与额定电磁转矩 T_{eN} 之比，称为过载能力，用 k_m 表示。一般以额定电压 $U_{1L} = U_N$、额定励磁 $I_f = I_{fN}$ 时的 T_{em} 与 T_{eN} 之比来计算，即

$$k_m = \frac{T_{em}}{T_{eN}} \tag{10-1}$$

与发电机一样，增大电动机的励磁，可以增大最大电磁转矩，从而提高其过载能力。这也是同步电动机的特点之一。对于三相隐极同步电动机，由矩角特性可知

$$k_m = \frac{T_{em}}{T_{eN}} = \frac{1}{\sin\theta_N} \tag{10-2}$$

一般，同步电动机的过载能力为 $k_m = 2 \sim 3$。

10.2 同步电动机的起动

如前节所述，同步电动机只能在同步转速时才能产生恒定的同步电磁转矩。由此可知，同步电动机是不能自行起动的。这是因为，起动时转子绕组施加直流励磁，电枢三相绕组只要一投入电网，马上就会产生以同步转速旋转的旋转磁场，而转子磁场静止不动（初始转速为零），于是两种磁场之间具有很大的相对运动，使作用在转子上的同步电磁转矩平均值为零，故而同步电动机不能自行起动。为此，需要专门研究同步电动机的起动问题。这也是同步电动机的主要缺点。

目前，主要采用以下三种方法来起动同步电动机。

10. 2. 1　拖动起动法

拖动起动法是一种古老的方法。该方法选用一台极数与三相同步电动机相同的小容量异步电动机作为起动设备，来拖动同步电动机起动。起动时，同步电动机的交直流电源均不连接，由异步电动机接通电源起动，当转速接近同步转速时，给同步电动机分别加上直流励磁电源和三相交流电源，依靠同步电动机自身产生的同步电磁转矩将转子牵入同步转速运行；此后，断开起动用异步电动机的电源，起动完毕。

起动用异步电动机的额定功率一般选择为同步电动机额定功率的 10% ~ 15%，其功率虽然较小，但是，这种方法设备多、操作复杂，投资和占地面积都较大，也不利于带负载起动。因此，很少采用拖动起动法。

10. 2. 2　异步起动法

异步起动法也是一种传统的起动方法，大多数同步电动机都用这种方法来起动。

同步电动机的主磁极极靴上都有开槽，槽中插铜导条（见图 5-3b），并用铜环把这些导条的端部焊接在一起，形成类似于笼型异步电动机转子的笼型绕组，该绕组主要在电动机过程中起作用，称之为起动绕组。异步起动法正是利用转子上的起动绕组，像异步电动机一样产生异步转矩来起动的。

同步电动机的异步起动电路如图 10-4 所示。起动时，转换开关 Q_2 合在上方，即先把励磁绕组通过限流电阻 R_S 短接，然后合上开关 Q_1，依靠起动绕组中的感应电流所产生的异步电磁转矩，使同步电动机像异步电动机一样起动；待转速上升到接近于同步转速（一般达到 $0.95n_1$）时，再将转换开关 Q_2 合向下方，给励磁绕组通入励磁电流，使转子建立主磁极磁场，此时依靠定子、转子磁场相互作用所产生的同步电磁转矩，再加上由于凸极效应所引起的磁阻转矩，把转子牵入同步。

需要说明的是，转子上的励磁绕组在异步起动阶段既不能开路也不能短路，而是须先与一个电阻连接成闭合回路，而后再接通励磁电源。如果在异步起动阶段励磁绕组开路，由于转子与旋转磁场间有很高的转差，旋转磁场必定要在匝数较多的励磁绕组中感应出较高的电动势，有可能损坏励磁绕组的绝缘，或引起人身事故。如果在异步起动阶段励磁绕组短路，励磁绕组（相当于一个单相绕组）中又会产生感应电流，该电流与旋转磁场相互作用所产生的转矩（称之为单轴转矩），有可能使电动机的转速不能升高到接近同步转速。为减小单轴转矩，一般在起动时，在励磁绕组回路接入一个限流电阻 R_S，其电阻值约为励磁绕组本身电阻的 5 ~ 10 倍。

同步电动机异步起动时，也可以像异步电动机一样，采用各种减压起动的方法来限制起动电流。

10. 2. 3　变频起动法

变频起动法是近十几年随着变频技术的发展而出现的新起动方法。

如图 10-5 所示，交流电源通过变频器给同步电动机供电。起动时，电动机的转子加上励磁，并把变频器输出的频率调得很低（如 0.5Hz），使同步电动机的电枢旋转磁场转得很慢，转子马上跟随以很慢的速度起动；然后逐步调高变频器输出的频率，使电枢旋转磁场和转子的转速逐步加快，一直到额定转速为止。

有了变频电源，即解决了同步电动机的起动问题，调速问题也就迎刃而解了。

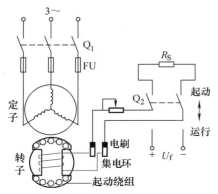

图 10-4 同步电动机的异步起动电路

图 10-5 同步电动机的变频起动电路

10.3 同步电动机的调速和制动

10.3.1 同步电动机的调速方法概述

同步电动机最初只用于拖动恒速负载和需要改善功率因数的场合，在没有变频电源的情况下，很难想象对同步电动机进行调速。1969 年，BBC 公司研制成功了世界上第一台 6400kW 交-交变频同步电动机传动系统，用于某水泥厂球磨机的无级调速传动。由此开创了同步电动机调速的新纪元。1981 年，西门子公司研制成功了世界上第一台 4220 kW 交-交变频同步电动机矢量控制系统，用于矿井提升机的主传动。如今，同步电动机调速系统的功率达到了几百兆瓦，已成为交流调速系统的一大分支。

1. 调速用同步电动机类型

（1）有刷励磁的同步电动机 这种同步电动机就是采用第 5 章 5.1.2 节中所介绍的静止整流器励磁的同步电动机。

（2）无刷可调励磁的同步电动机 这种同步电动机就是采用第 5 章 5.1.2 节中所介绍的旋转整流器励磁的同步电动机。

（3）永磁同步电动机 永磁同步电动机的转子中装设有永久磁铁（参见 10.4.1 节），不需要励磁绕组和励磁电源，因而具有结构简单、运行可靠、维护方便、体积小、质量轻，损耗小、效率高等特点。在千瓦数量级的伺服系统中，用以取代直流电动机。

（4）无刷直流电动机 这是一种控制方法简单、控制系统成本低廉的永磁同步电动机（参见 10.4.2 节），电动机的结构与上述永磁同步电动机差别不大。

（5）开关磁阻电动机 这种电动机的定子、转子均采用凸极结构，转子上没有绕组，而定子绕组是集中绕组（参见 10.4.3 节），结构和工作原理与具有大步距角的反应式步进电动机类似。

2. 同步电动机调速系统的类型

同步电动机的调速方法只有变频调速一种。根据控制方式的不同，同步电动机变频调速系统可以分为他控式变频调速系统和自控式变频调速系统两大类。

他控式变频调速系统中所用的变频器是独立的，其输出频率直接由转速给定信号设定，属于转速开环控制系统。由于这种调速系统没有解决同步电动机的失步和振荡等问题，故在实际中很少采用。

自控式变频调速系统中所用的变频器不是独立的，而是受控于转子位置检测器的检测信号，使同步电动机的转速始终与磁场的转速保持同步，从而克服了失步和振荡等问题。常见的自控式变频调速系统有永磁同步电动机调速系统、无刷直流电动机调速系统和开关磁阻电动机调速系统等。这几种调速系统将在以下逐一介绍。

3. 变频调速的基本原理

下面以隐极同步电动机为例分析变频调速的基本方法和特点。由第 5 章 5.7.2 小节的分析可知，同步电动机的最大电磁转矩为

$$T_{em} = 3\frac{E_0 U_1}{X_s \Omega_1}$$

已知：$E_0 = \sqrt{2}\,\pi f_1 k_{W1} N_1 \Phi_0$，$X_s = \omega_1 L_s = 2\pi f_1 L_s$，$\Omega_1 = 2\pi f_1 / p$。将这三个关系式代入最大电磁转矩的公式中，可得

$$T_{em} = \frac{3p k_{W1} N_1}{2\sqrt{2}\,\pi L_s}\frac{U_1}{f_1}\Phi_0 \tag{10-3}$$

由此可见，$T_{em} \propto \dfrac{U_1}{f_1}\Phi_0$。如果保持励磁电流不变，则 $T_{em} \propto \dfrac{U_1}{f_1}$。因此，调速时若能保持恒定的压频比，则电动机的过载能力将保持不变。

（1）从基频往下调节　从基频往下调节，即 $f_1 < f_N$ 时，能够实现恒定的压频比调速，电动机的过载能力亦保持不变。这里，与异步电动机变频调速存在类似的问题，即低速时，实际的过载能力将下降。这是因为最大电磁转矩的公式是在忽略电枢电阻 R_1 的情况下得到的。在 $f_1 = f_N$ 时，$R_1 \ll X_s = 2\pi f_1 L_s$；随着频率的降低，同步电抗 X_s 的值越来越小，R_1 的影响不可再忽略。

（2）从基频往上调节　从基频往上调节，即 $f_1 > f_N$ 时，电枢电压 U_1 不能随着频率 f_1 的升高而增加，只能保持额定值 $U_1 = U_{NP}$。因此，在保持励磁不变时，最大电磁转矩 T_{em} 将随着频率的升高而减小，电动机的过载能力亦随之下降。显然，同步电动机过载能力的下降可以通过增大励磁电流来弥补，使得同步电动机在从基频往上调节时，仍然能够保持过载能力不变。

10.3.2　同步电动机的制动方法

由于同步电动机只能稳定运行于同步转速，故同步电动机无法采用回馈制动和反接制动，只能采用能耗制动来快速停机。

同步电动机的能耗制动电路如图 10-6 所示。显然，同步电动机的能耗制动原理与直流电动机完全相同。制动时，转换开

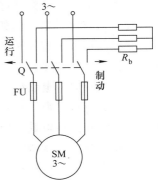

图 10-6　同步电动机的能耗制动电路

关 Q 掷向右方位置，电枢三相绕组与一组星形联结的对称制动电阻相连。依靠惯性，同步电动机继续旋转，三相电枢绕组切割主极磁通而产生感应电动势，并形成三相对称电流通过制动电阻 R_b，即同步电动机工作在发电状态，此时的电磁转矩起制动作用，使同步电动机迅速停机。

在能耗制动过程中，系统的动能转换成了电能被三相制动电阻所消耗。

10.4 特种同步电动机调速系统

10.4.1 永磁同步电动机调速系统

永磁同步电动机（Permanent Magnet Synchronous Motor，PMSM）的定子与异步电动机的定子结构相似，由定子铁心、三相对称绕组、机壳和端盖等部分组成。其定子铁心由硅钢片叠成、定子绕组采用短距分布式绕组，目的是最大限度地消除谐波磁动势。

永磁同步电动机常见的转子结构有两类：表贴式磁极（见图 10-7a）和内置式磁极（见图 10-7b）。

表贴式磁极一般采用径向充磁的瓦片形稀土永磁体，有时也采用矩形小条拼装成瓦片形磁极，以降低电动机的制造成本。由于稀土永磁材料的相对回复磁导率接近 1，因此，此种转子属于隐极式转子。显然，这种转子结构简单、制造方便，通过磁极形状的合理设计，能实现气隙磁通密度呈正弦波或梯形波分布。

图 10-7b 是内置式磁极结构的一种，其优点是一个极距下的磁通由相邻两个磁极并联提供，可以获得较大的磁通，但这种结构需要做隔磁处理或采用不锈钢轴。采用该转子结构的永磁同步电动机其电磁转矩中磁阻转矩分量占 40%，这有利于充分利用磁阻转矩、提高电动机的功率密度以及扩大电动机的恒功率运行范围。

图 10-7c、d 所示分别是采用瓦形磁极的转子实物和永磁电动机的结构示意图。

永磁同步电动机采用自控式变频调速方法，其调速系统的工作原理如图 10-8 所示。

调速系统由永磁同步电动机、脉宽调制（PMW）变频器、转子位置检测器 PS、速度传感器 TG、电流传感器、速度调节器、电流调节器、电流矢量变换模块、PWM 生成器及其功率驱动电路等组成。

该系统的变频器为交-直-交电压型 PWM 逆变器，控制目标为电压。因为在矢量控制中，电磁转矩只与定子电流的幅值成正比。因此，需要将这种电压型逆变器改造为电流型逆变器。方法是根据电流矢量在空间的位置计算出逆变器各开关的开通时刻和导通间隔，来控制逆变器各相电流的输出。

由于永磁同步电动机定子三相绕组通常联结成星形，其中点悬空，故三相中有一相不独立，考虑到三相平衡（$i_U + i_V + i_W = 0$），故回路中电流检测只需两相，另外一相的电流通过被测两相电流相加后取其负值得到。

控制系统中速度调节器的输入为速度反馈值和给定值，输出的目标为转矩给定。由于转矩和定子电流的幅值成正比，因此速度调节器的输出实际为电流幅值的给定值（直流量）。根据测得的转子位置角，经过矢量变换，就能获得三相正弦波电流的瞬时给定值。

三相电流瞬时给定值确定后，经过 PWM 逆变器，输出三相对称交流电到永磁同步电动

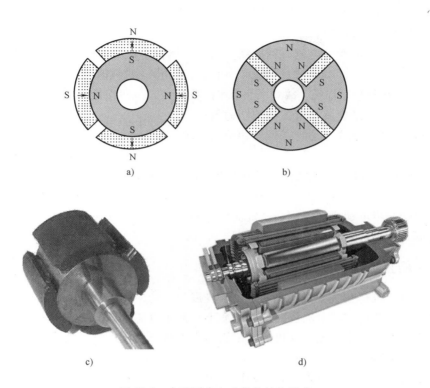

图 10-7　永磁同步电动机的结构形式

a）表贴式磁极　b）内置式磁极　c）瓦形磁极的转子实物　d）结构示意图

机的三相绕组中，永磁同步电动机就会产生与电流幅值成正比的电磁转矩，使电动机旋转。

只要改变速度调节器中速度给定值的极性和大小，就可以使永磁同步电动机控制系统在四象限稳定运行，并可满足较高精度的位置和速度要求。

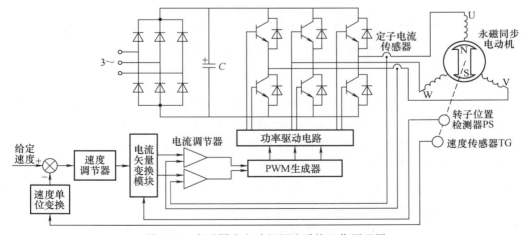

图 10-8　永磁同步电动机调速系统工作原理图

由于永磁同步电动机采用了高性能的稀土永磁材料，实现了无刷化，因而具备了与异步电动机同样的结构简单、高可靠性等优点。另外，PMSM 比异步电动机更便于实现磁场定向控制，能获得与直流电动机一样优良的转矩控制特性，使 PMSM 伺服驱动系统具有十分优良的动、静态特性。具体特点如下：

1）由于没有励磁绕组和电刷，因此结构简单，体积小，质量轻，功率密度高。

2）转矩/惯量比高，起动转矩倍数高（可接近 4 倍），过载能力强。

3）因为转子没有励磁损耗，故效率和功率因数高（$\cos\varphi$ 可接近 1），且易于散热及维护。

4）转矩脉动小，适合高精度位置控制的要求。

5）调速范围宽，能高速运行，低速转矩大，噪声低。

6）快速响应性好。

总之，PMSM 具有比异步电动机更好的综合节能效果，因此，在高精度、高可靠性、宽调速范围、低速稳定性，以及要求安全可靠、易于维护、恶劣环境下无火花运行等的伺服控制系统中，永磁同步电动机伺服驱动系统受到了普遍重视，尤其在航空航天、数控机床、加工中心、机器人等场合已获得了广泛的应用。

10.4.2 无刷直流电动机调速系统

无刷直流电动机是在直流电动机的基础上发展起来的一种新型电动机，最初人们把它看成是采用电子换向器的直流电动机，但其实质上是使用直流电源、带有逆变器供电的交流永磁同步电动机。由于无刷直流电动机的主磁极由永磁材料制成，故又被称为永磁无刷直流电动机（Permanent Magnet Brushless DC motor）。

无刷直流电动机是由旋转磁极式永磁同步电动机（电动机本体）、转子位置检测器、逆变器以及控制器所组成的同步电动机自控式变频调速系统，如图 10-9 所示。因为电动机本体不能独立运行，故点画线框以内相当于一台广义的无刷直流电动机。

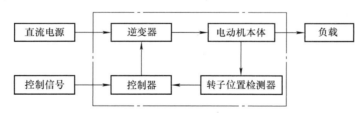

图 10-9 无刷直流电动机调速系统的组成

1. 电动机本体和位置检测器

电动机本体与永磁同步电动机基本相同，由定子和永磁转子两大部分组成，如图 10-10a 所示。图 10-10b 所示是一台内转子无刷直流电动机定子、转子的剖面图，图 10-10c 示出了一台外转子的无刷直流电动机。外转子无刷直流电动机可作为轮毂电动机应用于电动车驱动中，简化传动机构，提高传动效率。

装在电动机轴上的转子位置检测器是无刷直流电动机的重要组成部分，用于检测转子磁极相对于定子绕组的位置，其作用相当于一般直流电动机中的电刷。每当转子转过一定位置（如 60°电角度），位置检测器便产生相应的信号，该位置信号被输入控制器，进行逻辑处理。

2. 逆变器和控制器

逆变器将直流电转换成交流电向电动机供电。与一般逆变器不同，它的输出频率不是独

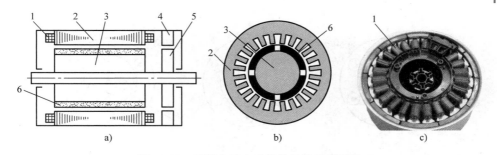

图 10-10　无刷直流电动机的结构及外形图

a）结构示意图　b）剖面图　c）外转子电动机

1—定子绕组　2—定子铁心　3—永磁转子　4—传感器定子　5—传感器转子　6—永磁体

立调节的，而是受控于转子位置信号，是一个"自控式逆变器"。在图 10-11 所示的无刷直流电动机调速系统原理示意图中，给出了一种采用 IGBT 的星形联结三相桥式逆变器主电路。这是一种应用最多的逆变器主电路。

控制器接收来自转子位置检测器的位置信号和控制信号（指令），进行逻辑运算后由驱动电路产生相应的开关信号（见图 10-11 中输出六路开关信号），以触发逆变器中的功率开关器件（$VT_1 \sim VT_6$），使其按一定的顺序导通，从而电动机的各相绕组按一定规律通电，使电动机产生持续不断的转矩输出。电动机转子每转过一对磁极，各功率开关管就轮流导通一周，逆变器输出的交流电相应地变化一个周期。因此，自控式逆变器输出交流电的频率（即电动机电枢输入电流的频率）和电动机的转速始终保持同步，故电动机和逆变器不会产生振荡和失步。这也是无刷直流电动机的主要优点之一。

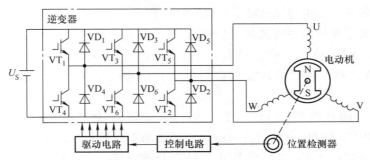

图 10-11　无刷直流电动机调速系统原理示意图

无刷直流电动机的工作原理如图 10-12 所示。当转子旋转到图 10-12a 所示的位置时，转子位置传感器输出的信号经控制电路逻辑变换后驱动逆变器，使 VT_1、VT_6 导通，即 U、V 两相绕组通电，电流从电源的正极流出，经 VT_1 流入 U 相绕组，再从 V 相绕组流出，经 VT_6 回到电源的负极。电枢绕组在空间产生的磁动势 $\boldsymbol{F}_a$ 如图 10-12a 所示，此时定转子磁场相互作用，产生顺时针方向的电磁转矩，使电动机的转子顺时针转动。

当转子在空间转过 60° 电角度，到达图 10-12b 所示位置时，转子位置传感器输出的信号经控制电路逻辑变换后驱动逆变器，使 VT_1、VT_2 导通，即 U、W 两相绕组通电，电流从电源的正极流出，经 VT_1 流入 U 相绕组，再从 W 相绕组流出，经 VT_2 回到电源的负极。电枢绕组在空间产生的磁动势 $\boldsymbol{F}_a$ 如图 10-12b 所示，此时定子、转子磁场相互作用，仍然产生顺

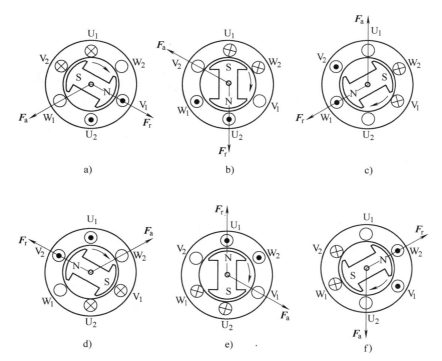

图 10-12 无刷直流电动机工作原理示意图

a）VT$_1$、VT$_6$ 导通，U 与 V 相通电 b）VT$_1$、VT$_2$ 导通，U 与 W 相通电 c）VT$_3$、VT$_2$ 导通，V 与 W 相通电
d）VT$_3$、VT$_4$ 导通，V 与 U 相通电 e）VT$_5$、VT$_4$ 导通，W 与 U 相通电 f）VT$_5$、VT$_6$ 导通，W 与 V 相通电

时针方向的电磁转矩，使电动机的转子继续顺时针转动。

依此类推，转子在空间每转过 60°电角度，逆变器开关就发生一次切换，功率开关管的导通逻辑为 VT$_1$、VT$_6$→VT$_1$、VT$_2$→VT$_3$、VT$_2$→VT$_3$、VT$_4$→VT$_5$、VT$_4$→VT$_5$、VT$_6$→VT$_1$、VT$_6$。在上述切换过程，转子始终受到顺时针方向的电磁转矩作用，沿顺时针方向连续旋转。

因为转子在空间连续转过 60°电角度时，逆变器开关才发生一次切换，因此，在图 10-12a 到图 10-12b 的 60°电角度范围内，转子磁场沿顺时针连续旋转，而定子合成磁场在空间保持图 10-12a 中 F_a 的位置静止。只有当转子磁场连续旋转 60°电角度，到达图 10-12b 所示的 F_r 位置时，定子合成磁场才从图 10-12a 的 F_a 位置跳跃到图 10-12b 中的 F_a 位置。可见，定子合成磁场在空间不是连续旋转的，而是一种跳跃式旋转磁场，每个步进角是 60°电角度。

无刷直流电动机工作在由位置检测器控制逆变器开关通断的"自控式"变频方式下，逆变器的变频是自动完成的，并不需要控制系统加以干预及控制。要控制电动机的转速就应控制电动机的转矩，只要调节直流侧电压就可调节转速。通常采用 PWM 调节方式，通过改变 PWM 控制脉冲的占空比来调节输入无刷直流电动机的平均直流电压，以达到调速的目的。

无刷直流电动机有以下特点：

1）气隙磁场为方波，由于方波可分解为基波和一系列谐波，因此其电磁转矩不仅由基波磁场产生，同时也由谐波磁场产生。在同样体积的条件下，无刷直流电动机比正弦波磁场的永磁同步电动机的出力约增加 15%。

2）无刷直流电动机的定子磁场是跳变的，且存在转矩脉动。

3）控制方法简单，控制器成本较低。

4）转子位置传感器结构简单，成本低。

由于无刷直流电动机不仅克服了传统直流电动机的缺点，保持了其优良的调速性能，同时还具备了交流电动机结构简单、运行可靠、寿命长和维护方便等特点，所构成的调速系统具有精度高、速度响应快、起动转矩大、效率高等优点，因此，其应用范围已遍及国民经济的各个领域，并日趋广泛，特别是在家用电器、医疗器械、仪器仪表、化工、轻纺、电动汽车、数控机床、办公机械以及航空航天等领域已得到大量应用。最突出的应用是作为计算机软、硬盘驱动器里的主轴电动机、录像机中的伺服电动机等。

10.4.3 开关磁阻电动机调速系统

开关磁阻电动机调速（Switched Reluctance Motor Drive，简称 SRD）系统是 20 世纪 80 年代中期发展起来的一种新型机电一体化交流调速系统，也是继变频调速系统、无刷直流电动机调速系统之后发展起来的最新一代无级调速系统，是集现代微电子技术、数字技术、电力电子技术、红外光电技术及现代电磁理论、设计和制作技术为一体的光、机、电一体化高新技术产品。其调速性能兼具直流、交流两类调速系统的优点，因此，SRD 系统自诞生以来，在各类需要电动机驱动的领域，显示出了强大的市场竞争能力。

开关磁阻电动机调速系统主要由开关磁阻电动机（Switched Reluctance Motor，简称 SR 电动机）、功率变换器、控制器和检测单元等四部分组成，如图 10-13 所示。

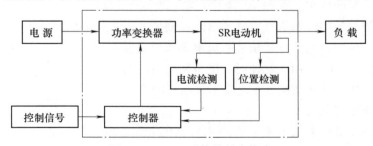

图 10-13 SRD 系统的基本构成

SR 电动机是 SRD 系统中实现机电能量转换的部件，其结构和工作原理都与传统电动机有较大的差别。SR 电动机为双凸极结构，其定子、转子均由普通硅钢片叠压而成。转子上既无绕组也无永磁体，定子极上绕有集中绕组（属于集中整距绕组），径向相对的两个绕组可串联或并联在一起，构成"一相"。定子与转子的极数不相等。图 10-14 所示是三相 6/4 极 SR 电动机的结构原理图。图中，定子有 6 个极，径向相对的两个极上的两个线圈串联构成一相，通过两个电子开关 S1、S2 与串联直流电源连接。为简单清晰，图中只画出一相绕组及其供电电路，另外 4 个极上绕组的结构与连接方式与此相同。

SR 电动机可以设计成单相、两相、三相、四相、五相或更多相结构，且定子、转子的磁极数有多种不同的搭配。低于三相的 SR 电动机没有自起动能力，而相数增多，有利于减小转矩脉动，但导致结构复杂、主开关器件增多、成本增高。目前应用较多的是三相 6/4 极结构、三相 12/8 极结构和四相 8/6 极结构。12/8 极和 8/6 极 SR 电动机的定子、转子结构如图 10-15 所示。

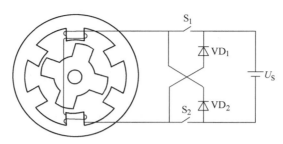

图 10-14 三相 6/4 极 SR 电动机的结构原理图

图 10-15 12/8 极和 8/6 极 SR 电动机的定子、转子结构图

功率变换器是 SRD 系统能量传输的关键部分，是影响系统性能价格比的主要因素，起控制绕组开通与关断的作用。在图 10-14 中，每相绕组所串联的两只功率开关 S1、S2 的通断就是由控制器依据各类反馈信号实时发出的控制信号进行控制的。当 S1、S2 闭合（即功率开关导通）时，绕组通电，电动机从直流电源吸收电能；当 S1、S2 断开时，绕组中的电流在经过续流二极管 VD1、VD2 续流时，能量回馈直流电源 U_S。显然，SR 电动机绕组中的电流是单向的，这使得功率变换器主电路不仅结构较简单，而且相绕组与主开关器件是串联的，可以避免直通短路危险。

SRD 系统的功率变换器主电路结构形式与供电电压、电动机相数及主开关器件的种类有关。

SR 电动机的运行遵循"磁阻最小原理"——磁通总是沿磁阻最小的路径闭合。当定子某相绕组通电时，所产生的磁场由于磁力线扭曲而产生切向磁拉力，试图使相近的转子极旋转到其轴线与该定子极轴线对齐的位置，即磁阻最小位置。正因为如此，SR 电动机转子旋转时，磁路的磁阻要求有尽可能大的变化。

下面以图 10-16 所示的三相 6/4 极 SR 电动机为例，说明 SR 电动机的工作原理。

当 U 相通电时，因磁通总要沿着磁阻最小的路径闭合，扭曲磁力线产生的切向力带动转子转动，最终将使转子 1-3 极轴线与定子 U_1U_2 磁极轴线对齐，如图 10-16a 所示。U 相断电，V 相通电，则使转子顺时针旋转，最终使将转子 2-4 极轴线与定子 V_1V_2 磁极轴线对齐，转子顺时针转过 30°，如图 10-16b 所示。V 相断电，W 相通电，则使转子顺时针转过 30°，最终使转子 1-3 磁极轴线与定子 W_1W_2 极轴线对齐，如图 10-16c 所示。显然，在一个通电

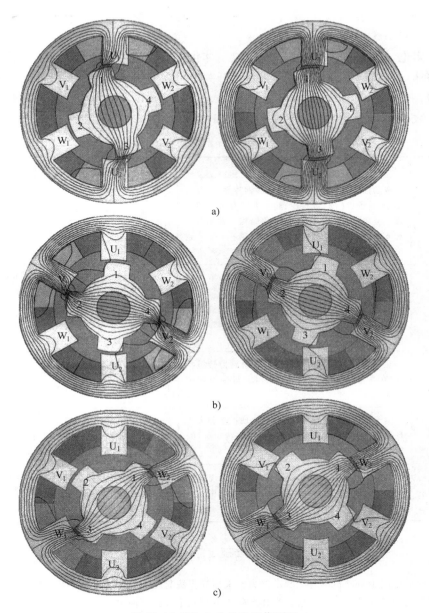

图 10-16　SR 电动机的工作原理

a）U 相绕组通电所产生的磁场力使转子 1-3 磁极转向与 U 相轴线对齐位置

b）V 相绕组通电所产生的磁场力使转子 2-4 磁极转向与 V 相轴线对齐位置

c）W 相绕组通电所产生的磁场力使转子 1-3 磁极转向与 W 相轴线对齐位置

周期内，转子在空间转过 3×30°，即转过了一个转子齿极距（简称转子极距，用 τ_r 表示）。定子按 U→V→W→U→……的顺序通电，如此循环往复，电动机便沿顺时针方向旋转；如果改变通电顺序，即定子按 U→W→V→U→……的顺序通电，则电动机将沿逆时针方向旋转。

综上所述，可以得出以下结论：SR 电动机的转动方向总是逆着磁场轴线的移动方向，改变 SR 电动机定子绕组的通电顺序，就可改变电动机的转向；而改变通电相电流的方向，并不影响转子转动的方向。

开关磁阻电动机与步进电动机均是机电一体化装置，其电动机本体与控制器构成不可分割的有机整体。从结构上和工作原理来看，开关磁阻电动机与具有大步距角的反应式步进电动机很相似，但从电动机本体设计、控制方法、运行特性以及应用场合等方面来看，存在明显的差别。表 10-1 对这两种电动机进行了粗略的比较。

表 10-1 开关磁阻电动机与步进电动机的比较

类　别	开关磁阻电动机	反应式步进电动机
结构特点	双凸极结构，定子、转子均由硅钢片叠压而成；定子、转子齿(极)数较少，转子上装有位置传感器。有单相、两相、三相、四相等结构。常用有三相 6/4 极和 12/8 极，四相 8/6 极结构(极数越多，转矩脉动越小)	反应式步进电动机的定子、转子均由硅钢片叠压而成；转子圆周上有很多均匀的小齿，定子磁极上有与转子齿对应的小齿(齿数越多，步距角越小，定位精度越高)
工作原理	基于"磁阻最小原理"工作的，电磁转矩为磁阻转矩 控制功率开关的导通时刻(即相绕组的通电与断电时刻)、相电流脉冲的幅值和宽度来控制电磁转矩的方向和大小，实现速度调节	基于"磁阻最小原理"工作的，电磁转矩为磁阻转矩 控制脉冲个数或频率来控制角位移量或转速，实现准确定位或速度调节；改变定子绕组的通电顺序，即改变了旋转方向
机械特性	在低速时，采用电流斩波控制，得到恒转矩特性；在高速时，采用角度位置控制，得到恒功率特性	由于相电流随频率的升高而减小，因此电磁转矩会随转速(频率)的升高而下降
运行特性	由于是位置的闭环控制，不会出现丢步和失步现象；转速可达很高，效率较高；存在转矩脉动；能够四象限运行	在位置开环控制，可能出现失步现象；也可以组成闭环控制系统；有起动频率和运行频率限制，转速较低，效率不高；只能运行于电动状态
应用场合	由于兼具直流调速和普通交流调速系统的优点，广泛应用于各种功率驱动的调速系统中。如电动车、洗衣机等	利用其没有积累误差的特点，广泛应用于各种开环位置(角位移)控制的小功率自控系统中。如数控机床、自动记录仪表

思考题与习题

10-1 为什么说同步电动机本身无起动能力？采用异步法起动同步电动机时应注意哪些事项？

10-2 同步电动机有哪些调速方法？为什么同步电动机不能采用回馈制动和反接制动？

10-3 若增大隐极同步电动机的励磁电流，分析其最大电磁转矩、实际电磁转矩、最大电磁功率和实际电磁功率将怎样变化（忽略电枢电阻）。

10-4 某三相隐极同步电动机，其额定值为 $P_N = 1250\text{kW}$，$U_N = 6\text{kV}$，$n_N = 1500\text{r/min}$，$f_N = 50\text{Hz}$。已知该电动机驱动恒功率负载运行，在额定状态下的功率角为 30°。若保持额定励磁电流不变，忽略电枢电阻和空载损耗，试分析在下述两种情况下，同步电抗和励磁电动势怎样变化？电动机转速和功率角变为多少？（1）电源电压下降 10%；（2）电源频率下降 10%。

10-5 题 10-4 中的同步电动机若驱动恒转矩负载运行，在额定状态下的功率角为 30°。若保持额定励磁电流不变，忽略电枢电阻和空载转矩，试分析在下述两种情况下，同步电抗和励磁电动势怎样变化？电动机转速和功率角变为多少？（1）电源电压下降 10%；（2）电源频率下降 10%。

10-6 已知某三相隐极同步电动机的最大电磁转矩与额定电磁转矩之比为 2，若满载运行时其电源电压下降到 80% 的额定电压，在不改变励磁电流的情况下，试问该电动机能否继续驱动额定转矩的负载稳定运行（忽略空载转矩）？

10-7　试简述永磁同步电动机的调速原理；并分析永磁同步电动机调速系统相对交流异步电动机调速系统的优势。

10-8　无刷直流电动机与普通直流电动机有何区别？

10-9　位置传感器在无刷直流电动机中起什么作用？

10-10　试比较无刷直流电动机与普通永磁直流电动机。

10-11　为什么开关磁阻电动机的转矩方向与产生转矩的电流方向无关？如何获得反向转矩？

10-12　试分析开关磁阻电动机与步进电动机的区别。

第 11 章　电力拖动系统中电动机的选择

电力拖动系统中电动机的选择主要包括电动机的种类、型式、额定电压、额定转速和额定功率等。

电动机的发热与冷却直接关系到电动机的温升，决定了电动机是否能按设计的额定功率运行。因此，本章在简要介绍电动机选择的基本原则后，专门讨论电动机的发热与冷却问题，最后比较详细地分析电动机额定功率的选择等。

11.1　电动机选择的基本原则

电力拖动系统中电动机选择的基本原则是既要满足机械负载的要求，又要在经济上最合理，以保证系统可靠、经济运行。电动机选用前应充分了解被拖动机械的负载特性。负载对起动、制动、调速无特殊要求时应选用笼型异步电动机。负载对起动、制动、调速有特殊要求时，所选择的电动机应满足相应的起动转矩与最大转矩要求，所选电动机应能与调速方式合理匹配。从节能角度考虑应优先选用满足能效等级要求的电动机。根据电动机的工作是否处于易燃、易爆、粉尘污染、腐蚀性气体、高温、高海拔、高湿度、水淋和潜水等工作环境，选择相应的防护类型、外壳防护等级和电动机的绝缘等级。拖动高精度加工机械和有静音环境要求的电动机，应按照要求选用有精确速度控制、低振动和低噪声设计的电动机。另外，根据负载要求，选择合适的安装尺寸与连接方式。

电动机选择的内容主要包括以下八个方面。

11.1.1　类型的选择

电动机类型的选择，一方面需要掌握生产机械的工艺特点，以提出对电动机在机械特性、起动性能、调速性能、制动方法以及过载能力等方面的要求；另一方面需要掌握各类电动机的性能特点、价格高低以及维护成本等，从而进行比较。

选择电动机类型在满足生产机械对拖动性能的要求下，优先选用结构简单、运行可靠、维护方便、价格便宜的电动机。电动机种类选择时考虑的主要内容有：

1）电动机的机械特性应与所拖动生产机械的机械特性相匹配。

2）电动机的调速性能（调速范围、调速的平滑性、经济性）应该满足生产机械的要求。对调速性能的要求在很大程度上决定了电动机的种类、调速方法以及相应的控制方法。

3）电动机的起动性能应满足生产机械对电动机起动性能的要求，电动机的起动性能主要是起动转矩的大小，同时还应注意电网容量对电动机起动电流的限制。

4）电源种类，在满足性能的前提下应优先采用交流电动机。

5）经济性，一是电动机及其相关设备（如起动设备、调速设备等）的经济性；二是电动机拖动系统运行的经济性，主要是要效率高，节省电能。

根据前述各章的内容，现将电动机的主要种类和特点总结在表 11-1 中。

表 11-1　电动机的主要种类和特点

种　类		主　要　特　点
直流 电动机	他励、并励	机械特性硬、起动转矩大、调速性能好、可靠性较低、价格和维护成本均高
	串　励	机械特性软、起动转矩大、调速方便、价格和维护成本均高
	复　励	机械特性的硬度介于并励和串励之间、起动转矩大、调速方便、价格和维护成本均高
三相 异步 电动机	笼　型	机械特性硬、起动转矩较小、不同调速方法的性能相差较大、价格低、维护简便
	绕线转子	机械特性硬、起动转矩大、不同调速方法的性能相差较大、价格较低、维护简便
	多　速	可提供 2~4 种转速
	高起动转矩	起动电流小、起动转矩大
单相异步电动机		机械特性硬、功率小、功率因数和效率较低
三相同步电动机		转速恒定(机械特性为绝对硬特性)、功率因数可调、只能采用变频调速
单相同步电动机		转速恒定、功率小

由于直流电动机优越的调速性能，在过去相当长的时期内，调速系统的驱动电动机均选用直流电动机。目前随着交流变频调速技术的发展，交流电动机的调速性能已能与直流电动机相媲美，因此，除特殊负载需要外，一般不宜选用直流电动机。

需要强调的是，电动机类型的选择除了满足负载对电动机各种性能指标的要求外，还应按节能的原则来选择，使电动机的运行效率符合国家标准的要求。例如，选用交流异步电动机时，应注意其从电网吸收无功功率使电网功率因数下降这一问题。对于大功率（如 50kW及以上）交流异步电动机在安全、经济合理的条件下，要求采取就地补偿无功功率，提高功率因数，降低线损，达到经济运行。对于功率达到或超过 250kW 的大功率连续运行恒定负载，宜选用同步电动机驱动。

11.1.2　额定功率的选择

电动机额定功率的选择是电动机选择中最重要、最复杂的问题。

电动机的额定功率应该与负载功率相匹配，使电动机的功率既能得到充分利用，又不会过载运行。如果电动机的额定功率远大于负载功率，不仅无谓增大设备投资，造成资源浪费，而且电动机会经常处于轻载运行状态，效率及功率因数（对交流异步电动机而言）都很低，增加了运行费用，不符合经济运行的要求；反之，如果电动机的额定功率小于负载功率，电动机将长期过载运行，造成电动机过热而大大降低其使用寿命。因此，应使所选电动机的功率等于或稍大于负载所需的功率。

选择电动机的额定功率的三项基本原则如下：

（1）发热　电动机在运行时，必须保证电动机的实际最高工作温度 θ_m 等于或略小于电动机绝缘的允许最高工作温度 θ_a，即 $\theta_m \leqslant \theta_a$。

（2）过载能力　电动机在运行时，必须具有一定的过载能力。特别是在短期工作时，电动机在短期内承受高于额定功率的负载功率时仍可保证 $\theta_a < \theta_m$，故此时，决定电动机容量的主要因素不是发热而是电动机的过载能力。

（3）起动能力　由于笼型异步电动机的起动转矩一般较小，所以，为使电动机能可靠起动，必须保证 $T_L < T_{st}$。

电动机额定功率的选择方法主要有计算法、统计法和类比法三种。

（1）计算法 通过计算负载功率，初步确定电动机的额定功率，再从电动机的发热、过载能力和起动能力等方面进行校验，最后确定电动机的额定功率。具体方法详见 11.4 节。

计算法是一种对各种机械负载普遍适用的方法，但此法不仅比较繁琐，而且在实际应用中往往会因为生产机械的负载曲线难以精确绘制，而使该方法无法实施。

（2）统计法 通过对各种生产机械的拖动电动机进行统计分析，找出电动机的额定功率与生产机械主要参数之间的关系，用经验公式计算出电动机的额定功率。

（3）类比法 通过对经过长期运行考验的同类机械所采用电动机的额定功率进行调查，并对生产机械的主要参数和工作条件进行类比，以此确定新的生产机械拖动电动机的额定功率。

11.1.3 电压等级的选择

电动机的电压等级、相数、频率都要与供电电源相一致。我国生产的电动机额定电压与额定功率的等级见表 11-2。该表可供选择额定电压时使用。当电动机的额定功率达到一定数量级时，电流受到导线允许承载能力的限制，难以加大或成本过高，这就需要提高电压等级以实现功率的继续提升。但高电压电动机一般起动和制动都比较困难。

实际应用时要根据电动机的额定功率和供电电压情况选择电动机的额定电压。一般当电动机的功率在 200kW 以内时，选择 380V 的低压电动机；当电动机的功率在 200kW 及以上时，宜选用 6kV 或 10kV 的高压电动机。运行在可调速状态的电动机宜选用较低额定电压等级。

表 11-2　电动机额定电压与额定功率的等级表

交流电动机				直流电动机	
电压/V	额定功率/kW			电压/V	额定功率/kW
	笼型异步电动机	绕线转子异步电动机	同步电动机	110	0.25 ~ 110
380	0.6 ~ 320	0.37 ~ 320	3 ~ 320	220	0.25 ~ 320
6000	200 ~ 500	200 ~ 5000	250 ~ 10000	440	1.0 ~ 500
10000			1000 ~ 10900	600 ~ 870	500 ~ 4600

11.1.4 转速的选择

电动机的额定转速要根据生产机械的转速和传动方式合理选择。在满足传动要求的前提下，选择电动机转速时应减少机械传动级数。需要调速的负载应根据调速范围、效率、对转矩的影响以及长期经济效益等因素，选择合理的调速方式和电动机。

因为电动机的额定功率正比于它的体积与额定转速的乘积，所以对于额定功率相同的电动机，额定转速越高，体积就越小，造价也越低，效率就越高，转速较高的异步电动机的功率因数也较高。因此，电动机的额定转速通常较高（不低于 500r/min）。而生产机械的转速一般都较低，故用电动机拖动时，需要用传动机构减速。若电动机的额定转速越高，则传动机构的传动比越大，传动机构越复杂，传动效率降低，同时增加了传动机构的成本和维护费用。所以，要综合考虑生产机械和电动机两方面的各种因素后，合理确定电动机的额定转速。

　　例如，对于泵、鼓风机、压缩机等一类不需要调速的中高速机械，可直接按负载的转速确定电动机的额定转速，而不需要减速机构；对于球磨机、破碎机、某些化工机械等不需调速的低速机械，可直接选用额定转速较低的电动机，或者电动机的额定转速稍高、再配合传动比较小的减速机构；对调速指标要求不高的各种生产机床，可选择额定转速较高的电动机配以减速机构，或者直接选用多速电动机；对调速指标要求较高的生产机械，应按生产机械的最高转速确定电动机的额定转速，并采取合适的调速方式。

11.1.5　结构型式的选择

　　电动机的结构型式有开启式、防护式、封闭式、密封式和防爆式五种。应根据电动机的使用环境选择电动机的结构型式。

　　开启式电动机的定子两侧和端盖上开有很大的通风口，如图 11-1a 所示。此类电动机散热好、价格便宜，但灰尘、水滴和铁屑等异物容易进入电动机内，只能在清洁、干燥的环境中使用。

　　防护式电动机的机座和端盖下方有通风口，如图 11-1b 所示。此类电动机散热好，能防止水滴、沙粒和铁屑等异物从上方落入电动机内，但不能防止潮气和粉尘侵入。一般适用于比较干燥、没有腐蚀性和爆炸性气体的环境。

　　封闭式电动机的机座和端盖上均无通风孔，完全是封闭的，如图 11-1c 所示。此类电动机能够防潮和防尘，适用于多粉尘、潮湿（易受风雨）、有腐蚀性气体、易引起火灾等恶劣的环境中。

　　密封式电动机的封闭程度高于封闭式电动机，外部的潮气及粉尘不能进入电动机内。此类电动机可以浸在液体中使用。如图 11-1d 所示，是一种密封式的潜水泵电动机。

图 11-1　电动机的结构型式
a）开启式（B_5 型）　b）防护式（B_3 型）　c）封闭式（B_3 型）　d）密封式（V_1 型）　e）防爆式（B_{35} 型）

防爆式电动机不仅有严密的封闭式结构，而且机壳有足够的机械强度，如图 11-1e 所示。当有少量爆炸性气体浸入电动机内部而发生爆炸时，电动机的机壳能够承受爆炸时的压力，火花不会窜到外部引起环境气体再爆炸。防爆式电动机适用于矿井、油库、煤气站等有易燃易爆气体的场所。

11.1.6 安装型式的选择

电动机有卧式和立式两种安装型式。卧式电动机的转轴在水平位置，立式电动机的转轴垂直于地面。两种类型电动机使用的轴承不同，立式价格稍高。我国生产的卧式电动机的安装型式有 IM B$_3$ ~ IM B$_{35}$ 共 14 种，立式电动机的安装型式有 IM V$_1$ ~ IM V$_{36}$ 共 17 种（图 11-1 中括号里所标明的即为电动机的安装型式），表 11-3 列出了电动机部分安装型式的示意图和结构特点。

伸出到端盖外面与负载连接的转轴部分称为轴伸。每种安装型式的电动机又分为单轴伸与双轴伸两种。表 11-3 中只列出了单轴伸型式的电动机。

实际应用时要根据电动机在生产机械中的安装方式选择电动机的安装型式。大多数情况是选用卧式单轴伸的电动机。

表 11-3 电动机部分安装型式的示意图和结构特点

型式代号	示意图	结构特点	型式代号	示意图	结构特点
IM B$_3$	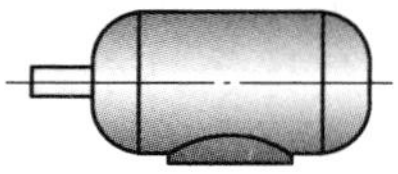	卧式，机座有底脚，端盖上无凸缘，底脚在下，借底脚安装	IM V$_1$	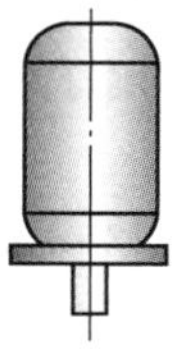	立式，机座无底脚，传动端端盖上有凸缘，借端盖凸缘面安装，传动端向下
IM B$_5$	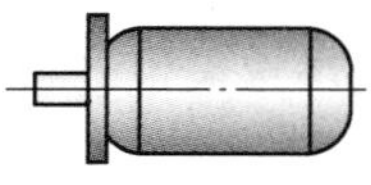	卧式，机座无底脚，端盖有凸缘，借传动端端盖凸缘面安装	IM V$_2$		立式，机座无底脚，端盖上有凸缘，借非传动端端盖凸缘面安装，传动端向上
IM B$_{35}$	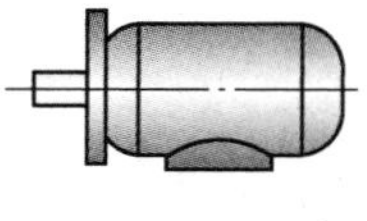	卧式，机座有底脚，底脚在下，端盖上有凸缘，借底脚安装，用传动端凸缘面作附加安装			

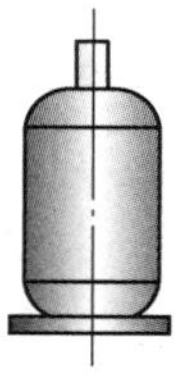

注：此表摘自 GB/T 997—2008《旋转电机结构型式、安装型式及接线盒位置的分类（IM 代码）》。

11.1.7 工作制的选择

国产电动机按照发热与冷却情况的不同，主要分为连续工作制、短时工作制和断续周期工作制等三种。关于电动机的工作制选择将在 11.3 节中详细介绍。实际应用时，要根据生产机械的工作方式来选择电动机的工作制。

11.1.8 型号的选择

电动机生产厂商为了满足各种生产机械、各种工况和各种使用环境等的不同需求，生产了许多结构型式、性能水平和应用范围各异、功率按一定比例递增的系列产品，并冠以规定的产品型号。电动机型号的第一部分是用字母表示的类型代号。表 11-4 列出了部分国产电动机的类型代号，供读者参考。实际应用时，要根据前述 11.1.1 ~ 11.1.7 小节各项以及电动机的应用场合来选择电动机的型号。

表 11-4 部分国产电动机的类型代号

符号	意 义	符号	意 义	符号	意 义
Y	笼型异步电动机	YB	隔爆型异步电动机	T	同步电动机
YR	绕线转子异步电动机	YBR	隔爆型绕线转子异步电动机	TF	同步发电机 *
YQ	高起动转矩异步电动机	YD	多速异步电动机	Z	直流电动机
YH	高转差率异步电动机	Y-F	化工防腐用异步电动机	ZF	直流发电机

注：* 不包括汽轮发电机和水轮发电机。

11.2 电动机的发热与冷却

电动机在能量转换过程中，内部各处均要产生功率损耗。功率损耗的存在不仅降低了电动机的效率，影响了电动机的经济运行，而且各种能耗最终转换为热能，使电动机内部的温度升高，这将影响到所用绝缘材料的使用寿命（电动机中耐热能力最差的是绕组的绝缘材料），严重时甚至会烧毁电动机。因此，有必要先介绍电动机的发热过程和冷却方式。

11.2.1 电动机的发热过程与温升

电动机中的热源主要是绕组和铁心中的损耗，即铜耗使绕组发热，铁耗使铁心发热。发热引起电动机的温度升高。电动机的温度比环境温度高出的值称为温升，用 θ 表示。一旦有了温升，电动机就要由里而外向周围散热。温升越高，散热就越快。当电动机在单位时间内产生热量等于散发的热量时，电动机的温度不再升高，保持为稳定的温升，即电动机处于发热与散热的动态平衡状态（或称热平衡状态）。

电动机的温升不仅取决于损耗的大小，而且与电动机的运行情况和持续工作时间等因素有关。为了研究电动机发热的过渡过程，先做以下假设：电动机驱动恒定负载长期运行，总损耗不变；电动机本体各部分的温度均匀，且周围环境温度不变。

电动机所产生的热量，一部分散发出去，一部分使自身温度升高。设电动机单位时间产生的热量为 Q，则 dt 时间内产生的热量为 Qdt；若散热系数为 A（表示温升为 1℃ 时，每秒钟的散热量），温升为 θ，则电动机单位时间内散发的热量为 $A\theta$；若电动机的热容量为 C（温度升高 1℃ 所需的热量），dt 时间内的温升为 $d\theta$，则 dt 时间内电动机自身吸收的热量为 $Cd\theta$。

因此，可得如下热量平衡方程：

$$Qdt = Cd\theta + A\theta dt \tag{11-1}$$

将式（11-1）进一步改写为

$$\frac{C}{A}\frac{d\theta}{dt} + \theta = \frac{Q}{A}$$

$$\tau\frac{d\theta}{dt} + \theta = \theta_\infty \tag{11-2}$$

式中 τ——发热时间常数（表征电动机的热惯性大小），$\tau=\dfrac{C}{A}$；

θ_∞——发热过程温升的稳态值（稳态温升）。

式（11-2）是一个一阶线性常系数非齐次微分方程。设初始条件为 $t=0$，$\theta=\theta_0$（温升的初始值），则其解为

$$\theta=\theta_\infty+(\theta_0-\theta_\infty)\,\mathrm{e}^{-\frac{t}{\tau}} \tag{11-3}$$

式（11-3）表明了电动机发热过程的温升随时间的变化规律，相应的变化曲线如图 11-2 所示。在开始发热（$t=0$）时，温升的上升速度最快，随着时间的推移，温升的上升速度逐渐降低。经过 $3\tau\sim5\tau$ 时间，温升的自由分量 $(\theta_0-\theta_\infty)\,\mathrm{e}^{-\frac{t}{\tau}}$ 基本衰减为零，温升达到稳态值 θ_∞。而温升自由分量的衰减时间取决于发热时间常数 τ。热容量 C 越大，发热时间常数越大，则热惯性越大；而散热系数 A 越大，散热越快，达到热平衡所需的时间越短，意味着发热时间常数越小。与反映机械惯性和电磁惯性的时间常数相比，发热时间常数 τ 是很大的，小型电动机的 τ 值约为十几分钟到几十分钟。

电动机在运行中，若电流不超过额定值，一般温升就不会超过允许值。

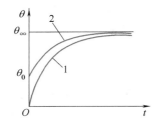
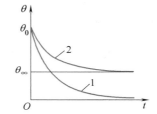

图 11-2　电动机发热过程的温升曲线
1—$\theta_0=0$ 的发热过程　2—$\theta_0\neq0$ 的发热过程

图 11-3　电机冷却过程的温升曲线
1—停机的冷却过程　2—负载减轻的冷却过程

11.2.2　电动机的冷却过程与冷却方式

1. 电动机的冷却过程

在电动机的温升达到稳态值后，如果切断电源停止运行，电动机内部将停止产生热量，于是电动机的冷却过程开始。令式（11-1）中的发热量 $Q=0$，即为电动机冷却过程的方程

$$\tau\frac{\mathrm{d}\theta}{\mathrm{d}t}+\theta=0 \tag{11-4}$$

式中 τ——冷却时间常数（冷却条件不变时等于发热时间常数），$\tau=\dfrac{C}{A}$。

设初始条件为 $t=0$，$\theta=\theta_0$（温升的初始值），求解上述一阶线性常系数齐次微分方程，可得

$$\theta=\theta_0\,\mathrm{e}^{-\frac{t}{\tau}} \tag{11-5}$$

式（11-5）表明电动机冷却过程的温升是一条按指数规律衰减的曲线，如图 11-3 中曲线 1 所示。停机冷却的过渡过程结束时，电动机的温升为零，即 $\theta_\infty=0$。

另外，当电动机在稳态运行过程中负载减轻时，其发热量也会减少，由此将导致电动机温升的降低。此种情况下热平衡方程与式（11-1）相同，其解由式（11-3）描述，温升的变

化规律如图 11-3 中曲线 2 所示（$\theta_\infty \neq 0$）。显然电动机温升的升高和降低规律相同，差别是这两种过渡过程的初始值和稳态值的相对大小不同，升温时 $\theta_\infty > \theta_0$，降温时 $\theta_\infty < \theta_0$。

2. 电动机的冷却方式

电动机的冷却就是采取措施使电动机产生的热量尽可能多地散发出去，以达到充分利用材料、增加相同体积电动机的额定功率的目的。因此，采用何种冷却方式是电动机设计中的重要问题。

电动机常用的冷却方式有自冷式、自扇冷式和他扇冷式三种。

自冷式的电动机不装设任何专门的冷却装置，仅依靠电动机表面的辐射和冷却介质的自然对流把内部产生的热量带走，散热能力较弱。一般几百瓦的小型电动机采用此冷却方式。

自扇冷式的电动机在转子装有风扇，转子转动时，利用风扇强迫空气流动而有效地带走电动机内部产生的热量，使电动机的散热能力大大增强。注意此种散热方式，在电动机低速运行时，散热条件会恶化。

他扇冷式的电动机也用风扇进行冷却，但冷却风扇不是由电动机自身驱动，而是由另外的动力装置独立驱动。

11.3　电动机的工作制

电动机工作时的温升高低不仅与负载的轻重有关，而且还与负载的持续时间相关。同一台电动机，如果工作时间长短不同，其温升就不同，那么它能承担的负载功率也不同。而电动机工作时间的长短，取决于机械负载的工作方式。机械负载有长时连续工作方式、短时工作方式和各种周期工作方式，为此，电动机生产厂商制造了各种工作制的电动机，以满足机械负载的不同需求。

电动机的工作制有如下十种：连续工作制（S1）、短时工作制（S2）、断续周期工作制（S3）、包括起动的断续周期工作制（S4）、包括电制动的断续周期工作制（S5）、连续周期工作制（S6）、包括电制动的连续周期工作制（S7）、包括变速变负载的连续周期工作制（S8）、包括非周期变化的工作制（S9）以及包括离散恒定负载的工作制（S10）。其中，连续工作制、短时工作制和断续周期工作制是最常见的三种工作制。

11.3.1　连续工作制（S1）

连续工作制也称为长期工作制，此类电动机的运行时间很长，其工作时间 $t_r > (3 \sim 5)\tau$，可达几小时甚至几昼夜。电动机发热的过渡过程在工作时间内能够结束，即温升在运行期间已经达到稳态值。对于铭牌上没有标注工作制的电动机都属于连续工作制的电动机。像通风机、水泵、造纸机、纺织机、机床主轴驱动等生产机械属于连续工作方式，应该选用连续工作制的电动机驱动。

在连续工作方式下，当电动机输出一定的功率时，其温升将达到一个与负载大小相对应的稳态值，如图 11-4 所示。

11.3.2　短时工作制（S2）

短时工作制的电动机工作时间 t_r 较短，即运行时间小于其发热的过渡过程时间，使运行期内温升所达到的最大值 θ_{m} 小于稳态值 θ_{∞}；而停机时间 t_0 又相对较长，在停机时间内，电动机的温升会下降到零，即温度降到周围环境的温度。短时工作制电动机的负载和温升曲线如图 11-5 所示。

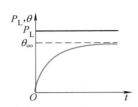

图 11-4 连续工作制电动机的负载和温升曲线

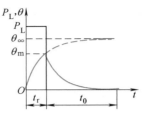

图 11-5 短时工作制电动机的负载和温升曲线

像机床的辅助运动机构、某些冶金辅助机械、水闸闸门启闭机等生产机械属于短时工作方式，应该选用短时工作制的电动机驱动。

国家标准规定电动机的短时工作时间有 15min、30min、60min、90min 这四种。

电动机工作时，负载持续时间的长短对其发热和温升影响很大。由图 11-5 可见，如果把 t_{r} 结束时的温升 θ_{m} 设计为绝缘材料允许的最高温升，则该电动机若带同样负载 P_{L} 连续运行时，其稳态温升 θ_{∞} 将超过绝缘材料允许的温升，造成绝缘材料使用寿命的缩短甚至烧坏。

11.3.3 断续周期工作制（S3）

断续周期工作制的电动机工作时间 t_{r} 和停机时间 t_0 轮流交替，两段时间都比较短。在运行期间，电动机的温升升高，但还达不到稳态值；而在停机期间，电动机的温升下降，但也降不到环境温度。每经过一次运行与停机过程即一个周期（$t_{\mathrm{r}}+t_0$），电动机的温升都经历一次升降。经历若干个周期后，当每个周期内电动机的发热量等于散热量时，温升将在某一小范围内上下波动。断续周期工作制电动机的负载和温升曲线如图 11-6 所示。

在断续周期工作制中，负载工作时间与整个周期之比称为负载持续率，用 FS 表示，即

$$FS = \frac{t_{\mathrm{r}}}{t_{\mathrm{r}}+t_0} \times 100\% \tag{11-6}$$

国家标准规定的标准负载持续率有 15%、25%、40%、60% 这四种，并且一个周期的总时间规定为 $t_{\mathrm{r}}+t_0 \leqslant 10\mathrm{min}$。

像起重机、电梯、轧钢辅助机械（如辊道、压下装置）和某些自动机床的工作机构等生产机械属于断续周期工作方式，应该选用断续周期工作制的电动机驱动。

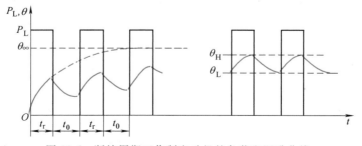

图 11-6 断续周期工作制电动机的负载和温升曲线

图 11-6 中温升曲线的虚线表示电动机带同样大小负载 P_L 连续工作时的温升。可见，断续周期工作的电动机若连续运行，其温升也会超过正常设计值 θ_m，造成电动机过热。

断续周期工作制的电动机具有起动能力强、过载倍数大、转动惯量较小、机械强度高等特点。

11.4　电动机额定功率的选择

电动机额定功率的选择是一个很重要又很复杂的问题。不仅应根据负载功率、特性和运行要求合理选配，还要进行温升、过载能力甚至起动能力的校验。本节先介绍电动机允许输出功率的概念，然后讲述用计算法确定电动机额定功率的方法。

11.4.1　电动机的允许输出功率

电动机的额定功率是指在规定的工作制、规定的环境温度以及规定的海拔下，温升达到额定温升的额定工作状态时所输出的功率。当电动机的使用条件变化时，电动机所允许输出的功率将不再是额定功率。

1. 工作制的影响

各种工作制电动机的额定功率都是指在额定状态下运行时，其稳态温升等于额定温升时的允许输出功率。若改变电动机的工作方式，达到额定温升时的输出功率将不再是原设计的额定功率。例如，按短时工作制或断续周期工作制设计的电动机若用作连续运行，在保持输出功率为原设计的额定功率时，电动机的最高温升将超过其额定温升。若不减小其输出功率，电动机将会过热而降低绝缘材料的使用寿命，甚至烧毁绝缘材料。反之，按连续工作制设计的电动机若用作短时运行或断续周期运行时，则其允许输出的功率将大于原设计的额定功率。

2. 环境温度的影响

电动机的额定温升等于其允许的最高温度 θ_{max} 减去额定环境温度。国家标准规定，海拔在 1000m 以下时，额定环境温度为 40℃。而电动机的最高温度主要取决于所使用的绝缘材料。额定功率、额定电压和额定转速相同的电动机使用的绝缘材料等级越高，允许的最高温度越高，即额定温升越高。因此，当电动机的环境温度高于或低于 40℃，电动机允许输出的功率将小于或大于其额定功率。

电动机允许输出的功率 P_2 可按式（11-7）进行修正。

$$P_2 = P_N \sqrt{1 + (1+\alpha)\frac{40-\theta}{\theta_N}} \tag{11-7}$$

式中　θ_N——环境温度为 40℃时的额定温升，$\theta_N = \theta_{max} - 40℃$；

θ——电动机的实际环境温度；

α——电动机满载时的铁耗与铜耗之比，$\alpha = P_{Fe}/P_{Cu}$。

【例 11-1】　一台 130kW 连续工作制的三相异步电动机，如果长期在 70℃环境温度下运行，已知电动机的绝缘材料等级为 B 级，额定负载时铁耗与铜耗之比为 0.9。试求该电动机在高温环境下的实际允许输出功率。

解： B 级绝缘材料的最高温度为 130℃，则额定温升为 90℃，故电动机的实际允许输出

功率应为

$$P_2 = P_N \sqrt{1+(1+\alpha)\frac{40-\theta}{\theta_N}} = 130 \times \sqrt{1+(1+0.9)\times\frac{40-70}{90}} \text{kW} = 78.72\text{kW}$$

在工程实践中，可还粗略地按表 11-5 对电动机允许输出的功率 P_2 进行修正。

表 11-5 不同环境温度下电动机功率的修正系数

环境温度/℃	30	35	40	45	50	55
修正系数	+8%	+5%	0	-5%	-12.5%	-25%

3. 海拔的影响

由于海拔越高，空气越稀薄，散热越困难。因此，按海拔不超过 1000m 设计的电动机，若用于海拔超过 1000m 的地区时，其允许输出的功率应该小于原设计的额定功率。

11.4.2 拖动连续运行负载电动机额定功率的选择

拖动连续工作方式的机械负载时，电动机应该选择连续工作制的电动机。

机械负载有恒定负载与变化负载之分。这两种情况下电动机额定功率的选择方法有所不同。

1. 恒定负载电动机额定功率的选择

恒定负载电动机额定功率的选择一般按以下步骤进行。

（1）计算负载功率 P_L 确定负载的功率是选择电动机额定功率的依据。生产机械的工作机构形式多样，负载功率的计算方法也千变万化的，需要具体问题具体分析。

（2）根据负载功率预选电动机的额定功率 P_N 在满足负载要求的前提下，电动机的功率越小越经济。一般取 $P_N \geqslant P_L$。

（3）校验所选电动机 电动机的校验包括发热校验、过载能力校验和起动能力校验。若有任何一项校验不合格，必须重新选择电动机，并重新校验。

首先进行发热校验。通常用于连续工作制的电动机都是按恒定负载设计的，因此，只要电动机的负载功率 P_L 不超过其额定功率 P_N，其温升就不会超过额定值，故不需要进行发热校验。虽然电动机的起动电流较大，但由于起动时间短，对温升影响不大，也可以不予考虑。

电动机的过载能力用过载倍数 k_m 来表示。不同类型电动机的过载倍数是不同的。对直流电动机而言，过载倍数就是允许的最大电枢电流 I_{am} 与额定电枢电流 I_{aN} 之比，一般 $k_m = 1.5 \sim 2$。对于异步电动机和同步电动机而言，过载倍数就是最大电磁转矩 T_{em} 与额定电磁转矩 T_{eN} 之比。但是，对交流电动机进行过载能力校验时，还需考虑到交流电网电压向下波动 10% 左右所引起的最大电磁转矩的下降问题。因此，应按 $T_{em} = 0.81k_m T_{eN} > T_L$ 来校验。

对于恒定负载而言，只要按照 $P_N \geqslant P_L$ 选择，就能保证 $T_N \geqslant T_L$，故过载能力不用校验。

如果选用笼型异步电动机，还需校验其起动能力。即要求所选电动机的起动转矩 $T_{st} = k_{st}T_N$ 大于起动时的负载转矩，同时还要考虑起动电流 $I_{st} = k_I I_N$ 是否超过规定值。若不满足要求，也必须重新选择电动机。

【例 11-2】 一台由电动机直接拖动的离心式水泵，流量 $Q = 0.144\text{m}^3/\text{s}$，扬程 $H = 37.7\text{m}$，转速 1460r/min，泵的效率为 $\eta_b = 79.8\%$，试选择电动机的额定功率。

解：（1）泵类机械作用在电动机轴上的等效负载为

$$P_L = \frac{QH\rho g}{\eta_b \eta_C} \times 10^{-3} \mathrm{kW}$$

式中　ρ——水的密度，$\rho = 1000 \mathrm{kg/m^3}$；

　　　η_C——传动机构的效率，直接拖动的传动效率可取 1。

代入已知数据求得电动机轴上的负载功率为

$$P_L = \frac{QH\rho g}{\eta_b \eta_C} \times 10^{-3} \mathrm{kW} = \frac{0.144 \times 37.7 \times 1000 \times 9.81}{0.798 \times 1} \times 10^{-3} \mathrm{kW} = 66.74 \mathrm{kW}$$

（2）选择 $P_N \geqslant 66.74 \mathrm{kW}$ 的电动机即可。如选取 $P_N = 75 \mathrm{kW}$，$n_N = 1480 \mathrm{r/min}$ 的 Y280S-4 型三相笼型异步电动机。

（3）水泵属于通风机负载特性类的生产机械，故电动机的起动能力和过载能力均不会有问题，不必校验。

2. 变化负载电动机额定功率的选择

机械负载的变化大都具有一定的周期性，或者通过统计分析的方法将其大体看成是周期性变化的。拖动此类负载的电动机，可按下述步骤选择额定功率。

（1）计算各时间段的负载功率　根据各时间段的负载功率，绘制生产机械的负载曲线如图 11-7 所示。

（2）计算平均负载功率

$$P_L = \frac{P_{L1}t_1 + P_{L2}t_2 + \cdots}{t_1 + t_2 + \cdots} \tag{11-8}$$

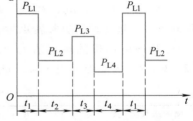

图 11-7　周期性变化负载

（3）预选电动机的额定功率　负载变化将引起电动机的过渡过程。按式（11-8）计算出的平均负载功率只能间接反映电动机稳态运行的发热情况，不能反映过渡过程中能量损耗所引起的发热。因此，电动机的额定功率应该大于平均负载功率，一般按下式预选

$$P_N \geqslant (1.1 \sim 1.6) P_L \tag{11-9}$$

如果一个工作周期中，负载变化次数较多，所引起的过渡过程次数也较多，则过渡过程对电动机的发热影响较大，此时式（11-9）中的系数应取较大的数值。

（4）发热校验　电动机的额定功率预选后，首先要进行发热校验，检查电动机的温升是否超过额定温升。由于发热是损耗引起的，如果能求出实际运行时每个周期的平均损耗功率，再与电动机的额定损耗功率比较，即可得知电动机的温升是否超过额定温升。

假设已知所选电动机的效率曲线 $\eta = f(P_2)$，则可求得电动机的额定损耗功率 ΔP_N 以及一个周期中各时间段的损耗功率 ΔP_{Li}，即

$$\Delta P_N = \frac{P_N}{\eta_N} - P_N \tag{11-10}$$

$$\Delta P_{Li} = \frac{P_{Li}}{\eta_i} - P_{Li} \tag{11-11}$$

式中　P_{Li}——第 i 段电动机的输出功率；

　　　η_i——输出功率为 P_{Li} 时电动机的效率。

电动机的平均损耗功率为

$$\Delta P_{L} = \frac{\Delta P_{L1}t_1 + \Delta P_{L2}t_2 + \cdots}{t_1 + t_2 + \cdots} \tag{11-12}$$

如果 $\Delta P_L \leqslant \Delta P_N$，发热校验通过。如果 $\Delta P_L > \Delta P_N$，则发热校验不合格，说明预选电动机的额定功率太小，需要重选额定功率较大的电动机，再进行发热校验。如果 $\Delta P_L \ll \Delta P_N$，说明预选电动机的额定功率太大，需要改选额定功率较小的电动机，并重新进行发热校验。

上述发热校验方法称为平均损耗法，此法结果比较准确，可用于各种电动机的发热校验。其缺点是计算步骤较为繁琐。在一些特殊情况下，还可根据额定电流 I_N、额定转矩 T_N 或者额定功率 P_N，使用等效电流法、等效转矩法或者等效功率法进行发热校验。

（5）过载能力和起动能力校验　由于负载是变化的，必须进行过载能力校验。若选用交流电动机，则需保证最大电磁转矩大于最大负载转矩，即 $T_{em} > T_{Lm}$。若选用直流电动机，则需保证最大负载时的电枢电流小于最大允许的电枢电流。若不满足要求，则需重新选择电动机，并重新校验。

如果电动机选用三相笼型异步电动机，则需要进行起动能力校验。

【例 11-3】　某生产机械的负载曲线如图 11-7 所示，已知 $P_{L1} = 7.2\text{kW}$，$t_1 = 1.5\text{min}$，$P_{L2} = 5.5\text{kW}$，$t_2 = 2\text{min}$，$P_{L3} = 14.5\text{kW}$，$t_3 = 1.1\text{min}$，$P_{L4} = 4.8\text{kW}$，$t_4 = 1.8\text{min}$。转速为 1440r/min，起动时的负载转矩为 100N·m。拟选用一台现有的 Y132M-4 笼型异步电动机拖动，已知该电动机的额定值为 $P_N = 7.5\text{kW}$，$n_N = 1440\text{r/min}$，$\cos\varphi_N = 0.85$，$k_{st} = 2.2$，$k_m = 2.2$，$k_I = 7$，效率参见表 11-6。试校验是否能使用该电动机。

表 11-6　Y132M-4 笼型异步电动机效率表

输出功率 P_2/kW	3.7	4.0	4.3	4.9	5.5	6.2	6.7	7.2	7.5	8.2	10	15
效率 η	0.852	0.855	0.857	0.861	0.863	0.862	0.859	0.856	0.855	0.850	0.843	0.837

解：（1）计算平均负载功率

$$P_L = \frac{P_{L1}t_1 + P_{L2}t_2 + P_{L3}t_3 + P_{L4}t_4}{t_1 + t_2 + t_3 + t_4} = \frac{7.2 \times 1.5 + 5.5 \times 2 + 14.5 \times 1.1 + 4.8 \times 1.8}{1.5 + 2 + 1.1 + 1.8}\text{kW} = 7.248\text{kW}$$

由此可见，$P_N > P_L$，即现有电动机的功率合格。

（2）发热校验

1）电动机的额定损耗为

$$\Delta P_N = \frac{P_N}{\eta_N} - P_N = \left(\frac{7.5}{0.855} - 7.5\right)\text{kW} = 1.272\text{kW}$$

2）由表 11-6 可见，效率在较大范围内变化不大，故当实际负载功率与表中功率不等时，取最相近的功率所对应的效率来计算，故电动机在各个时间段的功率损耗为

$$\Delta P_{L1} = \frac{P_{L1}}{\eta_1} - P_{L1} = \left(\frac{7.2}{0.856} - 7.2\right)\text{kW} = 1.211\text{kW}$$

$$\Delta P_{L2} = \frac{P_{L2}}{\eta_2} - P_{L2} = \left(\frac{5.5}{0.863} - 5.5\right)\text{kW} = 0.873\text{kW}$$

$$\Delta P_{L3} = \frac{P_{L3}}{\eta_3} - P_{L3} = \left(\frac{14.5}{0.837} - 14.5\right)\text{kW} = 2.824\text{kW}$$

$$\Delta P_{L4} = \frac{P_{L4}}{\eta_4} - P_{L4} = \left(\frac{4.8}{0.861} - 4.8\right) kW = 0.775kW$$

3）电动机的平均损耗功率为

$$\Delta P_L = \frac{\Delta P_{L1} t_1 + \Delta P_{L2} t_2 + \Delta P_{L3} t_3 + \Delta P_{L4} t_4}{t_1 + t_2 + t_3 + t_4}$$

$$= \frac{1.211 \times 1.5 + 0.873 \times 2 + 2.824 \times 1.1 + 0.775 \times 1.8}{1.5 + 2 + 1.1 + 1.8} kW = 1.26kW$$

由于 $\Delta P_L < \Delta P_N$，故发热校验通过。

（3）过载能力和起动能力校验

因为电动机为硬特性，各种功率时的转速变化较小，因此，可直接用功率校验过载能力，即电动机的最大输出功率为

$$P_{2m} = k_m P_N = 2.2 \times 7.5kW = 16.5kW$$

由于 $P_{2m} > P_{Lm} = 14.5kW$，故过载能力校验通过。

电动机的额定输出转矩为

$$T_N = 9550 \frac{P_N}{\eta_N} = 9550 \times \frac{7.5}{1440} N \cdot m = 49.74N \cdot m$$

起动转矩为

$$T_{st} = k_{st} T_N = 2.2 \times 49.74N \cdot m = 109.43N \cdot m$$

由于 $T_{st} > T_{Lst} = 100N \cdot m$，故起动能力校验通过。

结论：现有的电动机能够用于拖动该生产机械。

3. 有起动、制动及停机过程时平均损耗功率公式的修正

如果一个工作周期内的负载变化包括起动、制动和停机等过程，只要停机时间较短，负载持续率超过 70%，则电动机仍属于连续运行工作方式。若采用自扇冷式电动机，则应该考虑到低速运行或停机时由于散热条件的变差而使实际温升提高的影响。工程上，采取对式（11-12）的平均损耗功率公式进行修正的方法来反映这种散热条件变差所造成的影响。

假设一个工作周期包括 n 个时间段，其中 t_1 是起动时间，t_{n-1} 是制动时间，t_n 是停机时间。给 t_1、t_{n-1} 和 t_n 分别乘以小于 1 的系数 β 和 γ，即

$$\Delta P_L = \frac{\Delta P_{L1} t_1 + \Delta P_{L2} t_2 + \cdots + \Delta P_{L(n-1)} t_{n-1}}{\beta t_1 + t_2 + \cdots + \beta t_{n-1} + \gamma t_n} \tag{11-13}$$

不同电动机，系数 β 和 γ 的取值不同。对于直流电动机：$\beta = 0.75$，$\gamma = 0.5$；对于异步电动机：$\beta = 0.5$，$\gamma = 0.25$。显然，考虑起动、制动及停机时间后平均损耗功率有所增大。

11.4.3　拖动短时运行负载电动机额定功率的选择

拖动短时工作方式的机械负载时，首选短时工作制的电动机，也可选用连续工作制或断续周期工作制的电动机。

1. 选用短时工作制的电动机

短时工作制电动机额定功率的选择按下述步骤进行。

1）计算电动机的负载功率 P_L。

2）负载功率的折算。如果负载的工作时间与短时工作制电动机的标准工作时间不相

等，则需按发热和温升等效的原则把负载功率折算成标准工作时间下的等效负载功率 P_{LN}。折算公式为

$$P_{LN} = \frac{P_L}{\sqrt{\frac{t_{rN}}{t_r} - \alpha\left(\frac{t_{rN}}{t_r} - 1\right)}} \tag{11-14}$$

式中　α——电动机满载时的铁耗与铜耗之比；

　　t_{rN}——短时工作制电动机的标准工作时间；

　　t_r——电动机的实际工作时间。

如果 t_r 与 t_{rN} 相差不大，式（11-14）可简化为

$$P_{LN} = P_L \sqrt{\frac{t_r}{t_{rN}}} \tag{11-15}$$

显然，$\sqrt{\dfrac{t_r}{t_{rN}}}$ 是折算系数。当 $t_r > t_{rN}$ 时，折算系数大于 1；当 $t_r < t_{rN}$ 时，折算系数小于 1。

3）预选电动机的额定功率 P_N。选择电动机的额定功率 $P_N \geqslant P_{LN}$。

4）校验所选电动机。对于使用短时工作制电动机拖动短时运行的恒定负载的情况，不需要进行发热和过载能力校验。对笼型异步电动机而言，应该进行起动能力的校验。不过，短时工作制的电动机一般有较大的过载倍数与起动转矩。

【例 11-4】　某生产机械为短时运行方式，输出功率 $P_o = 22\text{kW}$，效率 $\eta_L = 78\%$，每次工作 17min 后停机，而停机时间足够长。试选择拖动电动机的额定功率。

解：电动机轴上的负载为

$$P_L = \frac{P_o}{\eta_L} = \frac{22}{0.78}\text{kW} = 28.21\text{kW}$$

选择标准运行时间为 15min 的短时工作制电动机，则折算成标准运行时间下电动机轴上的等效负载功率为

$$P_{LN} = P_L \sqrt{\frac{t_r}{t_{rN}}} = 28.21 \times \sqrt{\frac{17}{15}}\text{kW} = 30.03\text{kW}$$

故应选择额定功率大于 30.03 kW 的短时工作制电动机。

2. 选用连续工作制的电动机

如果将连续工作制电动机用于短时运行，从发热与温升等效的角度考虑，电动机允许输出的功率将大于原设计的额定功率。连续工作制电动机额定功率的选择按下述步骤进行。

1）计算电动机的负载功率 P_L。

2）负载功率的折算。将短时工作的负载功率 P_L 折算成连续工作的等效负载功率 P_{LN}。折算公式为

$$P_{LN} = P_L \sqrt{\frac{1 - e^{-\frac{t_r}{\tau}}}{1 + \alpha e^{-\frac{t_r}{\tau}}}} \tag{11-16}$$

式中　τ——发热时间常数；

t_r——短时工作时间；

α——电动机满载时的铁耗与铜耗之比。

3）预选电动机的额定功率 P_N。选择电动机的额定功率 $P_N \geqslant P_{LN}$。不需要进行发热校验。

4）过载能力和起动能力校验。将连续工作制电动机用于短时运行时，电动机的额定功率 P_N 将小于 P_L，此时，电动机的最大转矩 T_{em} 可能会小于负载转矩 T_L，故必须进行过载能力校验。对笼型异步电动机而言，还应该进行起动能力的校验。

如果电动机的实际工作时间极短，$t_r < (0.3 \sim 0.4)\tau$，按式（11-16）求得的 P_{LN} 将远小于 P_L。此时发热问题已经成为次要问题，而过载能力和起动能力（对笼型异步电动机而言）成了决定电动机额定功率的主要因素。因此，可以直接按满足过载倍数和起动转矩的要求来选择电动机的额定功率即可，而不必进行发热校验。例如，机床横梁的夹紧电动机或刀架移动电动机等，t_r 一般小于 2min，而 τ 一般大于 15min。

3. 选用断续周期工作制的电动机

如果将断续周期工作制电动机用于短时运行，从发热与温升等效的角度考虑，应将断续周期工作制电动机的标准持续率 FS 折算成短时工作制电动机的标准工作时间 t_{rN}。FS 与 t_{rN} 的对应关系为：$FS = 15\%$ 相当于 $t_{rN} = 30min$；$FS = 25\%$ 相当于 $t_{rN} = 60min$；$FS = 40\%$ 相当于 $t_{rN} = 90min$。

然后再按照选用短时工作制电动机额定功率的方法进行。

11.4.4 拖动断续周期运行负载电动机额定功率的选择

拖动断续周期工作方式的机械负载时，首选断续周期工作制的电动机，也可选用连续工作制或短时工作制的电动机。

断续周期工作制电动机额定功率的选择按下述步骤进行。

1）计算电动机的负载功率 P_L 和实际负载持续率 FS。

2）负载功率折算。如果实际负载持续率 FS 与断续周期工作制电动机的标准负载持续率 FS_N 不相等，则需按发热和温升等效的原则把负载功率折算成标准持续率下的等效负载功率 P_{LN}。折算公式为

$$P_{LN} = \frac{P_L}{\sqrt{\dfrac{FS_N}{FS} + \alpha\left(\dfrac{FS_N}{FS} - 1\right)}} \tag{11-17}$$

如果 FS 与 FS_N 相差不大，式（11-17）可简化为

$$P_{LN} = P_L \sqrt{\frac{FS}{FS_N}} \tag{11-18}$$

3）预选电动机的额定功率 P_N。选择电动机的额定功率 $P_N \geqslant P_{LN}$。不需要进行发热校验。

4）过载能力和起动能力校验。对笼型异步电动机而言，应该进行过载能力与起动能力的校验。

如果实际负载持续率 $FS < 10\%$，可按短时工作制选择电动机；如果实际负载持续率

$FS > 70\%$，则可按连续工作制选择电动机。

【例 11-5】 某生产机械断续周期性地工作，工作时间 120s，停机时间 300s，作用在电动机轴上的阻转矩 $T_L = 45\mathrm{N \cdot m}$，转速 $n_L = 1425\mathrm{r/min}$。试选择拖动电动机的额定功率。

解：电动机的负载功率为

$$P_L = T_L \Omega_L = T_L \frac{2\pi n_L}{60} = 45 \times \frac{2\pi \times 1425}{60}\mathrm{kW} = 6.7\mathrm{kW}$$

电动机的实际负载持续率为

$$FS = \frac{t_r}{t_r + t_0} \times 100\% = \frac{120}{120 + 300} \times 100\% = 28.6\%$$

选择标准负载持续率为 25% 的断续周期工作制电动机，则折算成标准持续率下电动机轴上的等效负载功率 P_{LN} 为

$$P_{LN} = P_L \sqrt{\frac{FS}{FS_N}} = 6.7 \times \sqrt{\frac{28.6\%}{25\%}}\mathrm{kW} = 7.17\mathrm{kW}$$

故应选择额定功率大于 7.17kW 的断续周期工作制电动机。

*11.5 电动机的经济运行

电动机在满足其拖动的机械负载运行要求时，应以节能和提高综合经济效益为原则，选择电动机的类型、运行方式及功率匹配，使电动机在高效率、低损耗的最佳经济效益状态下运行。特别是在电力拖动中占据主要地位的三相异步电动机，其运行效率的高低，直接关系到节能减排的问题。

11.5.1 电动机的经济运行管理

电动机的经济运行管理主要包括运行档案、检查与维护及运行负荷调整等内容。

电动机台数超过 50 台或总功率超过 500kW 时，应建立重要电动机的详细清单；容量大于 160kW 的电动机应有制造厂提供的原始资料，当年运行时间超过 1000h 时应有各项试验记录、运行维修记录、典型的年负荷曲线与日负荷曲线、电动机运行状况分析记录等。

应对电动机的运行情况进行巡回检查、测试与维护等工作。定期检查温升、振动、噪声及电动机的电压和电流，做好运行记录。电动机的一般维护包括：轴承监测与校准、润滑、清洗、修正电压失衡、校正电源电压及监控维护机械传动系统。

在充分了解负载情况的基础上，对多台并联或者串联运行的系统，按照系统效率最高的原则分配电动机的负荷或安排机组的起停，一般原则是使综合效率较高的机组处于经常稳定和满负荷运行状态。

11.5.2 电动机经济运行的基本参数

涉及电动机经济运行的参数主要包括有功功率损耗、综合功率损耗及综合效率等参数，下面分别给出计算方法。

1. 电动机的有功功率损耗

电动机的有功功率损耗包括电动机运行时的有功功率损耗和因无功功率使电网增加的有

功损耗两部分，可按下式计算：

$$\Delta P = \Delta P_0 + \beta^2 (\Delta P_N - \Delta P_0) \tag{11-19}$$

式中　ΔP——电动机的有功损耗，单位 kW；

　　　ΔP_0——电动机的空载有功损耗，单位 kW；

　　　β——负载系数，$\beta = P_2 / P_N$；

　　　ΔP_N——电动机额定负载时的有功损耗，$\Delta P_N = (1/\eta_N - 1) P_N$，单位 kW。

2. 电动机的无功功率

电动机的无功功率分为与负载无关和与负载有关两部分，可按下式计算：

$$\left.\begin{aligned} Q &= Q_0 + \beta^2 (Q_N - Q_0) \\ Q_0 &= \sqrt{3 U_{1L}^2 I_0^2 \times 10^{-6} - P_0^2} \end{aligned}\right\} \tag{11-20}$$

式中　Q_0——电动机的空载无功功率，单位 kvar；

　　　Q_N——电动机额定负载时的无功功率，$Q_N = P_N \tan\varphi_N / \eta_N$（$\varphi_N$ 为额定功率因数角），单位 kvar；

　　　U_{1L}——电动机的电源线电压，单位 V；

　　　I_0——电动机的空载线电流，单位 A；

　　　P_0——电动机的空载有功损耗，单位 kW。

3. 电动机的综合功率损耗

电动机的综合功率损耗包括电动机运行时的有功功率损耗部分和由无功功率引起的有功损耗两部分。

$$\Delta P_c = \Delta P_0 + \beta^2 (\Delta P_N - \Delta P_0) + K_Q [Q_0 + \beta^2 (Q_N - Q_0)] \tag{11-21}$$

式中　ΔP_c——电动机的综合功率损耗，单位 kW；

　　　K_Q——无功经济当量，单位 kW/kvar。

当电动机直接连接发电机母线或者直接连接已经进行无功补偿的母线时，K_Q 取 0.02 ~ 0.04；二次变压 K_Q 取 0.05 ~ 0.07；三次变压 K_Q 取 0.08 ~ 0.1。当电网采取无功补偿时，应从补偿端计算电动机变压次数。

电动机的额定综合功率损耗为

$$\Delta P_{cN} = \Delta P_N + K_Q Q_N \tag{11-22}$$

电动机的综合消耗功率为

$$P_{cI} = \beta P_N + \Delta P_c \tag{11-23}$$

电动机的额定综合消耗功率为

$$P_{cIN} = P_N + \Delta P_{cN} \tag{11-24}$$

4. 电动机的综合效率

电动机运行中的负载率可以通过电动机输入功率和电动机的额定参数与空载参数进行计算。

$$\beta = \frac{-P_N/2 + \sqrt{P_N^2/4 + (\Delta P_N - \Delta P_0)(P_1 - \Delta P_0)}}{\Delta P_N + \Delta P_0} \tag{11-25}$$

式中　P_1——电动机的输入功率，单位 kW。

电动机的综合效率是指电动机实际输出功率与对应的综合输入功率之比，即

$$\eta_c = \frac{\beta P_N}{\beta P_N + \Delta P_{cN}} \times 100\% \qquad (11\text{-}26)$$

因此，电动机额定运行时的额定综合效率为

$$\eta_{cN} = \frac{P_N}{P_N + \Delta P_{cN}} \times 100\% \qquad (11\text{-}27)$$

综合效率公式中，考虑了无功功率引起的线路损耗，所以，综合效率比通常的电动机效率要低。采用综合效率作为电动机是否运行在经济状况更加的合理，因为综合效率将电动机的功率因数低下对电网引起的不良影响考虑在内。

11.5.3 电动机的经济运行措施

1. 电动机经济运行状态判定

根据式（11-26）和式（11-27）分别计算电动机的综合效率和额定综合效率，并据此判断电动机是否为经济运行状态。具体方法如下：

1）$\eta_c \geqslant \eta_{cN}$ 时，电动机运行状态为经济运行状态。

2）$\eta_{cN} > \eta_c \geqslant 0.6\eta_{cN}$ 时，电动机运行状态为允许运行状态。

3）$0.6\eta_{cN} > \eta_c$ 时，电动机运行状态为非经济运行状态。

在实际应用过程中，现场不能获得电动机综合效率计算结果时，可以采用电动机输入功率（电流）与额定输入功率（电流）之比进行判定电动机的工作状态。当输入电流下降在15%以内时属于经济运行范围；当输入电流下降在35%以内时属于允许运行范围；当输入电流下降超过35%时属于非经济运行范围。这是因为随着电动机负载的减轻，效率将迅速下降，并导致电动机的综合效率下降，而进入非经济运行范围。

2. 非经济运行电动机的改造

当电动机处于非经济状态运行，可以对电动机采取更换或改造拖动系统等措施，使电动机满足经济运行要求。在实际操作中，需要兼顾可靠性及经济性，综合比较优化。

通过降低电动机的损耗提高电动机的综合效率，可以使非经济运行电动机经济运行。电动机的铜耗由工作电流决定，在满足机械负载要求前提下，可以降低轻载运行电动机的电压，以达到减小铜耗的目的；电动机的机械损耗主要包括通风损耗及摩擦损耗等。可以采用高效率的风扇、轻载电动机、适当缩小风扇外径、使用高质量的轴承、使用优质润滑剂等具体措施减少电动机的机械损耗。

对于轻载起动的电动机，且其负载率长期稳定在某个较低水平的负载，可用传统的减压起动和降压运行方法进行节能改造。负载率长期低于30%的拖动系统，可采用星形-三角形转换起动器进行减压起动和降压运行；对于负载率在30%~70%的负载可采用自耦变压器进行减压起动和运行，或采用串联电抗器进行降压节能运行。

即使采用了其他的节能措施，也应尽量考虑给电动机加上无功就地补偿装置，以期收到更好的节能效果。无功就地补偿是电动机节能的一种经济有效的方法，采用无功就地补偿能够减少无功功率传输产生的损耗。

在满足机械负载转速、转矩、功率等要求情况下，可以对电动机采取调速节能措施。

思考题与习题

11-1 电力拖动系统中电动机的选择主要包括哪些内容？

11-2　电动机的额定温升和实际稳定温升分别由什么因素决定？电动机的温度、温升以及环境温度三者之间有什么关系？

11-3　若使用 B 级绝缘材料时电动机的额定功率为 P_N，则改用 F 级绝缘材料时，该电动机的允许输出功率将怎样变化？

11-4　电动机的三种工作制是如何划分的？简述各种工作制电动机的发热特点及其温升的变化规律。

11-5　如果电动机周期性地工作 15min、停机 85min，或工作 5min、停机 5min，这两种情况是否都属于断续周期工作方式？

11-6　电动机的允许输出功率等于额定功率有什么条件？环境温度和海拔是怎样影响电动机允许输出功率的？

11-7　一台额定功率为 10kW 的电动机，所使用的绝缘材料的绝缘等级为 E 级，额定负载时的铁耗与铜耗之比为 0.67。试求环境温度分别为 20℃ 和 60℃ 两种情况下电动机的允许输出功率。

11-8　试简述电动机额定功率选择的基本方法和步骤。为什么选择电动机的额定功率时，要着重考虑电动机的发热？

11-9　将一台额定功率为 P_N 的短时工作制电动机改为连续运行，其允许输出功率是否变化？为什么？

11-10　一台 33kW、连续工作制的电动机若分别按 25% 和 60% 的负载持续率运行，其允许输出的功率怎样变化？哪种负载持续率时的允许输出功率大？

11-11　一台离心式双吸泵，已知其流量 $Q = 160 \mathrm{m^3/h}$，排水高度 $H = 53\mathrm{m}$，转速 $n = 2950\mathrm{r/min}$，水泵效率 $\eta_b = 79\%$，水的密度 $\rho = 1000\mathrm{kg/m^3}$，传动机构的效率 $\eta_c = 0.95$。现拟用一台三相笼型异步电动机拖动，已知电动机的额定功率 $P_N = 30\mathrm{kW}$，额定转速 $n_N = 2940\mathrm{r/min}$，额定效率 $\eta_N = 90\%$。试校验该电动机的额定功率是否合适。

11-12　一台连续工作制的直流电动机，已知额定功率为 18.5kW，最大电枢电流为额定电枢电流的 2 倍，额定负载时的铁耗与铜耗之比为 0.9，发热时间常数为 35min。试问能否用此台电动机拖动 35kW、运行时间为 10min 的短时运行负载。

参 考 文 献

[1] 李发海，王岩. 电机与拖动基础 [M]. 3 版. 北京：清华大学出版社，2005.

[2] 邱阿瑞. 电机与拖动基础 [M]. 北京：电子工业出版社，2002.

[3] 汤蕴璆. 电机学 [M]. 北京：机械工业出版社，2000.

[4] 许建国. 电机与拖动基础 [M]. 北京：高等教育出版社，2004.

[5] 顾绳谷. 电机及拖动基础 [M]. 4 版. 北京：机械工业出版社，2007.

[6] 周颚. 电机学 [M]. 3 版. 北京：中国水利水电出版社，1995.

[7] 许实章. 电机学 [M]. 北京：机械工业出版社，1995.

[8] 孙建忠，白凤仙. 特种电机及其控制 [M]. 北京：中国水利水电出版社，2005.

[9] 林瑞光. 电机与拖动基础 [M]. 杭州：浙江大学出版社，2002.

[10] 饭高成男，泽间照一. 图解电机电器 [M]. 李福寿，译. 北京：科学出版社，2001.

[11] 王毓东. 电机学 [M]. 杭州：浙江大学出版社，1990.

[12] WILDI, THEODORE. Electrical machines, drives, and power systems [M]. 北京：科学出版社，2002.

[13] FITZGERALD A E, KINGSLEY C, UMANS J S D. 电机学 [M]. 金斯利，等译. 北京：电子工业出版社，2004.

[14] 唐任远，顾国彪. 中国电气工程大典：第 9 卷　电机工程 [M]. 北京：中国电力出版社，2008.

[15] NASAR S A. Schaum's outlines of theory and problems of electric machines and electromechanics [M]. 2nd ed. New York：McGraw Hill，1997.

[16] SUL S K. Control of electric machine drive systems [M]. New Jersey：John Wiley & Sons，2011.

[17] VELTMAN A, PULLE D W J, DONCKER R W D. Fundamentals of electrical drives [M]. Berlin：Springer，2007.

[18] GIRI F. AC Electric motors control：advanced design techniques and applications [M]. New Jersey：John Wiley & Sons，2013.

[19] 姚志松，姚磊. 变压器节能方法与技术改造应用实例 [M]. 北京：中国电力出版社，2009.

[20] 国家质量监督检验检疫总局. 油浸式电力变压器技术参数和要求：GB/T 6451—2015 [S]. 北京：中国标准出版社，2015.

[21] 国家市场监督管理总局. 旋转电机　定额和性能：GB/T 755—2019 [S]. 北京：中国标准出版社，2019.

[22] 国家质量监督检验检疫总局. 旋转电机结构型式、安装型式及接线盒位置的分类（IM 代码）：GB/T 997—2008 [S]. 北京：中国标准出版社，2008.

[23] 国家质量监督检验检疫总局. 三相异步电动机经济运行：GB/T 12497—2006 [S]. 北京：中国标准出版社，2006.